LIVROS QUE
CONSTROEM

BIBLIOTECA "TÉCNICA" – 1

TRAÇADOS
DE
CALDEIRARIA,
FUNILARIA,
ENCANADOR INDUSTRIAL
E
GEOMETRIA DESCRITIVA

Dados de Catalogação na Publicação (CIP) Internacional
(Câmara Brasileira do Livro, SP, Brasil)

Ghizze, Antônio.
G347t Traçados de caldeiraria, funilaria, encanador industrial e geometria descritiva / Antônio Ghizze. -- São Paulo : IBRASA, 1987.
(Biblioteca técnica ; v. 1)

1. Caldeiraria 2. Funilaria 3. Geometria descritiva 4. Tubulações I. Título. II. Série.

CDD-621.184
-621.8672
-673.60221
87-0020 -604.201516

Índices para catálogo sistemático:

1. Calderaria : Traçados : Engenharia mecânica 621.184
2. Encanamentos industriais : Traçados : Engenharia mecânica 621.8672
3. Funilaria : Traçados : Manufaturas : Tecnologia 673.60221
4. Geometria descritiva : Traçados : Tecnologia 604.201516

ANTÔNIO GHIZZE

TRAÇADOS DE CALDEIRARIA, FUNILARIA, ENCANADOR INDUSTRIAL E GEOMETRIA DESCRITIVA

IBRASA
INSTITUIÇÃO BRASILEIRA DE DIFUSÃO CULTURAL LTDA.
SÃO PAULO

Direitos desta edição reservados à

IBRASA
INSTITUIÇÃO BRASILEIRA DE DIFUSÃO CULTURAL LTDA.
Rua Vinte e Um de Abril, 97 – Tel. 92-9639

03047 – SÃO PAULO – SP

Publicado em 1987

IMPRESSO NO BRASIL – PRINTED IN BRAZIL

PREFÁCIO DO AUTOR

É sabido que todos os profissionais, dentro de uma área de especialização, devem ter uma Base Teórica, para serem completos. Baseando-se nas dificuldades dos traçados, quer seja para Caldeireiro, Funileiro Industrial, Encanador Industrial e Desenhista Projetista, é que este modesto livro foi feito com os traçados mais comuns dentro destas especializações, como também, fornecerá ao principiante, informações básicas do ramo com tabelas práticas de uso diário.

Aproveito o ensejo para agradecer a todos aqueles que colaboraram na confecção deste volume e a A.P. Canova, que revisou esta 1.ª Edição do livro de Traçados de Caldeiraria e Tubulação.

ANTONIO GHIZZE

ÍNDICE

* * * *

LEITURA DE TRANSFERIDOR

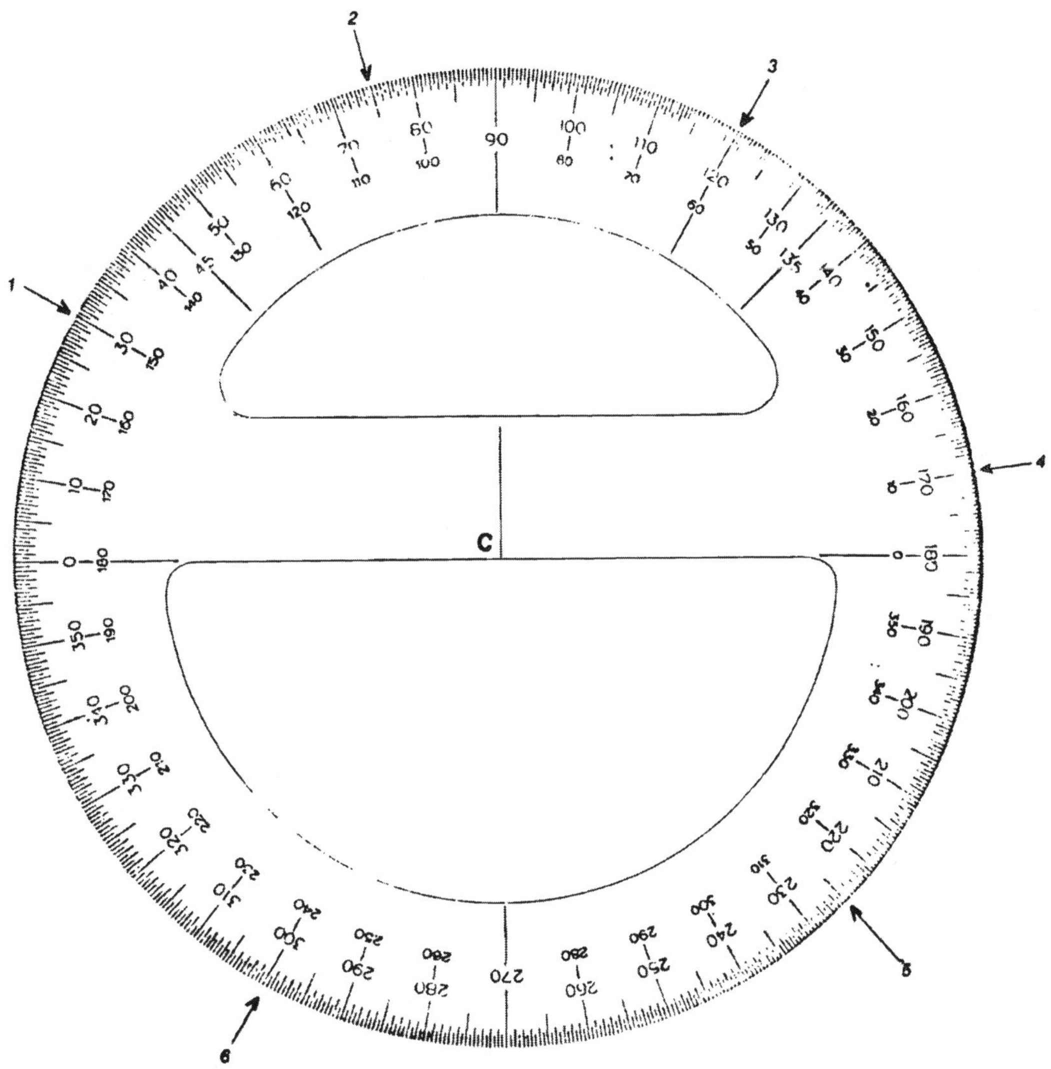

Para utilizarmos o transferidor, tanto para aferição como para traçagem de um ângulo, necessitamos do vértice e de um dos lados do ângulo em questão. Tendo-se isso, procedemos da seguinte maneira: Fazemos coincidir o vértice do angulo com o centro do transferidor (ponto C) e o lado com a linha base do mesmo, assim podemos aferir ou traçar o ângulo desejado.

Nota: No transferidor acima, a escala varia de meio em meio grau (30' em 30' = 30 em 30 minutos).

TRAÇADO APROXIMADO DE UMA ELIPSE

Caso N.º 1

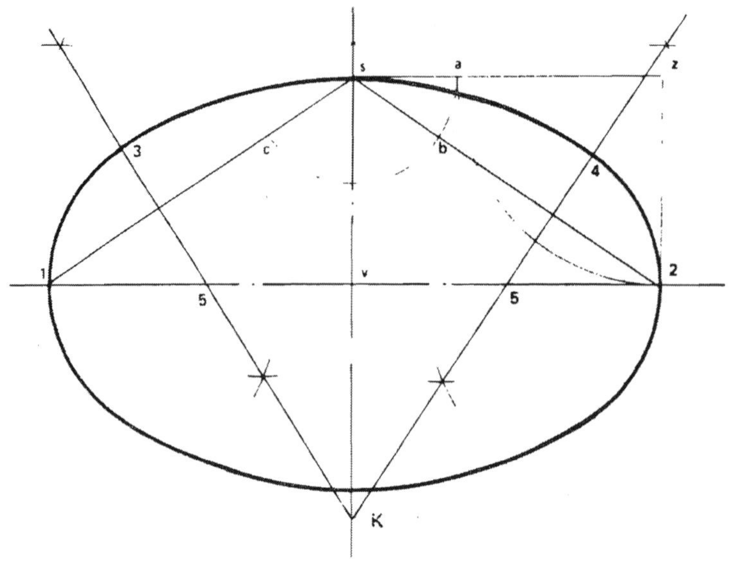

Caso N.º 2

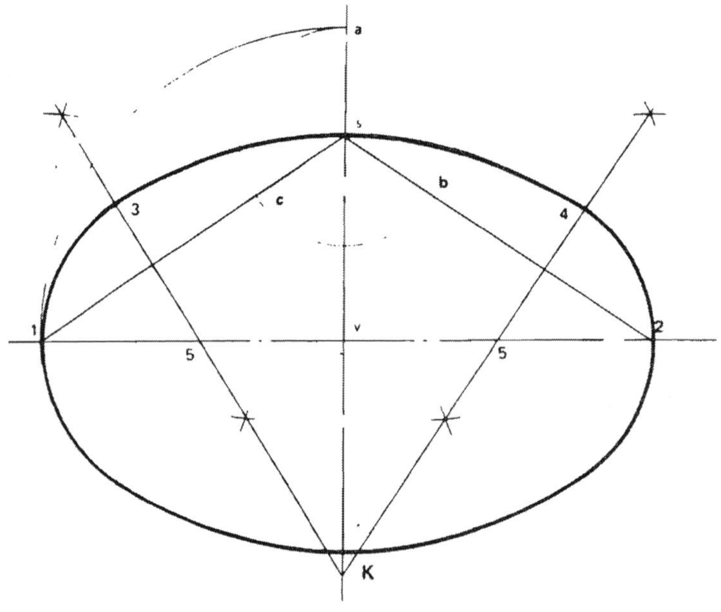

Caso n.º 1: Para traçarmos uma elipse, conhecendo-se v — s e 2 — z, traçamos um retângulo s—v—2—z. Com centro em z, traçamos o arco 2 — a; com centro em s, traçamos o arco a—b—c. A seguir, traçamos as linhas s—1 e s—2. Traçando uma perpendicular no centro dos pontos 1—c e 2—b, obtemos o cruzamento K. Com o centro em K e com raio até K - s, fazemos um arco até os pontos 3 e 4, tomamos a medida KV e com centro em V traçamos VX. Com o centro em X e raio Ks traçamos o arco oposto.

Nota: Os **casos n.ºs 2 e 4** (dois e quatro), só diferem quanto aos arcos 1—a e 2—a; pois, quanto ao resto do processo é igual ao primeiro caso.

Caso n.º 3: Traça-se o retângulo que tem para dimensões os diâmetros da elipse que se quer construir. Com centro numa das extremidades do diâmetro menor, traça-se o arco maior, cujo diâmetro é igual ao diâmetro maior; com centro numa das extremidades do diâmetro maior, traça-se o arco menor, cujo diâmetro é igual ao diâmetro menor da elipse; divide-se os dois arcos num mesmo número de partes iguais, (no exemplo, 6 partes). Partindo-se dos pontos de divisão do arco maior, traça-se paralelas ao diâmetro menor da elipse até chegarem no lado oposto do retângulo. Da mesma forma, partindo-se dos pontos de divisão do arco menor, traça-se paralelas ao diâmetro maior da elipse até que encontrem o lado oposto do retângulo. Ligando-se as intersecções dessas paralelas (1 ; 4' , 2 ; 3' , 3 ; 2' e 4 ; 1) com uma curva franceza, obtém-se a elipse desejada.

TRAÇADOS DE ELIPSES

Caso N.º 3

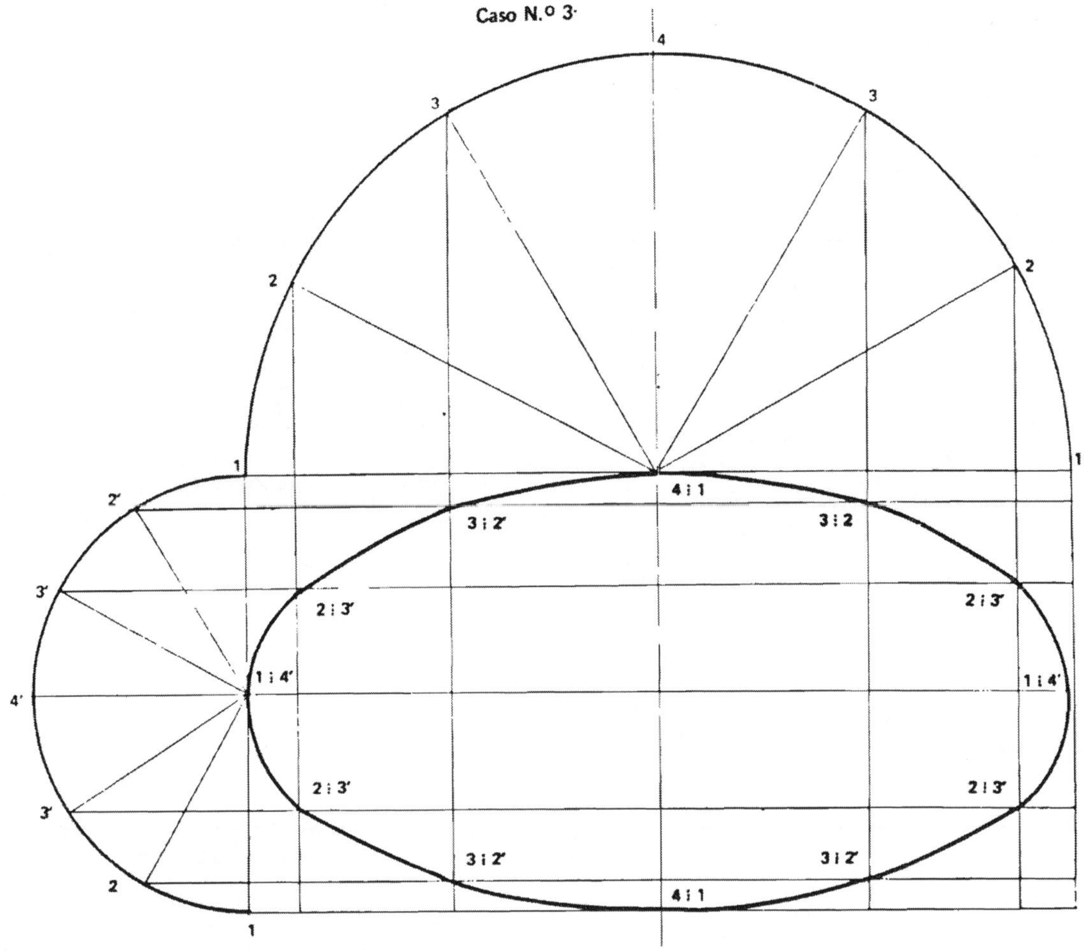

Caso N.º 4

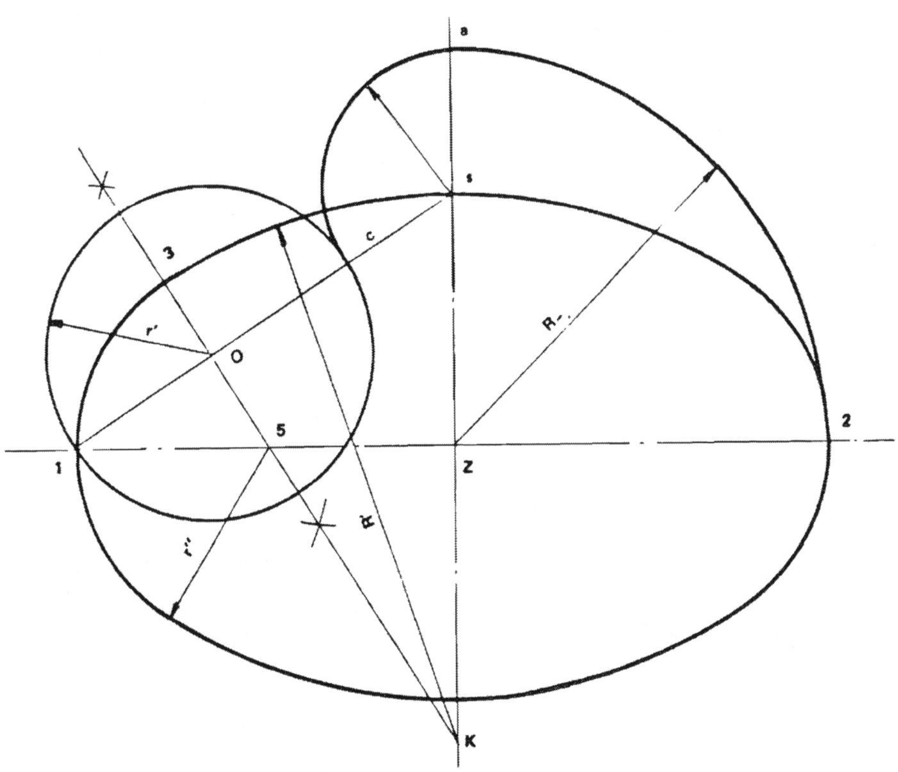

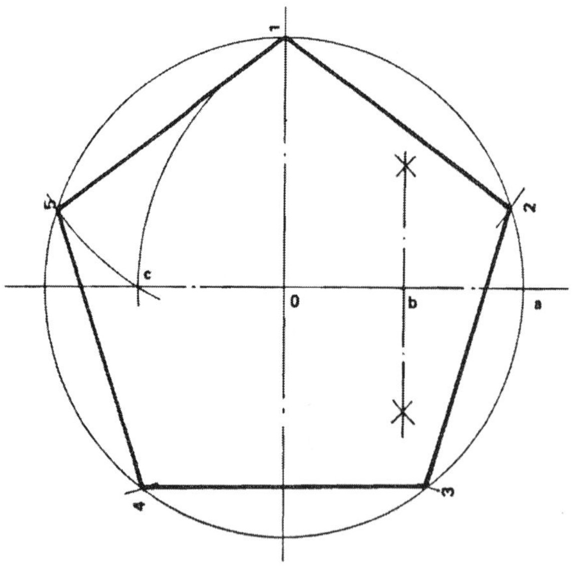

POLÍGONO DE CINCO LADOS (PENTÁGONO)

Para traçarmos um pentágono, dividimos o raio 0-a ao meio, determinando o ponto b. Com centro em b, abrimos o compasso até o ponto 1, traçando o arco que determina o ponto c. Abrindo-se o compasso com a distância de 1 à c e partindo-se do ponto 1, marcamos sôbre a circunferência os cinco lados do polígono desejado.

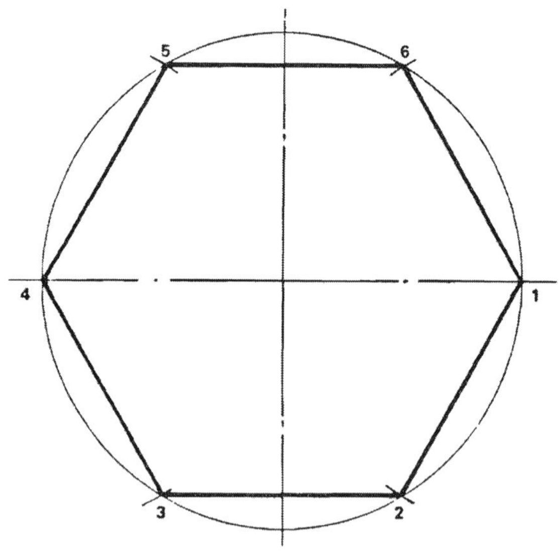

POLÍGONO DE SEIS LADOS (SEXTAVADO)

Traçamos um polígono de 6 (seis) lados, com a mesma abertura do raio que determinamos a circunferência, marcando sôbre a mesma 6 (seis) lados desejados.

Nota: É possível traçar um polígono de 6 (seis) lados com o esquadro de 30° e 60°, e também com o transferidor (neste caso, marcando as divisões de 60° em 60°).

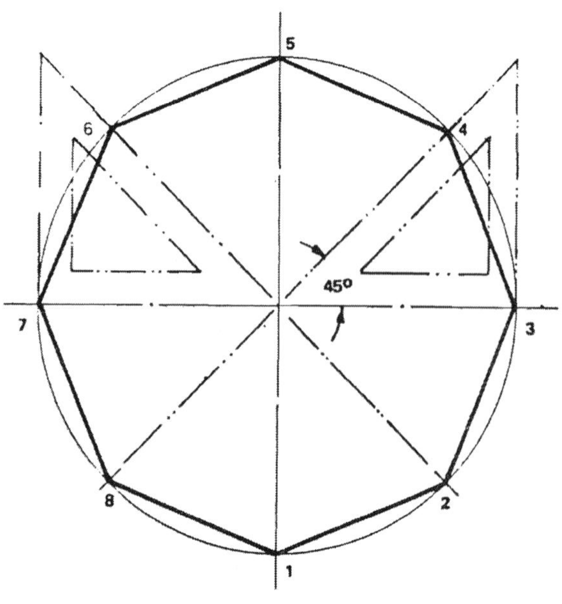

POLÍGONO DE OITO LADOS

1.º Caso: Determinamos um polígono de 8 (oito) lados com o esquadro de 45°, conforme ilustração ao lado.

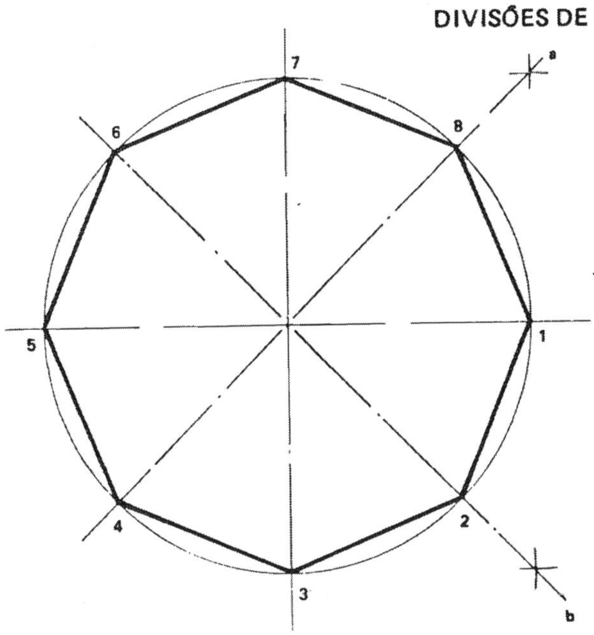

POLÍGONO DE OITO LADOS

2.º Caso: Para dividir a circunferência em 8 (oito) partes iguais com o compasso, com centro sôbre a circunferência, na linha de centro em 1, com abertura igual ao raio, fazemos um arco para cada lado da circunferência; depois mudando o centro do compasso para a outra linha de centro em 3 e 7, com a mesma abertura, fazemos os cruzamentos a e b. A seguir, traça-se as linhas 8-4 e 2 6 que passam, respectivamente, pelos cruzamentos a e b e pelo centro da circunferência, determinando assim, o polígono de 8 (oito) lados.

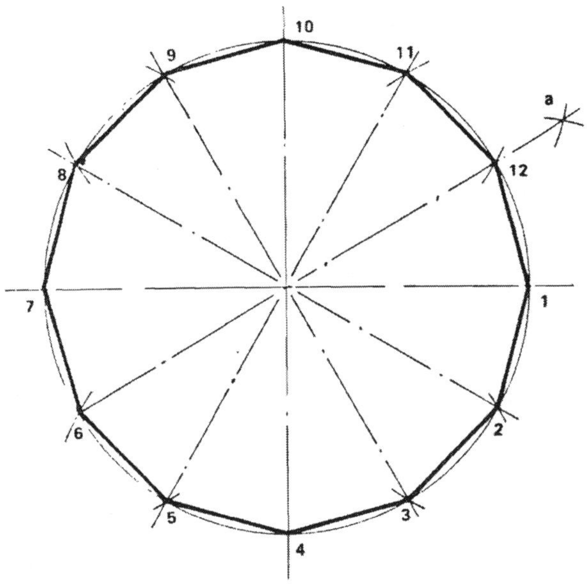

POLÍGONO DE DOZE LADOS

Para determinar um polígono de 12 (doze) lados, marcamos sôbre a circunferência inicialmente 6 divisões, 1, 3, 5, 7, 9 e 11. A seguir, dividimos ao meio um dos lados, por exemplo 1-11, determinando o ponto 12. Agora, com abertura do compasso igual ao raio e, partindo-se do ponto 12, marcamos os pontos 2, 4, 6, 8 e 10.

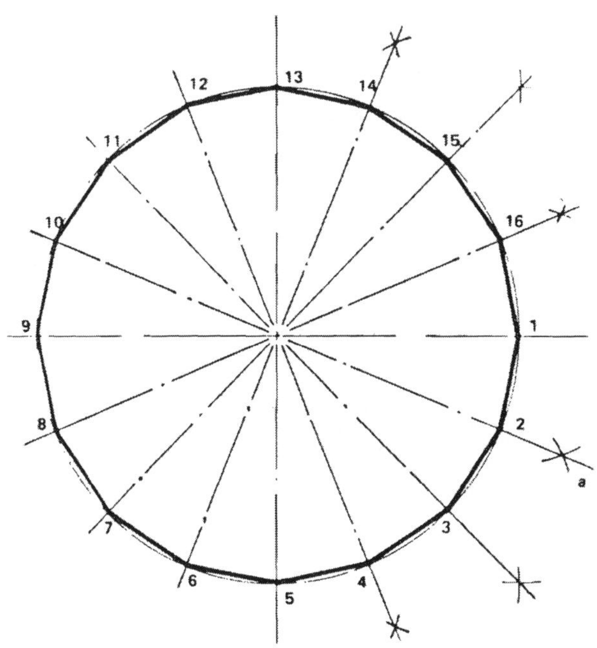

POLÍGONO DE DEZESSEIS LADOS

Para dividir uma circunferência em 16 (dezesseis) lados iguais, usar o mesmo processo utilizado para o polígono de 8 lados. Assim, divide-se os arcos 1-13 e 1-5 ao meio, determinando os pontos 15 e 3. A seguir, divide-se também, ao meio, os arcos 1-15, 15-13, 1-3 e 3-5 determinando os pontos 16, 14, 2 e 4, através dos quais cruzamos a circunferência com linhas que passam pelo centro da mesma, obtendo-se os pontos 1, 7, 8, 9, 10 11 e 12 que junto com os demais, formam os lados do polígono.

DESENVOLVIMENTO LATERAL DO CILINDRO

Para desenvolvermos o cilindro representado nas figuras A e B (planta e elevação) procedemos como segue: traçamos uma reta com comprimento igual ao desenvolvimento da circunferência média ou eixo neutro, e nos extremos dessa reta traçamos linhas perpendiculares com comprimento igual a altura do cilindro as quais unidas por uma reta determinam o desenvolvimento do cilindro conforme nos mostra a figura C.

Circunferência Média ou Eixo Neutro

A circunferência média ou eixo neutro é a circunferência que passa pela metade da espessura da chapa.

Como nesse exercício é dado o diâmetro interior e a espessura da chapa, o desenvolvimento da circunferência média é igual ao resultado do diâmetro interno mais a espessura da chapa multiplicado por 3,1416.

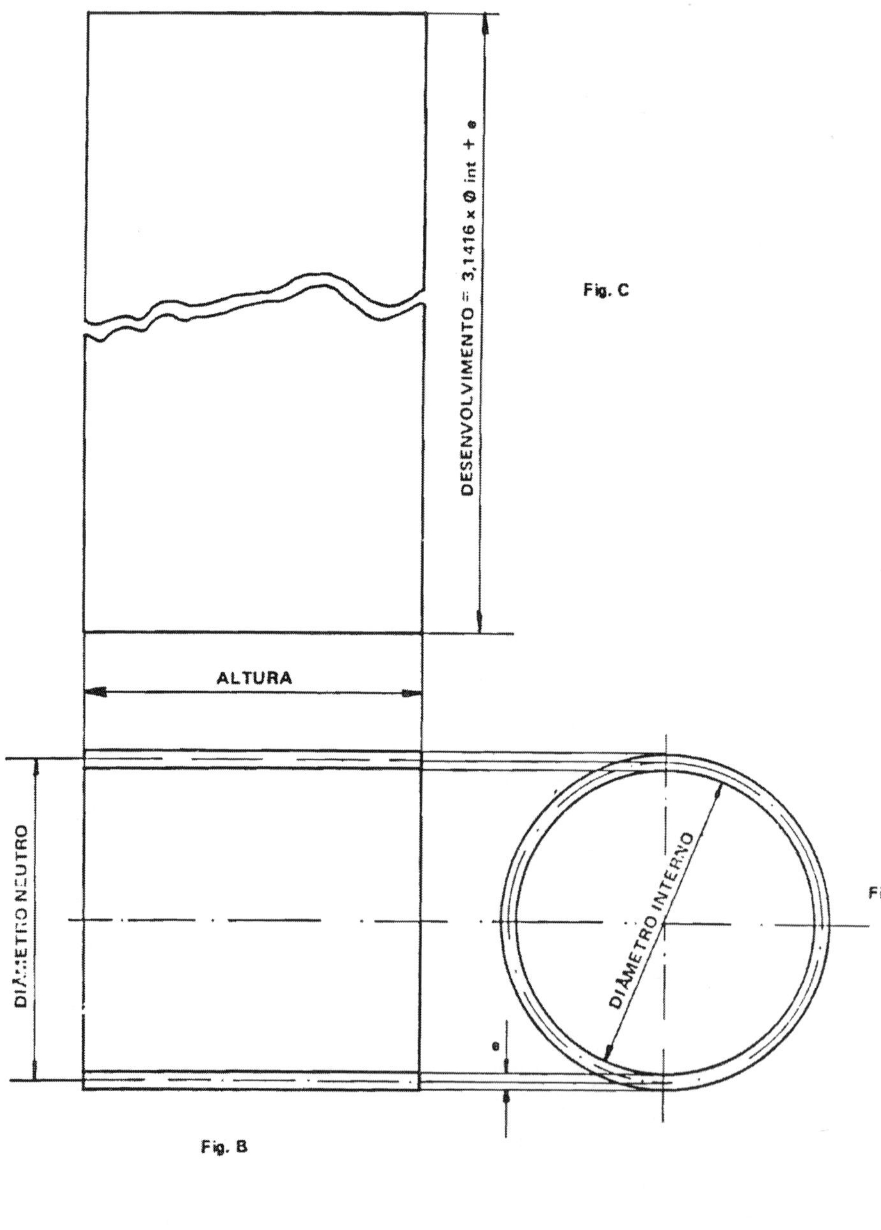

Fig. C

Fig. A

Fig. B

DERIVAÇÃO SOLDADA A 15°

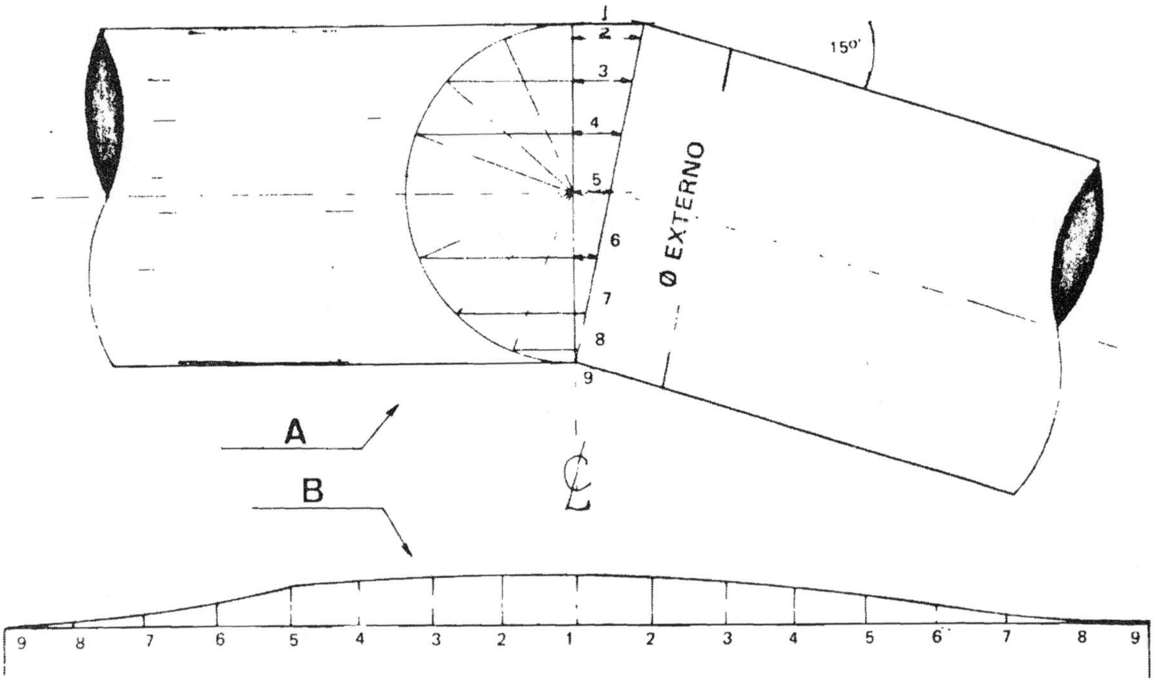

Para desenvolver uma derivação a 15°, primeiro traçamos a (Fig. A), mas temos que dividir a inclinação por dois (2). Ex.: 15° / 2 = 7° 30", assim determinamos a inclinação de cada tubo da linha de centro de um dos tubos. Traçamos uma semi-circunferência, que dividiremos em oito (8) partes iguais por estes pontos, projetamos retas paralelas com a linha de centro, até a linha inclinada, determinada pelo ângulo, assim ficam determinadas o comprimento de cada ordenadas de 1 a 9. Para traçarmos o desenvolvimento, marcamos sobre uma reta horizontal, dezesseis (16) vãos igualmente espaçados, que correspondem igual a (3,1416 x Ø int. + 1 espessura) / 16 e sobre esses pontos, levantamos retas perpendiculares e, tomando da (Fig. A), o comprimento de cada ordenada que é de 1 a 9, marcamos sobre cada linha correspondente, determinando, assim, a (Fig. B), depois é só fazer outra peça idêntica a esta, e está pronta a derivação.

OBSERVAÇÃO: Ao lado tem uma tabela calculada para traçarmos o desenvolvimento, sem haver necessidade de procedermos o traçado da (Fig. A) acima, somente o da (Fig. B), pegando os valores correspondentes na tabela.

Diâmetro Nominal do Tubo	Distância Externa do Tubo	Comprim da Circ Externa	Distância Entre Vãos	DERIVAÇÃO SOLDADA A 15º (COMPRIMENTO DAS ORDENADAS EM MILÍMETROS)								
				1	2	3	4	5	6	7	8	9
50,80	60,33	189,71	11,91	7,94	7,94	7,14	5,56	3,97	2,38	0,79	0,79	0
76,20	88,90	279,40	17,46	11,91	11,11	9,53	7,94	5,56	3,18	1,59	0,79	0
101,60	114,30	358,78	22,23	15,08	14,29	12,70	10,32	7,94	4,76	2,38	0,79	0
152,40	168,28	528,24	33,34	22,23	21,43	19,05	15,08	11,11	7,14	3,18	0,79	0
203,20	219,08	688,18	42,86	28,58	27,78	24,61	19,84	14,29	8,73	3,97	0,79	0
304,80	323,85	1017,59	63,50	42,86	41,28	36,51	29,37	21,43	13,49	6,35	1,59	0
406,40	406,40	1276,35	80,17	53,18	51,59	46,04	37,31	26,99	16,67	7,94	2,38	0
508,00	508,00	1596,23	100,01	67,47	64,29	57,15	46,04	33,34	20,64	9,53	2,38	0
609,60	609,60	1915,32	119,86	80,17	77,79	69,06	55,56	40,48	24,61	11,91	3,18	0
762,00	762,00	2393,95	149,23	100,81	96,84	85,73	69,06	50,01	30,96	15,08	3,97	0
914,40	914,40	2872,58	179,39	120,65	115,89	103,19	81,76	34,93	37,31	18,26	4,76	0

DERIVAÇÃO SOLDADA A 22° 30'

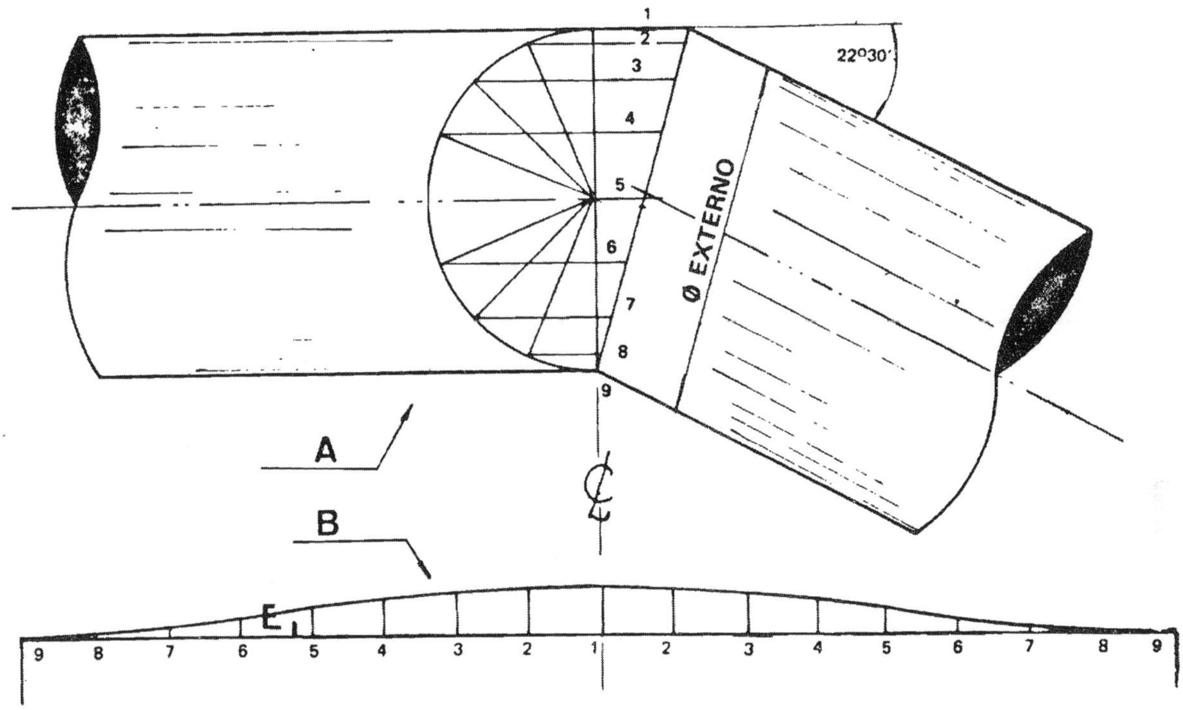

Para desenvolver uma derivação à 22° 30', primeiro traçamos a (Fig. A), mas temos que dividir a inclinação por dois (2). Ex.: 22° 30' / 2 = 11° 15', assim determinamos a inclinação de cada tubo, na linha de centro de um dos tubos, traçamos uma semi-circunferência que dividiremos em oito (8) partes iguais por pontos, projetamos retas paralelas com a linha de centro, até a linha inclinada, determinada pelo ângulo, assim ficam determinadas o comprimento de cada ordenada de 1 a 9. Para traçarmos o desenvolvimento, marcamos sobre uma reta horizontal dezesseis (16) vãos, igualmente espaçados que correspondem igual a (3,1416 x Ø int. + 1 espessura) 16 e sobre esses pontos, levantamos retas perpendiculares e, tomando da (Fig. A), o comprimento de cada ordenada que é de 1 a 9, marcamos sobre cada linha correspondente, determinando, assim, a (Fig. B). Depois é só fazer outra peça idêntica, e está pronta a derivação a 22° 30'.

OBSERVAÇÃO: Ao lado tem uma tabela calculada para traçarmos o desenvolvimento, sem haver necessidade de procedermos o traçado da (Fig. A) acima, somente o da (Fig. B), pegando os valores correspondentes na tabela.

Diâmetro Nominal do Tubo	Diâmetro Externo do Tubo	Comprim. da Circ. Externo	Distância Entre Vãos	DERIVAÇÃO SOLDADA A 22º,30' (COMPRIMENTO DAS ORDENADAS EM MILÍMETROS)								
				1	2	3	4	5	6	7	8	9
50,80	60,33	189,71	11,91	11,91	11,11	10,32	8,73	5,56	3,97	1,59	0,79	0
76,20	88,90	279,40	17,46	17,46	16,67	15,08	12,70	8,73	5,56	2,38	0,79	0
101,60	114,30	358,78	22,23	22,23	22,23	19,05	15,88	11,11	7,14	3,18	0,79	0
152,40	168,28	528,64	23,81	23,81	32,54	28,58	23,02	16,67	10,32	4,76	1,59	0
203,20	219,08	668,18	42,86	27,78	42,07	37,31	30,16	22,23	13,49	6,35	1,59	0
304,80	323,85	1017,59	63,50	59,53	61,91	54,77	44,45	32,54	19,84	9,53	2,38	0
406,40	406,40	1276,35	80,17	80,96	77,79	69,06	55,56	40,48	24,61	11,91	3,18	0
508,00	508,00	1593,06	100,01	100,81	97,63	86,52	69,85	50,80	30,96	15,08	3,97	0
609,60	609,60	1915,32	119,86	120,65	111,92	103,19	84,14	60,33	37,31	18,26	4,76	0
762,00	762,00	2394,00	149,23	151,61	146,05	129,38	104,78	76,20	46,83	22,23	5,56	0
914,40	914,40	2872,58	179,39	181,77	175,42	155,58	123,03	91,28	56,36	26,99	7,14	0

DERIVAÇÃO SOLDADA À 30º

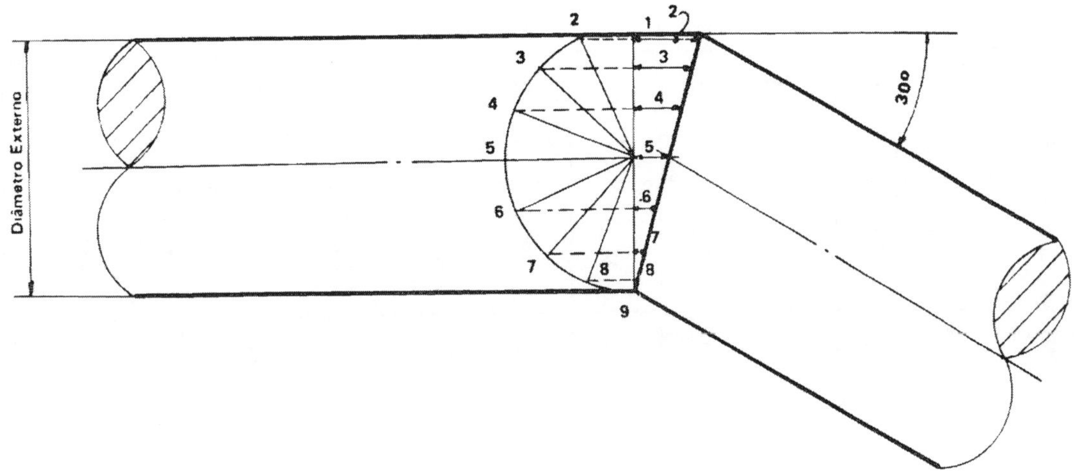

Figura "A"

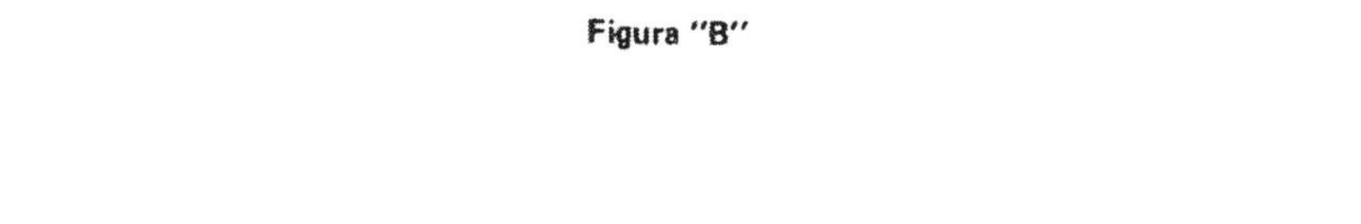

Figura "B"

Para desenvolver uma derivação à 30º, primeiro traçamos a (Fig. A) mas temos que dividir a inclinação por 2 (dois). Ex.: $\frac{30^\circ}{2} = 15^\circ$ assim determinamos a inclinação do corte de cada tubo. Na linha de centro de um deles, traçamos uma semi-circunferência que dividiremos em 8 (oito) partes iguais. Por êstes pontos projetamos paralelas à linha de centro até a linha inclinada (15º); assim determinamos o comprimento de cada ordenada de 1 à 9. Para traçarmos o desenvolvimento, marcamos sôbre uma reta horizontal 16 (dezesseis) vãos igualmente espaçados que correspondem a:

$\frac{3{,}1416 \times \text{diâmetro externo}}{16}$ e sôbre estes pontos levantamos retas perpendiculares cujos comprimentos tomamos nas ordenadas (de 1 à 9) da (Fig. A), marcando essas distâncias sôbre cada linha correspondente, determinando assim a (Fig. B).

Diâmetro Nominal do Tubo	Diâmetro Externo do Tubo	Comprim. da Circ. Externa	Distância Entre Vãos	TABELA PARA COTOVELO 30° (COMPRIMENTO DAS ORDENADAS EM MILÍMETROS)								
				1	2	3	4	5	6	7	8	9
50,80	60,33	189,71	11,91	16,67	15,88	14,29	11,11	7,94	4,76	2,38	0,79	0
76,20	88,90	279,40	17,46	23,81	23,02	20,64	16,67	11,91	7,14	3,18	0,79	0
101,60	114,30	358,78	22,23	30,16	29,37	25,40	21,43	15,08	9,53	4,76	1,59	0
152,40	168,28	528,64	33,34	45,24	43,66	38,89	30,96	22,23	14,29	6,35	1,59	0
203,20	219,08	688,18	42,86	58,74	56,36	50,01	40,48	29,37	18,26	8,73	2,38	0
304,80	349,25	1017,69	63,50	86,52	83,34	73,82	60,33	43,66	26,99	12,70	3,18	0
406,40	406,40	1276,35	80,17	108,74	104,78	92,87	74,61	53,98	33,34	15,88	3,97	0
508,00	508,00	1596,23	100,01	136,53	130,97	115,89	94,46	68,26	42,07	19,84	4,76	0
609,60	609,60	1915,32	119,86	162,72	157,16	139,70	112,71	81,76	50,80	23,81	6,35	0
762,00	762,00	2393,95	149,23	203,99	196,85	174,63	141,29	101,60	62,71	30,16	7,94	0
914,40	914,40	2872,58	179,39	244,48	235,74	208,76	166,69	122,24	67,47	35,72	9,53	0

TRAÇADOS (Conexões fabricadas no Local da Obra)

Para fabricação destas conexões que deverão ser soldadas, o Encanador deve fazer o Traçado (Desenvolvimento) de cada peça; podendo ser de um tubo, com derivações, ou em chapa.

A seguir, mostramos como proceder para desenvolver o Traçado das peças mais comuns, usadas em Tubulação Industrial, através do Desenho, Desenvolvimento e Descrição.

DERIVAÇÃO SOLDADA A 45°

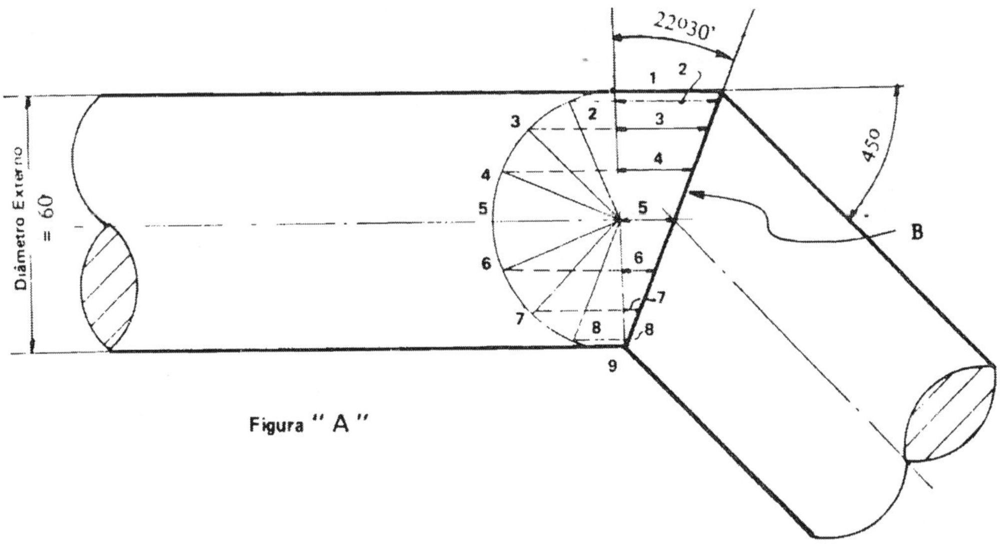

Figura " A "

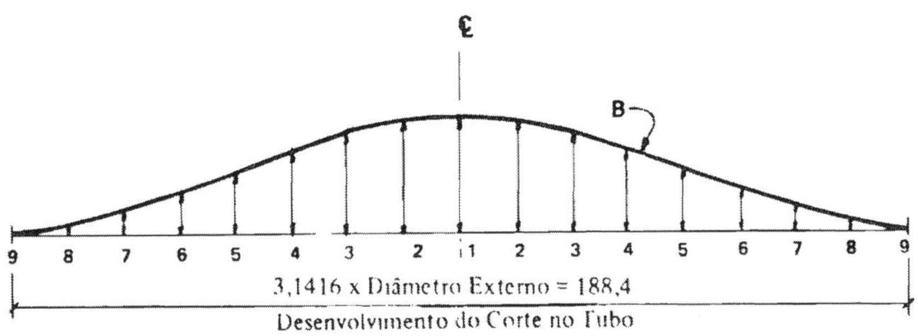

Figura " B "

Para desenvolver uma derivação à 45°, primeiro traçamos a (Fig. A) mas temos que dividir a inclinação por 2 (dois). Ex.: $\frac{45^\circ}{2} = 22^\circ 30'$ assim determinamos a inclinação do corte de cada tubo. Na linha de centro de um deles traçamos uma semi-circunferência, que dividiremos em 8 (oito) partes iguais. Por estes pontos projetamos paralelas à linha de centro até a linha inclinada (22° 30'); assim ficam determinados os comprimentos de cada ordenada de 1 à 9. Para traçarmos o desenvolvimento, marcamos sôbre uma reta horizontal, 16 (dezesseis) vãos igualmente espaçados que correspondem à:

$\frac{3,1416 \times \text{diâmetro externo}}{16}$, e sôbre estes pontos levantamos retas perpendiculares cujos comprimentos tomamos nas ordenadas (de 1 à 9) da (Fig. A), marcando essas distâncias sôbre a linha correspondente na (Fig. B).

Diâmetro Nominal do Tubo	Diâmetro Externo do Tubo	Comprim. da Circ. Externa	Distância Entre Vãos	DERIVAÇÃO SOLDADA A 45° (COMPRIMENTO DAS ORDENADAS EM MILÍMETROS)								
				1	2	3	4	5	6	7	8	9
50,80	60,33	189,71	11,91	25,40	23,81	21,43	17,46	11,91	7,94	3,18	0,79	0
76,20	88,90	279,40	17,46	36,51	34,93	30,96	25,40	18,26	11,11	5,56	1,59	0
101,60	114,30	358,78	22,23	47,63	45,24	40,48	32,54	23,81	15,08	7,14	1,59	0
152,40	168,28	528,64	33,34	69,85	67,47	59,53	48,42	34,93	21,43	10,32	2,38	0
203,20	219,08	688,18	42,86	90,49	87,31	88,90	62,71	45,24	27,78	13,49	3,18	0
304,80	349,25	1017,59	63,50	134,14	129,38	114,30	92,87	67,47	41,28	19,84	4,76	0
406,40	406,40	1276,35	80,17	168,28	161,93	142,88	116,68	80,17	51,59	24,61	6,35	0
508,00	508,00	1596,23	100,01	210,34	202,41	179,39	145,26	104,78	65,09	30,96	7,94	0
609,60	609,60	1661,32	119,86	252,41	242,89	215,90	174,63	126,21	77,79	36,51	9,53	0
762,00	762,00	2393,95	149,23	315,12	303,21	269,08	218,28	157,96	97,63	35,72	11,91	0
914,40	914,40	2872,58	179,39	378,62	364,33	399,26	256,38	188,91	116,68	55,56	14,29	0

DERIVAÇÃO SOLDADA À 90º

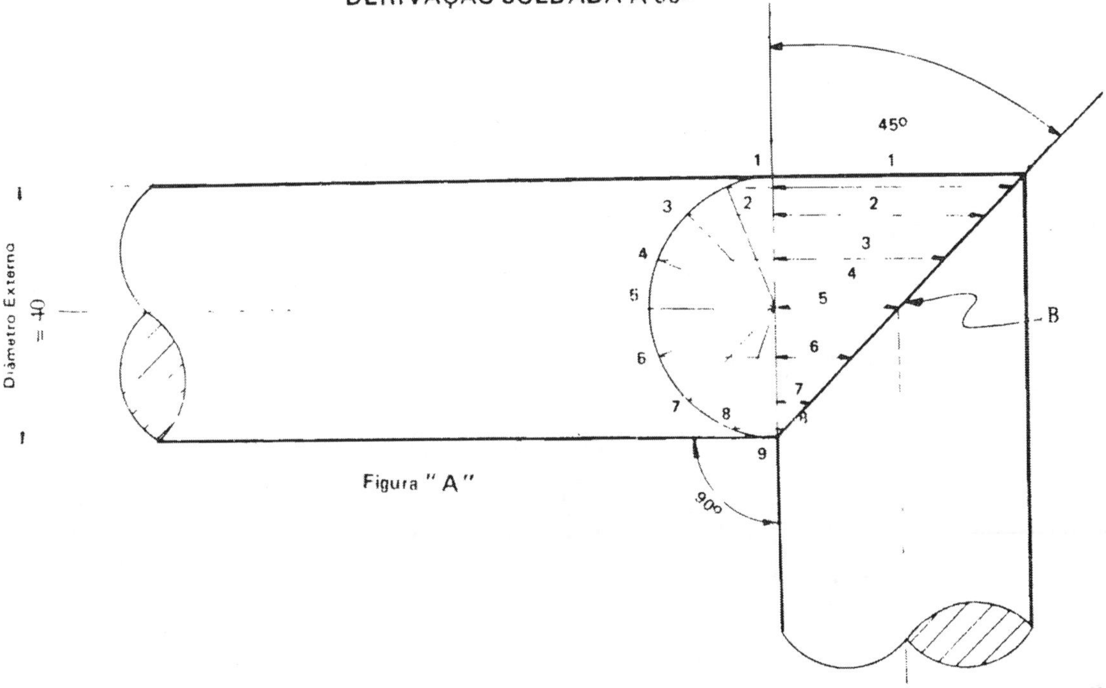

Figura " A "

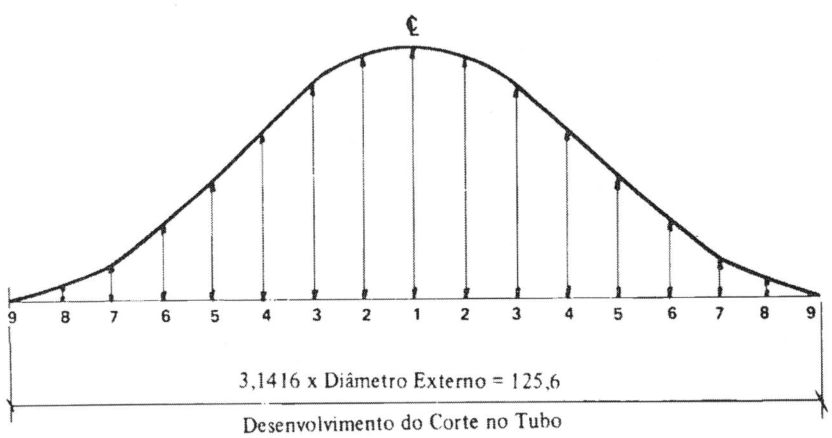

Figura " B"

Para desenvolver uma derivação à 90º, primeiro traçamos a (Fig. A) mas temos que dividir a inclinação por 2 (dois). Ex.: $\frac{90^\circ}{2} = 45^\circ$ assim determinamos a inclinação do corte de cada tubo. Na linha de centro de um deles, traçamos uma semi-circunferência que dividiremos em 8 (oito) partes iguais. Por êstes pontos projetamos paralelas à linha de centro até a linha inclinada (45º); assim determinamos o comprimento de cada ordenada de 1 à 9. Para traçarmos o desenvolvimento, marcamos sôbre uma reta horizontal 16 (dezesseis) vãos igualmente espaçados que correspondem a:

$\frac{3{,}1416 \text{ x diâmetro externo}}{16}$ e sôbre êstes pontos levantamos retas perpendiculares cujos comprimentos tomamos nas ordenadas (de 1 à 9) da (Fig. A), marcando essas distâncias sôbre cada linha correspondente, determinando assim a (Fig. B).

Diâmetro Nominal do Tubo	Diâmetro Externo do Tubo	Comprim da Circ. Externa	Distância Entre Vãos	DERIVAÇÃO SOLDADA A 90° (COMPRIMENTO DAS ORDENADAS EM MILÍMETROS)								
				1	2	3	4	5	6	7	8	9
50,80	60,32	189,70	11,90	60,32	57,94	51,59	42,46	30,16	18,25	8,73	2,38	0
76,20	88,90	279,40	17,46	88,90	85,72	76,20	61,91	44,45	27,78	13,49	3,18	0
101,60	114,30	358,77	22,22	114,30	109,54	96,84	78,58	57,15	35,72	17,46	4,76	0
152,40	168,27	528,63	33,33	167,48	161,92	143,66	116,88	84,14	51,59	24,61	6,35	0
203,20	210,07	688,18	39,86	218,28	210,34	186,53	151,60	109,54	67,47	31,75	8,73	0
304,80	298,45	1017,58	63,50	323,06	311,15	276,22	223,33	161,93	100,01	47,63	12,70	0
406,80	406,40	1276,35	80,70	405,61	390,53	346,08	280,99	203,20	125,41	59,53	15,88	0
508,00	508,00	1596,23	100,01	507,21	488,95	433,39	350,84	254,00	157,16	74,61	19,05	0
609,60	609,60	1915,32	129,85	761,21	586,58	520,70	421,48	304,80	188,12	88,90	23,02	0
762,00	762,00	2393,95	149,22	862,81	733,43	650,88	527,05	381,00	234,95	111,13	28,58	0
914,40	914,40	2875,81	179,38	912,81	880,27	779,46	619,92	457,20	281,78	134,94	34,13	0

CURVA DE GOMO COM DERIVAÇÃO A 45° COM 2 SOLDAS

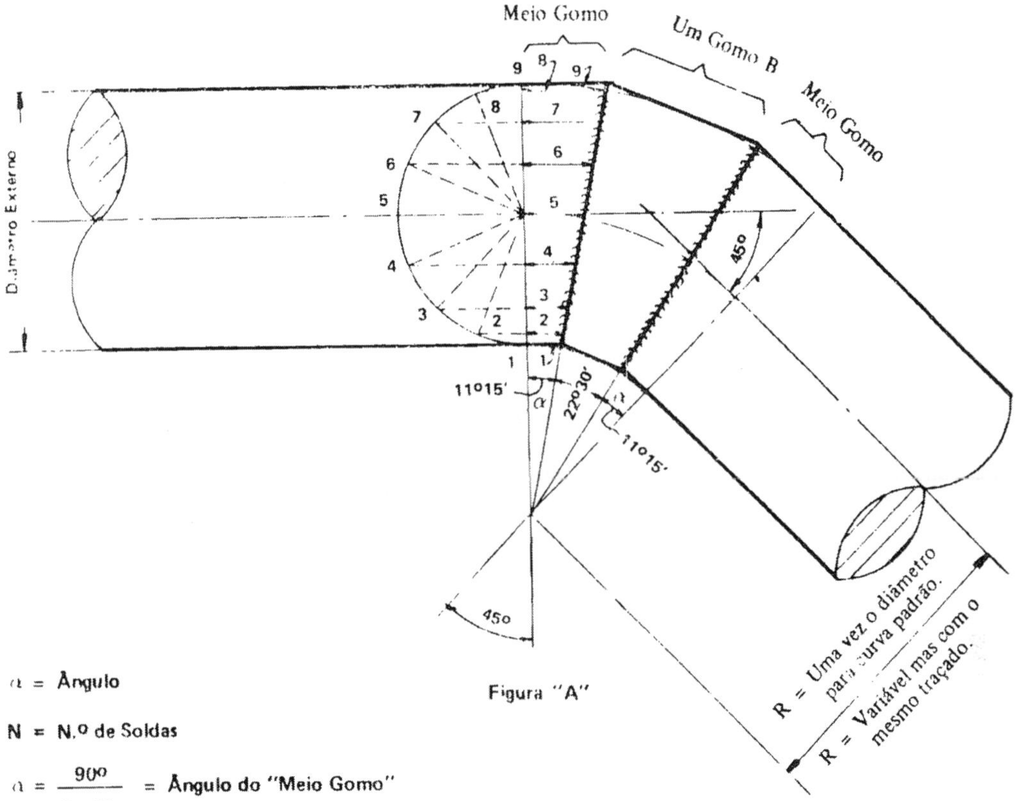

Figura "A"

α = Ângulo

N = N.º de Soldas

$\alpha = \dfrac{90°}{2 \cdot N}$ = Ângulo do "Meio Gomo"

Nota: Para fazer o desenvolvimento usar o diâmetro externo.

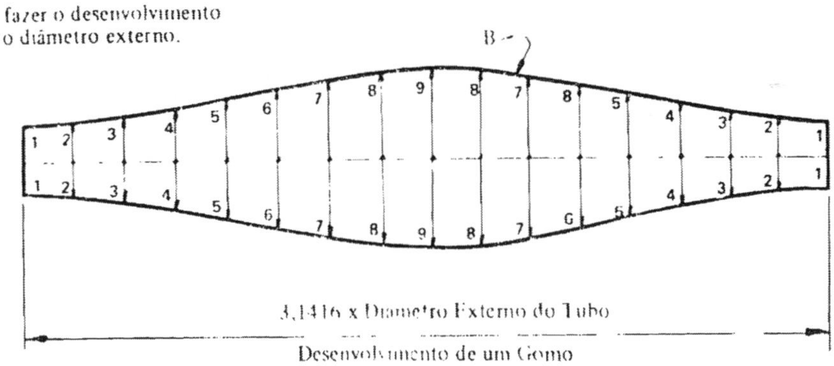

Figura "B"

Para desenvolver uma curva de gomo a 45°, primeiro temos que traçar a (Fig. A). Depois traçamos uma semi-circunferência que dividiremos em 8 (oito) partes iguais; a partir destes pontos, projetamos paralelas à linha de centro até a primeira linha inclinada, (11° 15'), conforme mostra a (Fig. A); assim determinamos o comprimento das ordenadas de 1 a 9. Para o desenvolvimento de um gomo, traçamos uma reta horizontal e marcamos 16 vãos igualmente espaçados equivalentes a 3,1416 x Ø/16, sobre os quais traçamos retas perpendiculares. Depois transportamos as ordenadas da (Fig. A), para um e outro lado da horizontal, ligando-se suas extremidades, conforme mostra a (Fig. B).

CURVA DE GOMO COM DERIVAÇÃO À 45° COM 3 SOLDAS

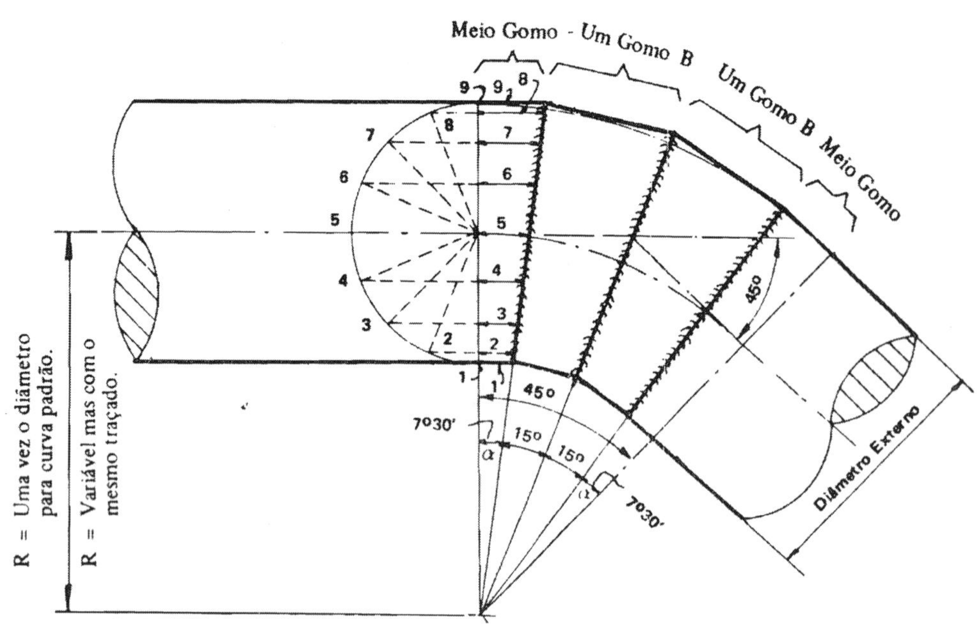

Figura "A"

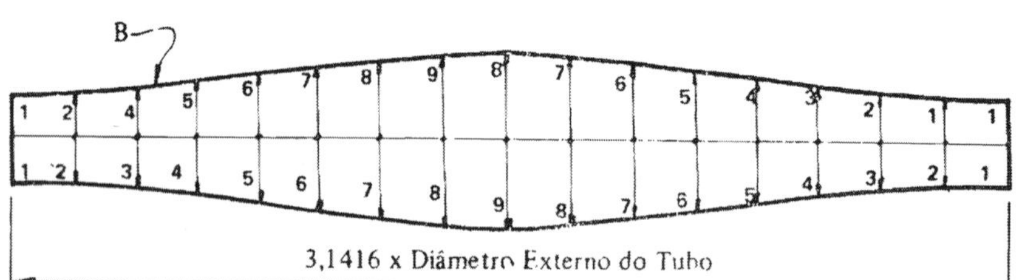

Desenvolvimento de um Gomo
Divisão: 16 partes iguais.

Fig. B

Nota: Para fazer o desenvolvimento, usar o diâmetro externo.

Figura "B"

α = **Ângulo**

N = **N.º de Soldas**

$\alpha = \frac{45^\circ}{2 \cdot N}$ = **Ângulo do "Meio Gomo"**

Para desenvolver uma curva de gomo a 45°, primeiro temos que traçar a (Fig. A). Depois traçamos uma semi-circunferência que dividiremos em 8 (oito) partes iguais; a partir destes pontos, projetamos paralelas à linha de centro até a primeira linha inclinada, (7° 30'), conforme mostra a (Fig. A); assim determinamos o comprimento das ordenadas de 1 a 9. Para o desenvolvimento de um gomo, traçamos uma reta horizontal e marcamos 16 vãos igualmente espaçados equivalentes a 3,1416 x Ø/16, sobre os quais traçamos retas perpendiculares. Depois transportamos as ordenadas da (Fig. A), para um e outro lado da horizontal, ligando-se suas extremidades, conforme mostra a (Fig. B).

CURVA DE GOMO COM DERIVAÇÃO À 60º COM DUAS SOLDAS

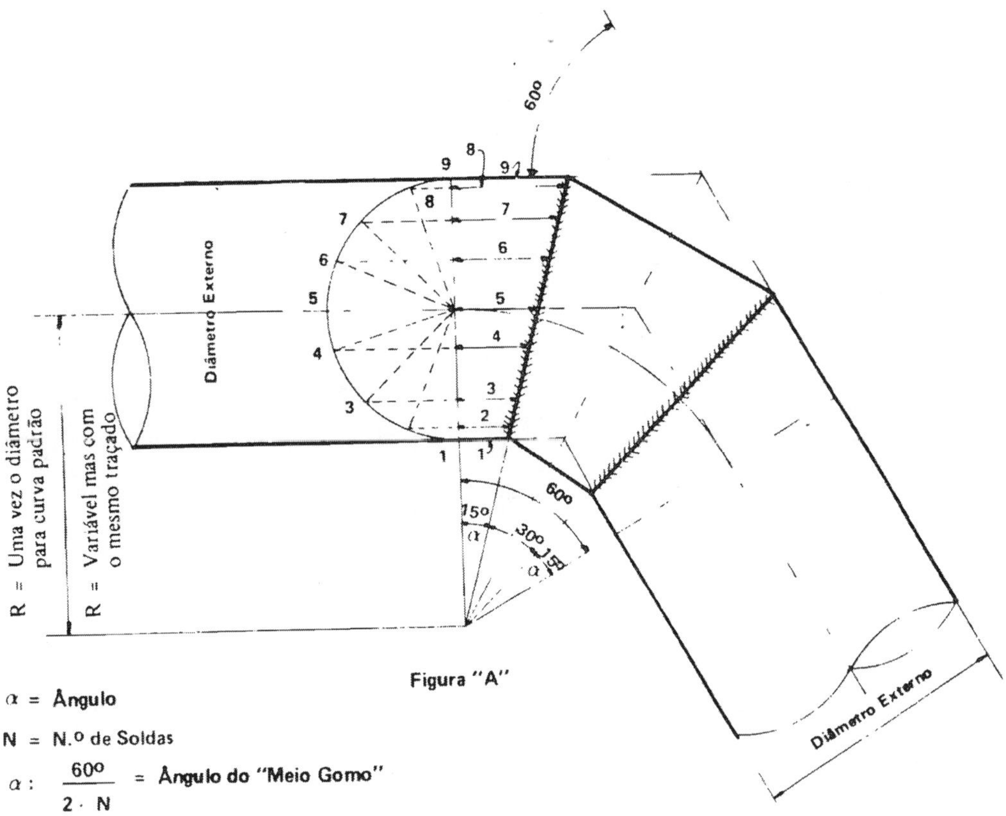

Figura "A"

α = Ângulo

N = N.º de Soldas

$\alpha : \dfrac{60^{\circ}}{2 \cdot N}$ = Ângulo do "Meio Gomo"

Nota: Para fazer o desenvolvimento, usar o diâmetro externo.

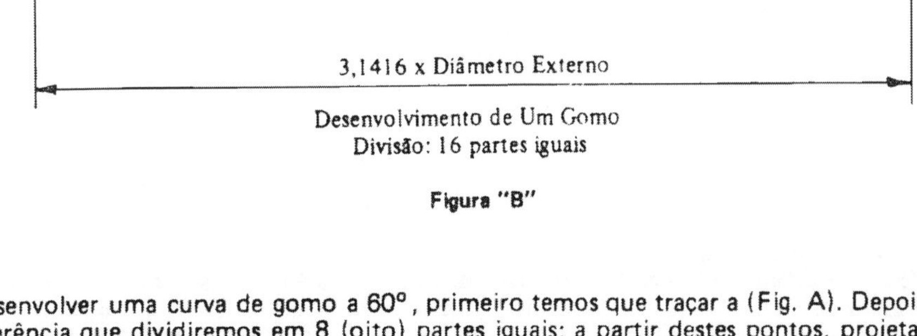

Desenvolvimento de Um Gomo
Divisão: 16 partes iguais

Figura "B"

Para desenvolver uma curva de gomo a 60°, primeiro temos que traçar a (Fig. A). Depois traçamos uma semi-circunferência que dividiremos em 8 (oito) partes iguais; a partir destes pontos, projetamos paralelas à linha de centro até a primeira linha inclinada, (15°), conforme mostra a (Fig. A); assim determinamos o comprimento das ordenadas de 1 a 9. Para o desenvolvimento de um gomo, traçamos uma reta horizontal e marcamos 16 vãos igualmente espaçados equivalentes a 3,1416 x Ø/16, sobre os quais traçamos retas perpendiculares. Depois transportamos as ordenadas da (Fig. A), para um e outro lado da horizontal, ligando-se suas extremidades, conforme mostra a (Fig. B).

CURVA DE GOMO COM DERIVAÇÃO À 60º COM 3 SOLDAS

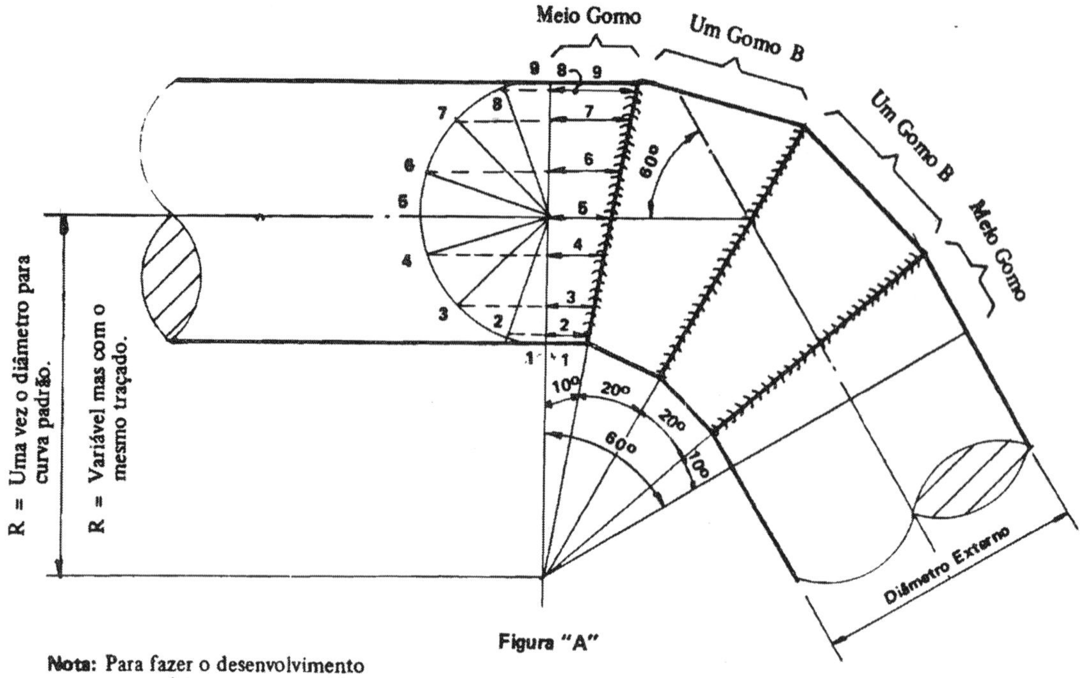

Figura "A"

Nota: Para fazer o desenvolvimento usar o diâmetro externo.

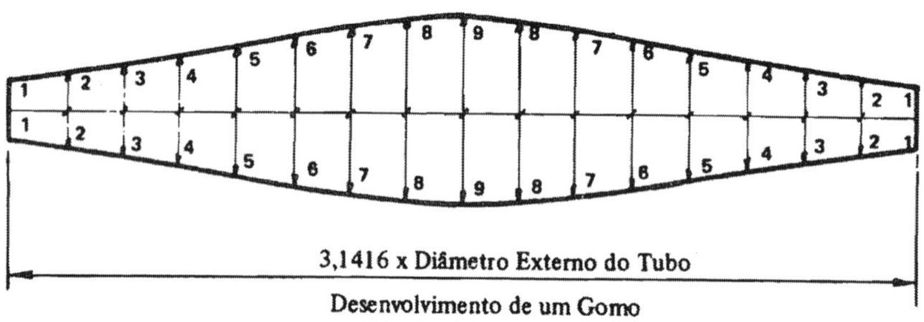

Desenvolvimento de um Gomo
Divisão: 16 partes iguais

α = **Ângulo**

N = N.º de Soldas

$\alpha = \frac{60^\circ}{2 \cdot N}$ = **O Ângulo do Meio Gomo**

Figura "B"

Para desenvolver uma curva de gomo a 60º, primeiro temos que traçar a (Fig. A). Deposi traçamos uma semi-circunferência que dividiremos em 8 (oito) partes iguais; a partir destes pontos, projetamos paralelas a linha de centro até a primeira linha inclinada (10º), conforme mostra a (Fig. A); assim determinamos os comprimentos das ordenadas de 1 a 9. Para o desenvolvimento de um gomo, traçamos uma reta horizontal e marcamos 16 vãos igualmente espaçados equivalentes a 3,1416 x $\emptyset/16$, sobre os quais traçamos retas perpendiculares. Depois transportamos as ordenadas da (Fig. A), para um e outro lado da horizontal, ligando-se suas extremidades, conforme mostra a (Fig. B).

CURVA DE GOMO COM DERIVAÇAO A 90° COM DUAS SOLDAS

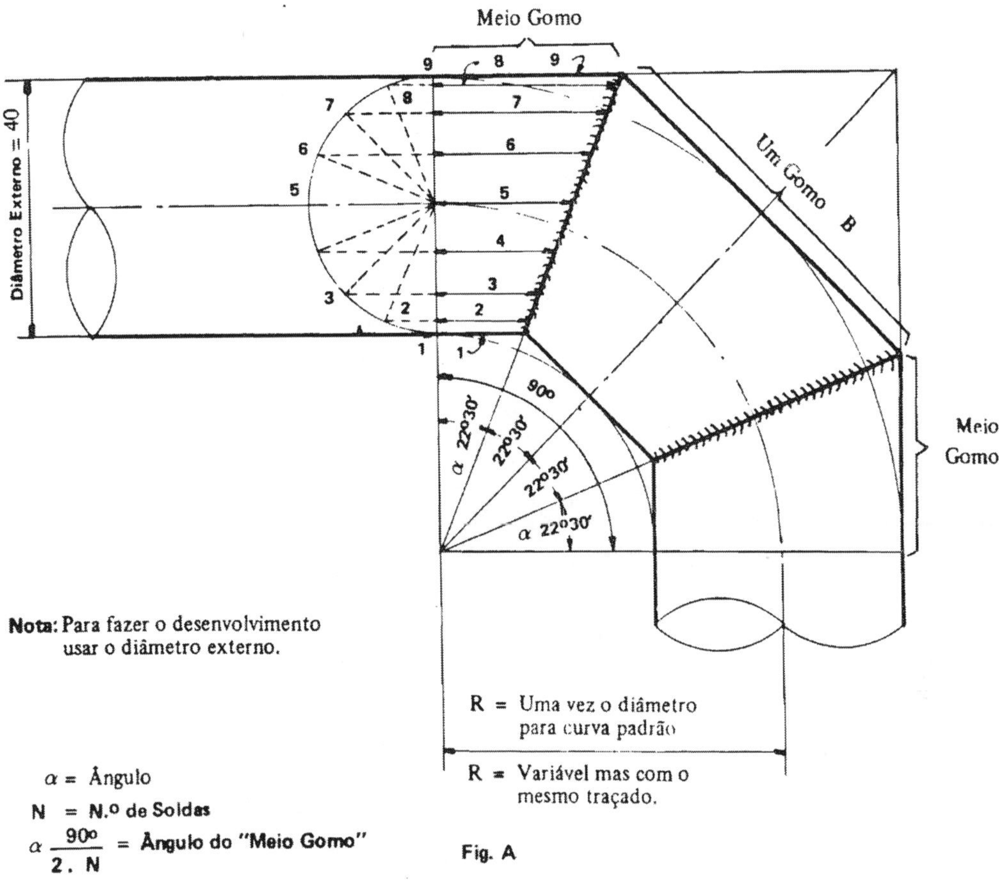

Fig. A

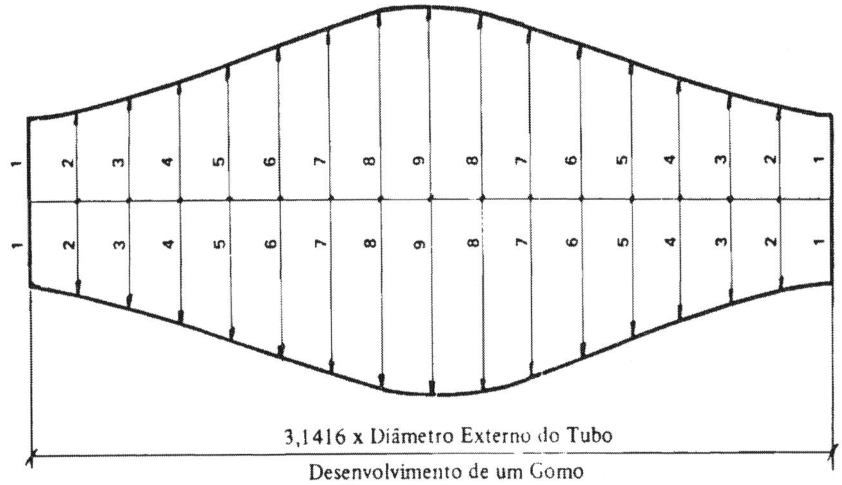

Fig. B

Para desenvolver uma curva de gomo com duas soldas à 90°, primeiro temos que construir a (Fig. A), depois, traçamos uma semi-circunferência, que dividiremos em 8 (oito) partes iguais; a partir destes pontos, projetamos paralelas à linha de centro até a primeira linha inclinada, (22° 30'), conforme mostra a (Fig. A), assim determinamos o comprimento das ordenadas de 1 à 9. Para o desenvolvimento de um gomo, traçamos uma reta horizontal e marcamos 16 vãos igualmente espaçados equivalentes a 3,1416 x O/16, sobre os quais, traçamos retas perpendiculares. Depois, transportamos as ordenadas para um e outro lado da horizontal, ligando-se suas extremidades, conforme mostra a (Fig. B).

CURVA DE GOMO COM DERIVAÇÃO À 90° COM 3 SOLDAS

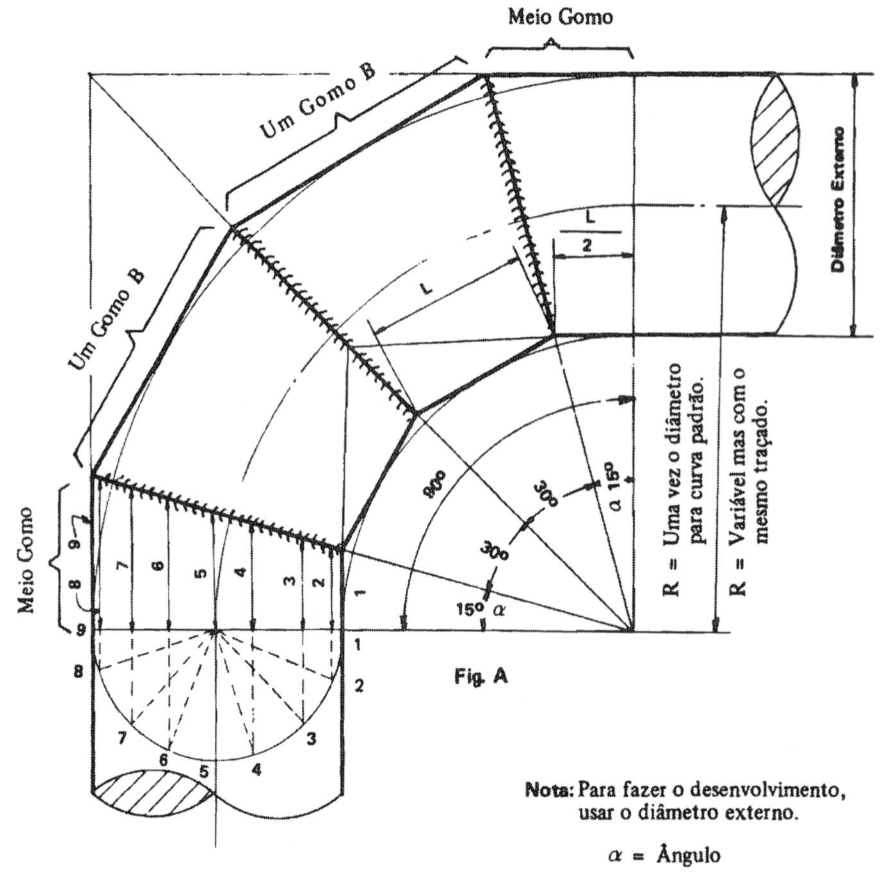

Fig. A

Nota: Para fazer o desenvolvimento, usar o diâmetro externo.

α = Ângulo

N = N.º de soldas

$= \frac{90°}{2 . N}$ = Ângulo dd'Meio Gomo"

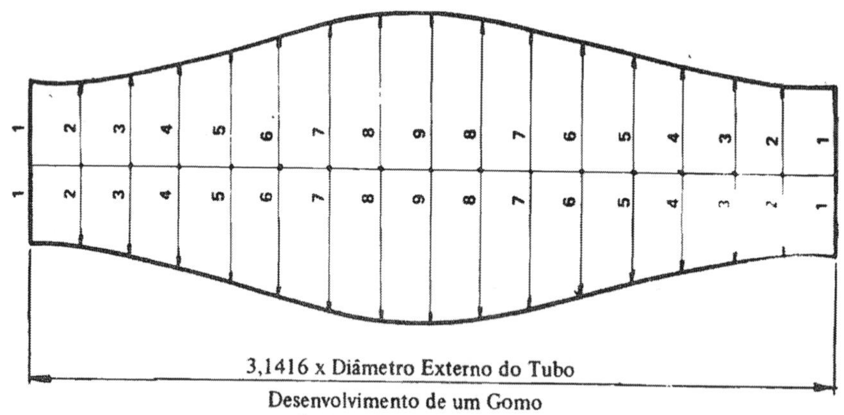

Desenvolvimento de um Gomo
Divisão: 16 partes iguais.

Fig. B

Para desenvolver uma curva de gomo, primeiro temos que traçar a (Fig. A), depois, traçamos uma semi-circunferência que dividiremos em 8 (oito) partes iguais; a partir destes pontos, projetamos paralelas à linha de centro até a primeira linha inclinada, (15°), conforme mostra a (Fig. A), assim determinamos o comprimento das ordenadas de 1 à 9. Para o desenvolvimento de um gomo, traçamos uma reta horizontal e marcamos 16 vãos igualmente espaçados equivalentes a 3,1416 x O/16, sobre os quais traçamos retas perpendiculares. Depois transportamos as ordenadas da (Fig. A), para um e outro lado da horizontal, ligando-se suas extremidades, conforma mostra a (Fig. B).

CURVA DE GOMO COM DERIVAÇÃO À 90° COM 4 SOLDAS

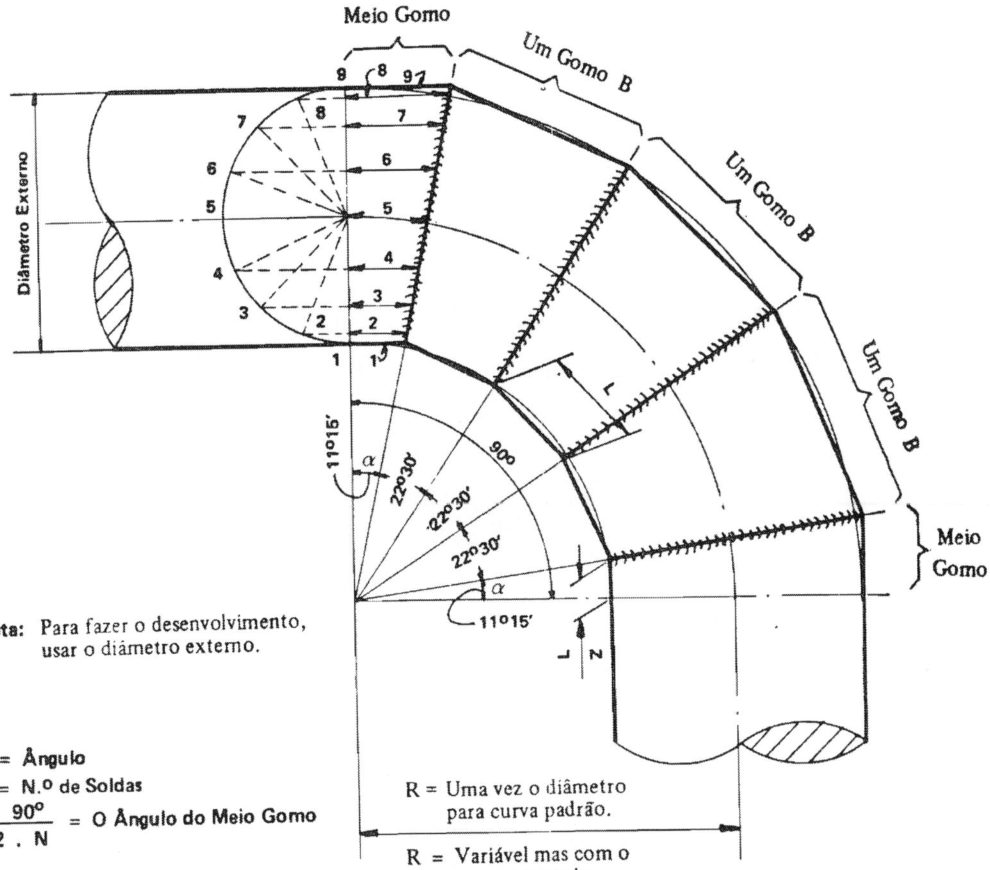

Nota: Para fazer o desenvolvimento, usar o diâmetro externo.

α = **Ângulo**
N = **N.º de Soldas**
$\alpha \dfrac{90^\circ}{2 \cdot N}$ = **O Ângulo do Meio Gomo**

Fig. A

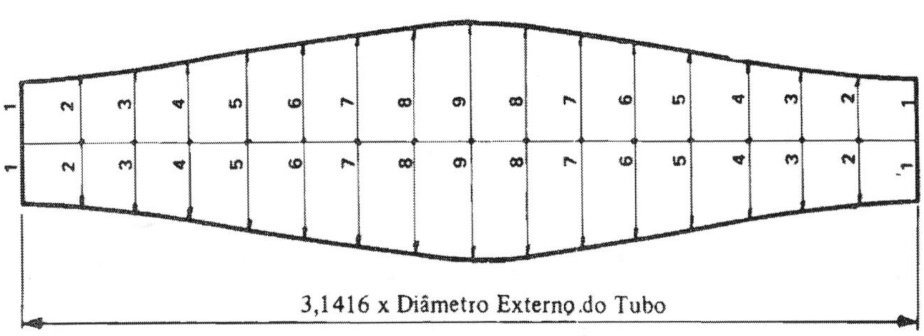

Desenvolvimento de um Gomo
Divisão: 16 partes iguais

Fig. B

Para desenvolver uma curva de gomo, primeiro temos que traçar a (Fig. A), depois traçamos uma semicircunferência, que dividiremos em 8 (oito) partes iguais; a partir destes pontos, projetamos paralelas à linha de centro até a primeira linha inclinada, (11° 15'), conforme mostra a (Fig. A). Assim determinamos o comprimento das ordenadas de 1 a 9. Para o desenvolvimento de um gomo, traçamos uma reta horizontal e marcamos 16 vãos igualmente espaçados equivalentes a 3,1416 x O/16, sobre os quais traçamos retas perpendiculares. Depois transportamos as ordenadas da (Fig. A) para um e outro lado da horizontal, conforme mostra a (Fig. B).

CURVA DE GOMO COM DERIVAÇÃO À 90° COM 5 SOLDAS

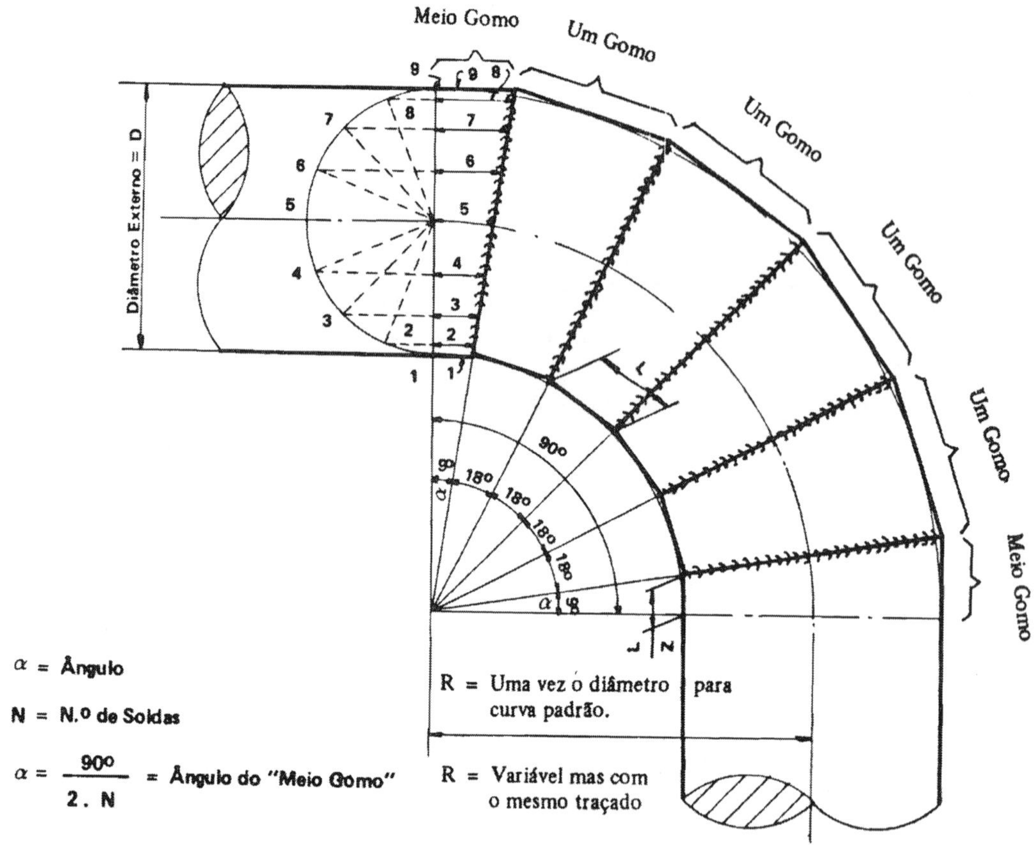

Figura "A"

Nota: Para fazer o desenvolvimento, usar o diâmetro externo.

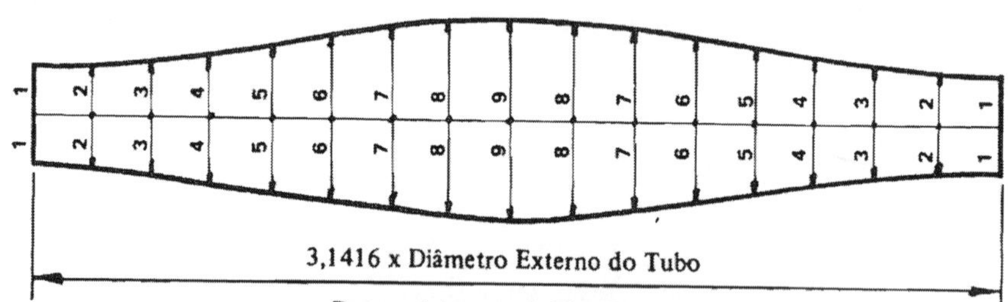

Desenvolvimento de Um Gomo
Divisão: 16 partes iguais

Figura "B"

Para desenvolvermos uma curva de gomo, primeiro temos que traçar a (Fig. A). Depois traçamos uma semi-circunferência que dividiremos em 8 (oito) partes iguais; a partir destes pontos, projetamos paralelas à linha de centro até a primeira linha inclinada, (9°), conforme mostra a (Fig. A), assim determinamos o comprimento das ordenadas de 1 à 9. Para o desenvolvimento de um gomo, traçamos uma reta horizontal, e marcamos 16 vãos igualmente espaçados equivalentes a 3,1416 x O/16, sobre os quais traçamos retas perpendiculares. Depois transportamos as ordenadas da (Fig. A), para um e outro lado da horizontal, conforme mostra a (Fig. B).

CURVA DE REDUÇÃO

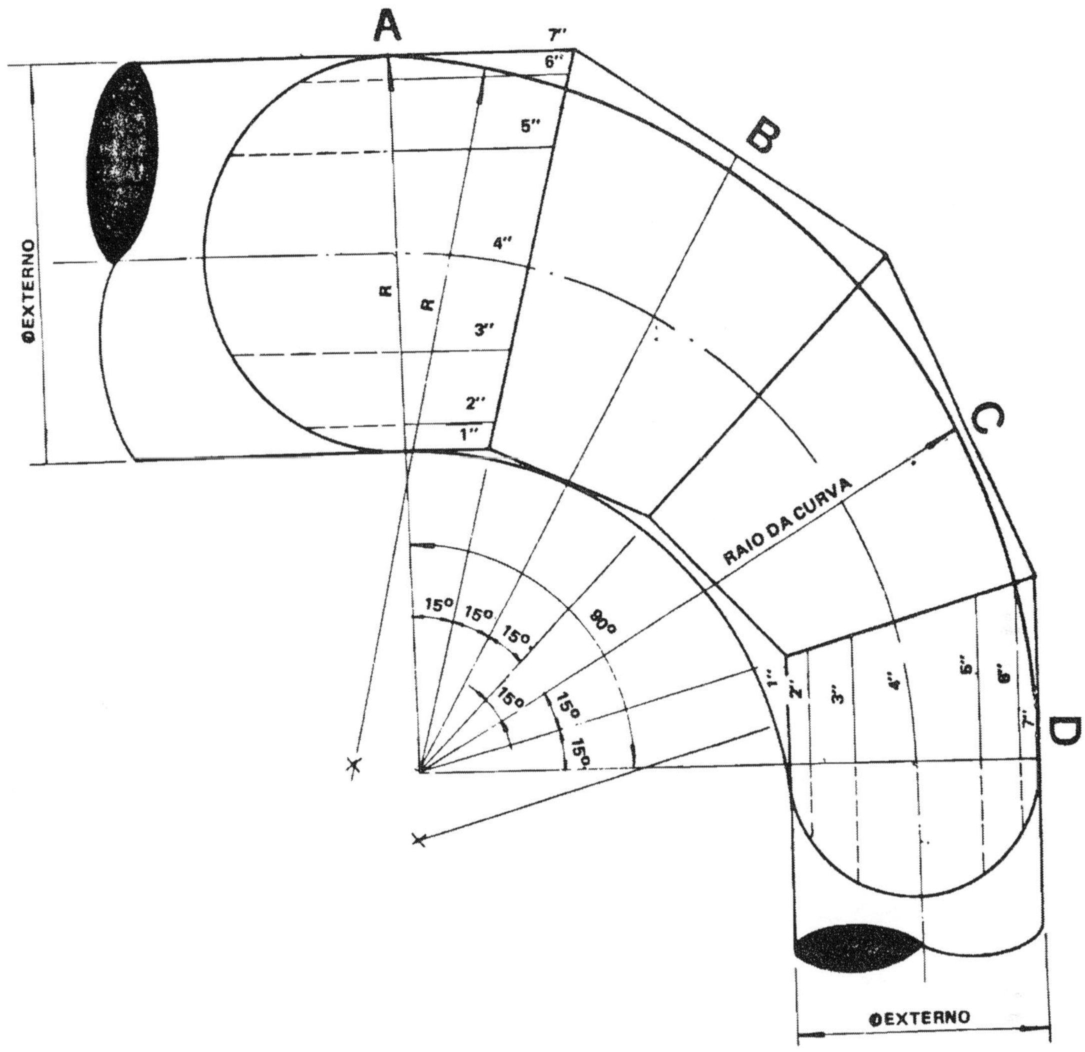

Para traçarmos o desenvolvimento de uma curva de gomo com redução, primeiro isolamos o gomo que vamos desenvolver, com as mesmas dimensões que ele está determinado na curva. Conforme nos mostra a figura B, traçamos uma semi-circunferência em ambas as extremidades do gomo e dividimos em seis (6) partes iguais, as quais identificamos com os pontos 1 a 14. Projetando estes pontos perpendciulares com a extremidade do gomo; para determinarmos as verdadeiras grandezas das retas, ligamos com linhas tracejadas os pontos 14 ao 2 - linha L, 13' ao 3' - linha K e assim sucessivamente para as demais linhas. Para as linhas cheias, o mesmo procedimento. Para traçarmos o desenvolvimento do gomo B, traçamos uma perpendicular com o comprimento de 1 a 14 e, tomando a distância da linha L, com o centro no ponto 14, fazemos um arco em ambos os lados do ponto 1 e, com abertura de mua divisão de circunferência traçada na extremidade menor do gomo e com centro em 1, fazemos o cruzamento, determinando o ponto 2 (dois) tomando a distância da linha "e", com centro em 2, fazemos um arco em ambos os lados do ponto 14 e, com abertura de uma divisão de circunferência, determinada na extremidade maior do gomo B, com centro no ponto 14, fazemos o cruzamento, determinando o ponto 13, e assim sucessivamente para os demais pontos.

NOTA: Faça o desenvolvimento do gomo C de acordo com o processo do desenvolvimento do gomo B. Para os gomos A e D, seus processos são idênticos ao processo de desenvolvimetno de uma curva de gomo comum.

Este processo é o mais eficaz para o desenvolvimento de curva de redução:

DESENVOLVIMENTO DO GOMO "B"

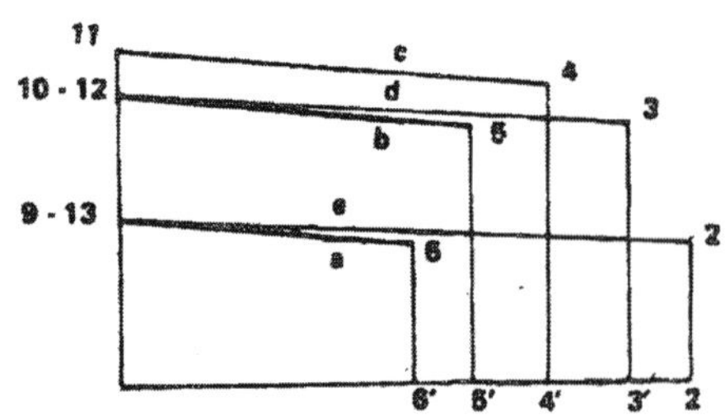

V.G.

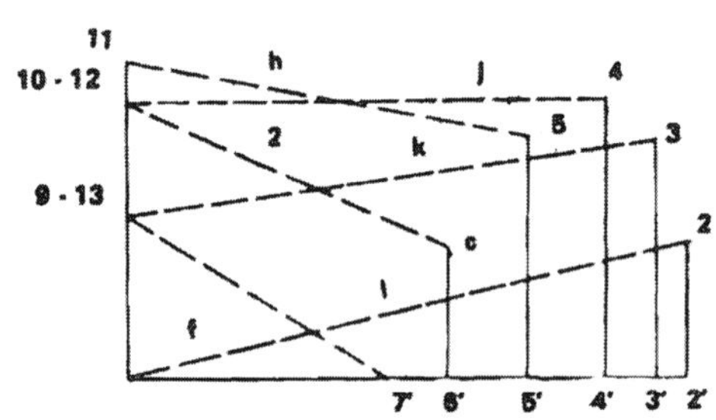

V.G.

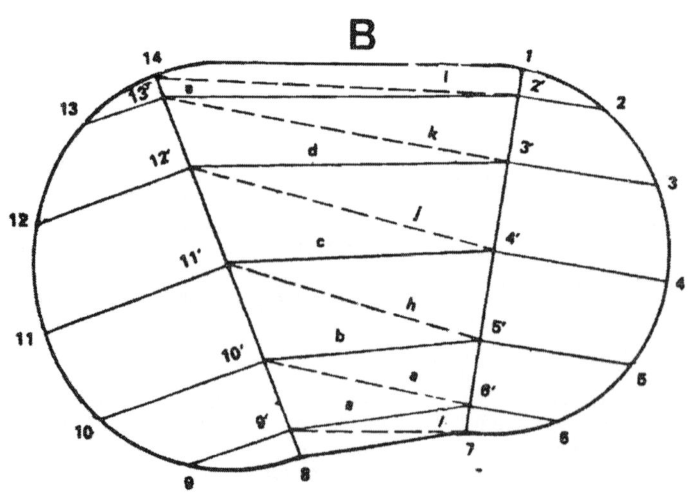

CURVA DE REDUÇÃO

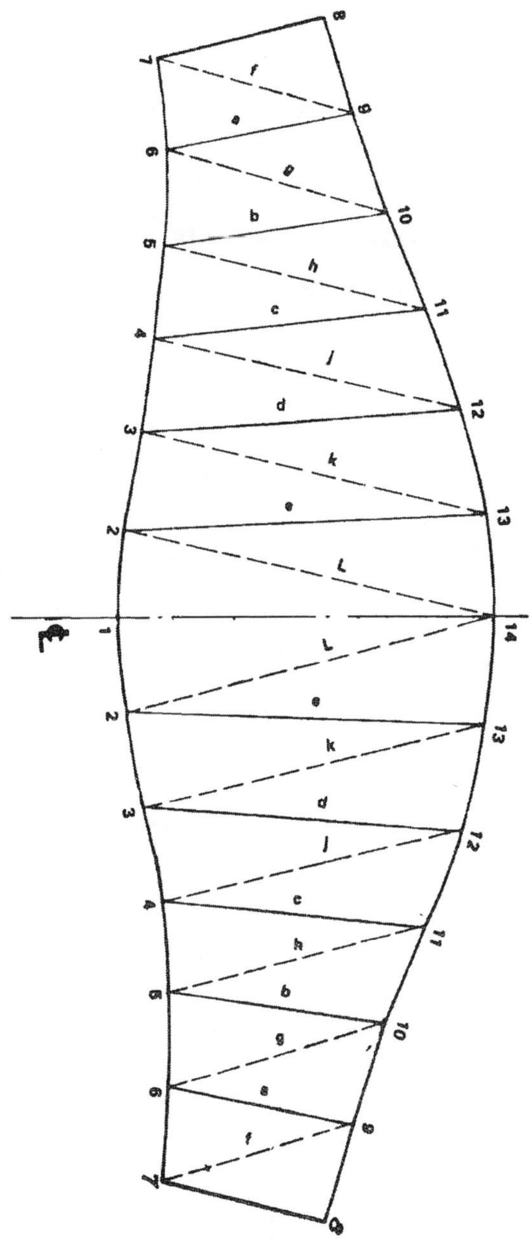

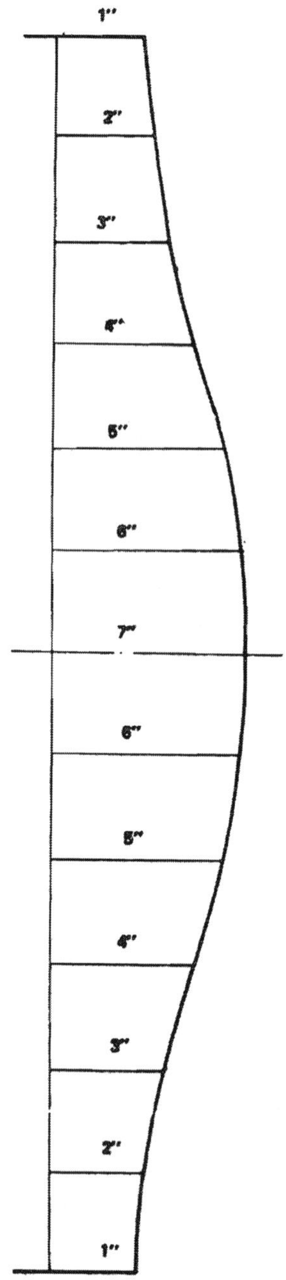

DESENVOLVIMENTO DO MEIO GOMO A

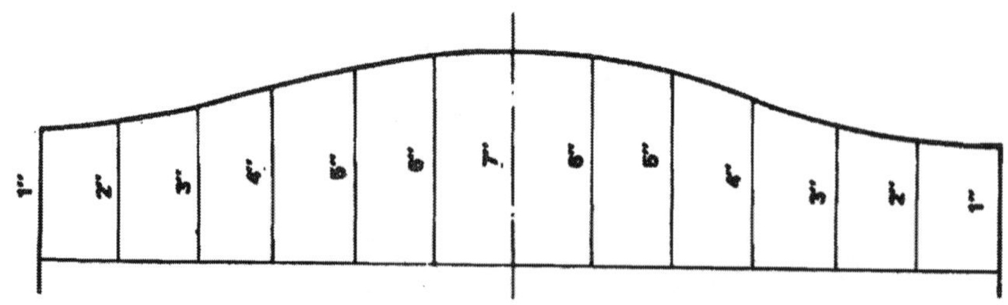

DESENVOLVIMENTO DO MEIO GOMO D

GOMO REVERSO À 30º

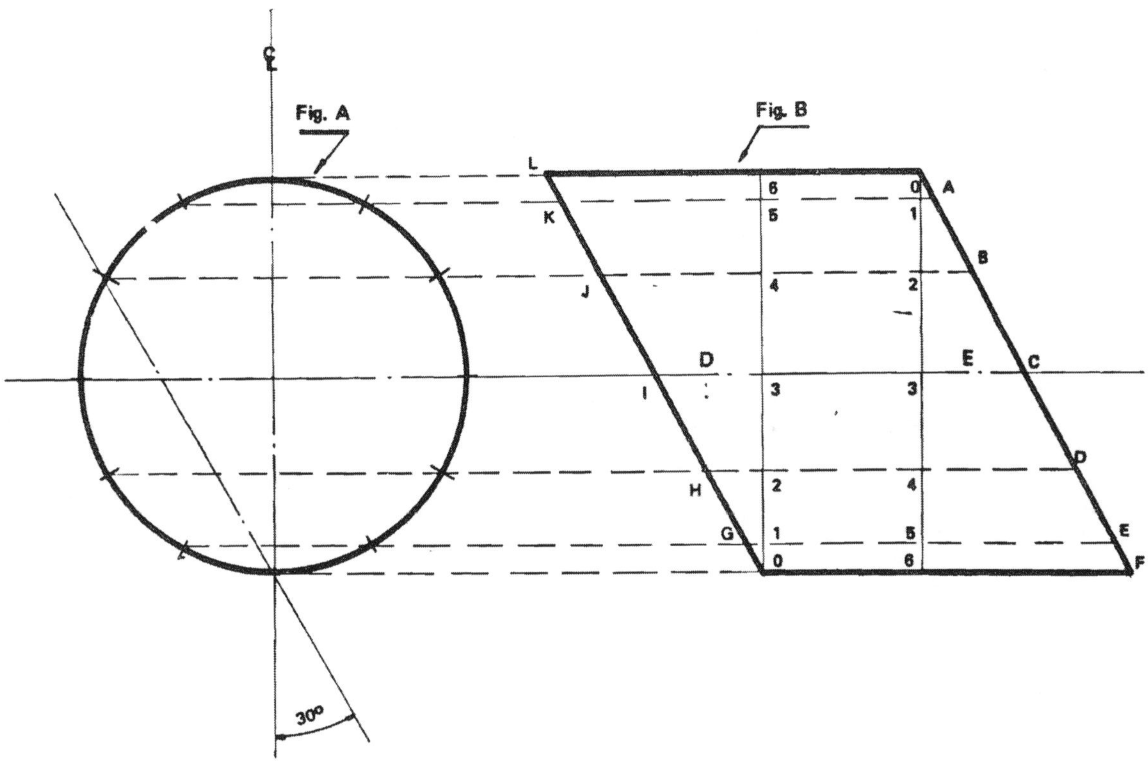

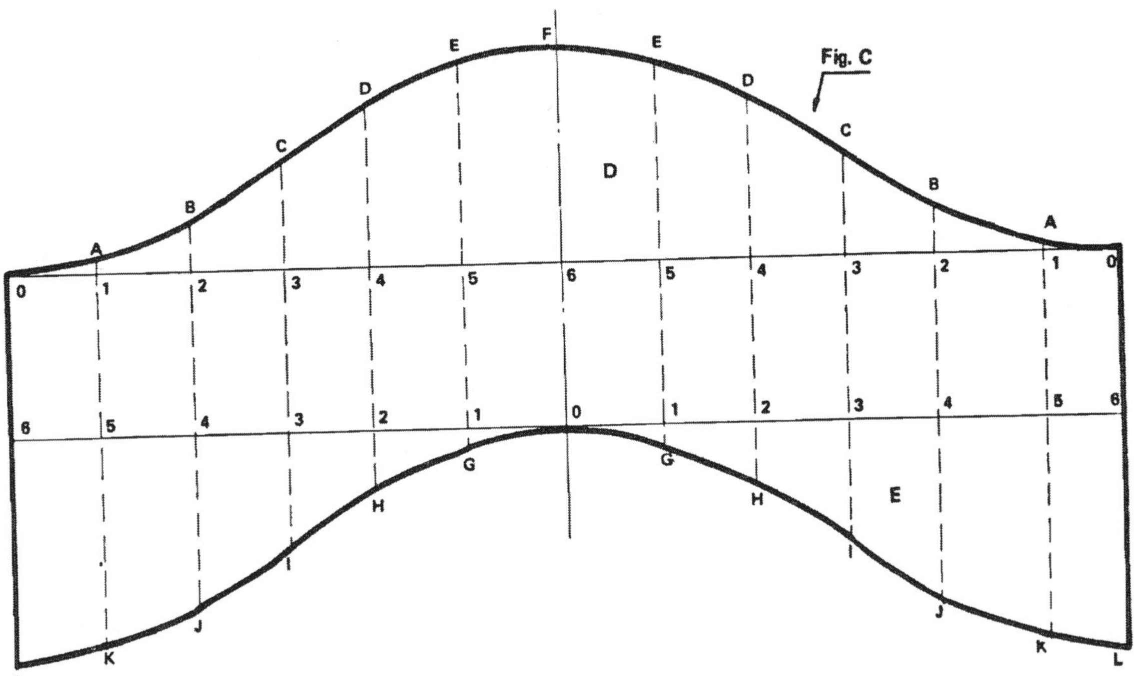

Para o desenvolvimento de um gomo reverso, temos que traçar primeiro as (Figs. A e B), depois dividiremos a circunferência em 12 (doze) partes iguais, projetando horizontalmente estes pontos sobre a (Fig. B) determinando, assim, os pontos sobre inclinação, tanto no lado D como no lado E identificando-os: A, B, C, D, E, F, G, H, I, J, K, L, e no plano do gomo 6 - 0, 5 - 1, 4 - 2, 3 - 3, 2 - 4, 1 - 5 e 0 - 6.

Para o desenvolvimento do gomo (Fig. C) traçamos duas retas paralelas com a distância dos pontos 6 - 0 as quais representam o plano do gomo, marcando sobre as retas 12 (doze) vãos igualmente espaçados correspondentes a 3,14 x Diâmetro/12 identificando os pontos de 0 à 6 sobre uma e de 6 à 0 sobre a outra. Levantamos retas perpendiculares, passando por esses pontos, (Fig. C), depois, tomando as distâncias da (Fig. B), observamos o lado a que pertencem (D ou E).

GOMO REVERSO À 45º

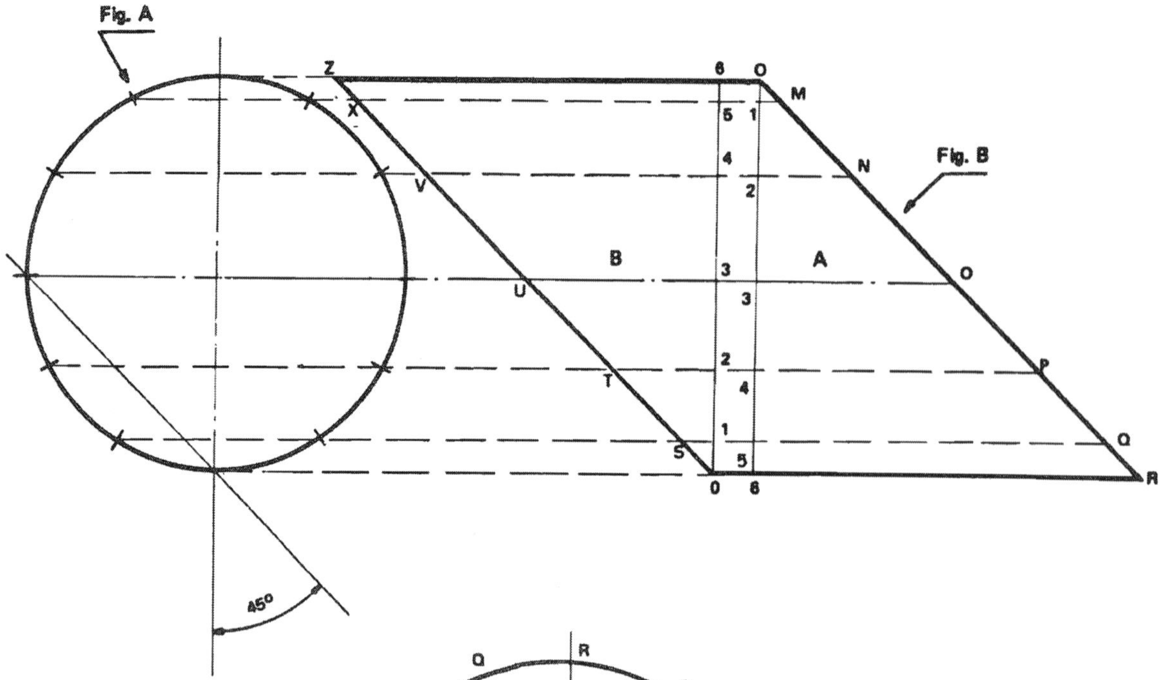

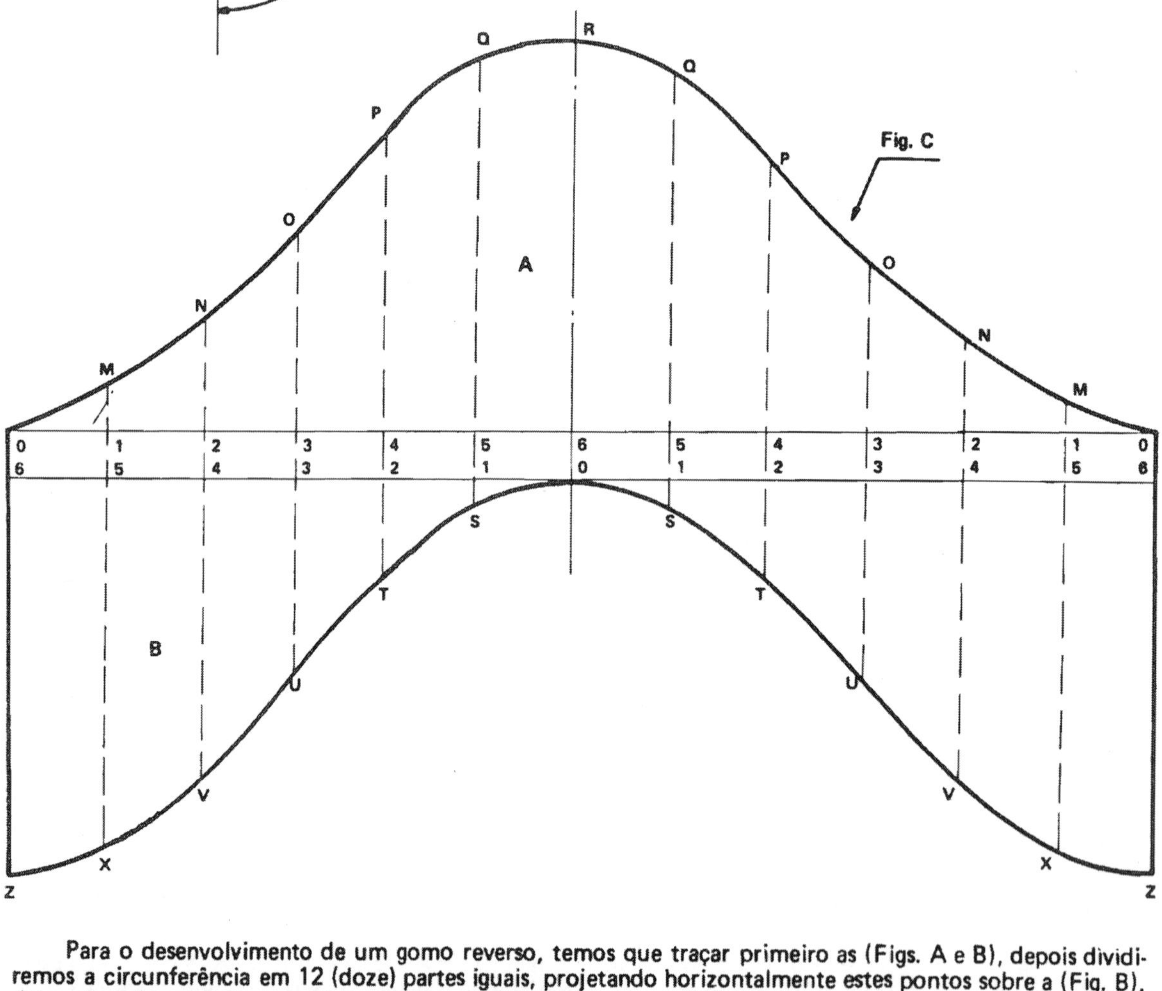

Para o desenvolvimento de um gomo reverso, temos que traçar primeiro as (Figs. A e B), depois dividiremos a circunferência em 12 (doze) partes iguais, projetando horizontalmente estes pontos sobre a (Fig. B), determinando, assim, os pontos sobre a inclinação tanto no lado A como no lado B, identificando-os: M, N, O, P, Q, R, S, T, U, V, X e Z e, no plano do gomo 6—0, 5—1, 4—2, 3—3, 2—4, 1—5 e 0—6. Para, o desenvolvimento do gomo traçamos duas retas paralelas com a distância dos 6—0 que é o plano do gomo, marcando sobre as retas, 12 (doze) vãos igualmente espaçados, correspondentes a Ø x 3,14 / 12, identificando os pontos de 0 a 6 sobre uma e de 6 a 0 sobre a outra. Levantamos retas perpendiculares, passando por esses pontos, conforme mostra a (Fig. C), depois, tomamos as distâncias da (Fig. B), (M - 1, 5 - X, N - 2, 4 - V, etc.), observando o lado a quem pertencem (A ou B).

REDUÇÃO CONCÊNTRICA

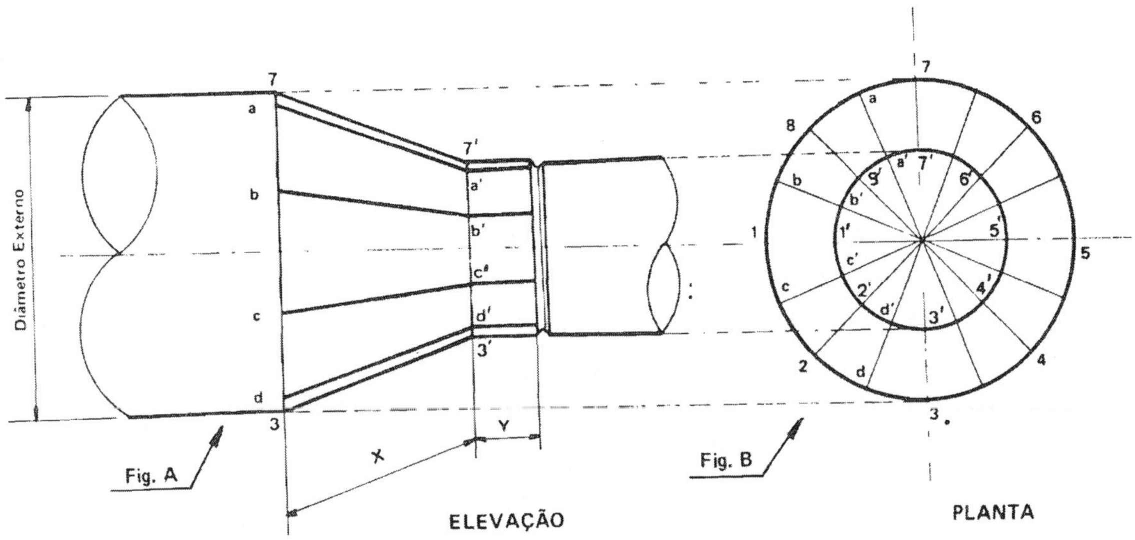

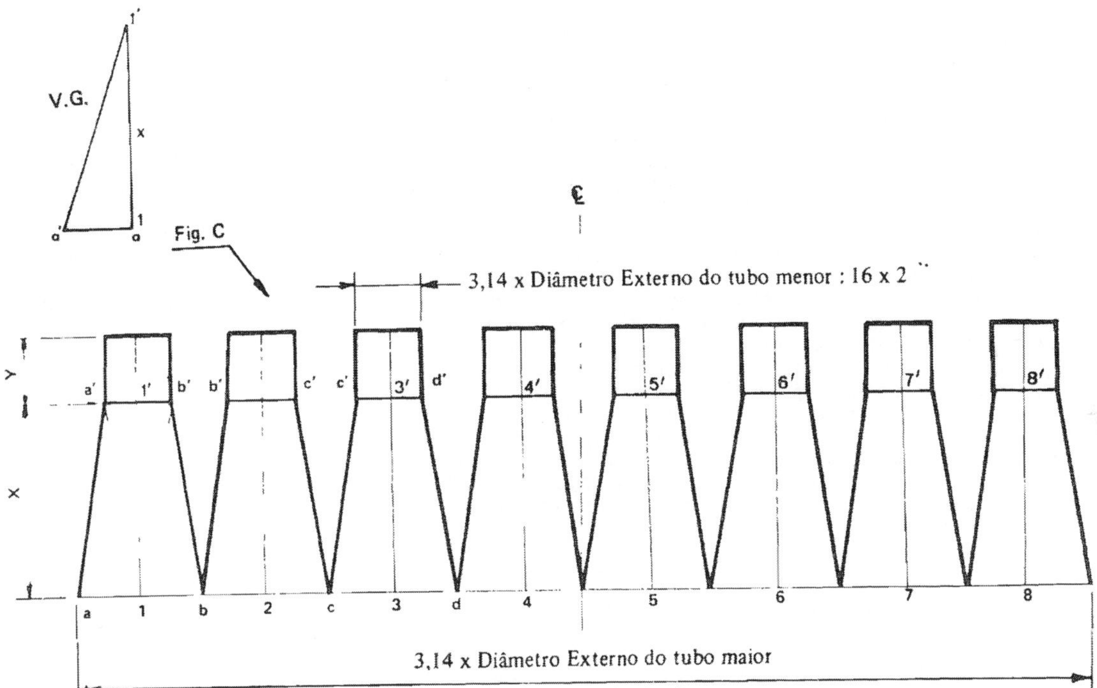

Desenvolvimento de um Gomo
Divisão: 16 partes iguais.

Para traçarmos uma redução concêntrica, dividimos a circunferência em 16 (dezesseis) partes iguais e projetamos os pontos a — a', b — b', c — c', d — d' sobre a (Fig. A). Para traçarmos o desenvolvimento marcamos sobre uma reta horizontal 16 (dezesseis) vãos igualmente espaçados, conforme mostra a (Fig. C), e pulando de um em um ponto, identificamos as linhas de centro de 1 à 8; a cada parte e sobre essas linhas de centro transportamos a distância X da (Fig. A); depois tomando a distância das V.G. que são idênticas, e com centro em a e b fazemos um arco em cada lado da linha de centro 1 e com abertura correspondente a $\frac{1}{16}$ do diâmetro menor, com centro em 1' fazemos os cruzamentos a' — b' (para obtermos a verdadeira grandeza das linhas a - a', b - b', etc., conforme nos mostra a figura D, traçamos duas linhas perpendiculares entre si e, da figura B, tomamos a distância a - a', marcando-a sobre a horizontal e sobre a vertical marcamos a distância (1 - 1') A (V.G.) correspondente à distância a' - 1'). Ligando os pontos a' - a e b' - b, determinamos o desenvolvimento de uma parte. Para desenvolver as demais, é só proceder do mesmo modo, conforme nos mostra a (Fig. C).

REDUÇÃO EXCÊNTRICA

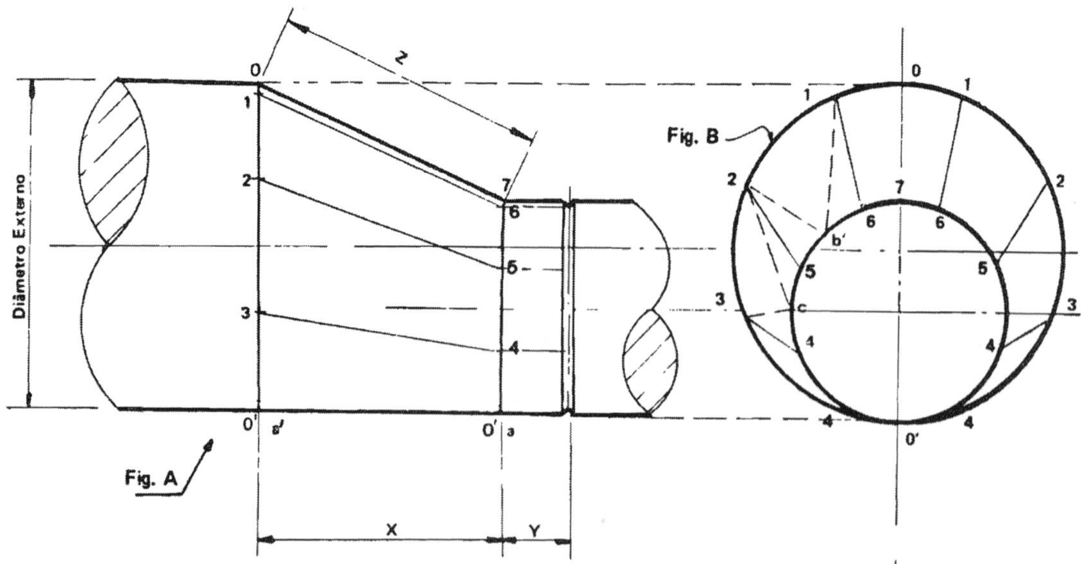

Para traçarmos uma redução excêntrica, temos que dividir as 2 (duas) circunferências, em 16 (dezesseis) partes iguais; na circunferência maior identificamos os pontos 0, 1, 2, 3, 4 e 0', e na circunferência menor, 7, 6, b, 5, c, 4; a seguir ligamos os pontos 1–6, 1–b, 2–b, etc., em uma reta vertical, com a altura de X, (Fig. A), traçamos uma perpendicular na extremidade, para determinarmos as V.G. (verdadeiras grandezas); tomamos as distâncias de 1–6 da (Fig. B) e com centro em a', marcamos para o lado esquerdo, e ligando estes pontos até a, teremos a V.G. 1–6, para a 2–5 e 3–4 proceder igual a 1–6; tomando a distância 1–b, da (Fig. B), e com centro em a', marcamos, a direita, sobre a reta e ligando este ponto até a, teremos a V.G. 1–b; para 2–c, 2–b, e 3–c proceder exatamente igual a 1–b. Assim determinamos a (Fig. C). Para traçarmos o desenvolvimento, traçamos uma reta horizontal na qual marcamos 16 (dezesseis) vãos igualmente espaçados e identificando-os conforme mostra a (Fig. D). Tomando o ponto 0, como linha de centro e marcando sobre ela a distância Z, tomada da (Fig. A), determinando o ponto 7, e com a distância 1–6 da (Fig. C), com o centro no ponto 1, fazemos um arco para cada lado e com a distância correspondente a uma divisão da circunferência menor, com o centro no ponto 7, fazemos o cruzamento no qual determinamos o ponto 6, depois ligamos até o ponto 1. Está determinada a primeira divisão. Tomando a distância 1–b da (Fig. C), com centro no ponto 1, fazemos um arco em ambos os lados e com a distância 2–b tomada da (Fig. C), com centro no ponto 2, fazemos o cruzamento, determinando o ponto b, e com a distância da linha 1–6, com centro em 1 e 2–5, com centro em 2, fazemos um arco e com a abertura , correspondente a uma divisão da circunferência menor, com centro em b, determinamos o cruzamento dos pontos 6 e 5. Ligando estes pontos 6 até 1 e 5 até 2, determinamos mais 2 (duas) partes e assim sucessivamente para as demais partes, conforme mostra na (Fig. D).

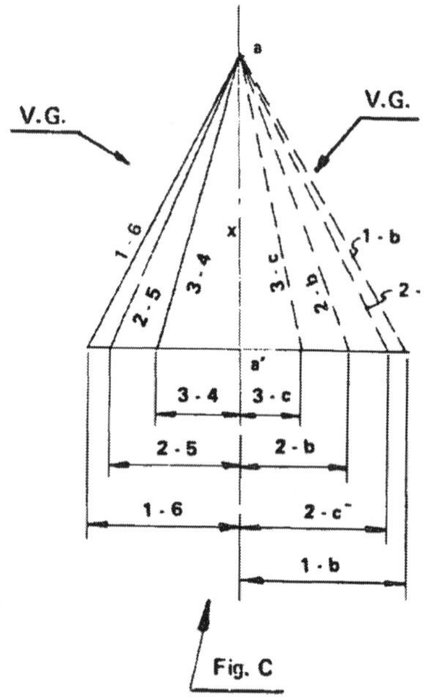

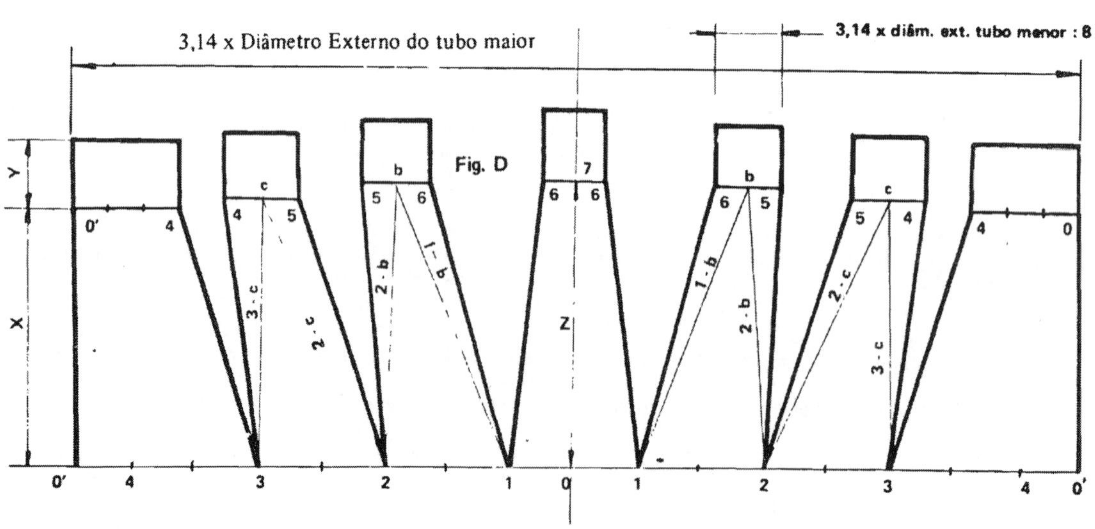

REDUÇÃO EXCÊNTRICA EM CHAPA

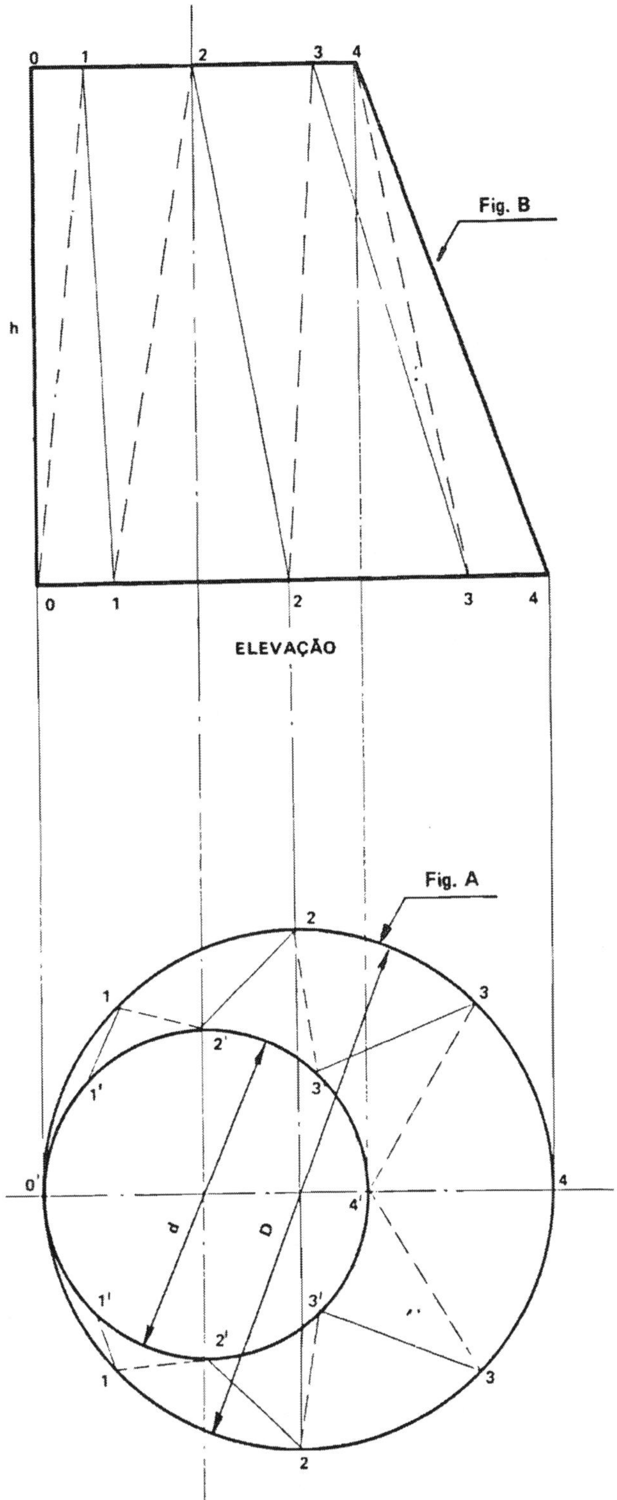

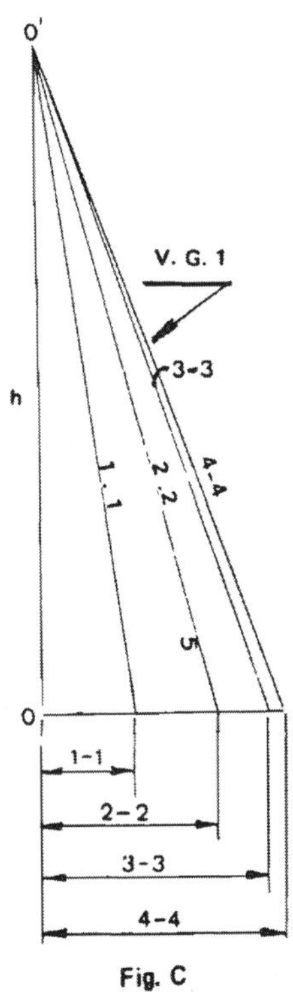

Fig. C

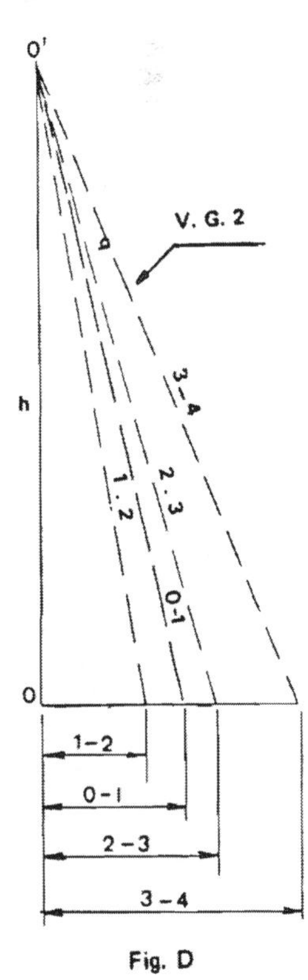

Fig. D

REDUÇÃO EXCÊNTRICA EM CHAPA

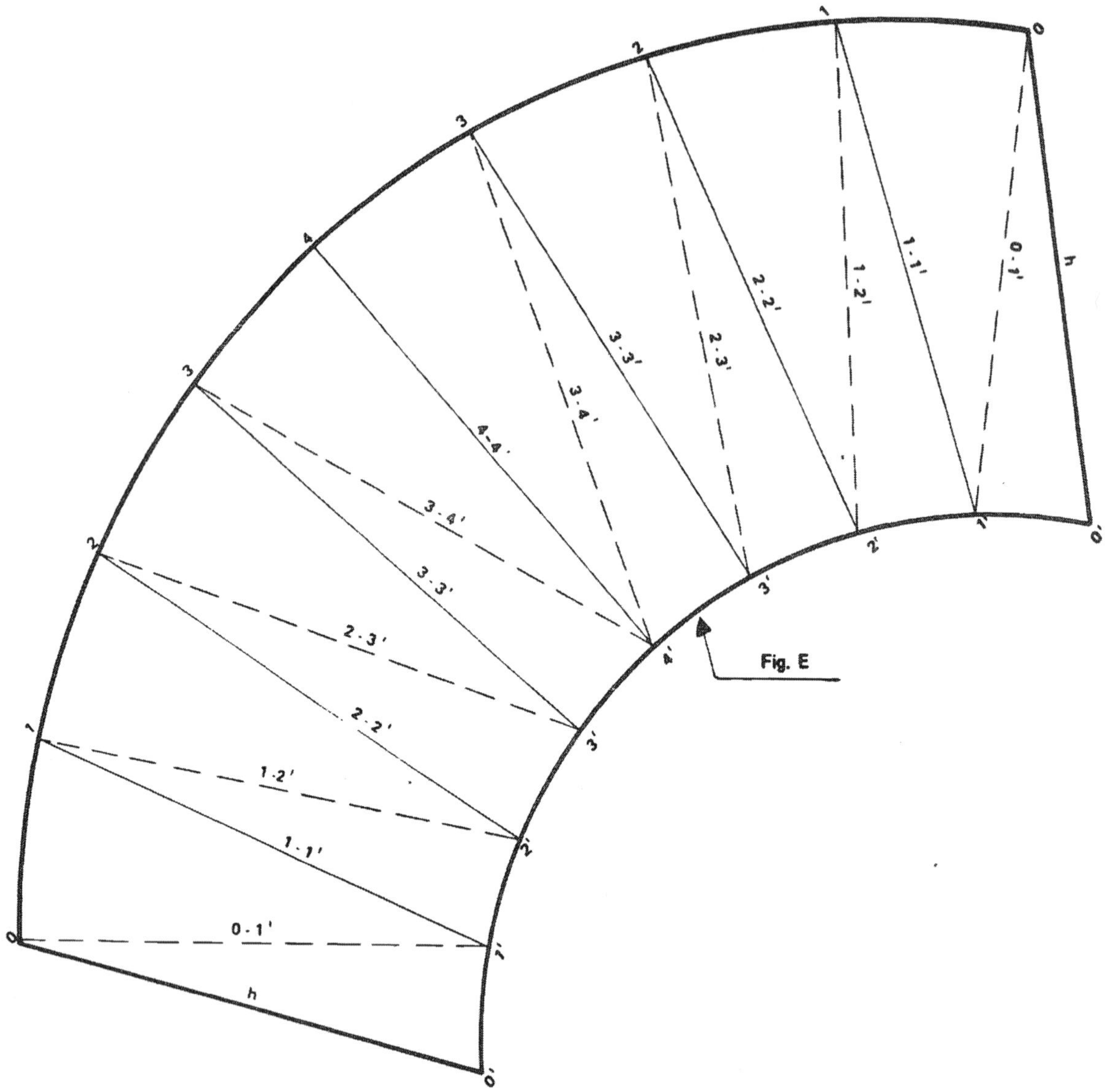

Fig. E

Desenhamos as vistas de planta e elevação conforme figuras A e B. Na vista de planta dividimos as circunferências em 8 partes iguais e identificamos com 0', 1, 2, 3, 4 para a maior e 0', 1, 2, 3, 4 para a menor, unimos os pontos com linhas cheias e tracejadas conforme nos mostra a Fig. A, em seguida projetamos esses pontos para a vista de elevacão (Fig. B).

Para traçarmos as verdadeiras grandezas (V.G.), tomamos a altura h da figura B, traçamos e identificamos seus extremos com 0 - 0' (Fig. C). Tomamos a distância 4' - 4 da Figura A e a traçamos ao pé da vertical 0 - 0', perpendicular à mesma conforme nos mostra a Figura C, em seguida unimos o seu extremo ao ponto 0' e obtemos a V.G. 4 - 4, procedemos assim para as demais até completar a V.G.1 (Fig. C).

Para traçar a V.G. 2 (Fig. D), traçamos outra vez a altura h e identificamos seus extremos com 0 - 0', tomamos a distância 3 - 4' da Fig. A, e procedemos do mesmo modo como traçamos a Fig. C, até completar a figura a V.G. 2 conforme nos mostra a Figura D.

Para traçarmos o desenvolvimento conforme nos mostra a Figura E, tomamos a V.G. 4 - 4' como linha de centro, com a verdadeira grandeza 3 - 4 com centro em 4, traçamos arcos em ambos os lados de 4', tomamos a distância 1 - 2 do círculo maior e, com centro em 4, marcamos os cruzamentos, determinando os pontos 3 - 3.

Com a verdadeira grandeza 3 - 3 e centro em 3 traçamos arcos em ambos os lados de 4', tomamos a distância 1' - 2 do círculo menor na Figura A e com ponto em 4' fazemos os cruzamentos determinando assim os pontos 3' - 3', assim devemos proceder para os demais pontos até completar a Figura E.

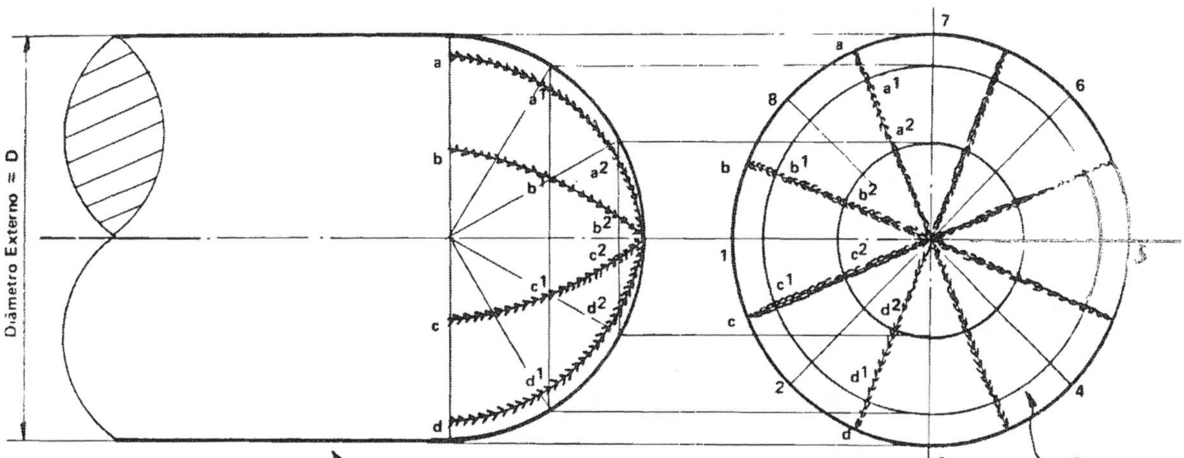

Fig. A

Fig. B

PONTA DE TUBO ESFÉRICA

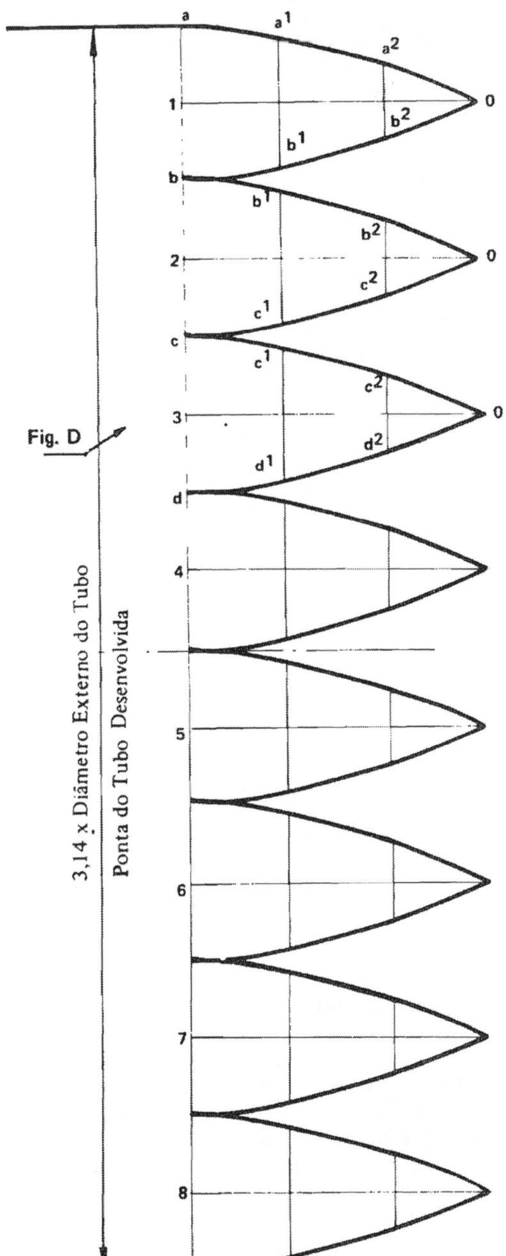

Fig. D

$$L = \frac{D \times 3{,}142}{4}$$

$$a \text{ até } b = LO = \frac{D \times 3{,}142}{8}$$

$$a^1 \text{ até } b^1 = \frac{7 \times LO}{8}$$

$$a^2 \text{ até } b^2 = \frac{LO}{2}$$

Fig. C

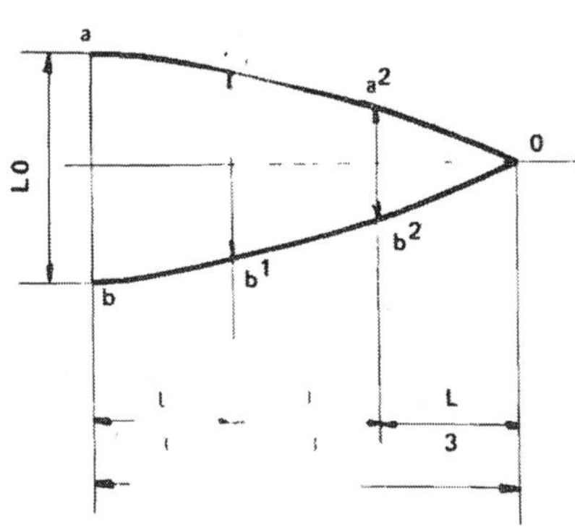

Detalhe de um Gomo

Para desenvolvermos um final de linha ou ponta de tubo esférica, dividimos a circunferência em 16 (dezesseis) partes iguais, conforme mostra a (Fig. B), para que o fechamento do tubo tenha 8 (oito) gomos. A meia esfera formada na ponta do tubo (Fig. A) dividimos em 6 (seis) partes iguais. Traçamos uma reta cujo comprimento está mostrado na (Fig. D) e dividimo-la em 16 (dezesseis) partes iguais, identificando cada ponto, conforme mostrado. A (Fig. C) nos dá, as dimensões para cada um dos 8 (oito) gomos.

DESENVOLVIMENTO DE UMA ESFERA POR MEIO DE ARCOS INSCRITOS

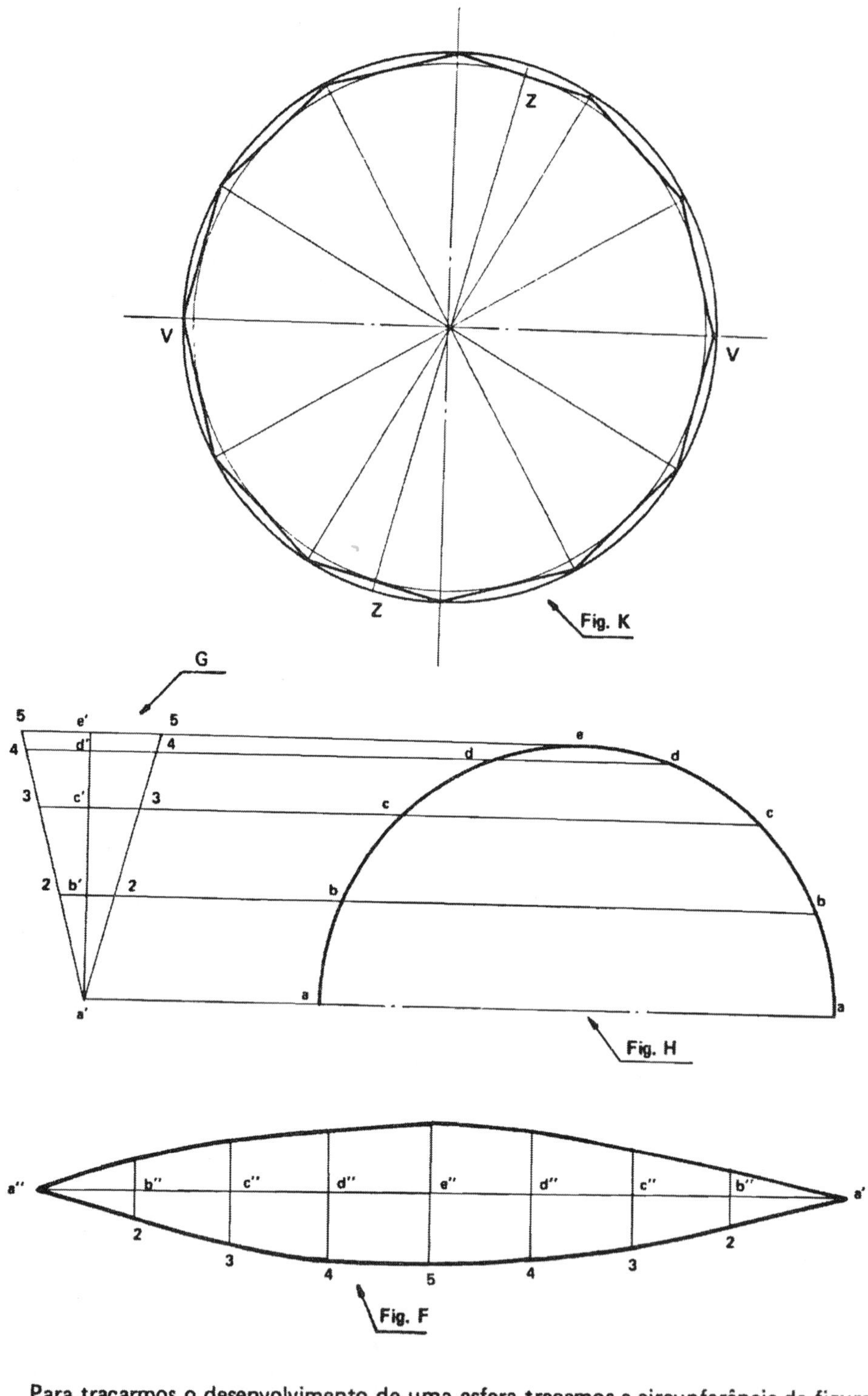

Para traçarmos o desenvolvimento de uma esfera traçamos a circunferência da figura K e dividimos em 12 partes iguas, identificando os pontos v - v e z - z.

Tomamos um gomo e o raio da circunferência menor e traçamos perpendiculares entre si, obtenos pontos a' - 5.5 da figura G. Traçamos uma semi-circunferência conforme a figura H e dividimos em 8 partes iguais identificando os pontos com a, b, c, d, e e. Projetamos esses pontos sobre as perpendiculares a' - 5.5 e obtemos os pontos b', c', d', e' e 2, 3, 4, 5 (Fig. G) Para traçarmos o desenvolvimento de um gomo, traçamos uma reta e sobre a mesma aplicamos 8 vezes a distância a - b da figura H, dientificando os pontos com a'', b'', c'', d'', e'', sobre esses pontos traçamos perpendiculares, tomando com o compasso as distancias 2 - 2, 3 - 3, 4 - 4,e 5 - 5, da figura G, marcamos sobre as respectivas linhas e, unidno os extremos, temos um gomo da esfera. Do mesmo modo devemos proceder para desenvolver mais 7 gomos.

CONE RETO OU CHAPÉU CHINÊS

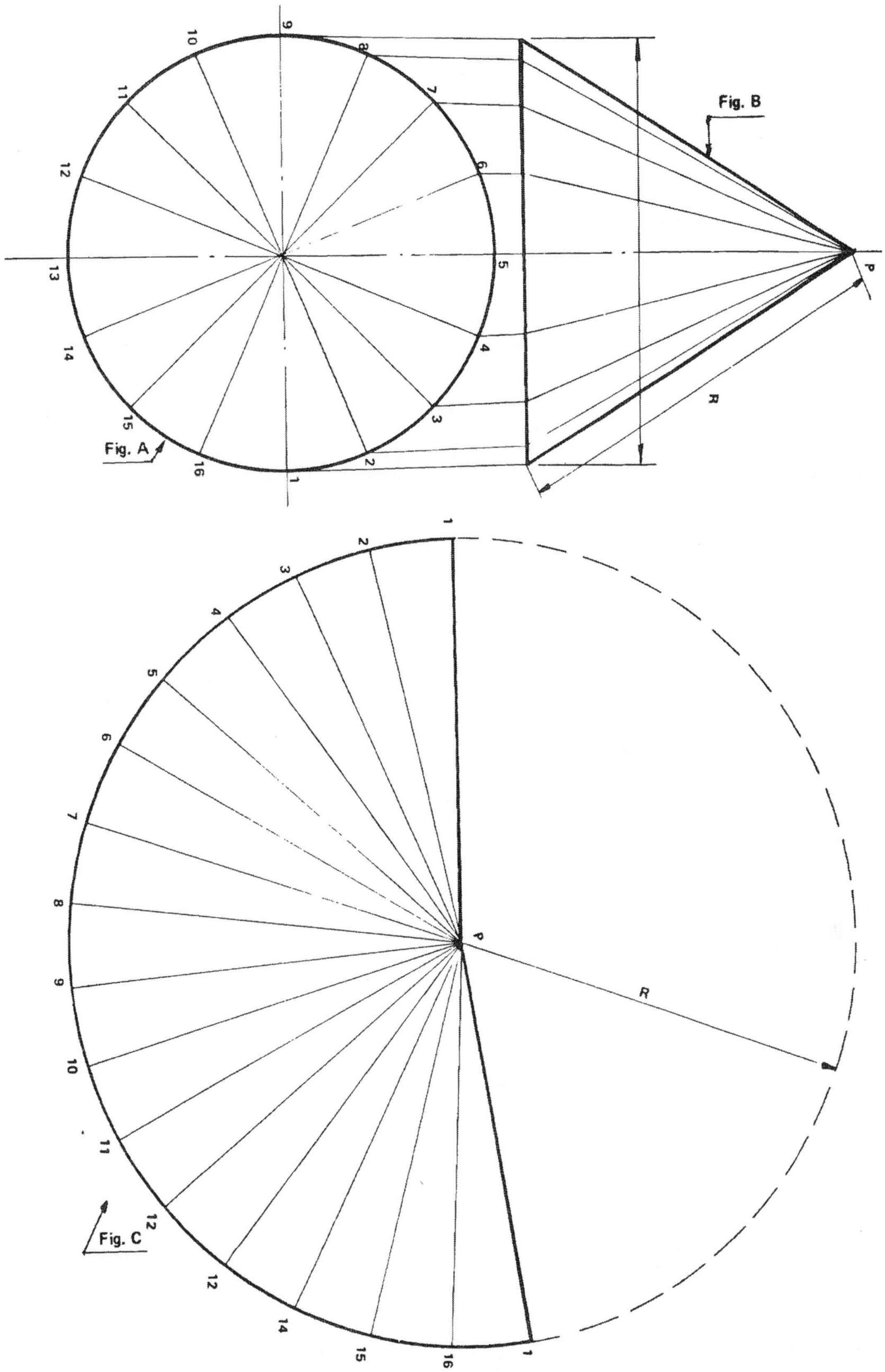

Dividimos a circunferência em 16 (dezesseis) partes iguais (Fig. A) e tomando o raio R da (Fig. B), traçamos outra circunferência, conforme mostra a (Fig. C), marcando sobre ela 16 (dezesseis) vãos igualmente espaçados; 1, 2, 3 . . . . 1; correspondentes a $\frac{(3{,}1416 \times D)}{16}$. Ligando-se os pontos 1 com o centro p, fechamos a figura requerida.

TRONCO DE CONE

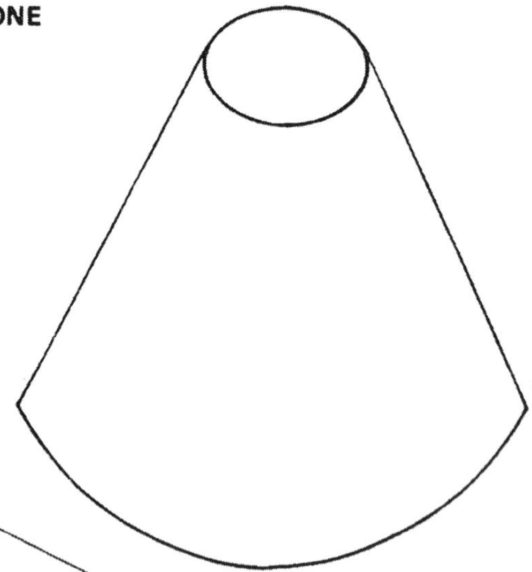

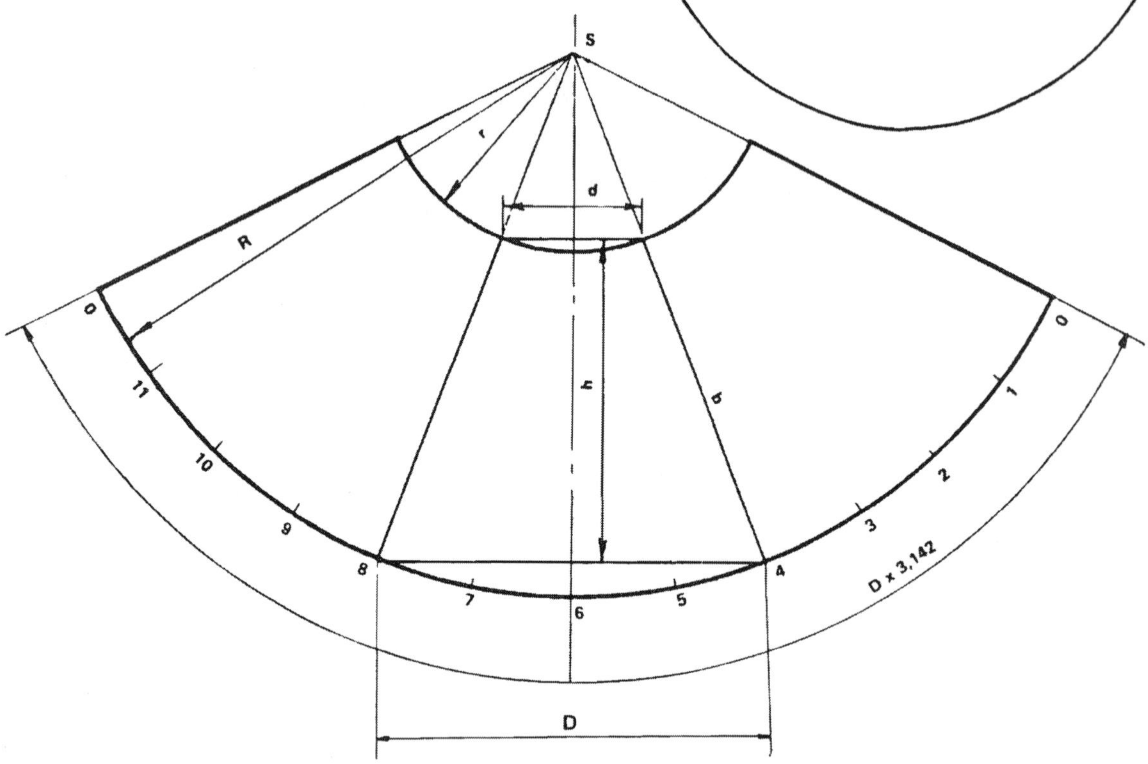

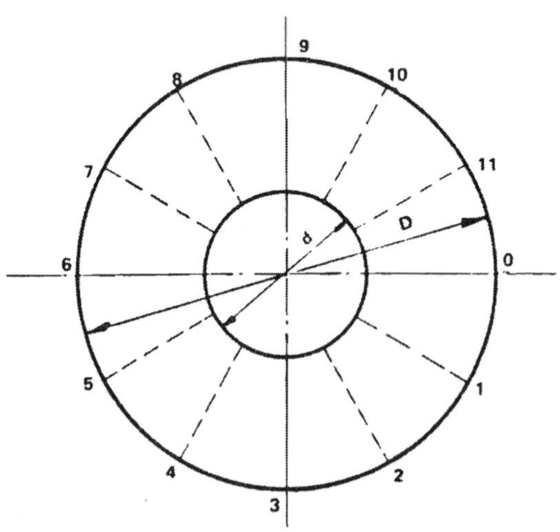

Para traçarmos o desenvolvimento de um tronco de cone, fazemos os prolongamentos das laterais a - b„ até formar o vértice s; com centro em s, traçamos arcos com raio R e r, e com abertura correspondente a uma divisão da circunferência externa, $\frac{(3{,}14 \times D)}{12}$, marcamos sobre esta 12 (doze) vãos igualmente espaçados, a partir do centro e para ambos os lados; ligando os pontos 0 até s, obtemos o desenvolvimento desejado. Este processo só serve para peças pequenas.

TRONCO DE CONE

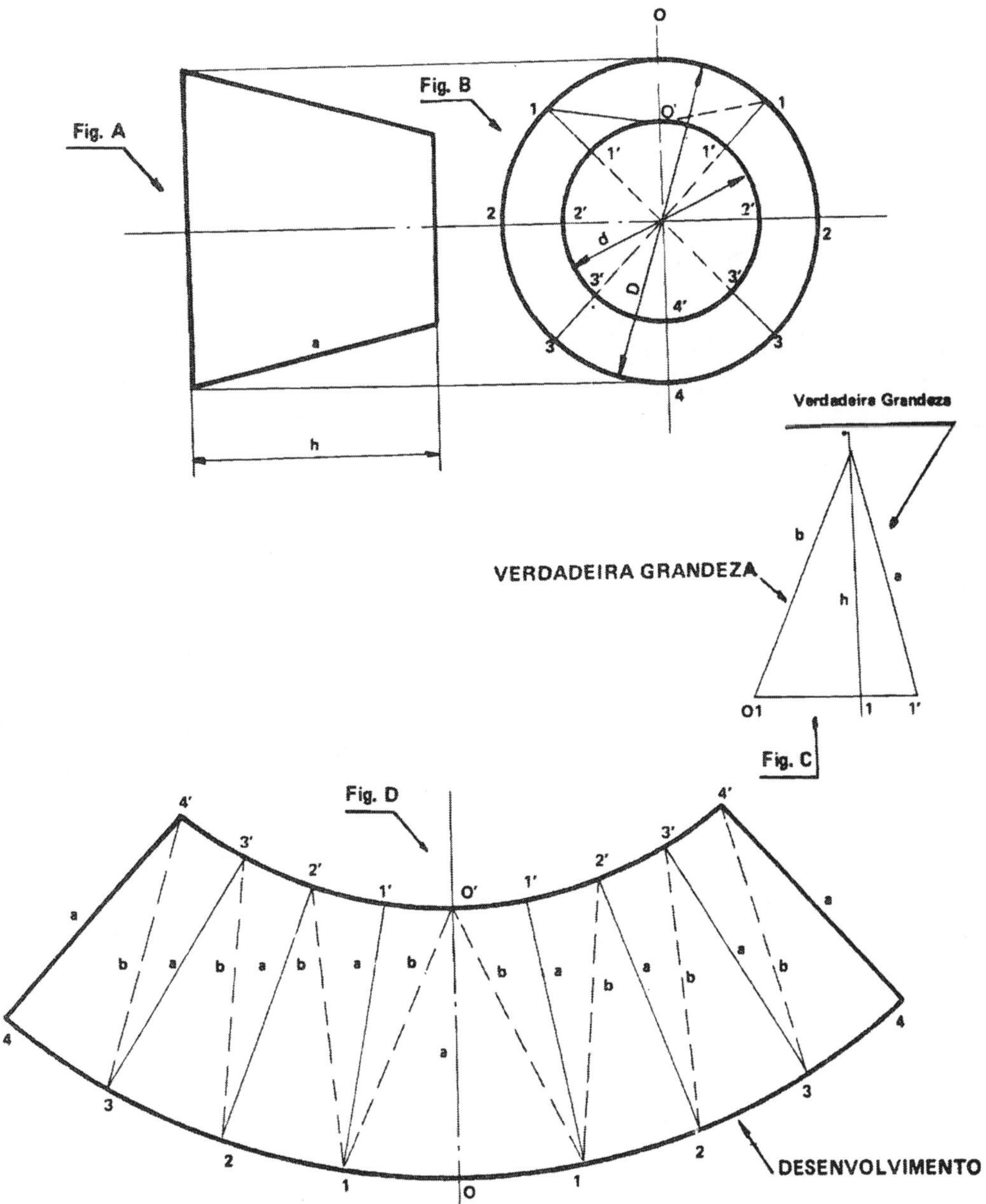

Para o desenvolvimento de um tronco de cone regular, primeiro desenhamos as figuras A e B. Dividimos as circunferências em 8 partes iguais e identificamos a maior com os pontos 0 a 4 e a menor com os pontos 0' a 4'.

Ligamos os pontos 0 a 1 com linha tracejada e os pontos 1 a 1' com linha cheia., conforme mostra a figura B. Para traçar as verdadeiras grandezas (V.G.), conforme a figura C, traçamos uma linha vertical com a altura da figura A, sob o pé da mesma, traçamos uma reta perpendicular, tomando a distância do ponto 1 - 1' da figura B, marcamos sobre a reta perpendicular no lado direito. Tomando a distância 1 - 0 marcamos para o lado esquerdo, traçamos as retas inclinadas a e b e temos as verdadeiras grandezas, conforme a figura C. Para traçarmos o desenvolvimento, conforme a figura D, tomamos a V.G. a da figura C como linha de centro e identificamos seus extremos com pontos 0' e 0, tomando a V.G. b e fixando o compasso em 0' traçamos um arco para cada lado do ponto 0. Com a abertura do compasso de 0 a 1 da figura B, marcamos essas distâncias sobre os arcos e obtemos os pontos 1 e 1, ligando-os ao ponto 0. Tomando outra vez a V.G. a, e com o comapasso no ponto 1, traçamos um arco em ambos os lados de 0', tomamos a distância 0' - 1' da figura C e, com centro em 0', fazemos o cruzamento e obtemos os pontos 1' - 1'. Desse modo devemos proceder para os demais pontos, conforme nos mostra a figura D.

TRONCO DE CONE

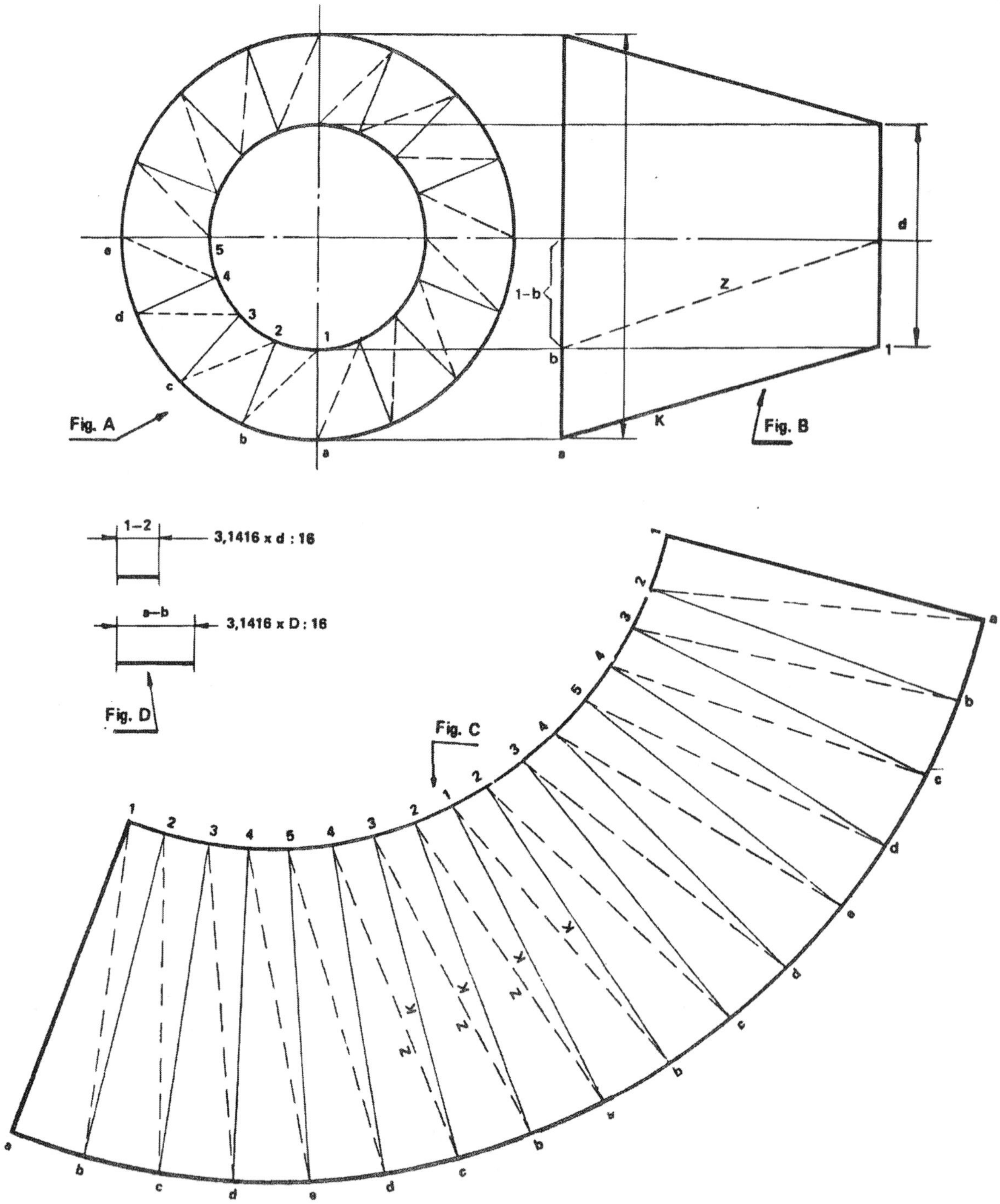

Desenhamos as figuras A e B. Dividimos a figura A em 16 (dezesseis) partes iguais e identificamos um quadrante da circunferência maior com letras a, b, c, d, e, e na circunferência menor com números 1, 2, 3, 4, 5.

Ligamos esses pontos com retas tracejadas e cheias conforme nos mostra a figura A, aonde também determinamos as distâncias K e Z, que projetadas para a Fig. B aparecem como as V.G. (verdadeiras grandezas).

Para traçarmos o desenvolvimento, conforme Fig. C, traçamos a distância K e identificamos suas extremidades com 1 e a. Tomamos a distância Z na Fig. B, e com centro em a, traçamos um arco para cada lado do ponto 1. Tomamos a distância 1 - 2 da figura D, e com centro em 1, traçamos arcos para cada lado. Com a distância K da Fig. B e centro no ponto 2 fazemos um arco para cada lado do ponto a, e com a distância a - b, da figura D cruzamos e obtemos os pontos b e b, ligamos os pontos por meio de retas conforme nos mostra a Fig. C.

Assim devemos proceder para os demais pontos até completar as 16 divisões.

TUBO DE SEÇÃO QUADRADA COM OS CANTOS ARREDONDADOS

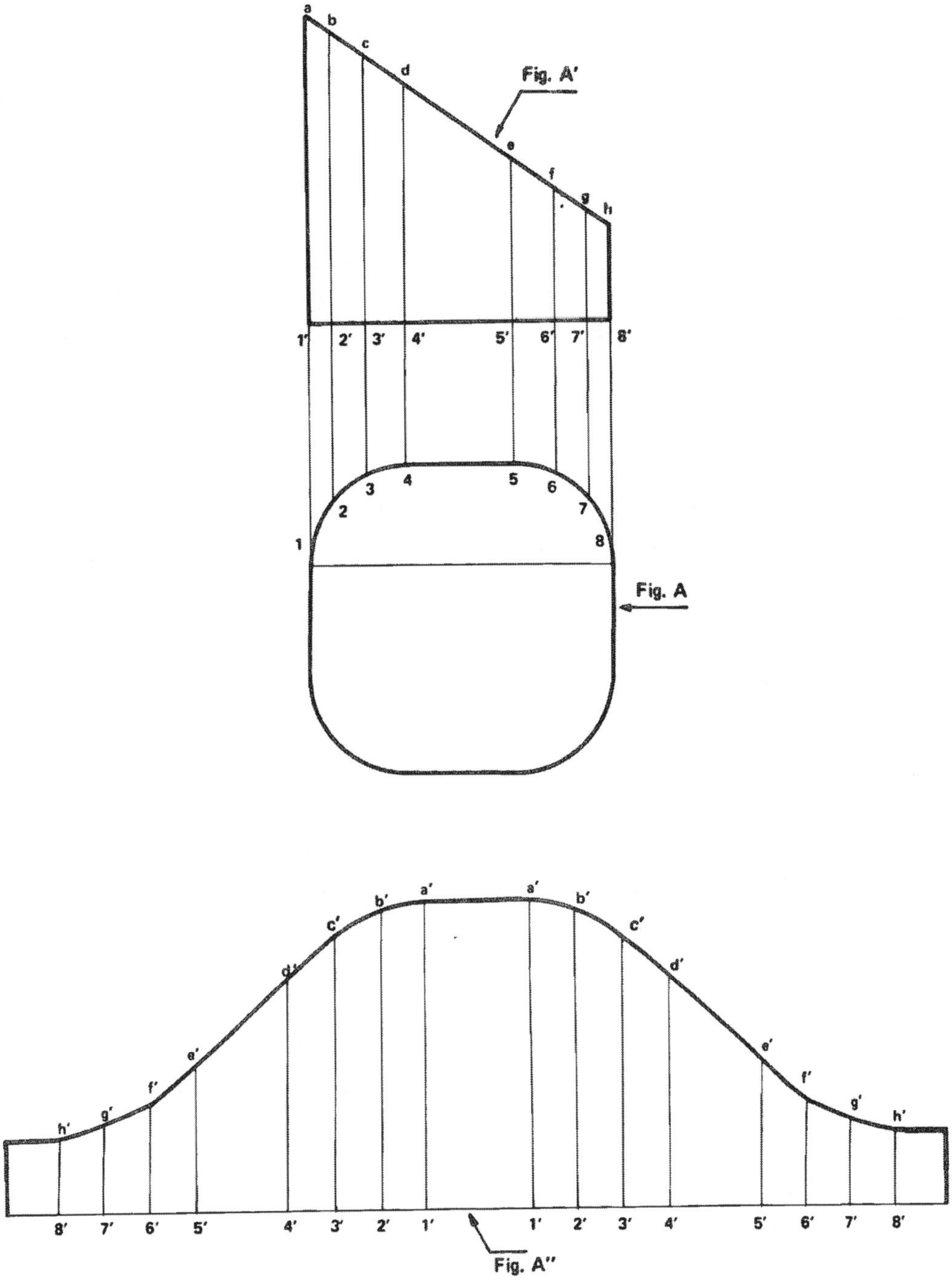

Na (Fig. A), dividimos 1/4 (um quarto) da circunferência em 3 (três) partes iguais. Projetamos êstes pontos na base da (Fig. A'), determinando assim os pontos 1' - 2' - 3' - 4' - 5' - 6' - 7' e 8', e na parte superior os pontos a - b - c - d - e - f - g e h. Sobre uma reta horizontal, marcamos as distâncias 1 - 2, 2 - 3, 3 - 4, 4 - 5, 5 - 6, 6 - 7, 7 - 8, etc., tomadas da figura A. Levantamos retas perpendiculares sobre esses pontos. Tomamos, com o compasso, as distâncias das alturas de cada linha correspondente da figura A' e marcamos sobre as linhas da figura A'', assim determinamos o desenvolvimento da figura A''.

PIRÂMIDE DE BASES RETANGULARES

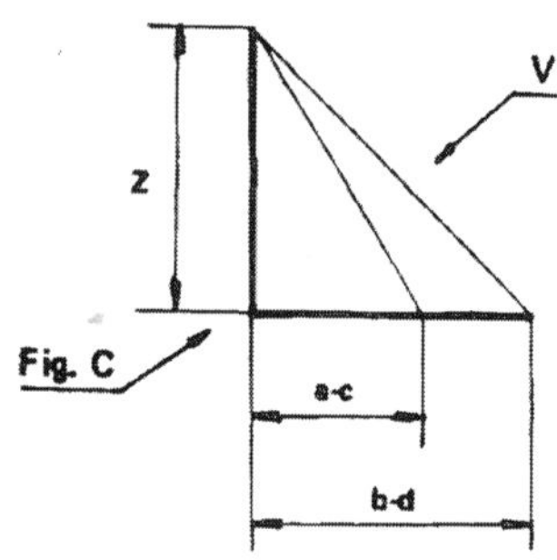

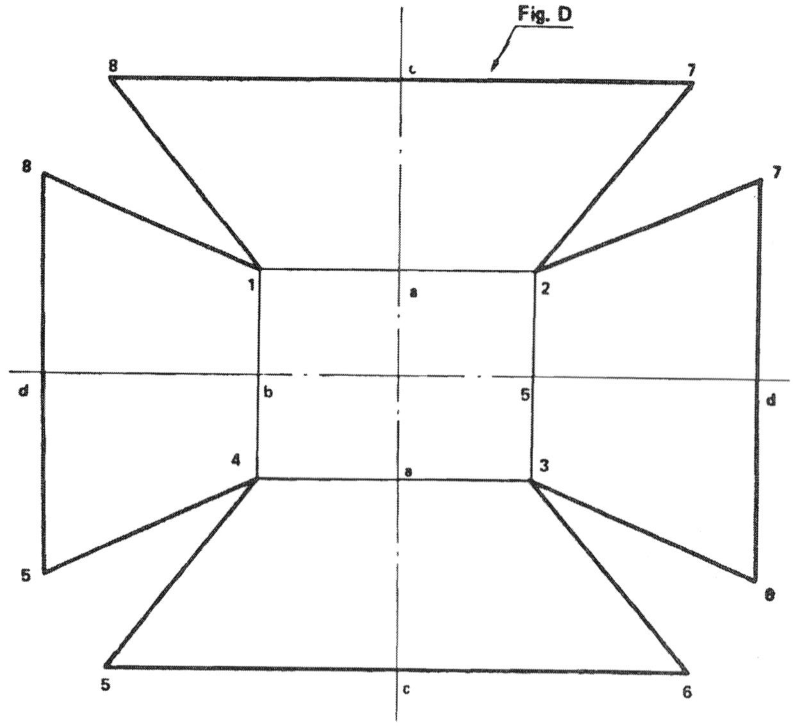

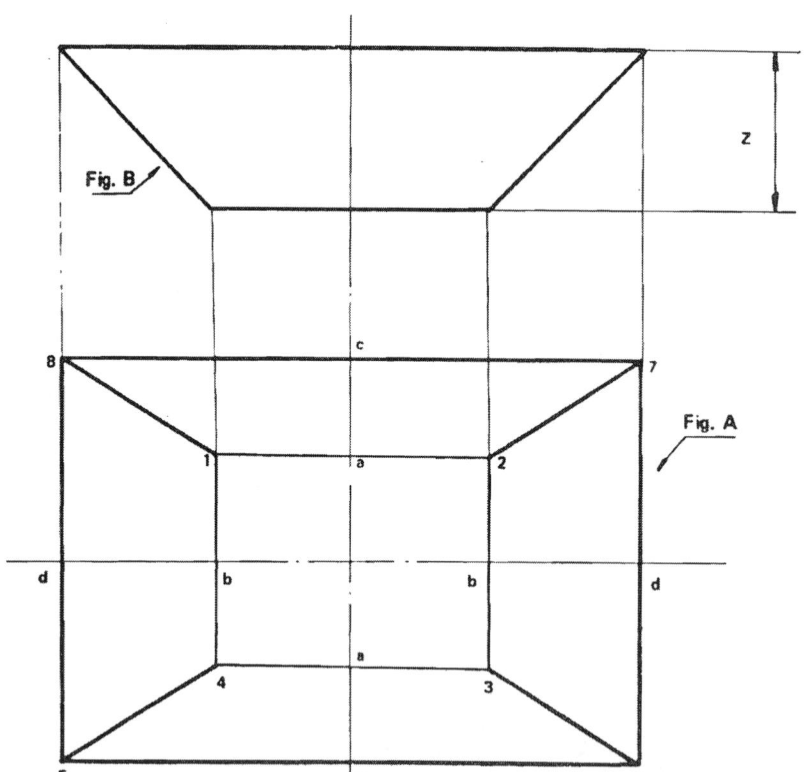

As laterais formam um trapézio isósceles cujas bases estão em verdadeira grandeza (V.G.) na (Fig. A); tomando a distância a-c, marcando em uma linha horizontal com a altura Z (Fig. B), determinamos a V.G. a-c na (Fig. C). Tomando a distância b-d na (Fig. A) e marcando sobre a linha horizontal na (Fig. C), temos a V.G. b-d. Para traçarmos o desenvolvimento (Fig. D), tomamos primeiro o retângulo 1-2, 3-4 da (Fig. A), e sobre suas linhas de centro marcamos as V.G. a-c e b-d, respectivamente. Nas extremidades c e d, marcamos os comprimentos 5-c, c-6; 7-c, c-8 e 5-d, d-8; 6-d e d-7.

PIRÂMIDE QUADRADA

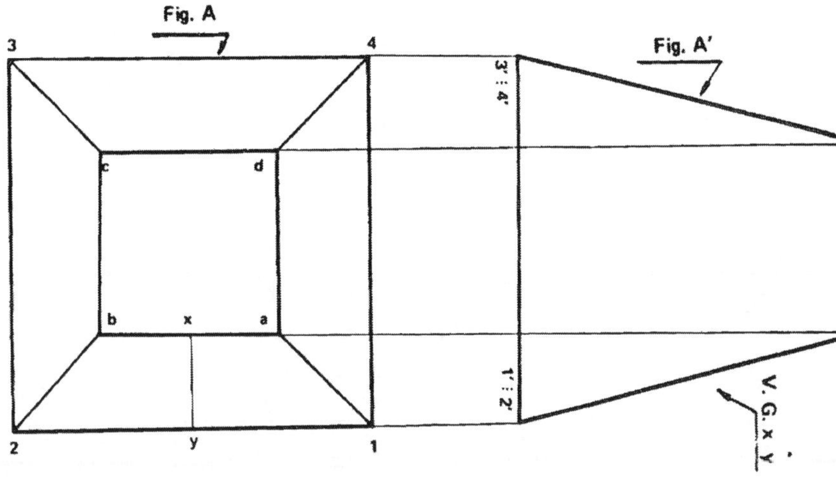

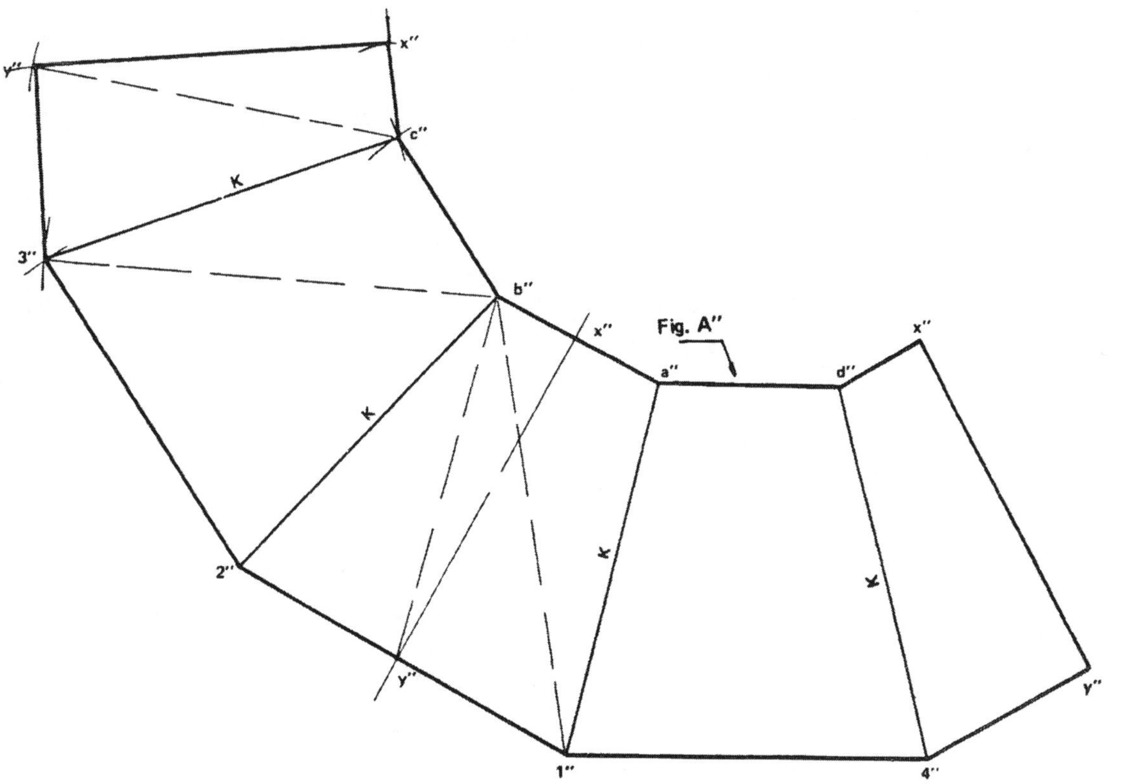

Na planta (Fig. A), dividimos os lados 1–2 e a–b ao meio, determinando x e y, sendo na elevação (Fig. A') a sua V.G. Para traçarmos o desenvolvimento, tomamos a V.G. x–y. Traçamos uma perpendicular em cada extremidade. Tomando a distância 1–y na (Fgi. A), e marcando-a em cada lado da perpendicular; determinamos os pontos 1'' e 2'' e tomando a distância a–x na (Fig. A), marcando-a em cada lado da outra perpendicular; determinamos a'' e b''. Assim fizemos um lado da pirâmide. Para os outros lados, podemos utilizar o processo da triangulação conforme mostra a (Fig. A'').

PIRÂMIDE IRREGULAR COM TODOS OS LADOS DESIGUAIS

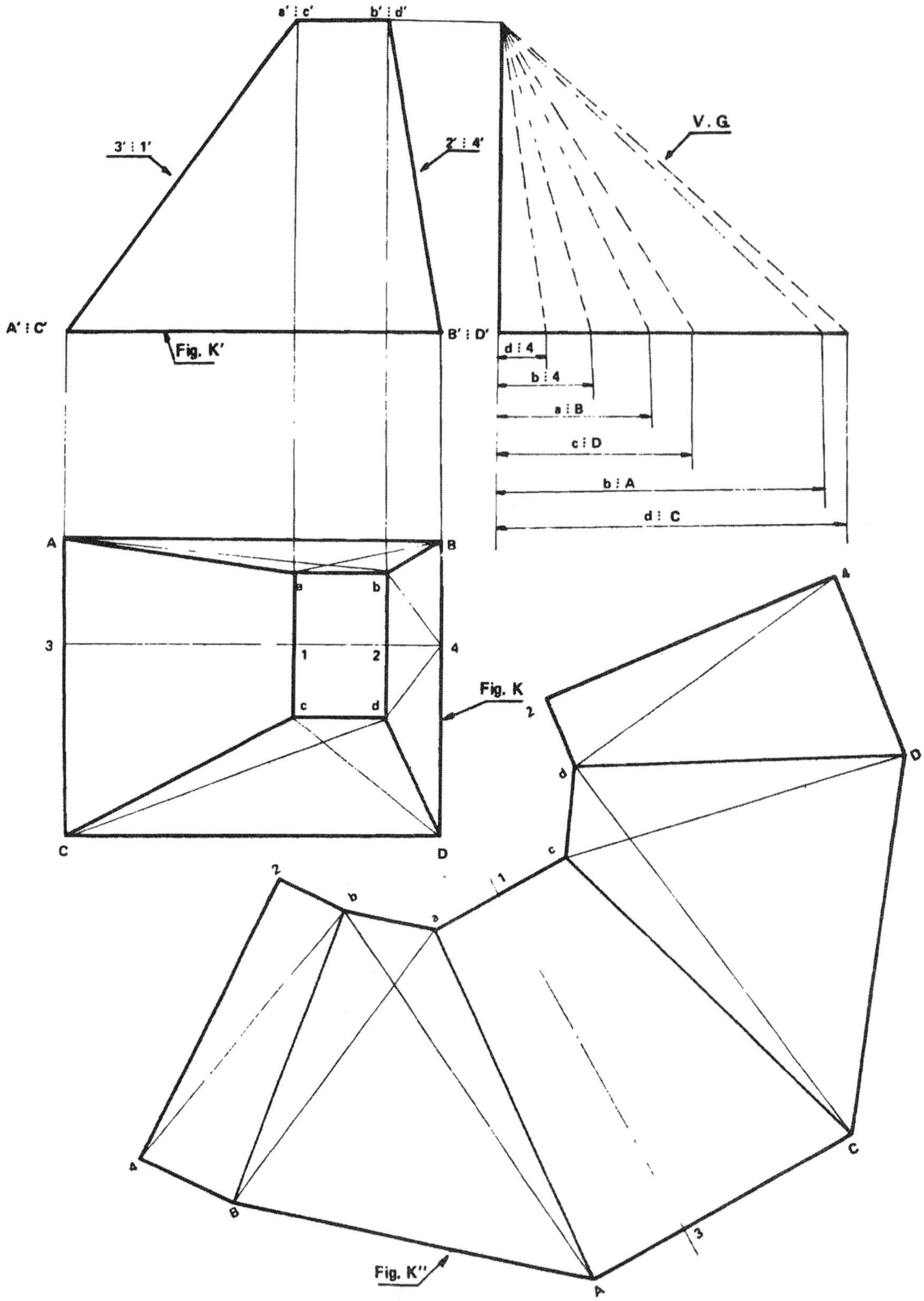

Traçamos a linha 3–4 na planta (Fig. K), e tomamos como base cada lado desta linha, e traçamos as diagonais necessárias para o desenvolvimento a–B, b–A, c–D, d–C, b–4 e d–4. Traçamos as V.G. destas diagonais sobre duas retas perpendiculares entre si; na horizontal tomamos as projeções das diagonais da planta; na vertical marcamos como altura comum, a altura da elevação (Fig. K'). Para o desenvolvimento da (Fig. K''), tomamos como base a linha 1–3 que vemos em V.G. na (Fig. K'), por sua extremidade, traçamos perpendiculares com os comprimentos 1–a, 1–c, 3–A, 3–C; do ponto C, com um rio igual a V.G. d–C , traçamos um arco; desde c, com raio igual a c–d, da (Fig. K); traçamos outro arco que corta o anterior em d; da mesma maneira, com o centro em c e raio c–D, com centro em C e raio C–D obtemos o cruzamento D; e assim sucessivamente, para o desenvolvimento de todos os lados da pirâmide, conforme mostra a (Fig. K'')

TUBO QUADRADO DE BÔCA INCLINADA

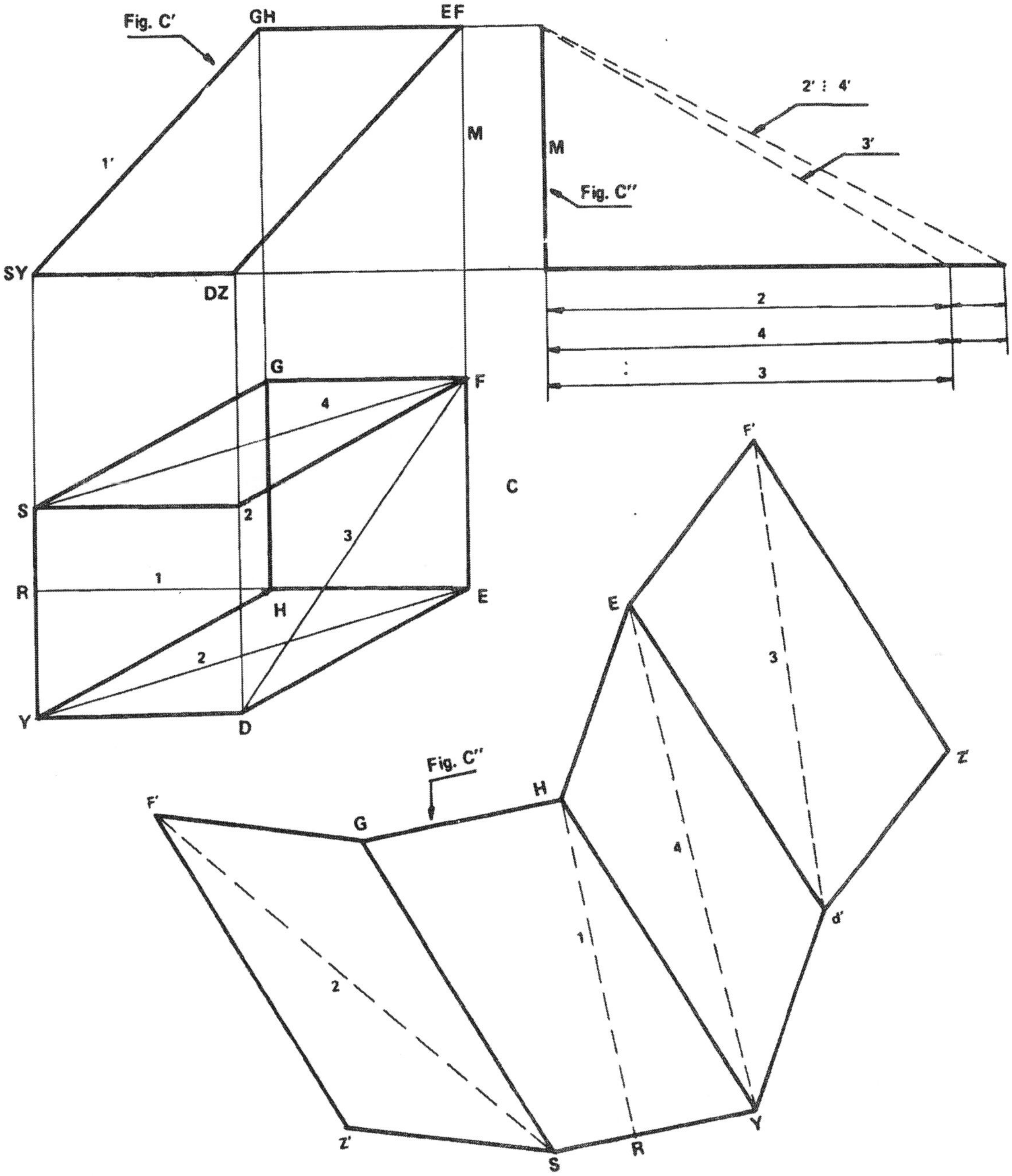

Desenhamos e identificamos as figuras C e C'; para traçarmos as V.G., conforme a figura C'', tomamos a altura M e traçamos uma vertical e, ao pé da mesma, traçamos uma linha horizontal, com o compasso, tomamos da figura C as distâncias S - F e Y - E e marcamos sobre a horizontal da figura C'', ligamos esses pontos ao extremo da altura M e obtemos as V.G. 2 e 4. Tomamos a distância D - F da figura C, marcamos sobre a horizontal da figura C'' e, ligando este ponto ao extremo da altura M, obtemos a V.G. 3.

Para traçarmos o desenvolvimento, conforme nos mostra a figura C''', tomamos a distância G - H da figura C e traçamos uma horizontal, do ponto H traçamos uma perpendicular com o comprimento da linha s tomado da figura C' e, ao extremo da linha s traçamos outra perpendicular determinando, assim, o ponto R. Tomamos as distâncias R - S e R - Y da figura C e traçamos à direita e à esquerda do ponto R.

Tomamos a V.G. 2 - 4 e, com centro nos pontos Y e S, traçamos arcos nos lados de G e H, tomamos da figura C as distâncias E - H e G - F e, com centro em H e G, fazemos os cruzamentos, determinando os pontos F e E. Tomamos a distância F - Z e, com centro em E e F, fazemos arcos ao lado de Y e S e, com a distância Y - D e S - Z da figura C, com centro em Y e S, fazemos o cruzamento, determinando, assim, os pontos Z e D na figura C'''.

Tomamos a V.G. 3 e, com centro em D, fazemos um arco ao lado do ponto E, tomamos a distância E - F e, com centro em E, cruzamos, obtendo o ponto F; tomamos a distância E - Z da figura C' e, com centro em F, fazemos um arco ao lado do ponto D, tomamos a distância D - Z da figura C e. com centro em D, fazemos o cruzamento, obtendo o ponto Z. Ficando assim determinado o desenvolvimento do tubo quadrado com boca inclinada.

TUBO DE BÔCA QUADRADA GIRADA À 45º, UMA EM RELAÇÃO À OUTRA

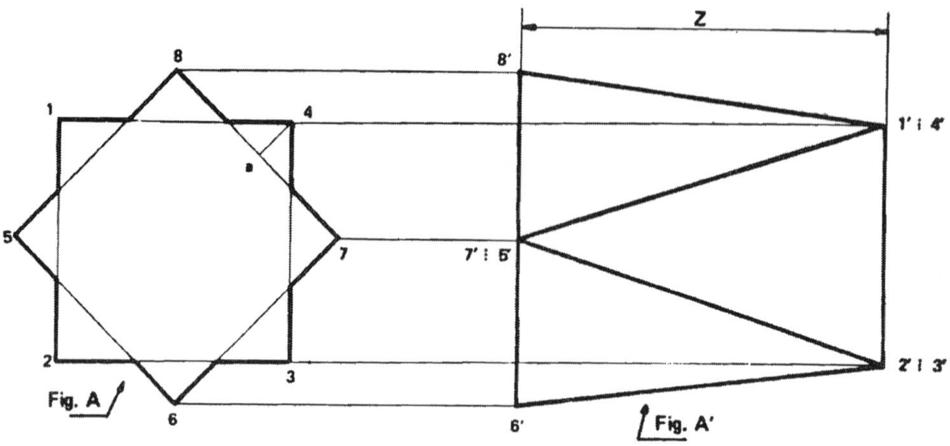

Fig. A

Fig. A'

Fig. A''

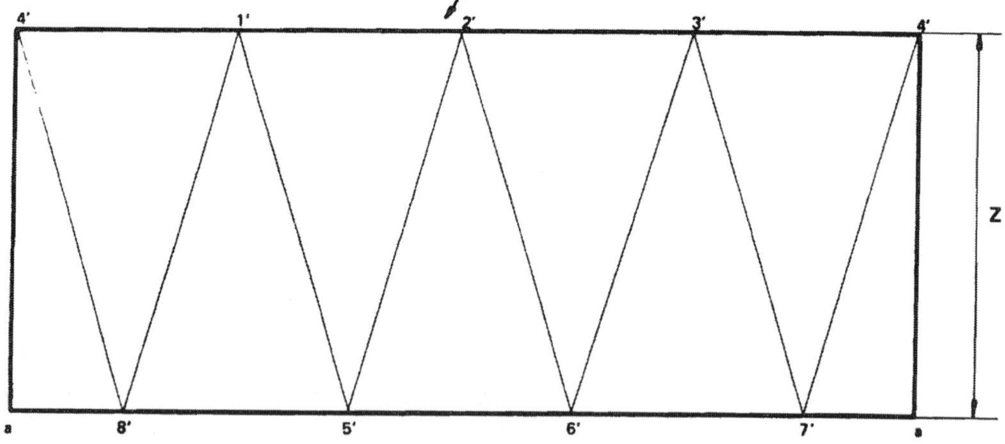

Desenhamos e identificamos as figuras A e A'. Para traçarmos o desenvolvimento conforme nos mostra a figura A'', traçamos duas linhas paralelas com a altura Z da figura A'. Numa dessas paralelas marcamos as distâncias 4' - 1', 1' - 2', 2' - 3' e 3' - 4' tomadas da figura A. Sobre a outra paralela marcamos os pontos a - 8, 8 - 5, 5 - 6, 6 - 7 e 7 - a, ligamos esses pontos por meio de retas e temos o desenvolvimento conforme figua A'',

TUBO IRREGULAR DE BÔCA RETANGULAR E QUADRADA

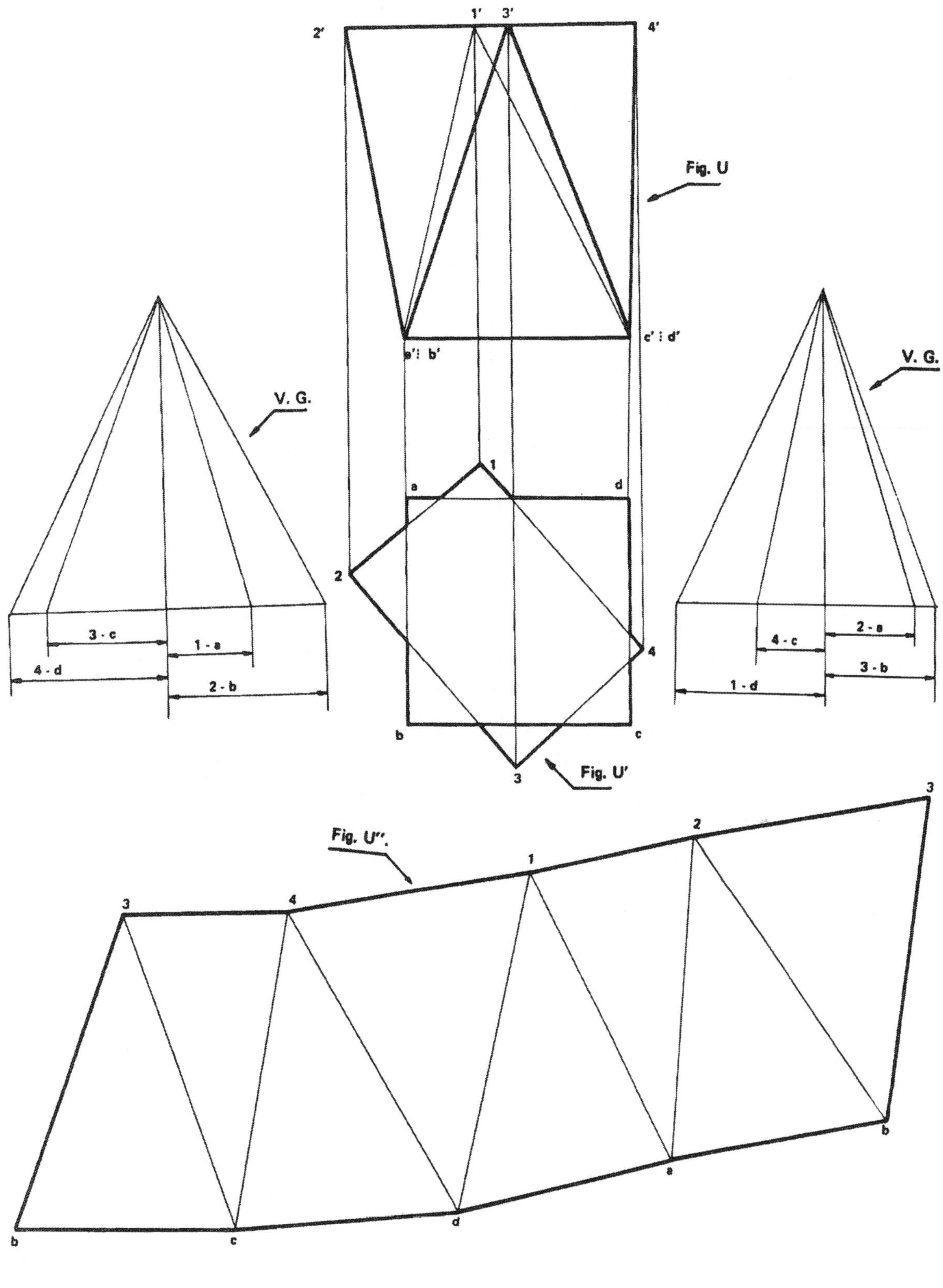

Partindo das Projeções da (Fig. U' e U), traçamos as V.G. (verdadeira grandeza), tomando os pontos da (Fig. U') e altura da (Fig. U), para traçarmos o desenvolvimento da (Fig. U''), marcamos o lado do quadrado b-c, com o centro em ambos os pontos, traçamos arcos com o raio b-3 e 3-c das V.G. que se cruzam em 3, com o raio 3-c da (Fig. U''), com o centro em 3 traçamos um arco e com o raio 4-c das V.G. Com o centro em c, fazemos o cruzamento do ponto 4, assim sucessivamente, obteremos o desenvolvimento da (Fig. U'').

TUBO QUADRADO ATRAVESSADO OBLIQUAMENTE POR OUTRO MENOR GIRADO À 45º

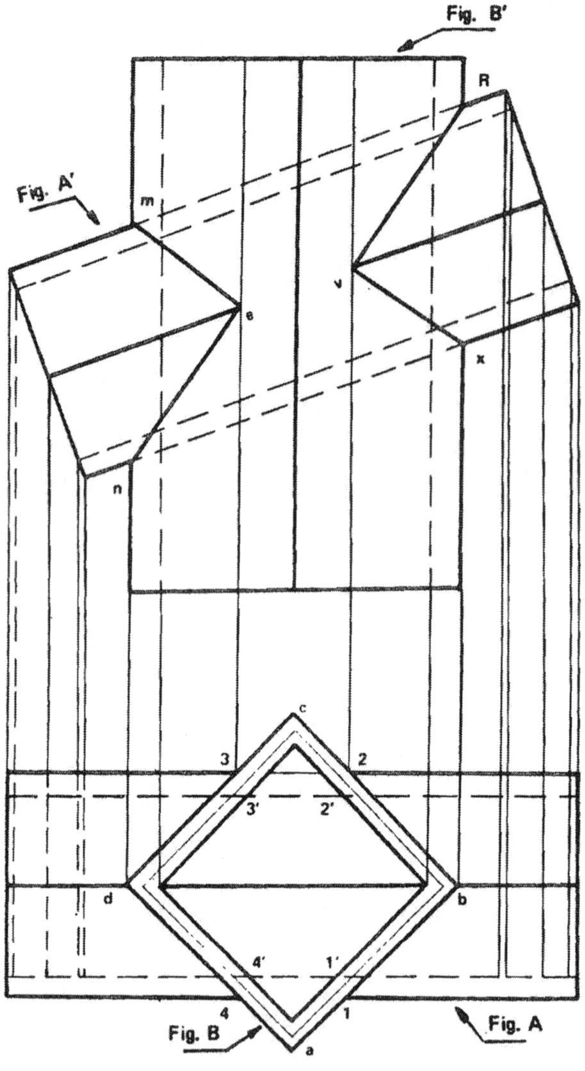

Os pontos 2 e 3 da planta (Figs. A e B), que são comuns dos prismas, projetamos o traçado sobre as arestas correspondentes do tubo menor em e - v na (Fig. A' e B') e as retas m - e, e - n, v - r, v - x, constituem a projeção do traçado na linha de intersecção dos corpos. Os pontos 1 - 2 - 3 e 4, passam pela boca média a - b - c - d da espessura da chapa por meio de retas perpendiculares dos lados correspondentes da (Fig. A e B). Para traçarmos o desenvolvimento (Fig. B'), traçamos uma reta horizontal e, marcando sobre ela as distâncias tomadas da (Fig. A e B) a - 1' b - 2', por onde traçamos uma reta horib - 2', por onde traçamos retas perpendiculares, sobre elas marcamos as distâncias das arestas correspondentes da (Fig. A' e B') para termos os pontos e' - m' - n' - v' - r' e x', assim está desenvolvida a (Fig. B').

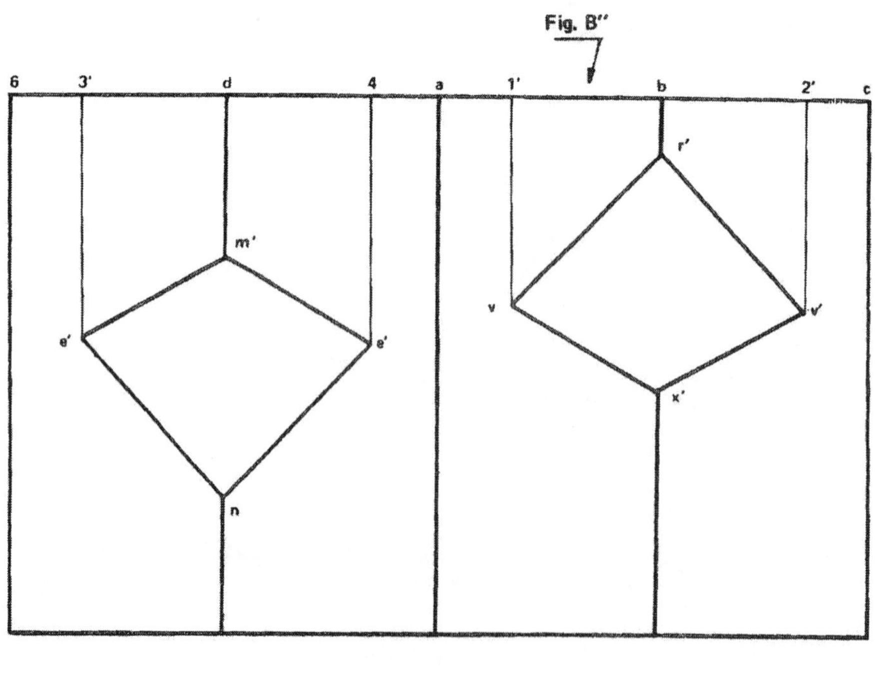

TUBO RETANGULAR DE BASE INCLINADA

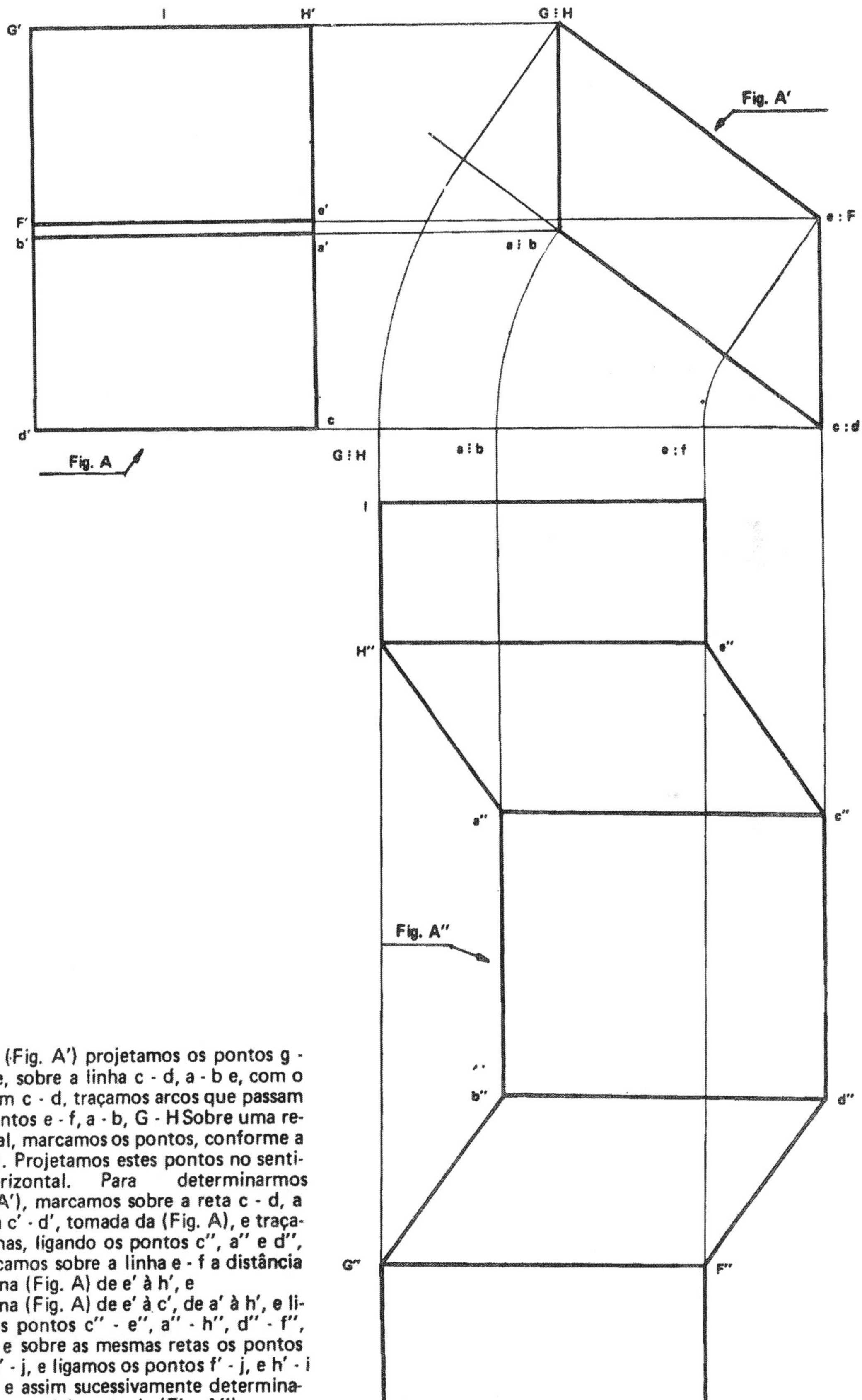

Na (Fig. A') projetamos os pontos g - h, e - f e, sobre a linha c - d, a - b e, com o centro em c - d, traçamos arcos que passam pelos pontos e - f, a - b, G - H Sobre uma reta vertical, marcamos os pontos, conforme a (Fig. A'). Projetamos estes pontos no sentido horizontal. Para determinarmos a (Fig. A'), marcamos sobre a reta c - d, a distância c' - d', tomada da (Fig. A), e traçamos linhas, ligando os pontos c'', a'' e d'', b''. Marcamos sobre a linha e - f a distância tomada na (Fig. A) de e' à h', e tomada na (Fig. A) de e' à c', de a' à h', e ligamos os pontos c'' - e'', a'' - h'', d'' - f'', b'' - g'' e sobre as mesmas retas os pontos h' - i e c' - j, e ligamos os pontos f' - j, e h' - i e e'' - i, e assim sucessivamente determinamos o desenvolvimento da (Fig. A'').

QUADRADO PARA REDONDO

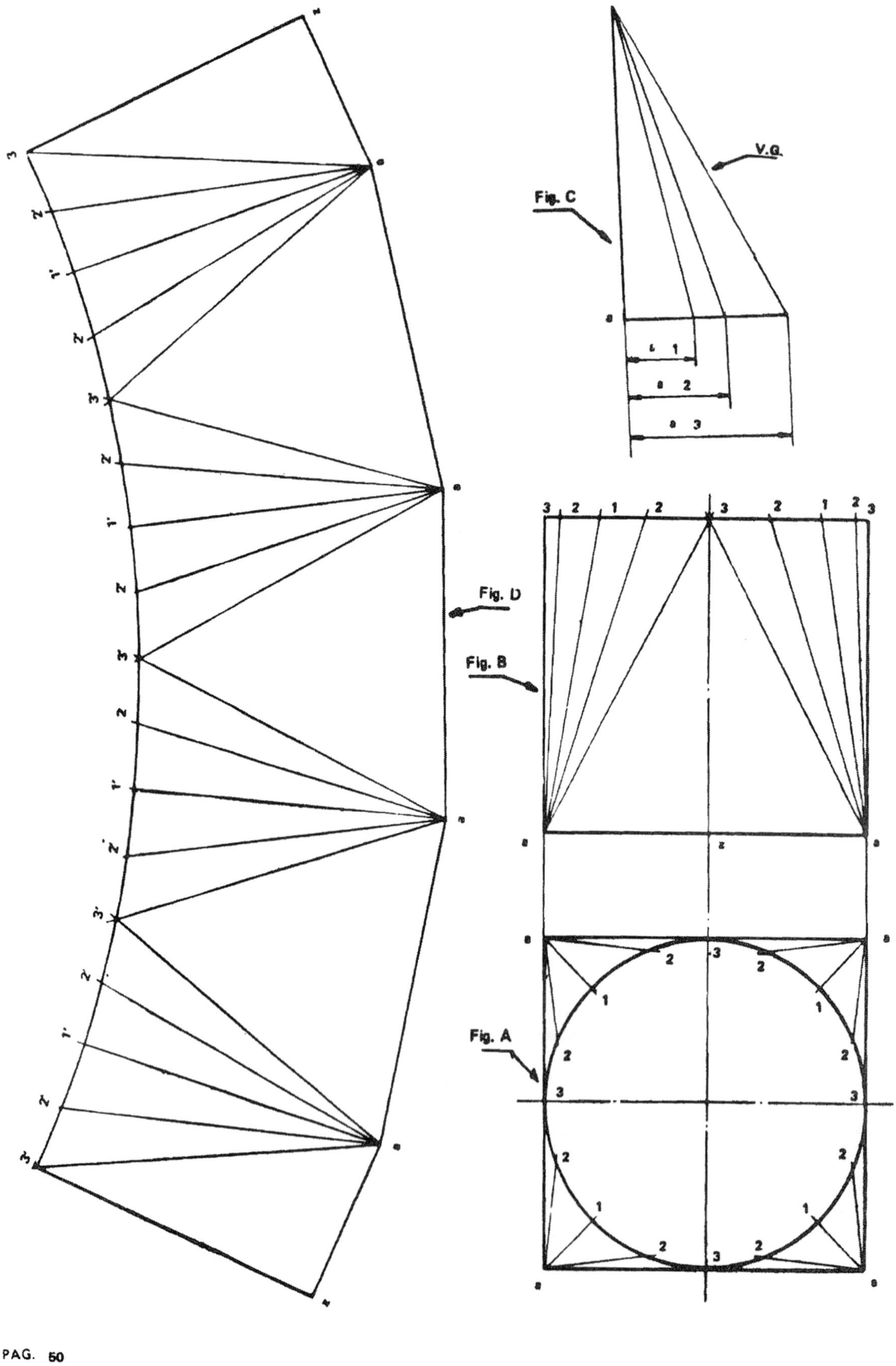

QUADRADO PARA REDONDO

Dividir uma circunferência em 16 (dezesseis) partes iguais, determindando os pontos 1, 2 e 3, que unimos com o vértice do quadrado (Fig. A); para determinarmos a verdadeira grandeza, traçamos uma linha vertical com a altura da peça e uma perpendicular a uma das extremidades, tomamos a distância do vértice a ao ponto 3 da (Fig. A), marcando sobre a linha perpendicular a distância a - 3, determinando a V.G. a - 3 na (Fig. C) Para os demais pontos proceder da mesma forma. Para traçarmos o desenvolvimento tomamos a distância a - a de um lado do quadrado e com o comprimento da V.G. a - 3 da (Fig. C) com centro em a - a, fazemos dois arcos que se cruzam determianndo o ponto 3'. Tomando a distância da V.G. a - 2 com centro em a - a fazemos um arco para cada lado e com uma abertura correspondente a uma divisão da circunferência, com centro no ponto 3' fazemos o cruzamento determinando os pontos 2' na (Fig. D) e assim sucessivamente para os demais pontos.

QUADRADO PARA REDONDO – 2.º CASO

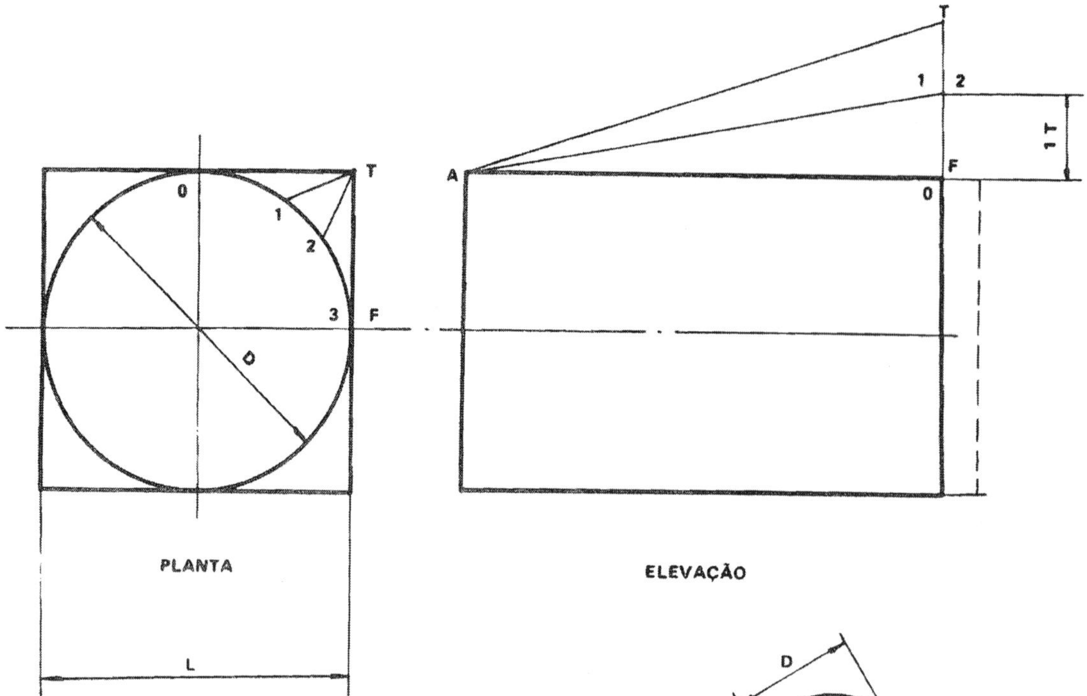

PLANTA

ELEVAÇÃO

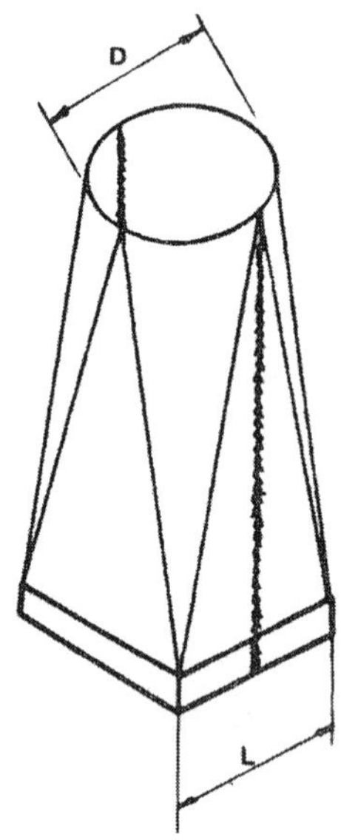

D = L

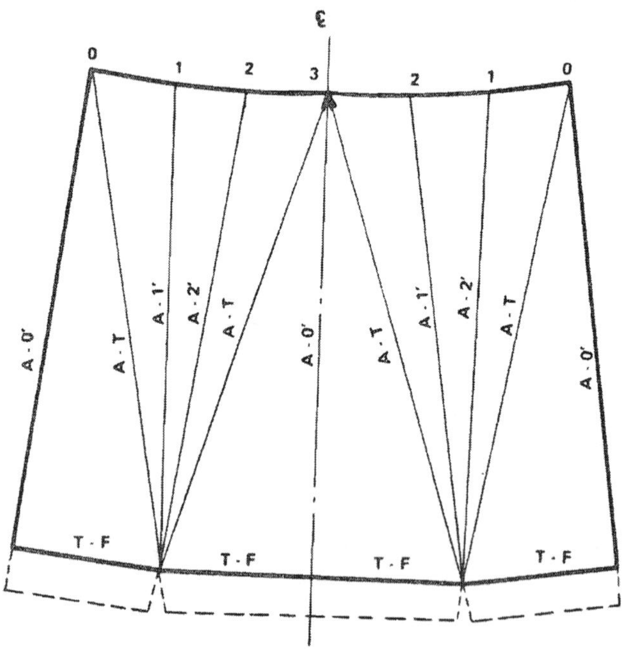

QUADRADO PARA REDONDO CÔNICO COM CANTOS ARREDONDADOS

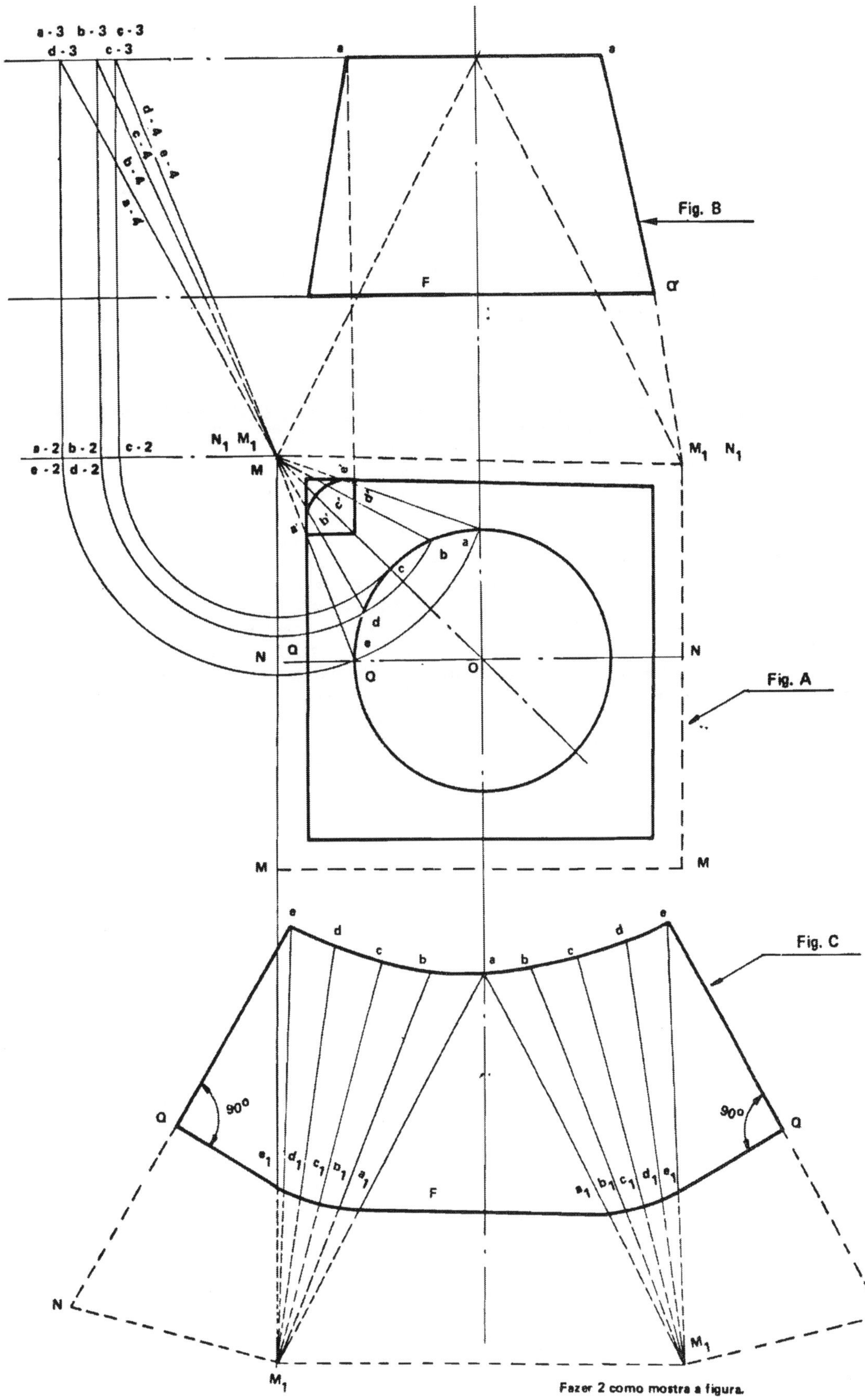

Fazer 2 como mostra a figura.

QUADRADO PARA REDONDO CÔNICO COM CANTOS ARREDONDADOS

Esta transição cônica de quadrado para redonda com cantos arredondados é bastante similar as figuras anteriores.

Com linhas cheias, desenhamos as figuras A e B em suas dimensões reais, dividimos a circunferência em 16 partes iguais e, em seguida, projetamos essas divisões que passando pelo canto arredondado formam o vértice M. Com linhas seccionadas determinamos o prolongamento da figura A e qual deve ser projetado também para a figura B.

Para determinarmos as V.G. conforme é visto ao lado da figura B, fazemos centro no ponto M, e descrevemos arcos que partindo das divisões da circunferência determinam os pontos a_2, b_2, etc., no prolongamento da reta M_1 - M_1. Projetamos esses pontos paralelamente ao eixo vertical determinando sobre a prolongação da boca superior da figura B, os pontos a_3, b_3, etc.. Em seguida com linhas retas inclinadas ligamos esses pontos ao vértice M que ao passarem pela prolongação da base determinam os pontos a_4, b_4, etc., e assim temos as V.G. reais e falsas determinadas.

Para traçarmos o desenvolvimento conforme nos mostra a figura C, tomamos e traçamos a distância M_1 - M_1, com a V.G. M_1 - a_3 e centro em M_1 - M_1 descrevemos arcos que se cruzam determinando o ponto "a". Com a V.G. M_1 - b_3 e centro em M_1 descrevemos arcos em ambos os lados de "a", em seguida, com a medida igual a uma divisão da circunferência e centro em "a" fazemos o cruzamento determinando o ponto "b" e prosseguimos assim sucessivamente até traçarmos a figura C em suas reais e falsas dimensões.

Para determinarmos as reais dimensões da figura C, tomamos da figura B as distâncias M_1 - a_4, M_1 - b_4, etc., e com centros no ponto M_1 da figura C, sobre suas respectivas linhas, determinando os pontos a_1, b_1, c_1, etc., que serão unidos com uma linha curva. Com a reta F, unimos os pontos a_1. A partir de e_1 traçamos uma reta perpendicular à reta eN determinando o ponto Q. E assim teremos a peça traçada em sua metade em seguida traçamos a outra metade que após serem dobradas formam a peça.

QUADRADO PARA REDONDO – 3.º CASO

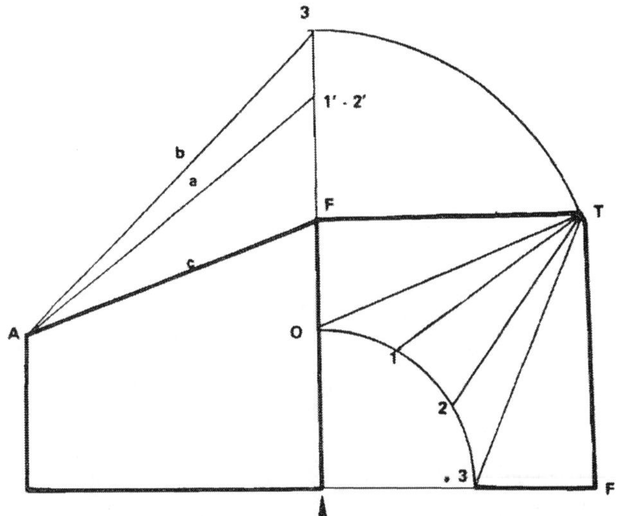

Fig. B

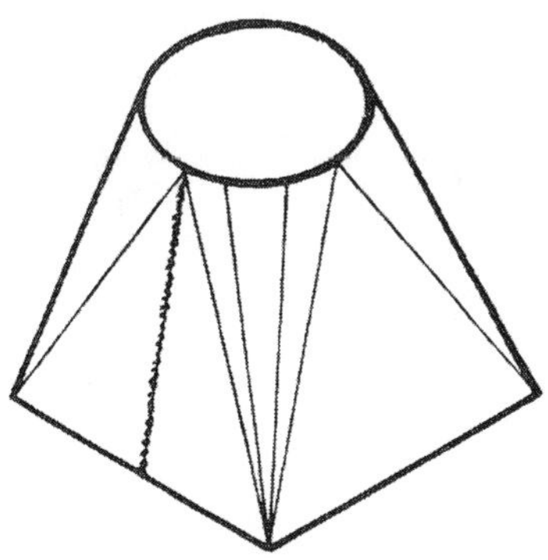

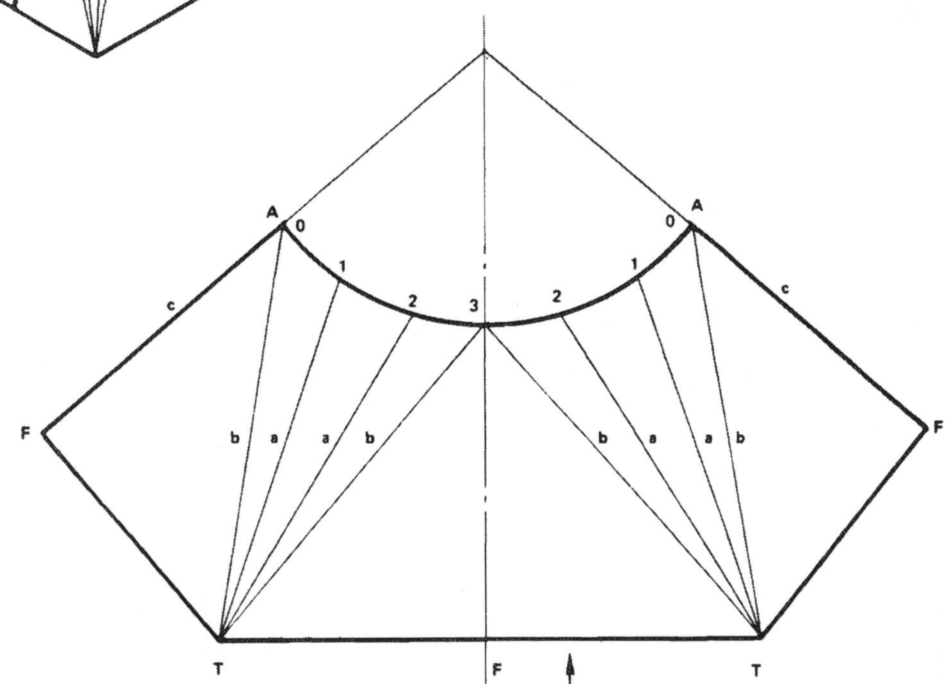

Fig. C

Desenhamos as vistas A e B e traçamos as V.G. conforme problema anterior. Para traçarmos o desenvolvimento, traçamos uma reta horizontal com distância duas vezes T.F. conforme mostra a Fig. C. Tomamos a V.G. B - 3 da figura A e com centro em T na figura C, fazemos o cruzamento determinando o ponto 3, com as V.G. a1' - 2' e centro em T - T traçamos arcos em ambos os lados de 3. Tomamos uma distância igual a uma divisão da circunferência, e com centro em 3 marcamos duas vezes para cada lado sobre o arco, determinando assim os pontos 2 - 1. Tomamos a V.G. 3, com o centro em T - T traçamos arcos em ambos os lados dos pontos 1; tomamos a distância T.F. da figura B e com centro em F.T. fazemos arcos em ambos os lados, e tomando a distância C da figura B com centro em 0, cruzamos determinando os pontos F. Em seguida prolongamos as linhas F - 0 até se cruzarem determinando assim o vértice S do qual descrevemos um arco unindo os pontos 1 - 2 - 3 assim desenvolvemos meia peça, repetindo a operação desenvolvemos a outra metade.

QUADRADO PARA REDONDO COM BOCAS PARALELAS

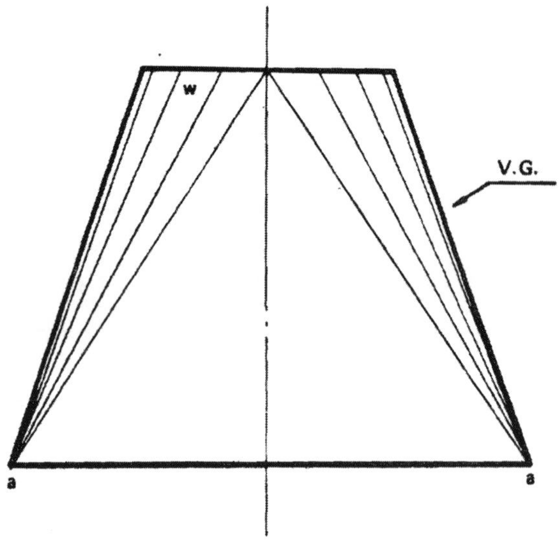

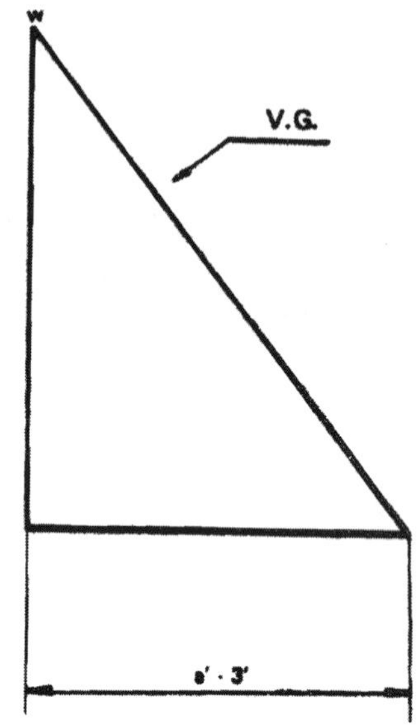

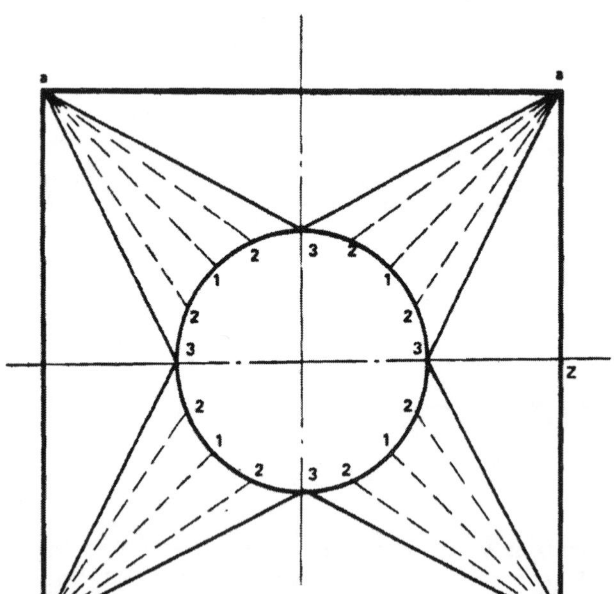

Fig. A

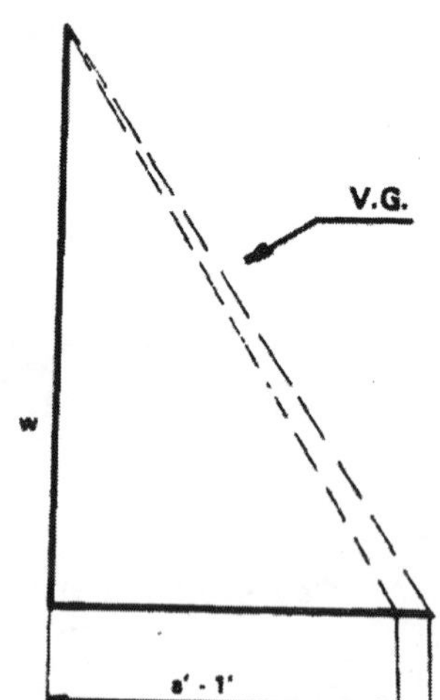

QUADRADO PARA REDONDO COM BOCAS PARALELAS

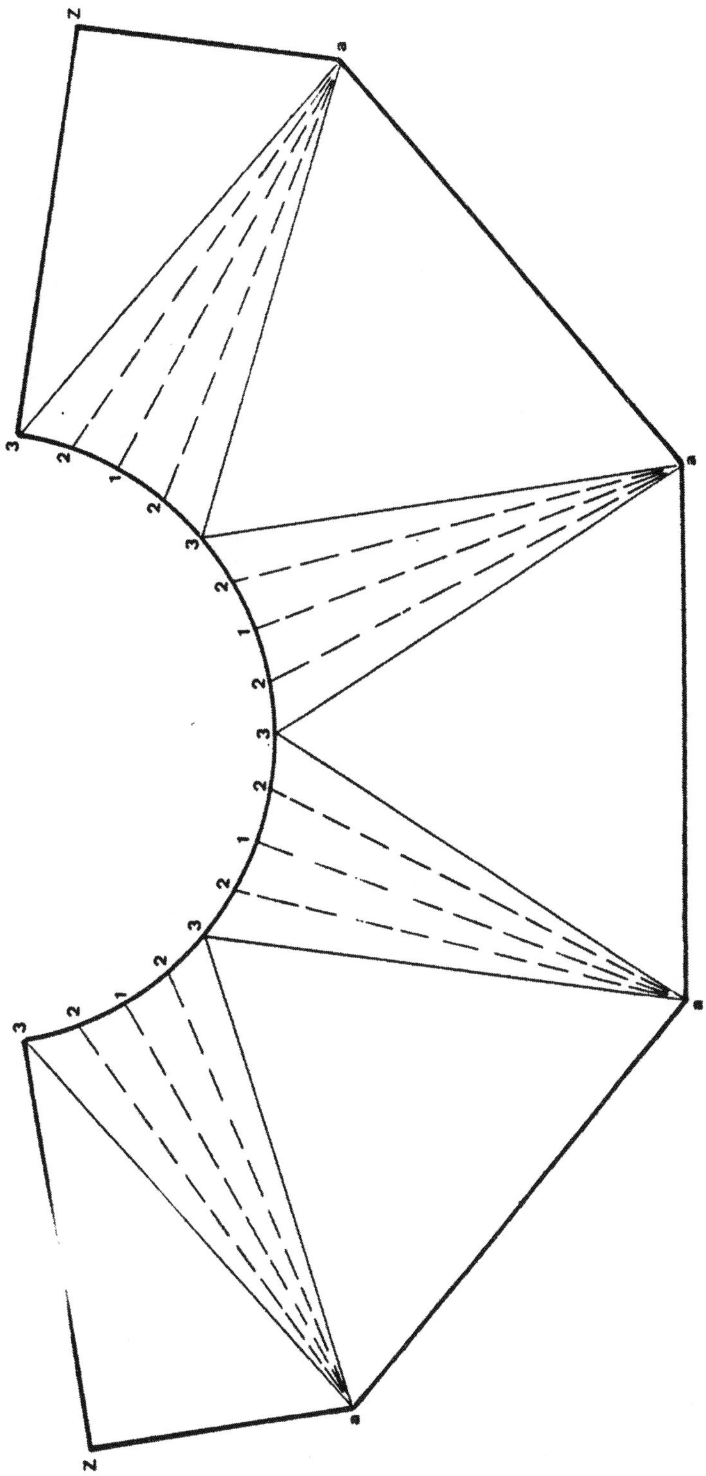

QUADRADO PARA REDONDO COM CANTOS ARREDONDADOS

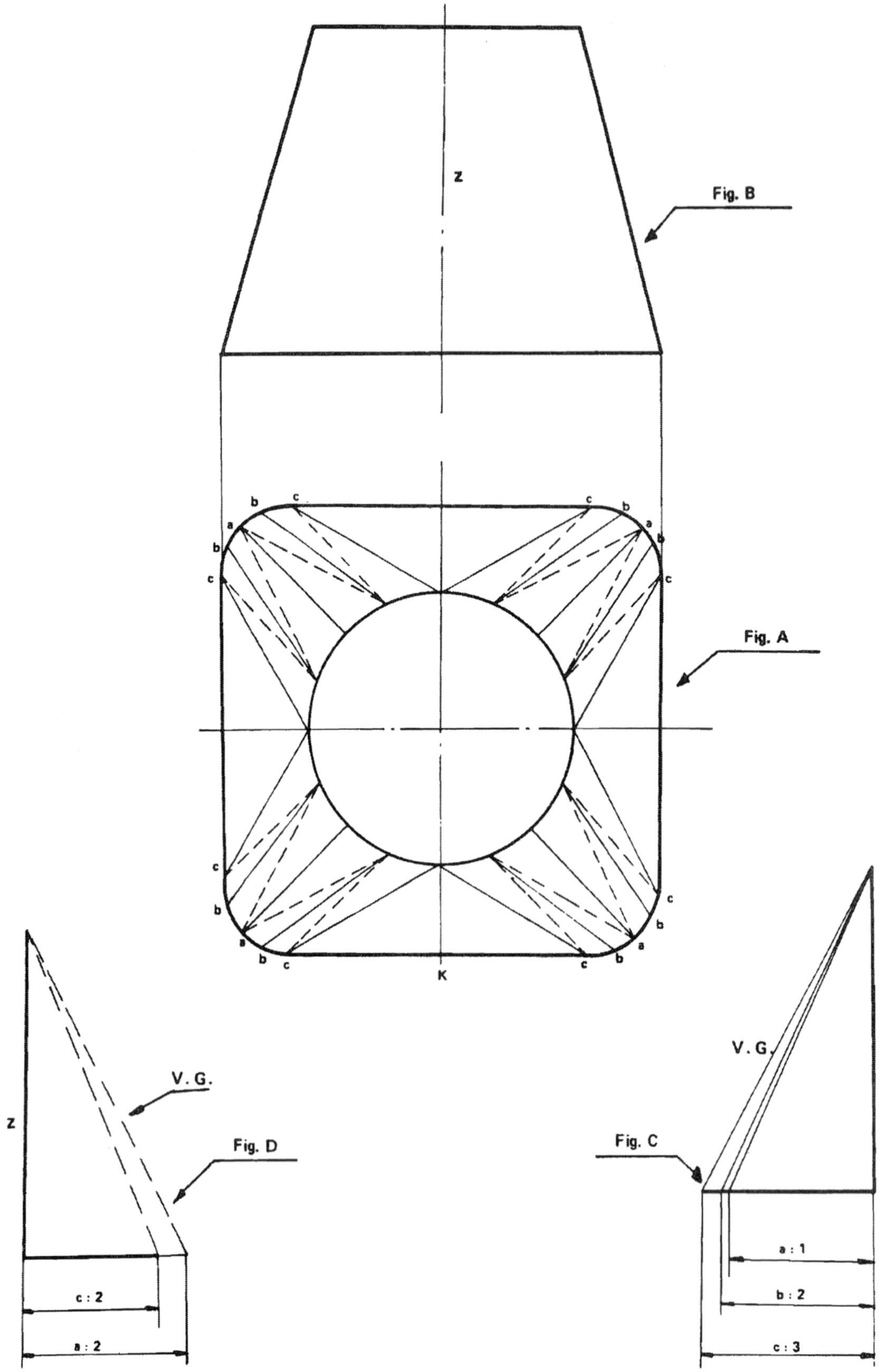

QUADRADO PARA REDONDO COM CANTOS ARREDONDADOS

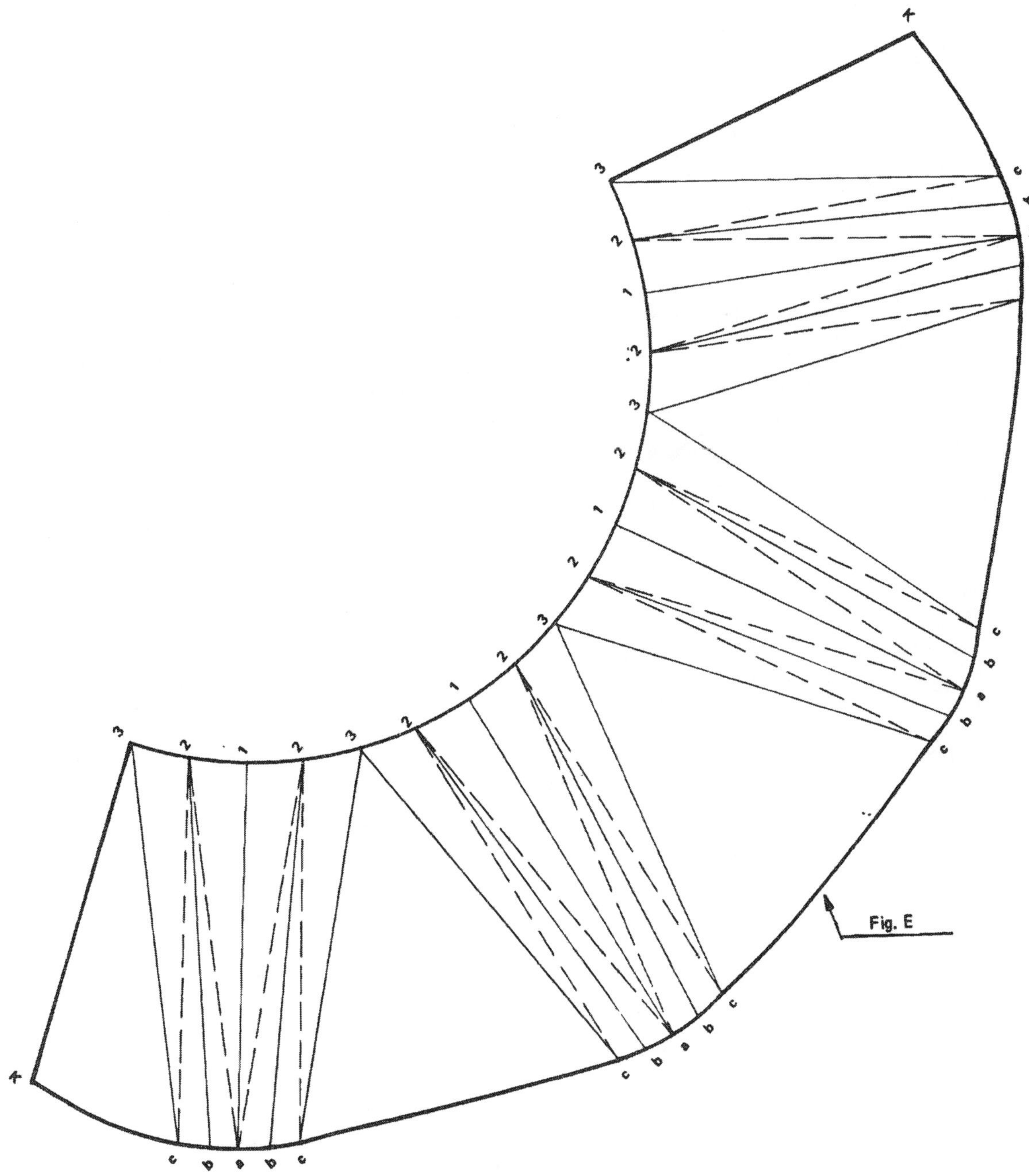

Com as figuras A e B desenhadas, dividimos a circunferência em 16 (dezesseis) partes iguais e identificamos com 1, 2, 3 conforme nos mostra a figura A. Os cantos arredondados como são iguais a um quadrante de uma circunferência, dividimos em 4 (quatro) partes iguais que identificamos com a, b e c e ligamos os pontos por meio de retas cheias e seccionadas conforme mostra a figura A. Para determinarmos as V.G. traçamos 2 (duas) linhas verticais com a altura Z e ao pé das mesmas traçamos linhas horizontais conforme nos mostra as figuras C e D. Com as distâncias A - 1, B - 2, C - 3 da figura A marcamos sobre a horizontal da figura C, e ligamos por meio de retas até a altura Z, assim temos a figura C mostrando as V.G. Para traçar as V.G. da Fig. D procedemos do mesmo modo somente agora tomamos as medidas C - 2, a - 2.

Para traçarmos o desenvolvimento conforme nos mostra a figura E, traçamos a distância C - C da figura A e com a V.G. C - 3, da figura C e centro em C, fazemos um cruzamento de arcos determinando o ponto 3 com a V.G. C - 2 da figura D e centro em C - C fazemos arcos em ambos os lados de 3, com uma divisão da circunferência com centro em 3 fazemos o cruzamento determinando os pontos 2 e 2, com a V.G. B - 2 e centro no ponto 2 da figura E traçamos arcos em ambos os lados do ponto C e tomando uma distância igual a uma divisão do canto arredondado e com centro em C fazemos o cruzamento determinando o ponto b, assim devemos proceder para os demais pontos até completarmos a figura E.

PIRÂMIDE QUADRADA COM CANTOS ARREDONDADOS.

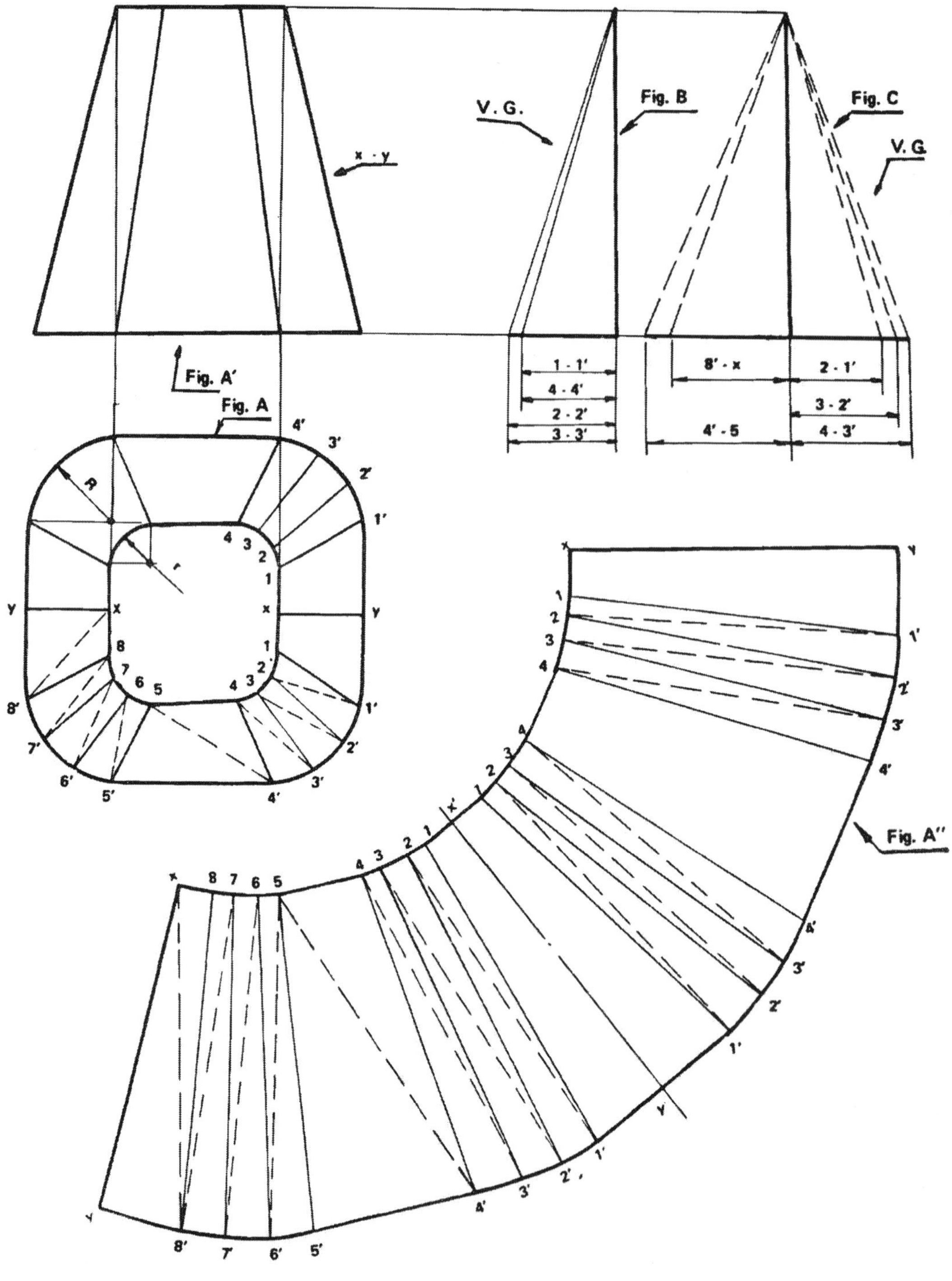

Na planta (Fig. A), dividimos os cantos arredondados, 1/4 (um quarto) da circunferência, em 3 (três) partes iguais 1, 2, 3 e 4, 1', 2', 3', 4', etc. e ligamos os pontos 1 à 1', 1' à 2, e assim sucessivamente. Obtemos as V.G. destas linhas, traçando sobre uma linha horizontal as projeções da planta (Fig. A) e altura da (Fig. A'). Para traçarmos o desenvolvimento da (Fig. A''), pegamos a reta x–y, da (Fig. A'), que está em V.G. e traçamos retas perpendiculares aos seus extremos. Marcamos sobre elas x–1 e y–1' da (Fig. A). Com centro em 1', raio,2–1', (tirado da Fig. C),traçamos um arco e com centro em um, com um raio de $\frac{(r + 1 \text{ espes.}) \times 2 \times 3{,}14}{12}$, traçamos outro arco que cruze com o primeiro, determinando o ponto 2; com centro em 2, com raio 2–2', (Fig. B) traçamos outro arco; a seguir com centro em 1' e com raio de $\frac{(R + 1 \text{ espes.}) \times 2 \times 3{,}1416}{12}$ traçamos o arco que cruzará com este último, determinando o ponto 2'; e assim por diante.

QUADRADO PARA REDONDO COM BÔCAS PARALELAS INCLINADAS

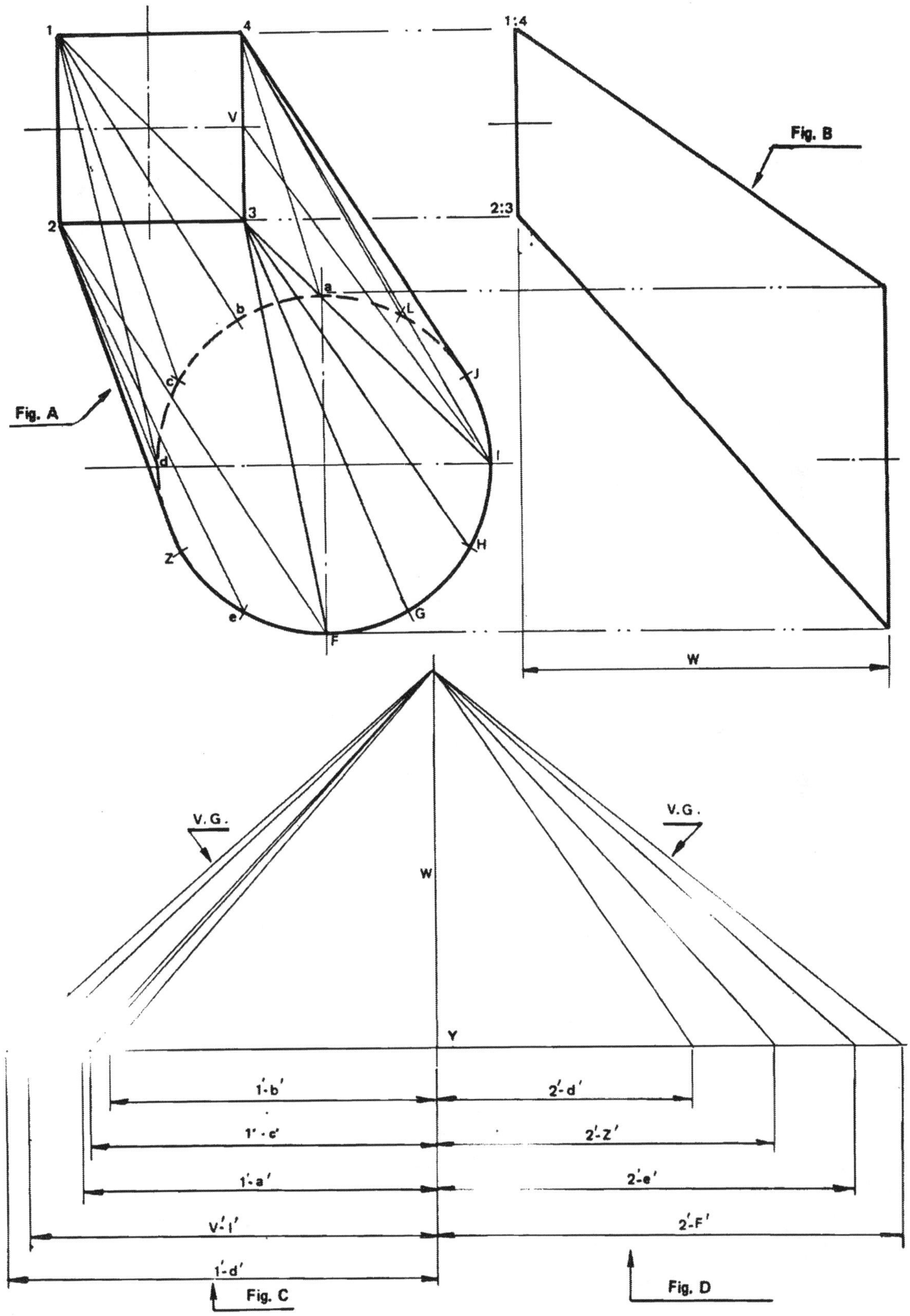

QUADRADO PARA REDONDO COM BOCAS PARALELAS INCLINADAS

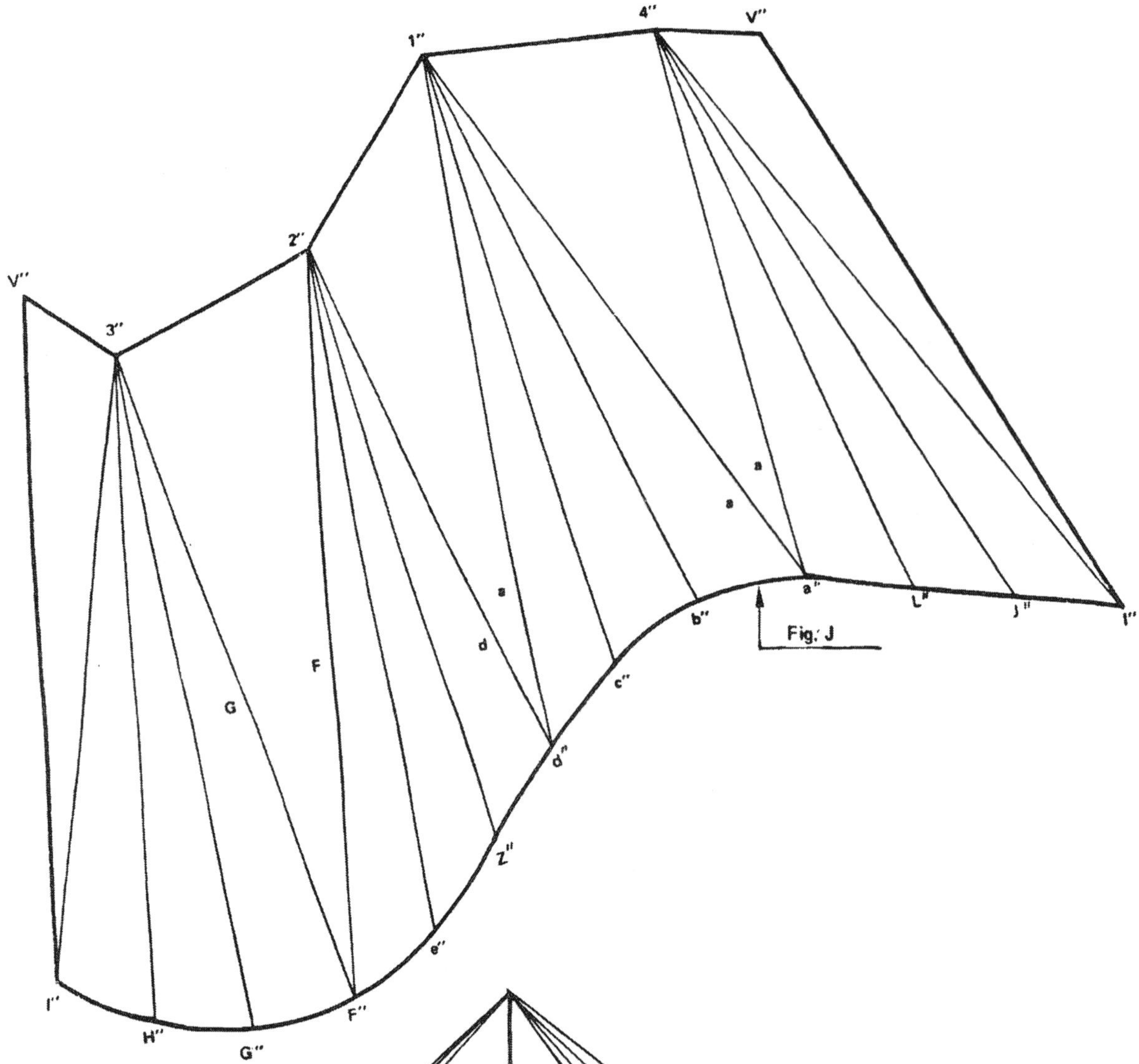

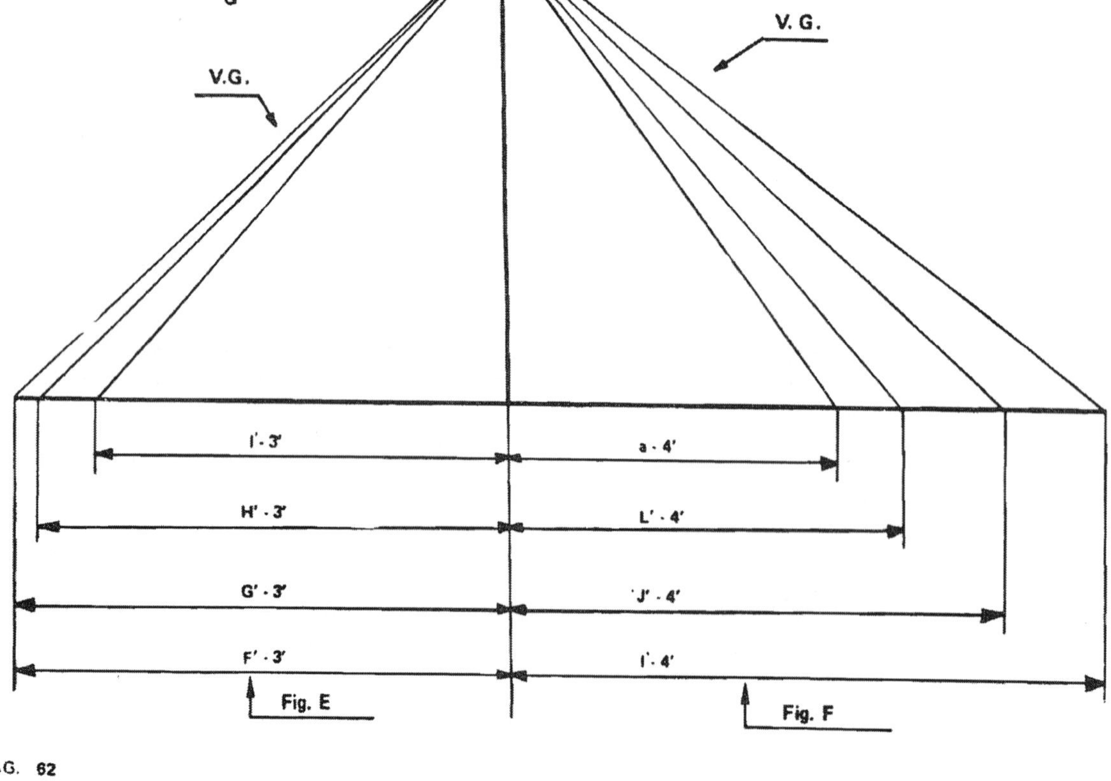

QUADRADO PARA REDONDO COM BOCAS PARALELAS INCLINADAS

Desenhamos e identificamos as figuras A e B, para traçarmos as V.G. tomamos e traçamos a altura W da figura B, traçamos linhas horizontais conforme as figuras C e D. Tomamos as distâncias 1 - b, 1 - c, 1 - a, v - i, 1 - d da figura A com centro em Y da figura C marcamos para a esquerda da horizontal e unimos até o extremo da altura W obtendo assim a primeira V.G., para as demais procedemos do mesmo modo e teremos as figuras C, D, E, F, com as verdadeiras grandezas.

Para traçarmos o desenvolvimento conforme nos mostra a figura J, tomamos e traçamos a distância 1 - 2, da figura A, tomamos a V.G. 1 - a da figura C, com centro em 1 traçamos um arco, tomamos a V.G. 2 - d da figura C e com centro em 2 fazemos o cruzamento determinando o ponto d". Tomamos a V.G. 1 - c e com centro no ponto 1, fazemos um arco e tomando uma distância igual a uma divisão da circunferência da figura A e centro em b" fazemos o cruzamento determinando o ponto c", em seguida com os pontos b e a determinados, tomamos a distância 1 - 4 da figura A e com centro no ponto 1" traçamos um arco para a direita, tomamos a V.G. a - 4 da figura F e com centro em a fazemos o cruzamento determinando o ponto 4" tomamos a V.G. 4' - L' da gifura F e com centro no ponto 4" traçamos um arco, tomamos a distância a - b da figura A, fazemos o cruzamento determinando o ponto L". Para os pontos J" - I" procedemos da mesma forma, tomamos a distância 4 - V da figura A com centro em 4" traçamos um arco, com a V.G. V - 1 da figura C e com centro em I fazemos o cruzamento determinando o ponto V". Para os demais pontos procedemos da mesma forma tomando suas V.G. conforme identificadas e assim teremos o desenvolvimento da figura J.

RETÂNGULO PARA REDONDO

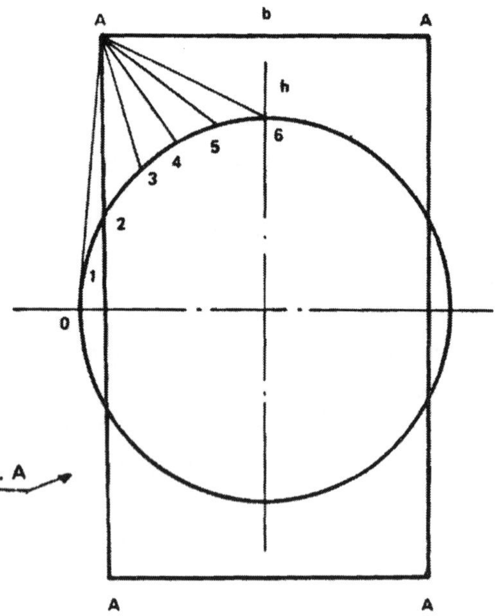

Fig. A

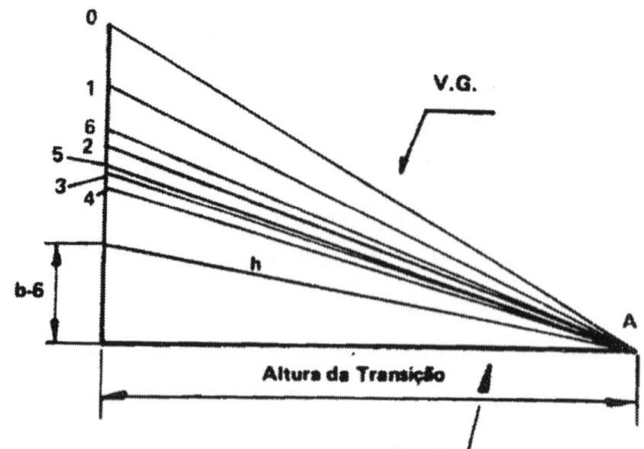

Fig. B

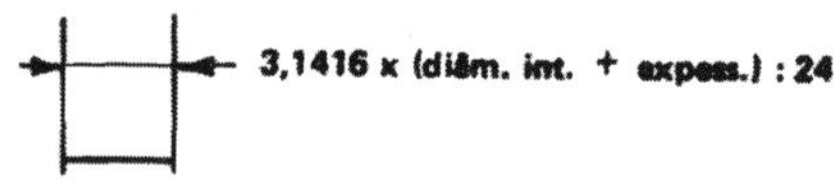

Fig. C

Fig. D

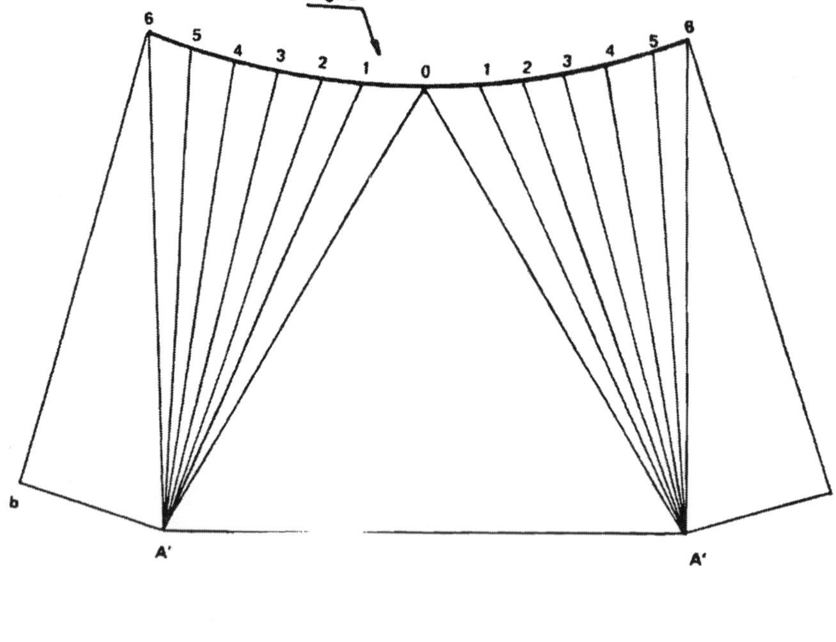

Para desenvolver um retângulo para redondo, dividimos 1/4 (um quarto) da circunferência em 6 (seis) partes iguais e projetamos estes pontos até um dos cantos do retângulo, determinando os pontos 0, 1, 2, 3, 4, 5, e 6, na (Fig. A). Traçamos uma linha horizontal que corresponde a altura da peça e traçamos uma perpendicular a uma das extremidades, conforme a (Fig. B) e com centro em A, tomando as distâncias até os pontos 0, 1, 2, 3,... da (Fig. A) marcamos sobre a perpendicular da (Fig. B), e com retas oblíquas unimos esses pontos ao extremo A da figura B. Para traçarmos o desenvolvimento, traçamos o lado maior (A - A) do retângulo e com centro nas duas extremidades A e abertura igual a V.G. A - 0, fazemos dois arcos que se cruzam determinando o ponto 0' da (Fig. D). A seguir, com centro em 0' e abertura correspondente a (Fig. C), fazemos um arco de cada lado e com centro nos pontos A' e abertura da V.G. A - 1, fazemos os arcos que se cruzam, determinando os pontos 1' e assim sucessivamente. A (Fig. D) nos mostra a metade do desenvolvimento.

REDONDO PARA RETÂNGULO

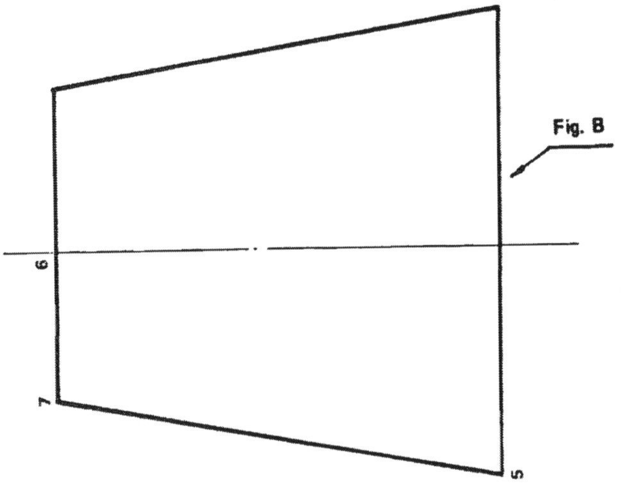

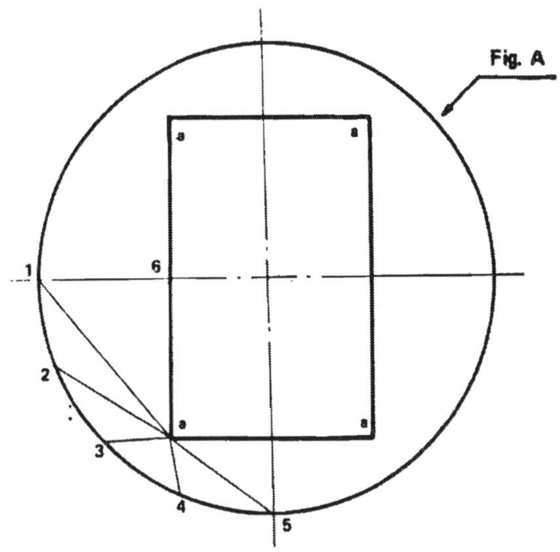

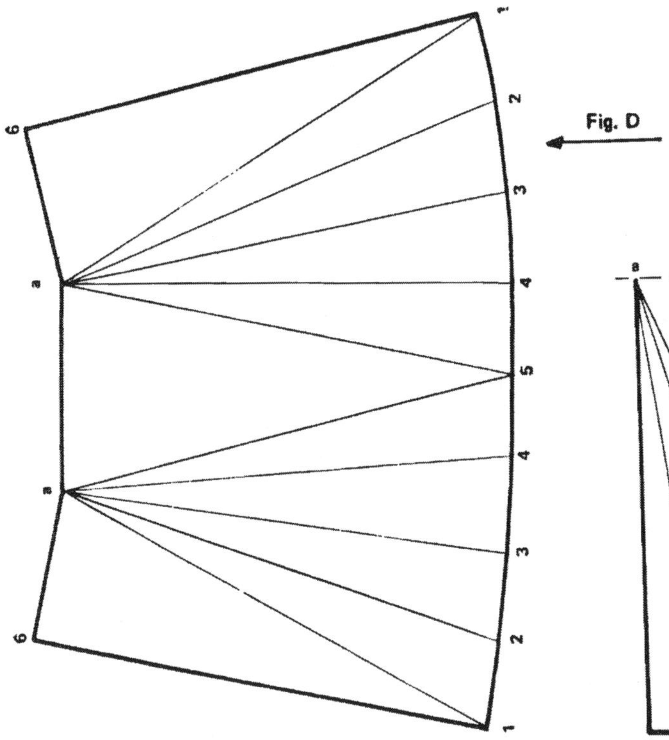

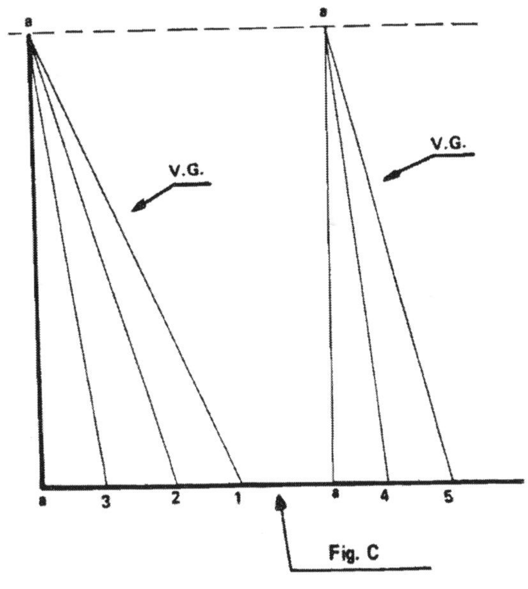

Para desenvolver um redondo para retângulo, dividiremos 1/4 (um quarto) da circunferência em 4 (quatro) partes iguais, projetamos estes pontos até um dos cantos do retângulo. Determinamos as retas 1a - 2a - 3a - 4a e 5a, na (Fig. A). Traçamos uma reta vertical com a altura da peça e traçamos uma perpendicular, passando por uma das extremidades, e tomando a distância da reta 1a da (Fig. A), e com o centro em a marcamos sobre a reta e ligando até a da reta vertical e assim proceder para todas as demais retas da (Fig. A), para determinar as verdadeiras grandezas (V.G.) da (Fig. C). Para traçarmos o desenvolvimento, tomamos a distância correspondente a um lado do retângulo e, taomando a distância da V.G. (5a), com o centro em a da (Fig. D), fazemos o cruzamento, determinando o ponto 1 e ligamos o cruzamento do ponto 1 até a, tomando a distância da V.G. (4a), com o centro em a da (Fig. D), fazemos um arco para cada lado do ponto 1 e com a distância de uma das divisões da circunferência que é (3,1416 x diâmetro interno + 1 espes.)/ 16 com o centro no ponto 1, fazemos o cruzamento, determinando o ponto 2, e assim sucessivamente para todos os demais pontos, para determinar a (Fig. D).

RETÂNGULO PARA REDONDO OBLÍQUO COM BASES PARALELAS

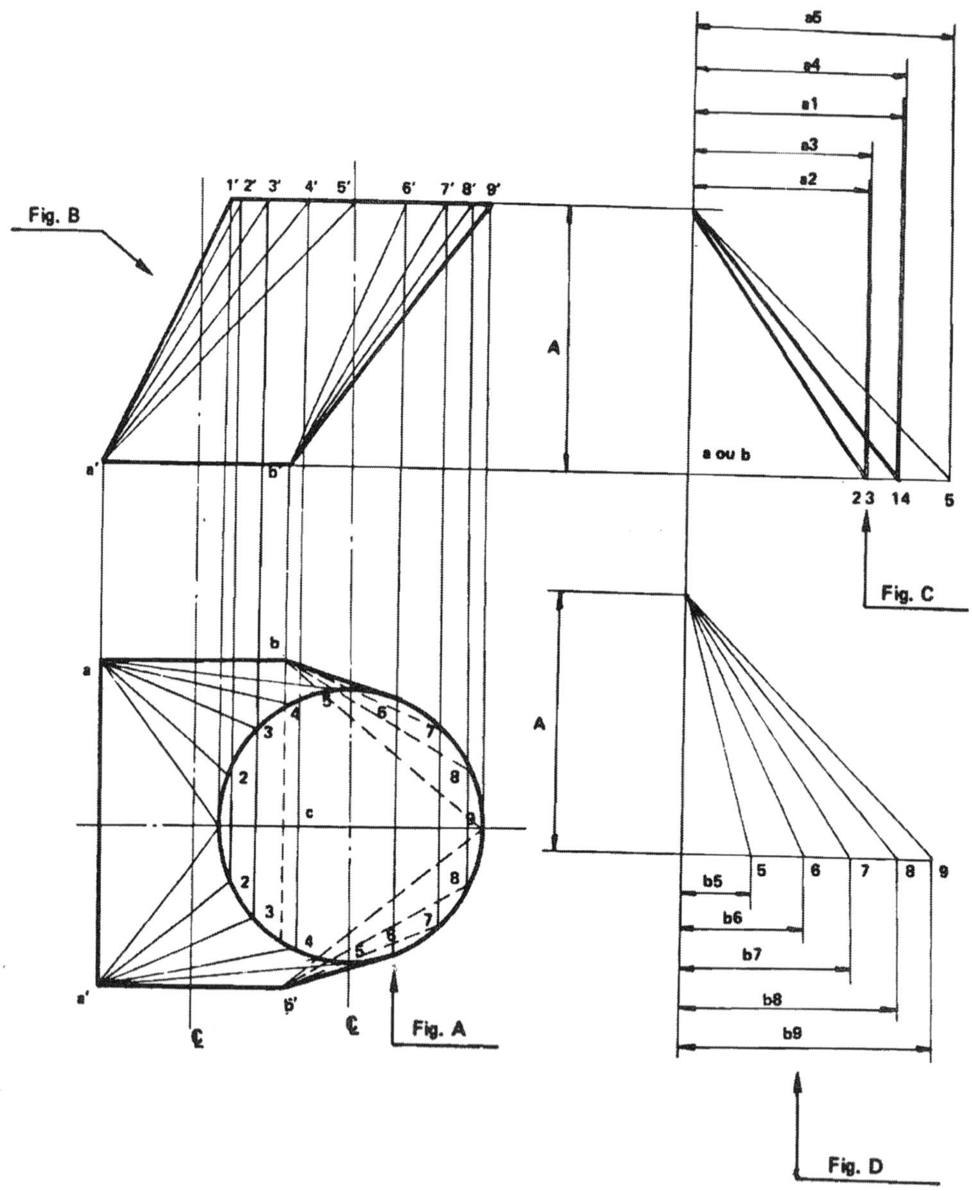

RETÂNGULO PARA REDONDO OBLÍQUO COM BASES PARALELAS

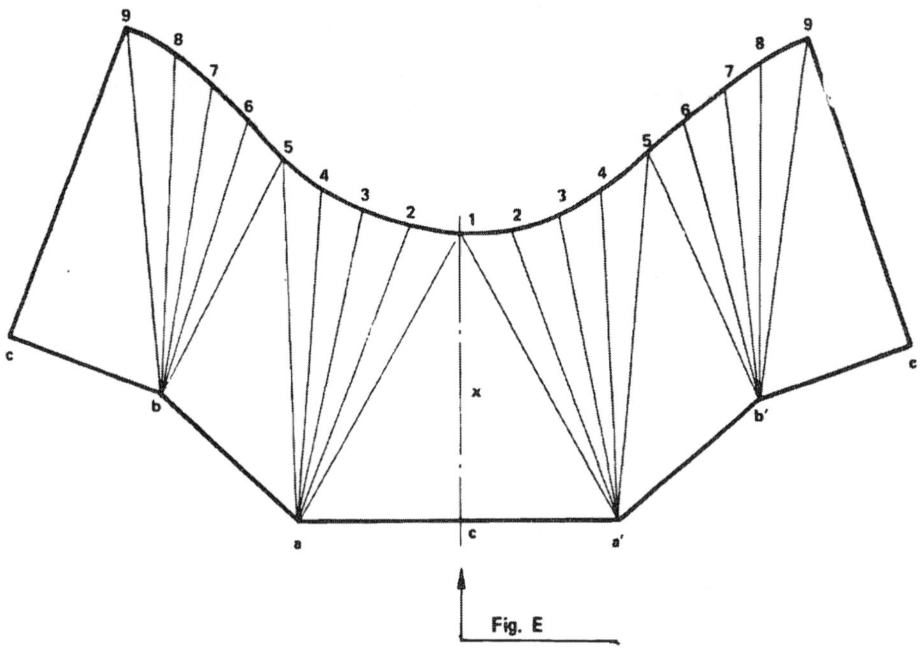

Fig. E

Desenhamos as figuras A e B, dividimos a circunferência em 16 partes iguais, ligamos 1' - 2' - 3' - 4' - 5' ao vértice a e 6 - 7 - 8 - 9 ao vértice b, projetamos esses pontos para a figura B. Para traçar as V.G. conforme nos mostra as figuras C e D, cuja altura A é a mesma da peça, tomamos as distâncias a - 5, a - 4, a - 3, a - 2, a - 1, da figura A e marcamos sobre a reta horizontal da figura C, ligando esses pontos ao extremo da altura A, temos as V.G. da figura C. Para traçar a V.G. da figura D. Tomamos as medidas b - 5, b - 6, b - 7, b - 8, b - 9, da figura A e procedemos do mesmo modo.

O desenvolvimento conforme a figura E é traçado como segue: tomamos a distância a' - a da figura A e a traçamos, tomamos a V.G. a - 1 da figura C, com centro em a - a, fazemos cruzamento de arcos determinando o ponto 1', com a V.G. a - 2 da figura C e centro em a - a fazemos arcos em ambos os lados de 1, e com uma abertura igual a uma divisão da circunferência da figura A, e centro em 1, fazemos o cruzamento determinando os pontos 2 - 2 e assim devemos proceder para os demais pontos a - b, a - 4, a - 5. Com o ponto 5 determinado, tomamos a distância A - B da figura A e, com centro em a na figura E, traçamos um arco; com a V.G. b - 5 da Figura D e centro em 5 fazemos o cruzamento determinando o ponto b'.

Tomamos a V.G. b - 6; com centro no ponto b, traçamos um arco e com uma divisão da circunferência da figura A e centro no ponto 5 fazemos o cruzamento determinando o ponto 6. Assim devemos proceder para os demais pontos b' - 7, b' - 8, b' - 9. Para o término da figura E tomamos a distância a - c da figura A e com centro em b' traçamos um arco, tomamos a altura X da figura E e com centro em 9 fazemos o cruzamento determinando os pontos c.

RETÂNGULO PARA REDONDO EXCÊNTRICO

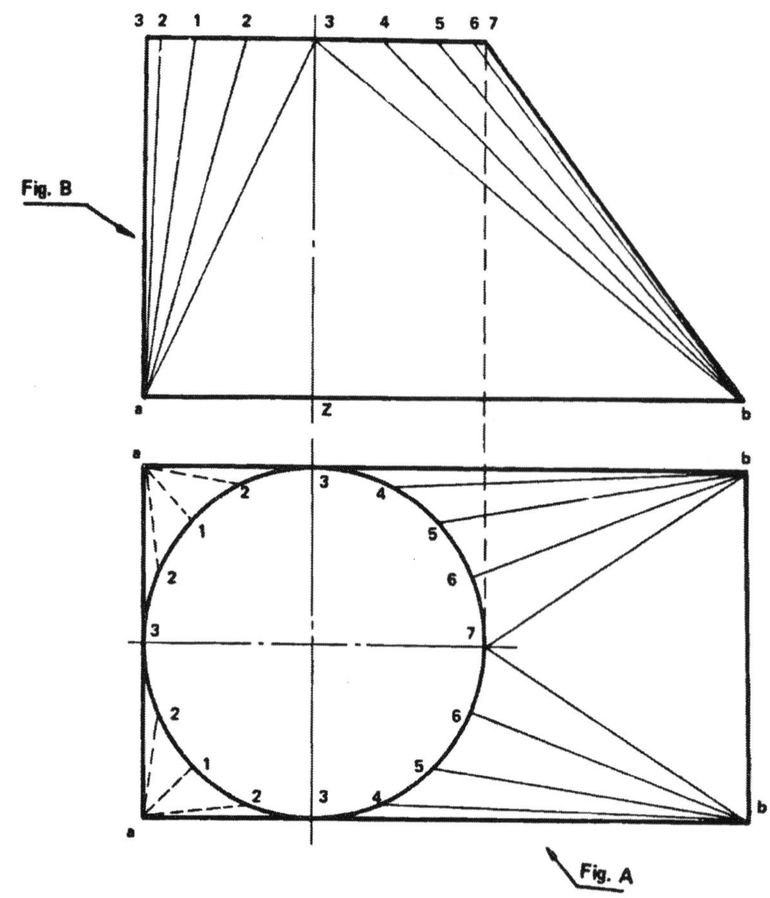

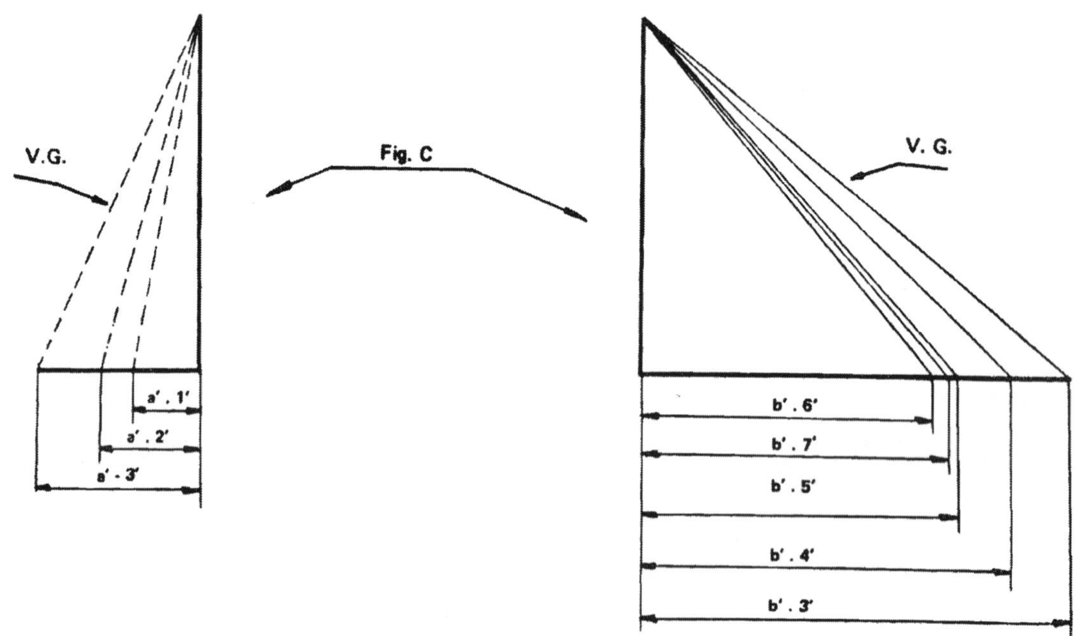

RETÂNGULO PARA REDONDO EXCÊNTRICO

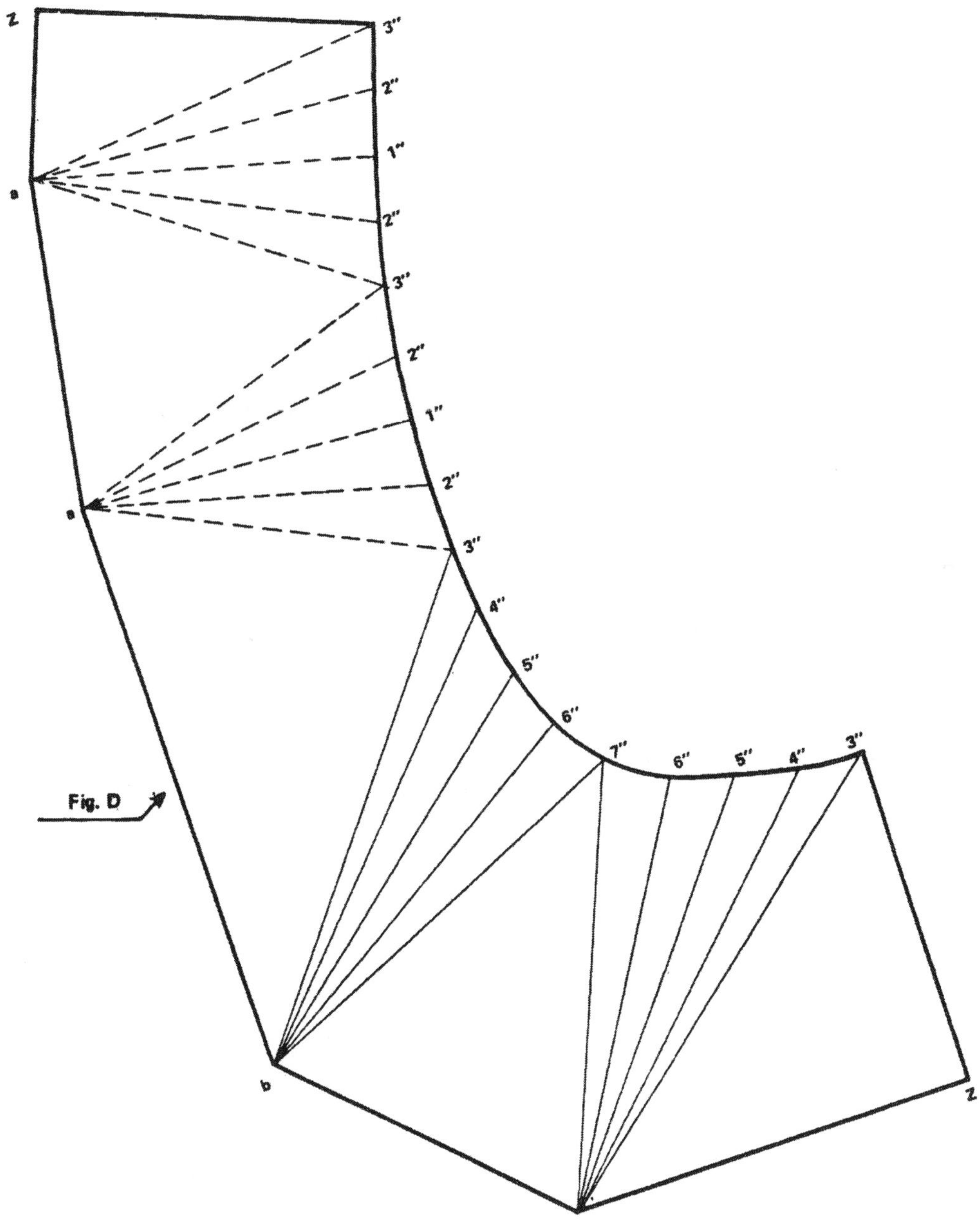

Fig. D

O processo de desenvolvimento deste problema é o mesmo adotado para o caso de quadrado para redondo. Divide-se a circunferência em 16 (dezesseis) partes iguais e liga-se os pontos 1, 2 e 3 ao vértice a, e os pontos 4, 5, 6 e 7 ao vértice b (Fig. A). Traçando-se 2 (duas) verticais com a altura da (Fig. B), traça-se uma perpendicular às suas extremidades; com o centro no vértice a até o ponto 3 da (Fig. A), marca-se sobre a perpendicular do lado esquerdo da (Fig. C), ligando este ponto por linha tracejada até a altura da linha vertical, determinando a V.G. a'-3'; para as linhas a'-1' e a'-2' o processo é o mesmo. Tomando a distância do vértice b até o ponto 3 (Fig. A), marcando-se esta distância sobre a perpendicular do lado direito da (Fig. C), e ligando este ponto com linha cheia até a altura da vertical determinando a V.G. b'-3' para as linhas b'-4, b'-5, b'-6 e b'-7 deverá ter o mesmo procedimento da linha b'-3; para traçarmos o desenvolvimento da (Fig. D) é só proceder igual ao desenvolvimento da peça anterior.

RETÂNGULO PARA REDONDO EXCÊNTRICO

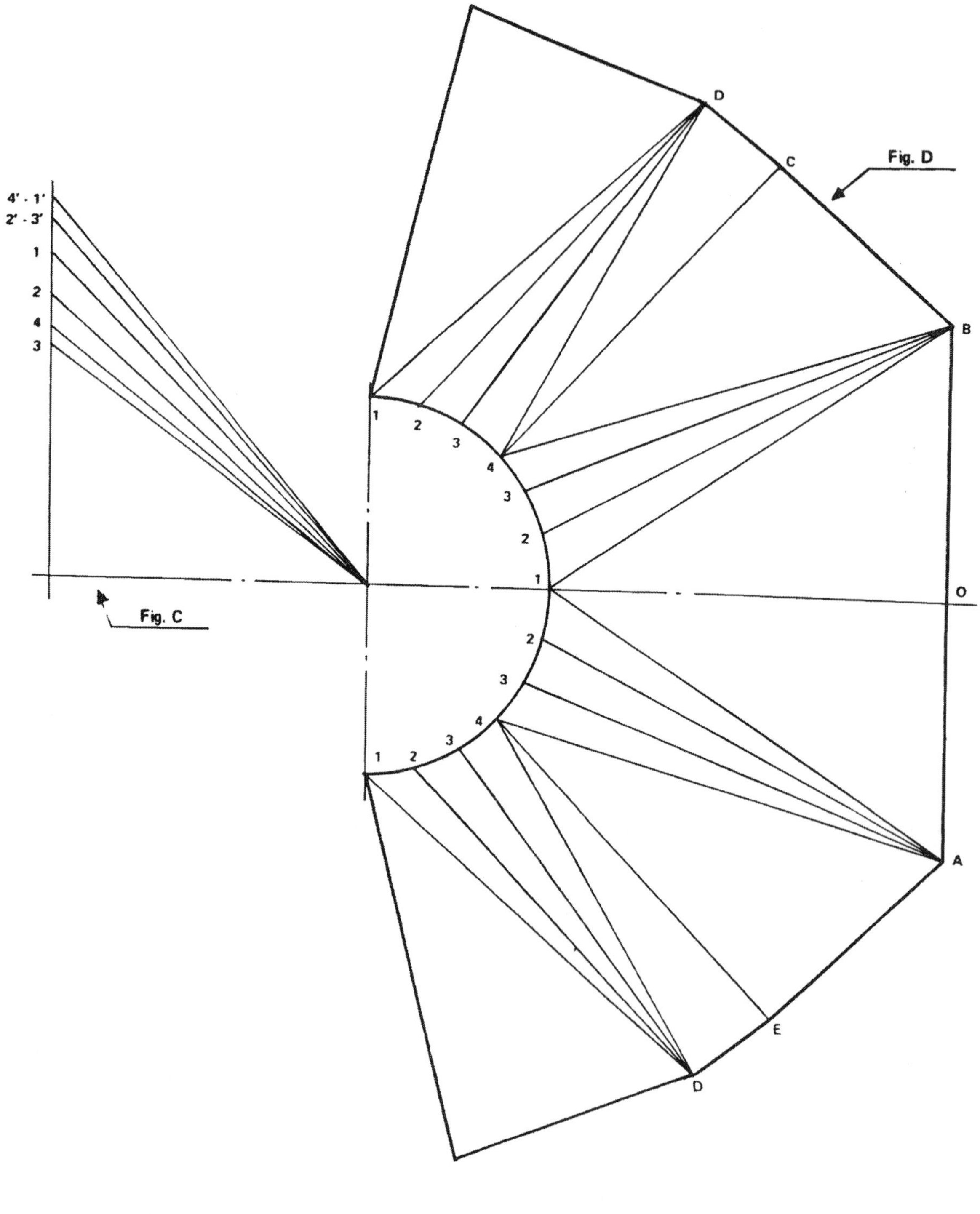

RETÂNGULO PARA REDONDO EXCÊNTRICO

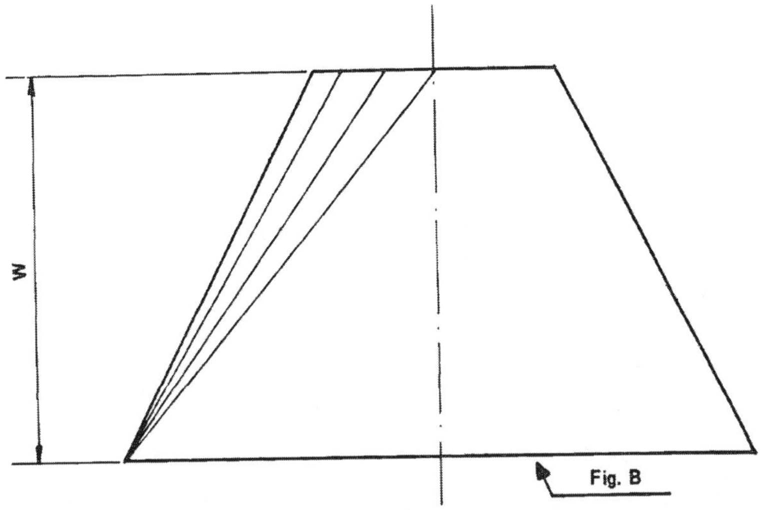

Fig. B

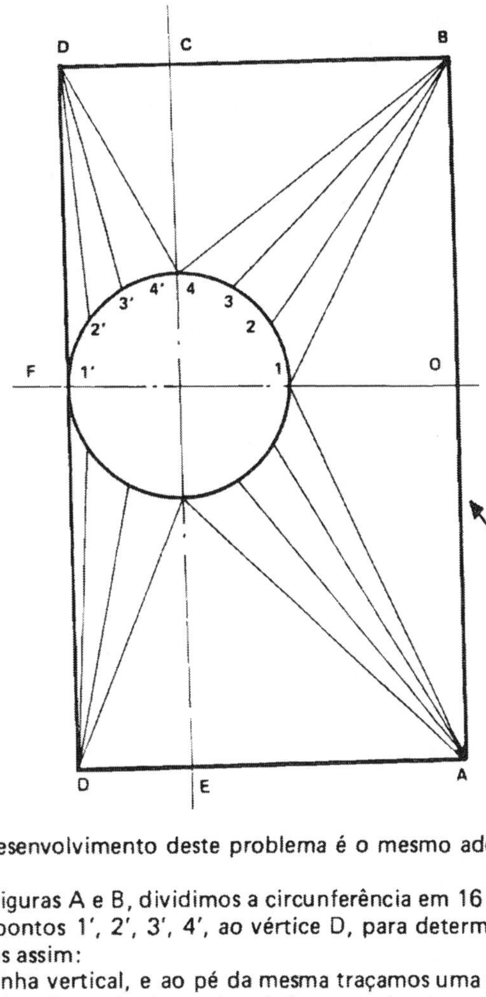

Fig. A

O processo de desenvolvimento deste problema é o mesmo adotado para o caso do quadrado para redondo.

Desenhamos as figuras A e B, dividimos a circunferência em 16 partes iguais, ligamos os pontos 1, 2, 3, 4 ao vértice B, e os pontos 1', 2', 3', 4', ao vértice D, para determinarmos as V.G., conforme nos mostra a figura C, procedemos assim:

Traçamos uma linha vertical, e ao pé da mesma traçamos uma perpendicular. Tomamos as distâncias B_1, B_2, etc, e traçamos sobre a horizontal no lado esquerdo, determinando os pontos 1, 2, 3, 4. Ligamos esses pontos ao extremo da vertical, da mesma maneira, devemos proceder com as distâncias D_1, D_2, etc.

Para traçarmos o desenvolvimento conforme nos mostra a figura D, tomamos e traçamos a distância B - A, com a V.G. 1' - O, e centro nos pontos A e B, fazemos arcos que se cruzam determinando o ponto 1, tomamos a V.G. 2' - O e com centro em A e B, traçamos arcos em ambos os lados do ponto 1, com uma distância igual a uma divisão da circunferência e centro no ponto 1 fazemos o cruzamento determinando o ponto 2 e, assim sucessivamente para os demais pontos até termos a figura D desenvolvida.

RETÂNGULO PARA REDONDO COM BOCA PERPENDICULAR

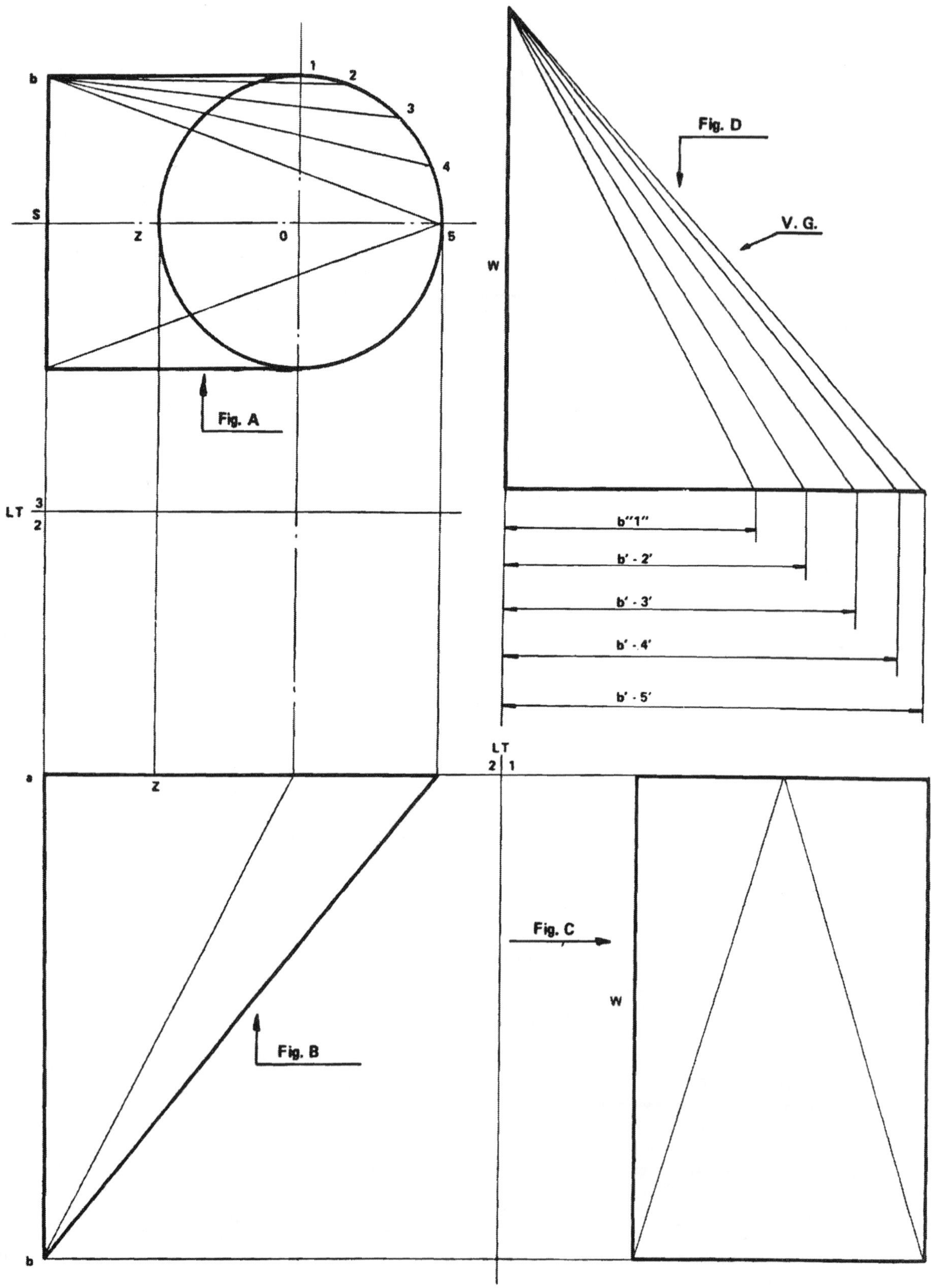

RETÂNGULO PARA REDONDO COM BOCA PERPENDICULAR

Fig. E

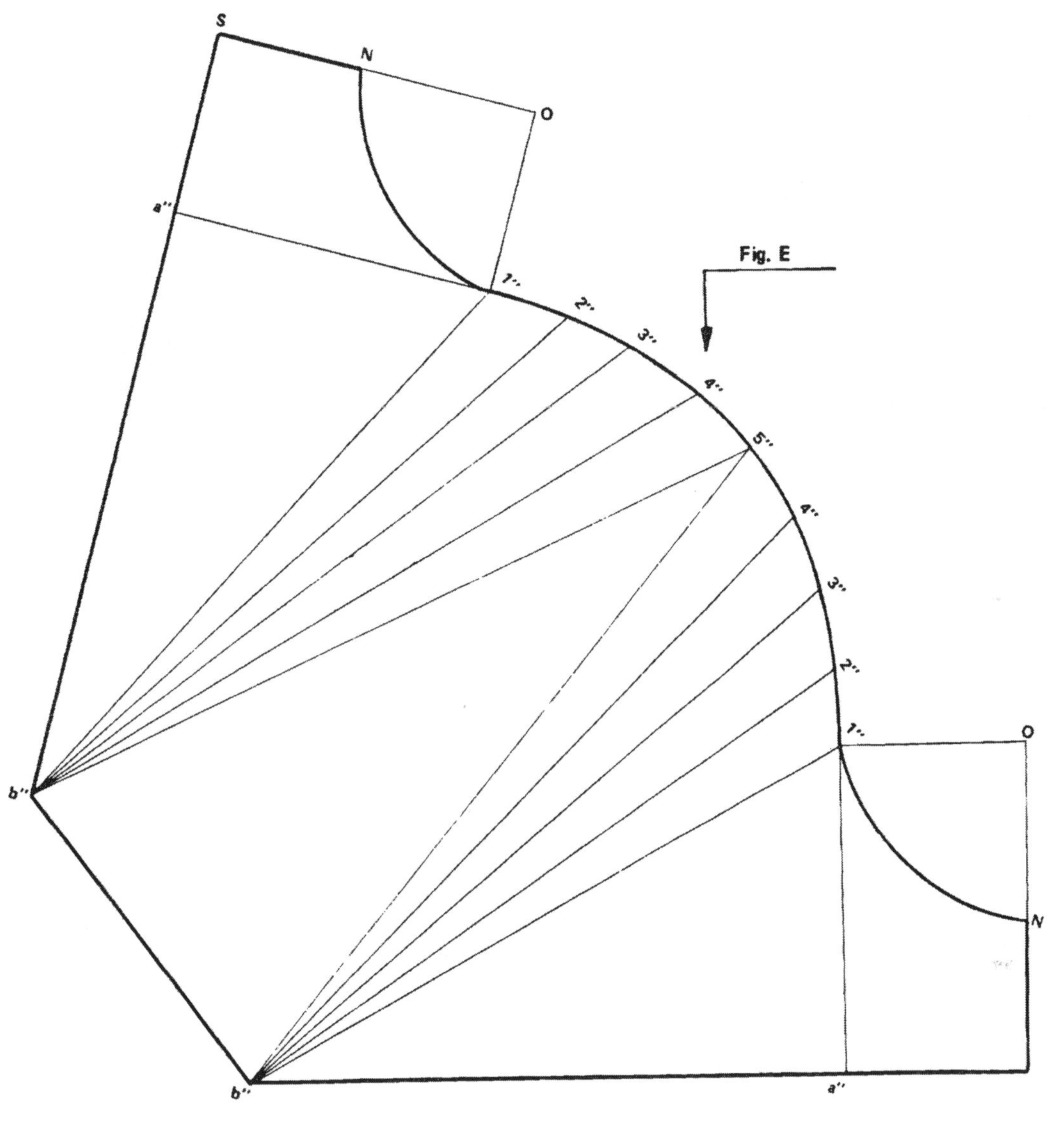

Desenhamos as figuras A, B e C, dividimos a circunferência A em 16 partes iguais e identificamos um quadrante com os pontos 1, 2, 3, 4 e 5. Para traçarmos as V.G. conforme figura D, tomamos e traçamos a altura W da figura C e, ao seu pé, traçamos uma linha perpendicular. Tomamos as distâncias b - 1, b - 2, b-3, b - 4 e b - 5 da figura A e marcamos sobre a linha horizontal, unindo esses pontos por meio de retas até o extremo da altura W, obtemos as V.G.

Para traçarmos o desenvolvimento, conforme nos mostra a figura E, tomamos e traçamos a distância b - b da figura A, em seguida, tomamos a V.G. b' - 5' da figura D e, com centro em b - b, fazemos arcos que se cruzem determinando o ponto 5'', em seguida, tomamos a V.G. b - 4 da figura D e, com centro em b'' - b'', fazemos arcos em ambos os lados de 5'', tomamos uma distância igual a uma divisão da circunferência e, com centro em 5'', cruzamos, determinando os pontos 4'' e 4'', do mesmo modo devemos proceder para os demais pontos b'' - 3'', b'' - 2'' e b'' - 1''.

Tomamos a distância a - b da figura B e, com centro em b'' - b'' da figura E, fazemos arcos, tomamos a distância A - 1 da figura B e, com centro em 1, fazemos o cruzamento, determinando os pontos a''. Tomamos a distância b - S da figura A e com ela prolongamos a linha b'' - a'', determinando o ponto S; traçamos uma perpendicular a a - s, tomamos a distância S - Z da figura A, com centro em 1'', traçamos uma paralela a AS, determinando o ponto O, com centro em O e distância O - 2'', traçamos um arco e assim, determinamos o desenvolvimento da peça, conforme nos mostra a figura E.

OVAL PARA REDONDO CÔNICO COM BASE PARALELA

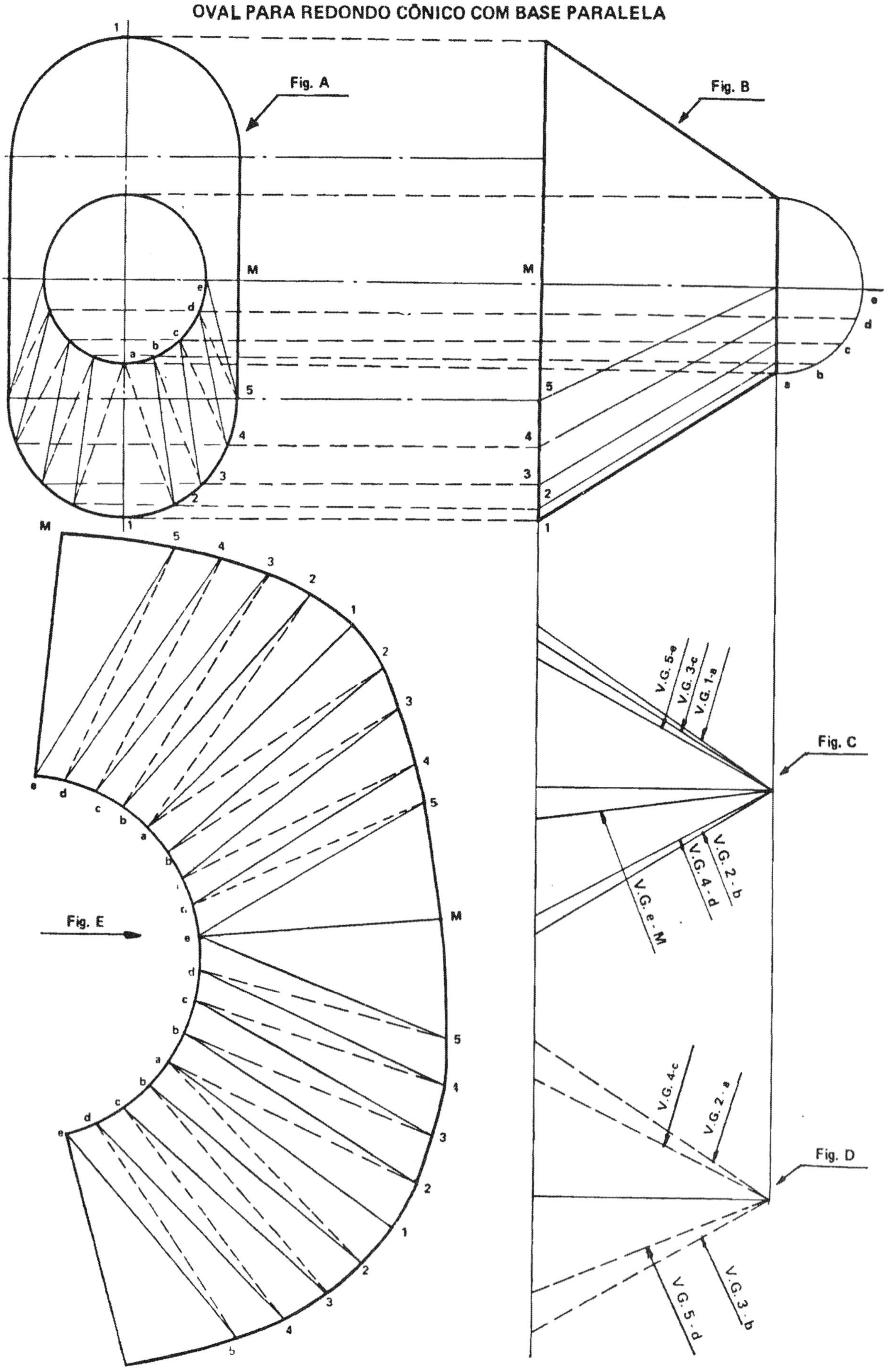

OVAL PARA REDONDO COM FACES PARALELAS

Desenhamos as figuras A e B, dividimos o círculo em 16 partes iguais e identificamos com as letras a, b, c, d, e e, dividimos o semi-círculo em 16 partes e identificamos com os números 1, 2, 3, 4, 5. Na figura A, com linhas cheias unimos os pontos e - 5, d - 4, c - 3, b - 2, a - 1, com linhas seccionadas unimos os pontos d - 5, c - 4, b - 3, e a - 2, projetamos os pontos tanto do círculo como do semi-círculo para a figura B, unimos com retas inclinadas.

Para traçarmos as verdadeiras grandezas conforme nos mostram as figuras C e D, traçamos duas linhas verticais com comprimento igual a altura da peça, e ao pé das mesmas traçamos uma linha perpendicular. Tomamos da figura A, as distâncias das linhas cheias e traçamos sobre a perpendicular na figura C unimos esses pontos ao extremo da vertical, e assim determinamos as V.G. conforme figura C.

O mesmo procedimento usamos para traçar as V.G. conforme figura D, porém agora tomamos as distâncias das linhas seccionadas.

Para traçarmos o desenvolvimento conforme mostra a figura E, traçamos uma reta com o comprimento da verdadeira grandeza 5 - m, tomamos a verdadeira grandeza 5 - e e com centro em e traçamos arcos em ambos os lados de m, em seguida tomamos a distância m - 5 da figura A e com centro em m na figura E fazemos o cruzamento determinando os pontos 5. Tomamos a V.G. 5 - d e com centro em 5 traçamos arcos em ambos os lados de e, tomamos uma divisão da circunferência e com centro em e fazemos o cruzamento determinando os pontos d. O mesmo procedimento devemos seguir para os demais pontos até obtermos o desenvolvimento completo conforme a figura E.

RETÂNGULO PARA REDONDO IRREGULAR COM A BÔCA INCLINADA COM VISTA AUXILIAR

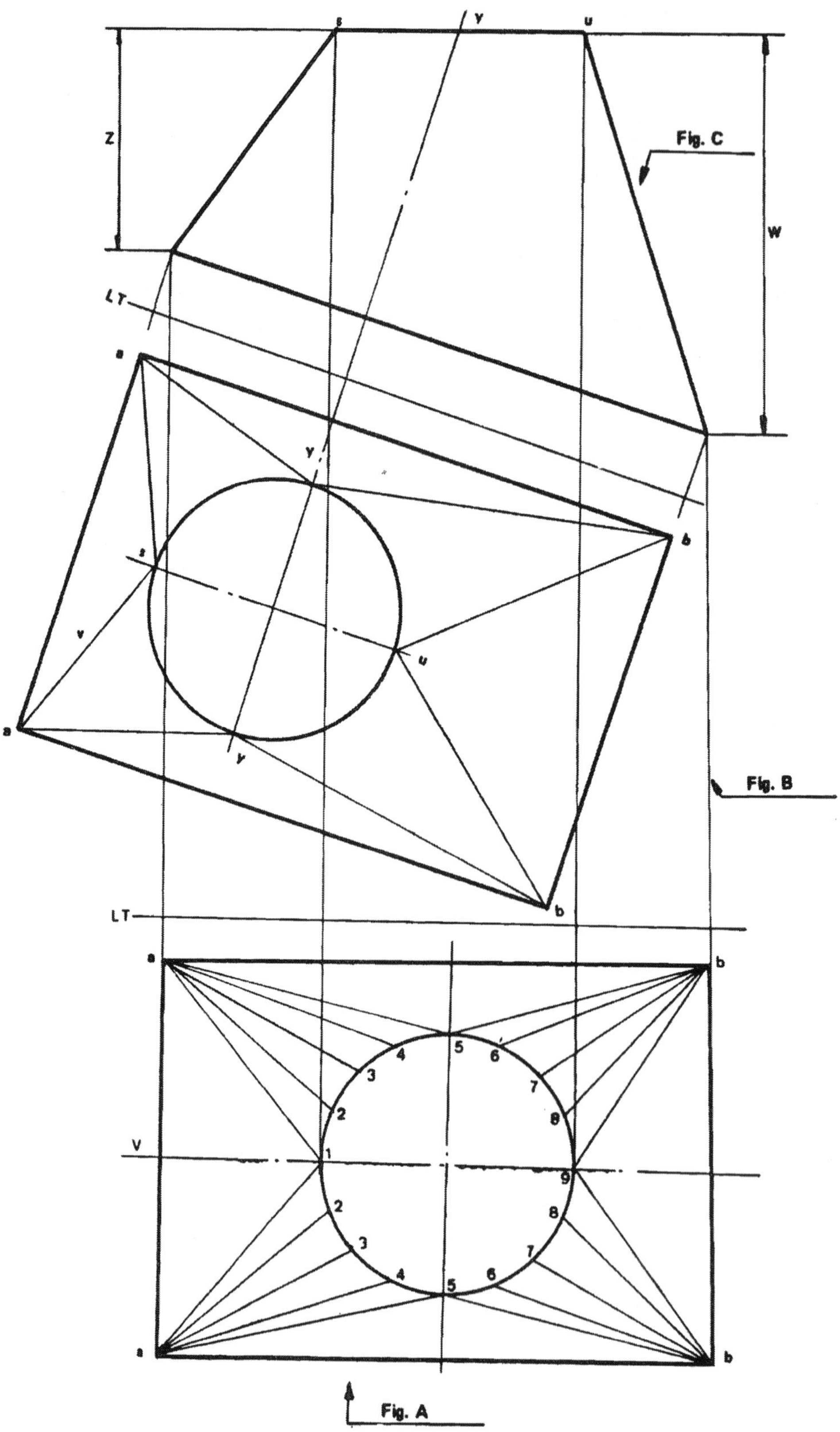

RETÂNGULO PARA REDONDO IRREGULAR COM A BÔCA INCLINADA COM VISTA AUXILIAR

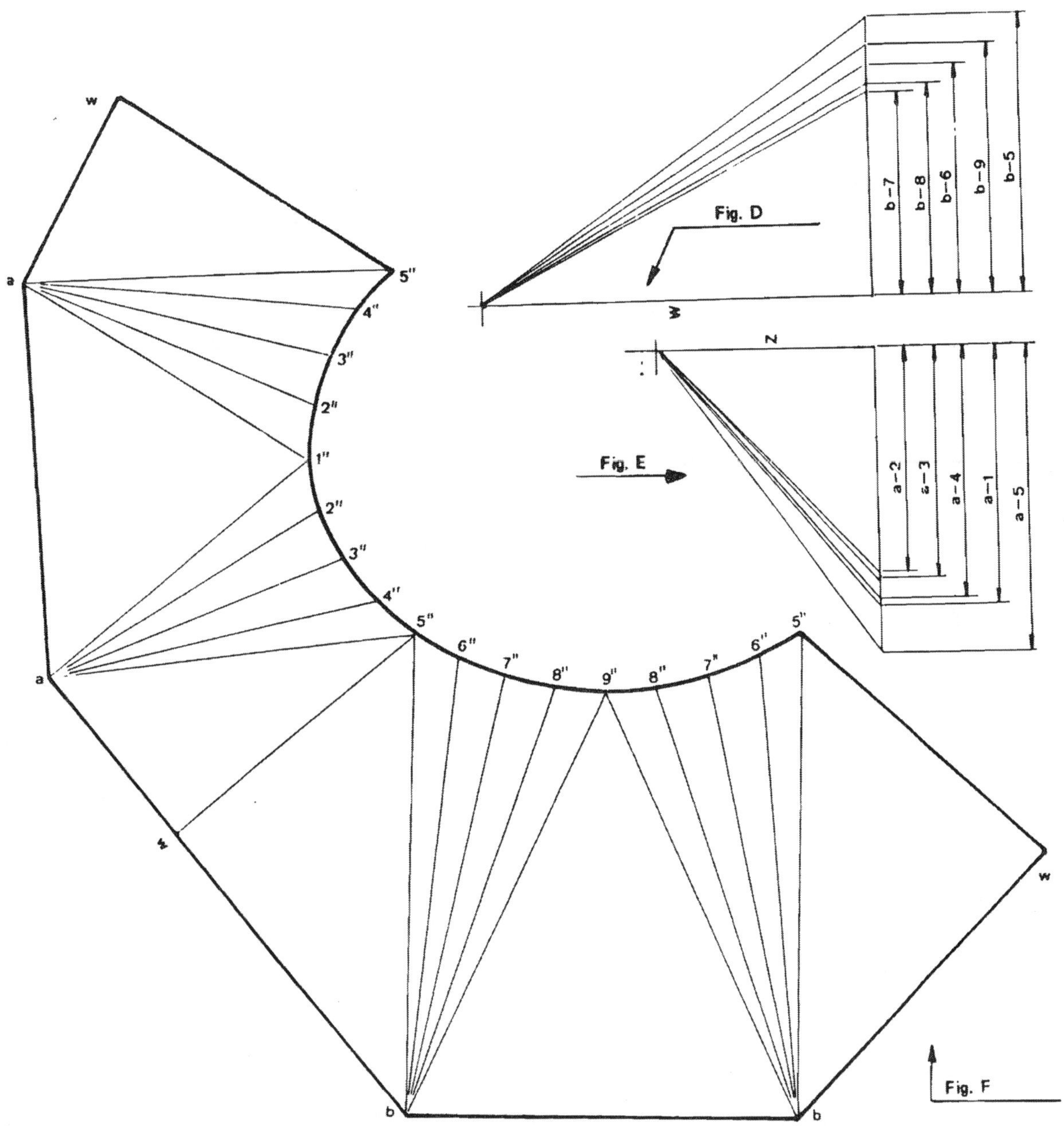

Desenhamos as figuras A, B e C e identificamos seus pontos. A circunferência deve ser dividida em 16 partes iguais sendo os pontos da divisão unidos aos extremos a e b conforme figura A.

Para traçarmos as V.G., conforme as figuras D e E, tomamos e traçamos a altura W da figura C e ao seu pe traçamos uma linha horizontal; tomamos as distâncias b - 5, b - 6, b - 7, b - 8 e b - 9 da figura A marcamos sobre a linha horizontal da figura D e ligando-as ao extremo da reta vertical temos as V.G. 1. Para determinar a V.G. 2, conforme figura E, tomamos e traçamos a altura Z e ao pé da mesma traçamos uma linha reta horizontal. Tomamos as distâncias: a - 1, a - 2, a - 3, a - 4 e a 5, da figura A marcamos sobre a reta horizontal e ligando esses pontos ao extremo da altura Z temos as V.G. 2 conforme Figura D.

Para traçarmos o desenvolvimento conforme a figura F, tomamos e traçamos a distância a - b da figura A, tomamos a V.G. b - 5 da figura D, e com centro em b fazemos um arco, tomamos a V.G. a - 5 com centro em a fazemos o cruzamento determinando o ponto 5'', tomamos a V.G. b - 6 e com centro em b fazemos um arco, tomamos uma distância igual a uma divisão da circunferência e com centro no ponto 5 cruzamos, determinando o ponto 6, do mesmo modo devemos proceder para os demais pontos b - 7, b - 6 e b - 9. Tomamos a distância b - b da figura A, com centro em b na figura F fazemos um arco, com a V.G. b - 9 com centro em 9'' fazemos o cruzamento determiando o ponto b. Tomamos a V.G. b - 8 e com centro em b traçamos arcos, tomamos a distância igual a uma divisão de circunferência e com centro em 9 fazemos o cruzamento, determinando o ponto 8, assim devemos proceder para os demais pontos b - 7, b - 6 e b - 5. Tomamos a distância b - W e com centro em b tracamos um arco, tomamos a distância da linha R, com centro em 5 cruzamos determinando o ponto W Em seguida fazemos o lado menor usando o mesmo procedimento para termos o desenvolvimento conforme figura F.

DERIVAÇÃO FORMADA COM QUATRO TUBOS CILÍNDRICOS PERPENDICULARES ENTRE SI

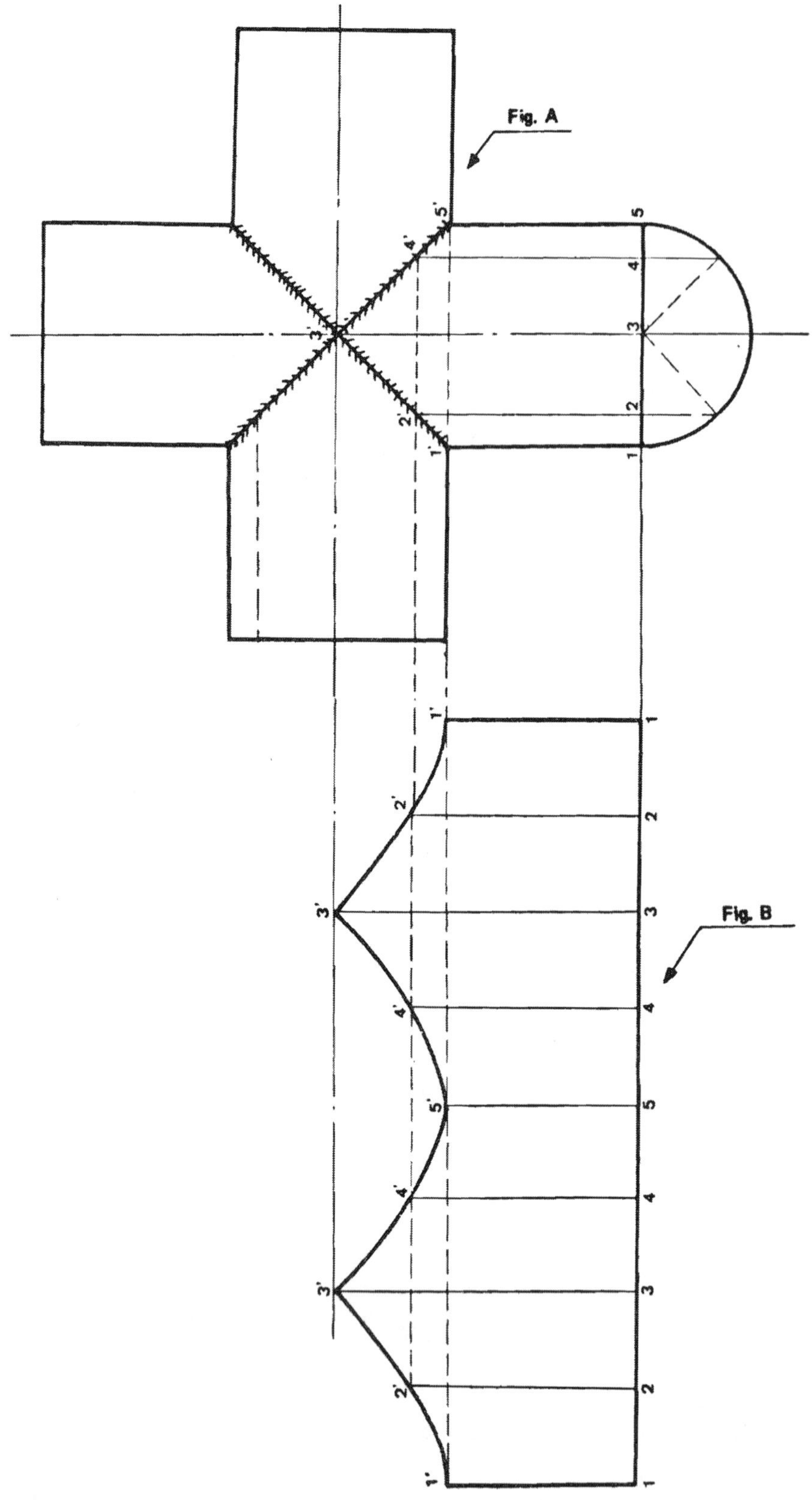

Traçamos sobre um dos tubos uma semi-circunferência e a dividimos em 4 (quatro) partes iguais, e projetamos os pontos 1, 2, 3, 4 e 5 paralelos à linha de centro até a intersecção formada pelos tubos, assim determinamos os pontos 1', 2', 3', 4' e 5' como na (Fig. A). Para desenvolvermos os tubos, basta multiplicar (3,1416 x diâmetro externo) e dividir o resultado da operação por 8 (oito) partes, para determinarmos o comprimento de uma divisão. Depois é só marcar 8 (oito) vezes em cima de uma reta horizontal, e projetar os pontos perpendiculares, tomando-se as distâncias 1–1', 2–2', 3–3', 4–4' e 5–5', conforme mostram as (Figs. A e B).

BÔCA DE LÔBO COM TUBO MENOR INCLINADO (Qualquer Ângulo)

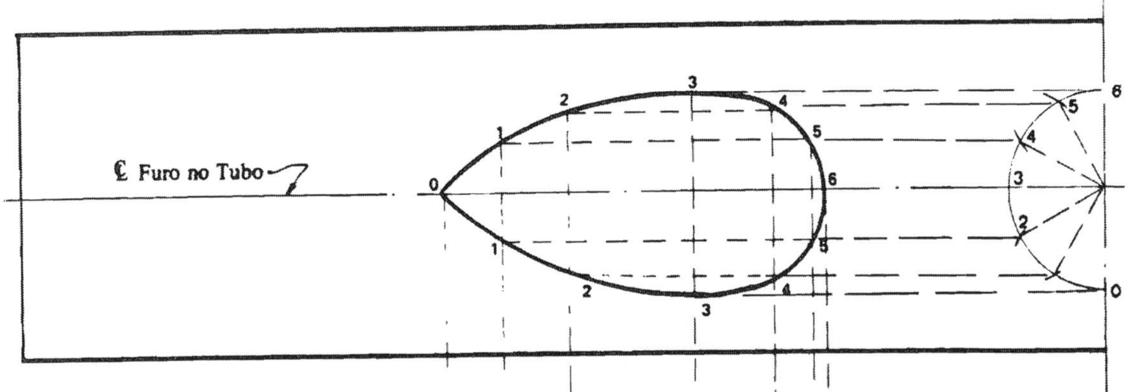

Fig. 1

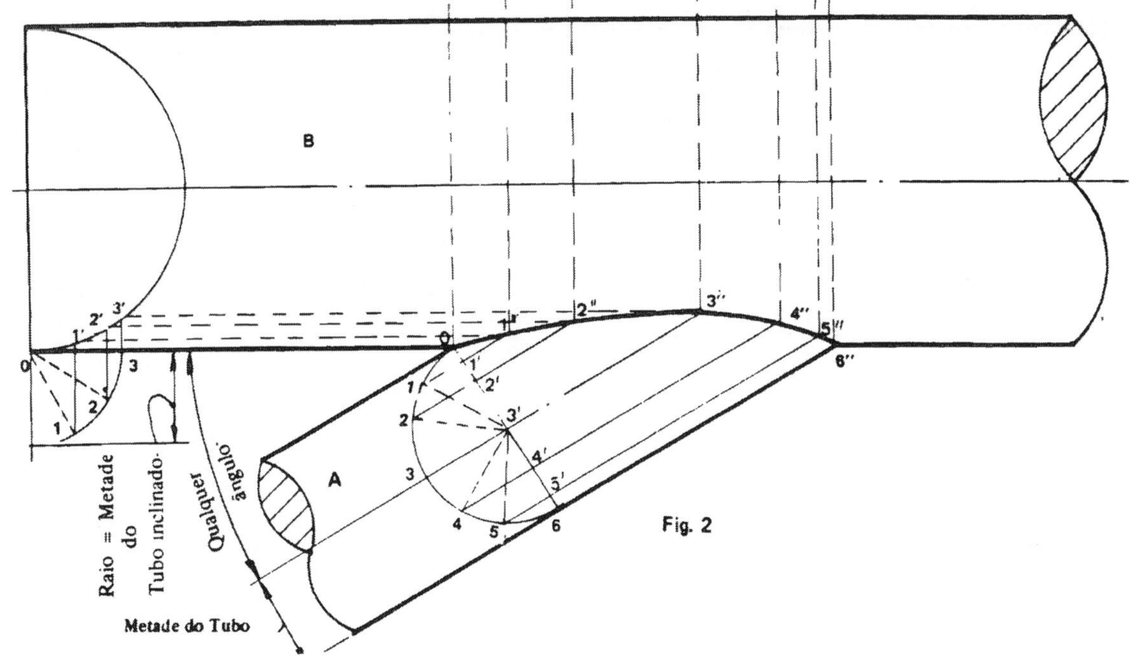

Fig. 2

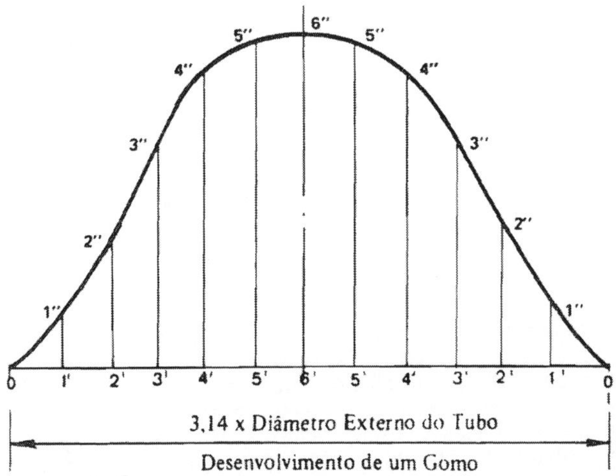

Fig. 3

Processo 1:

Para traçarmos uma bôca de lôbo, tendo determinada a intersecção dos tubos, temos, inicialmente, que traçar uma semi-circunferência, conforme mostra o tubo A, e 1/4 (um quarto) da circunferência deste na extremidade do tubo B, ver (Fig. 2), dividindo em 6 (seis) partes iguais a semi-circunferência e em 3 (três) partes iguais a quarta parte da circunferência, determinando os pontos 0 à 6 e 0 à 3; projetamos estes pontos paralelamente à linha de centro até que cruzem com os pontos 0 à 3, que estão projetados horizontalmente na extremidade do tubo; assim determinamos a intersecção dos tubos com os pontos 1"–2"–3"–4"–5"–6". Para traçarmos a projeção do furo formado no tubo B, projetamos estes pontos perpendiculares à linha de centro da (Fig. 1); na extremidade do tubo B, traçamos uma semi-circunferência com o diâmetro do tubo A, dividindo-a em 6 (seis) partes iguais, projetando os pontos de divisão horizontalmente até que se cruzem com as projeções verticais. Assim determinamos o furo, conforme mostra a (Fig. 1). Para traçarmos o desenvolvimento do tubo A, traçamos uma reta horizontal e marcamos sobre ela 12 (doze) vãos igualmente espaçados e levantamos retas perpendiculares a partir de cada ponto e tomando as distâncias 1'–1", 2'–2", 3'–3", 4'–4", 5'–5" e 6'–6" no tubo A (Fig. 2), conforme mostra a (Fig. 3), marcamos sobre as verticais esses pontos unidos através de uma linha curva nos dá o desenvolvimento do tubo A.

PLANIFICAÇÃO DE UMA PEÇA CILÍNDRICA NASCENDO DE UMA CURVA À 90º DO EIXO

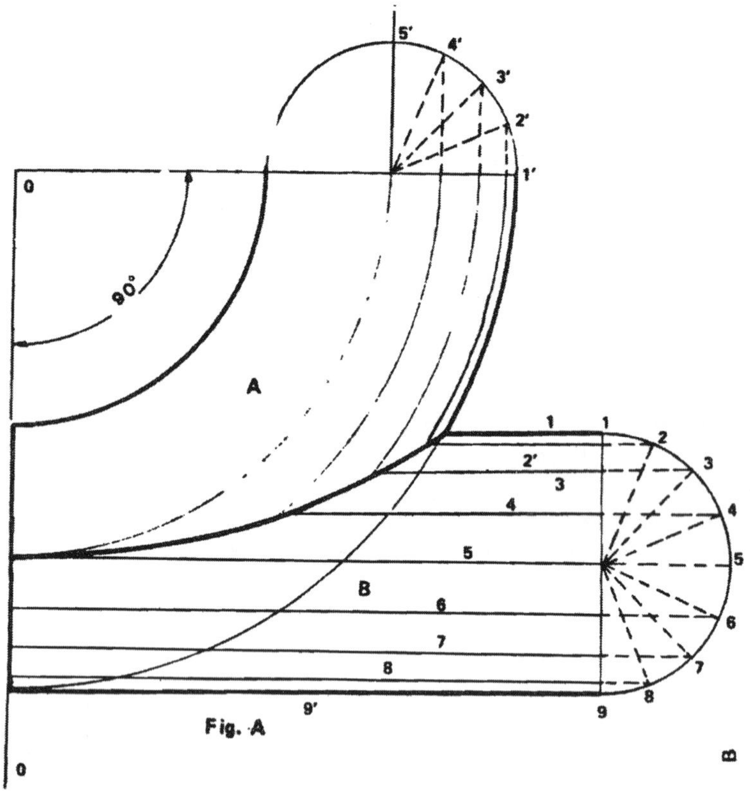

Fig. A

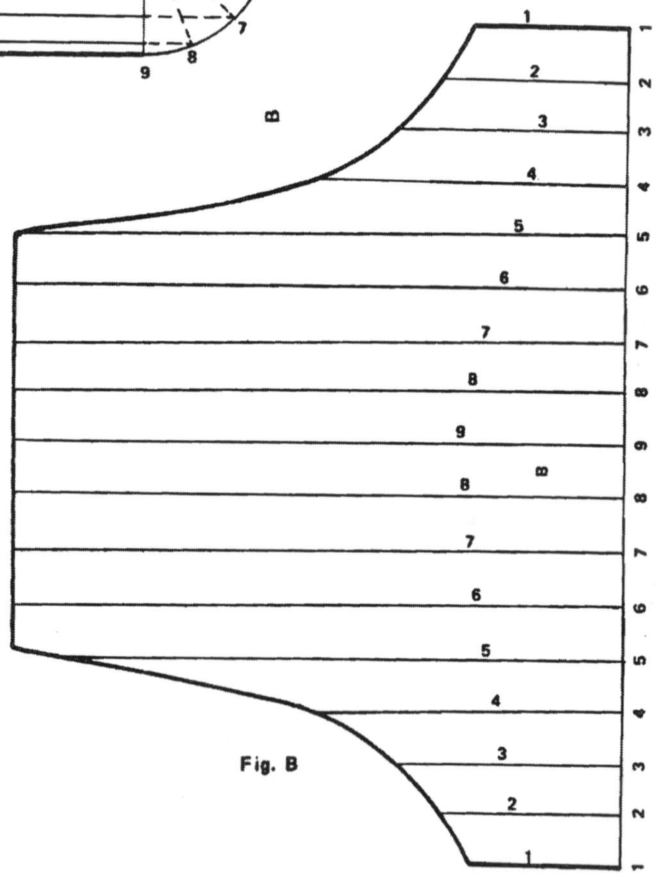

Fig. B

Para desenvolver a peça B, pois a peça A, é moldada com gabarito, com a forma da peça; para determinar a intersecção formada peças duas peças, traçamos uma semi-circunferência em ambas as extremidades dos tubos, na qual dividiremos em 8 (oito) partes iguais e traçamos raios dos pontos 1' - 2' - 3' - 5' e 4' correspondente da peça A, Projetamos os pontos da peça B paralelas coma linha de centro, até se cruzarem com as da peça A. Assim determinamos a intersecção das duas peças e, determinamos as V.G. das retas: 1 - 2 - 3 - 4 - 5 - 6 - 7 - 8 e 9 da peça B. Para traçarmos o desenvolvimento da peça B, traçamos uma reta horizontal e, marcamos sobre ela 16 (dezesseis) vãos igualmente espaçados e traçamos retas perpendiculares a cada ponto; tomamos as distâncias da (Fig. A) na peça B e marcamos sobre a reta correspondente da (Fig. B) sucessivamente para todas as retas, determinando assim, o desenvolvimento da peça B.

INTERSECÇÃO DE UM TUBO COM UMA CURVA

(Diâmetro do tubo, maior que o da curva)

Na boca superior traçamos uma semi-circunferência e dividimos em 6 (seis) partes iguais. Projetamos estes pontos sobre a circunferência da curva, determinando os pontos 1, 2, 3 e 4 (Fig. B'). Projetamos os pontos no sentido vertical até a boca da curva e, com o compasso no ponto a, transpostamos estes pontos em arcos, para se cruzarem com os pontos da (Fig. A), determinando os pontos 1', 2', 3', 4', 3', 2', e 1' (Fig. B), assim, a entrada do tubo na curva. Para traçarmos o desenvolvimento do tubo (Fig. A), traçamos os pontos 1', 2', etc. no sentido vertical e com a altura do tubo menor (Fig. A), traçamos uma reta vertical e marcamos sobre ela os pontos 1, 2, etc, conforme mostra a (Fig. A''). As distâncias entre estes pontos é:

(3,1416 x diâmetro externo) / 12. Estes pontos, projetamos horizontalmente até se cruzarem com os verticais, anteriormente traçados desde as figuras A e B, determinam, assim, a (Fig. A'').

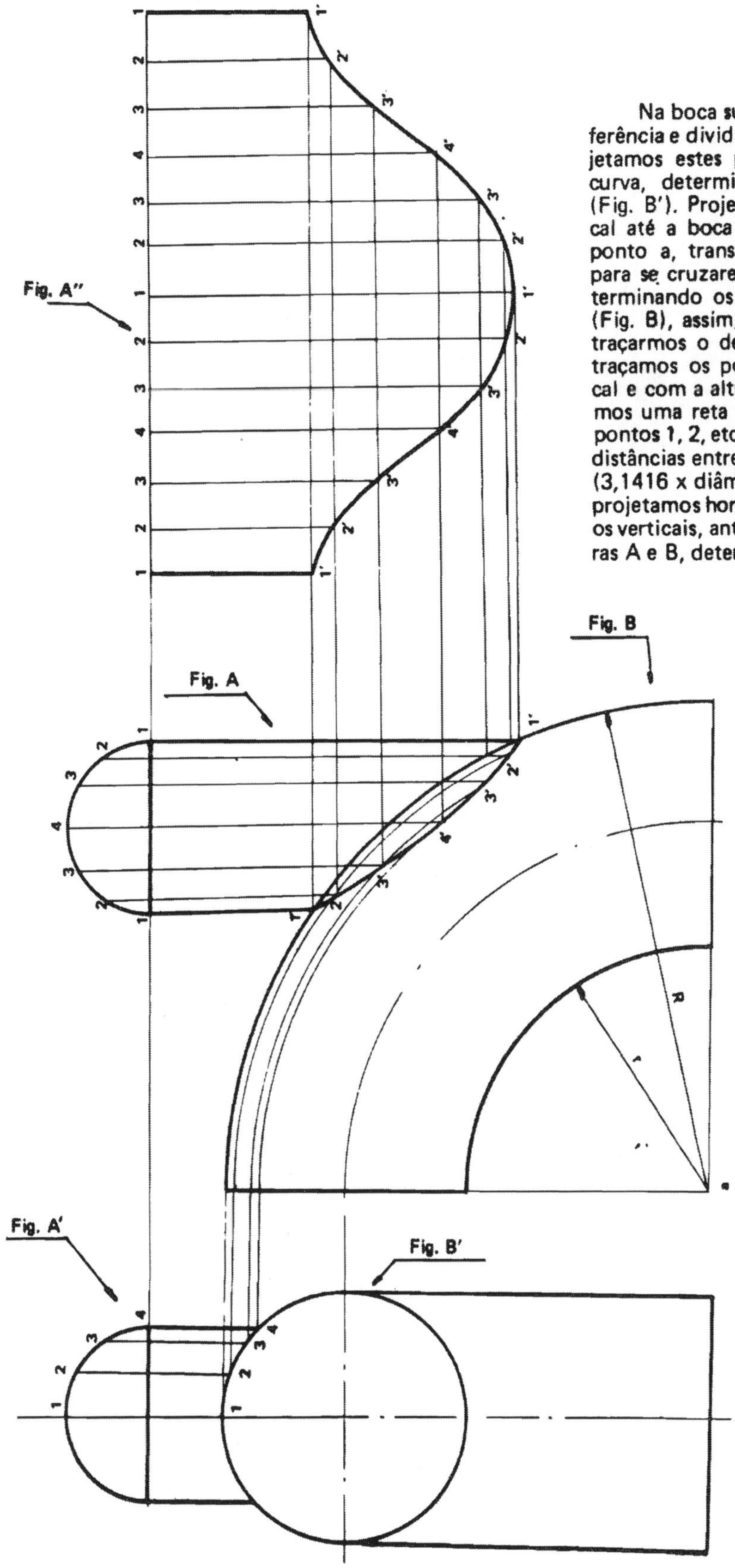

DERIVAÇÃO DUPLA À 45°

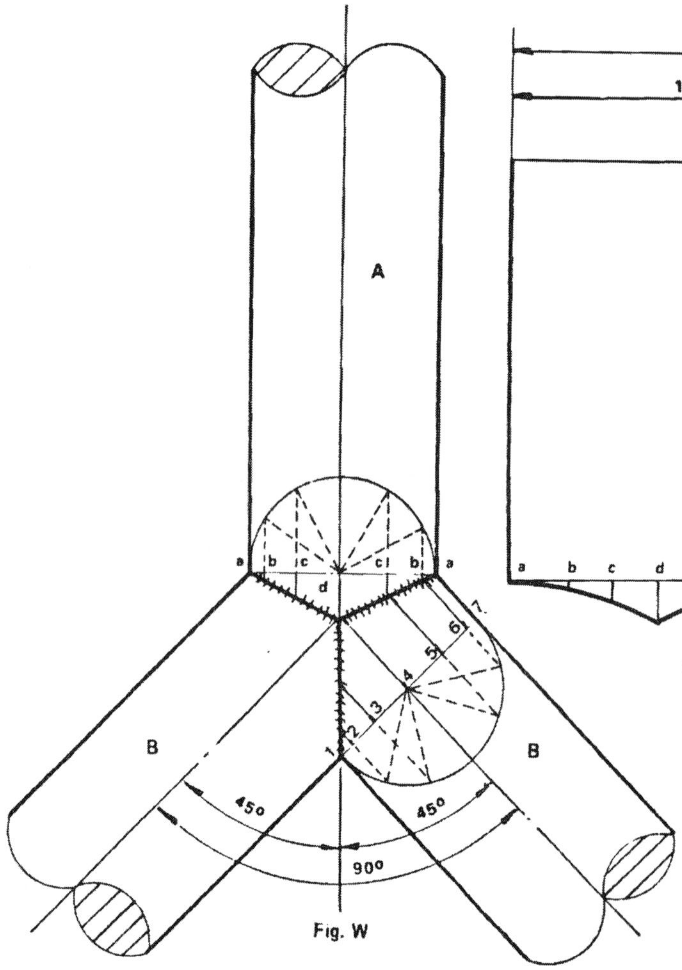

Fig. W

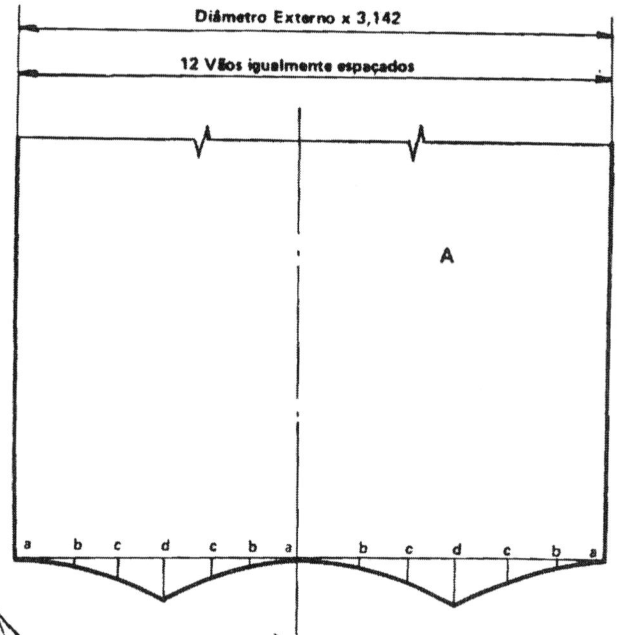

Desenvolvimento do Tubo A

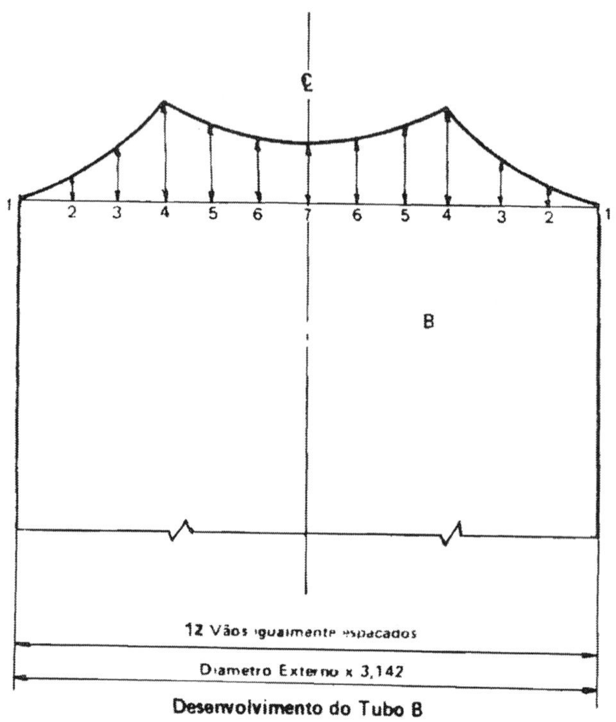

Desenvolvimento do Tubo B

Para desenvolver uma derivação dupla à 45° (Fig. W), tanto no tubo A como no tubo B, traçamos uma semi-circunferência que dividiremos em 6 (seis) partes iguais cada uma. Para o desenvolvimento do tubo A, projetamos os 6 (seis) pontos de divisão paralelamente à linha de centro até cruzarem as linhas de intersecção com os tubos B e a reta (a–b–c–d–c–b–a). Traçamos, a seguir, uma linha horizontal, cujo comprimento é o perímetro do tubo A (ou seja, 3,14 x Diám. Ext.) e a dividimos em 12 (doze) vãos igualmente espaçados (a–b–c–d–c–b–a–b–c–d–c–b–a), levantando linhas perpendiculares para cada ponto, tomando da (Fig. W), da reta até a intersecção, o comprimento de cada ordenada e marcando sobre a linha correspondente no desenvolvimento do tubo A. Para desenvolver os tubos B, o procedimento é o mesmo.

BÔCA DE LÔBO À 90º

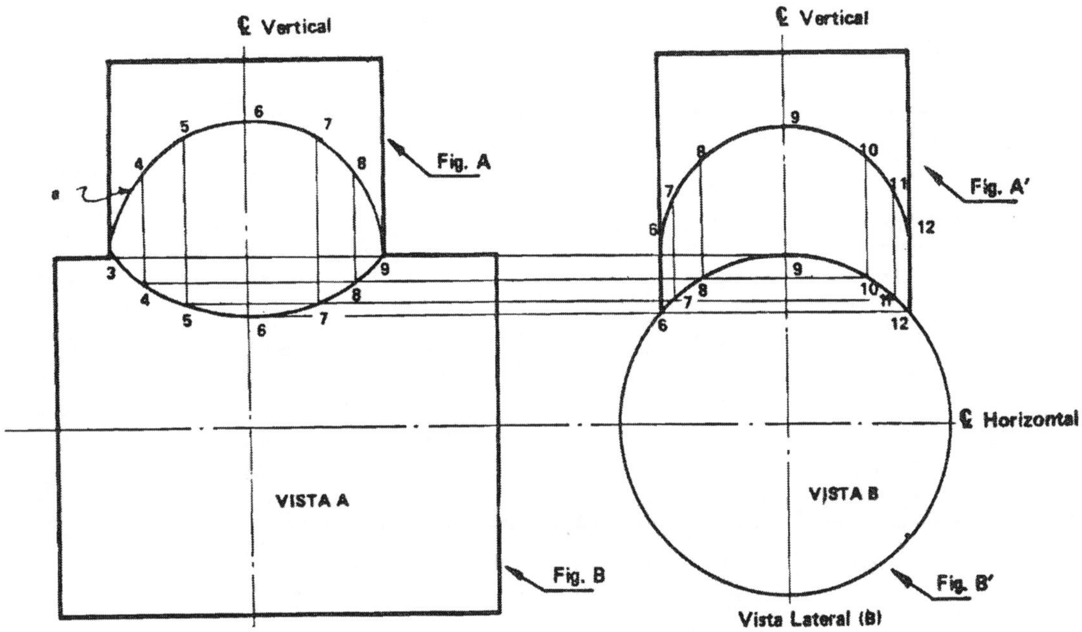

Vista de Frente (A)

Vista Lateral (B)

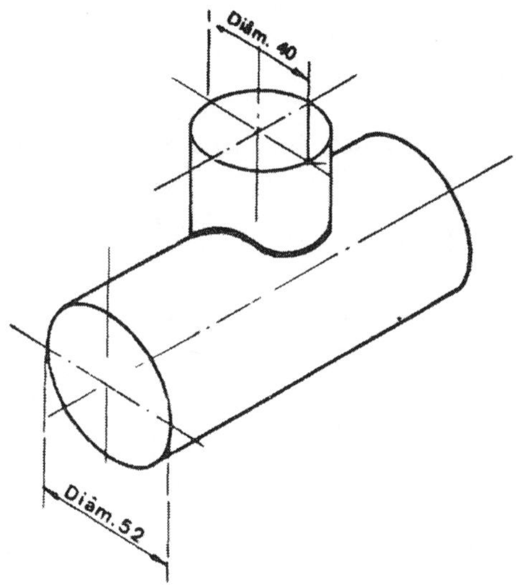

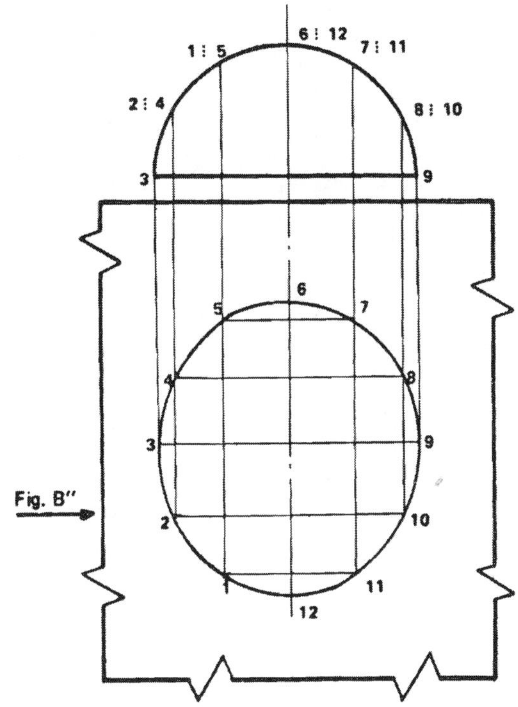

Desenvolvimento do Furo no tubo horizontal

Traçando-se uma semi-circunferência (a) da (FIG. A e A') do tubo menor e dividindo em seis (6) partes iguais.

Projetando os pontos sôbre a (FIG. B'), e êstes pontos projetando no sentido horizontal, para se cruzarem com o ponto da (FIG. B) assim determinamos a entrada do tubo menor no maior.

Para traçar o desenvolvimento da (FIG. B''), marcar sôbre uma reta os pontos tomados da (FIG. A) e projetá-lo no sentido horizontal, conforme mostra na (FIG. B''), para determinarmos o furo da (FIG. B) do tubo maior. Para traçar o desenvolvimento da (FIG. A) tubo menor, marcar sôbre uma reta doze (12) partes iguais $\frac{(3{,}1416 \times \text{diâmetro externo} + 1 \text{ esp.})}{12}$, o resultado desta operação, pegar com o compasso e marcar sôbre a reta e projetar os pontos perpendiculares e tomar as distâncias com o compasso da (FIG. A) e marcar, sôbre as retas perpendiculares os pontos correspondentes como na: (FIG. A'').

Fig. A''

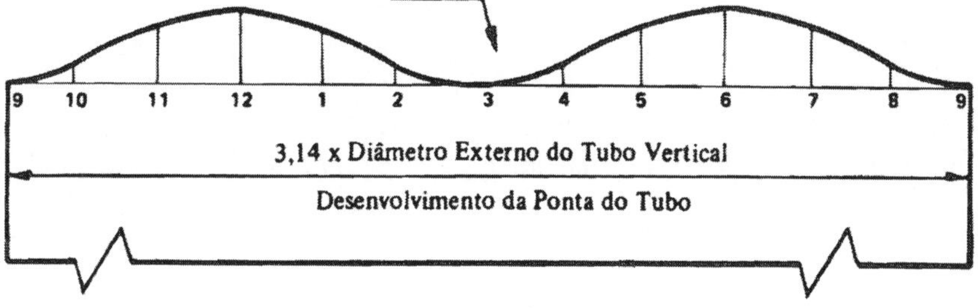

TABELA PARA BOCA DE LOBO A 90°

TABELA PARA GABARITO A

NOTA: Quando os dois tubos A e B são do mesmo diâmetro, subtraem-se duas espessuras do material nas ordenadas 6 e 12 – faça essa subtração nas tabelas.

Diâmetro do Tubo "A" Nominal	Diâmetro do Tubo "B" Nominal	Comprimento da Circunferência Externa	COMPRIMENTO DAS 13 ORDENADAS EM MILÍMETROS			
			9 - 3 9	10 - 2 - A - B	11 - 1 - 5 - 7	12 - 6
101,60	101,60	358,78	0	7,14	24,61	34,93
101,60	152,40	358,78	0	4,76	14,29	17,46
101,60	203,20	358,78	0	2,38	9,53	11,91
101,60	254,00	358,78	0	2,38	7,94	9,53
101,60	304,80	358,78	0	1,59	6,35	7,94
101,60	355,60	358,78	0	1,59	5,66	7,14
101,60	406,40	358,78	0	0,79	4,76	5,56
101,60	457,20	358,78	0	0,79	3,97	4,76
101,60	508,00	358,78	0	0,79	3,18	3,97
152,40	152,40	528,64	0	9,53	35,72	56,36
152,40	203,20	528,64	0	6,35	24,61	33,34
152,40	254,00	528,64	0	5,56	16,67	23,02
152,40	304,80	528,64	0	4,76	14,29	18,26
152,40	355,60	528,64	0	3,97	12,70	16,67
152,40	406,40	528,64	0	3,18	10,32	13,49
152,40	457,02	528,64	0	3,38	8,73	11,91
152,40	508,00	528,64	0	3,38	7,94	11,11
203,20	203,20	688,18	0	12,70	49,21	80,17
203,20	254,00	688,18	0	9,53	34,93	50,01
203,20	304,80	688,18	0	7,94	26,99	35,72
203,20	355,60	688,18	0	5,56	23,02	31,75
203,20	406,40	688,18	0	6,35	19,05	26,99
203,20	457,20	688,18	0	5,56	16,67	23,81
203,20	508,00	688,18	0	4,76	14,29	19,84
254,00	254,00	858,05	0	16,67	62,71	101,60
254,00	304,80	858,05	0	12,70	46,83	67,47
254,00	355,60	858,05	0	11,11	40,48	57,15
254,00	406,40	858,05	0	9,53	34,13	45,24
254,00	457,20	858,05	0	8,73	5,56	38,89
254,00	508,00	858,05	0	7,94	25,40	33,34
304,80	304,80	1.017,59	0	19,05	74,61	15,08
304,80	355,60	1,017,59	0	18,26	61,91	96,04
304,80	406,40	1.017,59	0	14,29	50,01	56,36
304,80	457,20	1.017,59	0	21,43	43,66	71,44
304,80	508,00	1.017,59	0	11,11	38,10	52,39
355,60	355,60	1.116,81	0	22,23	81,76	139,70
355,60	406,40	1.116,81	0	18,26	64,29	95,25
355,60	457,20	1.116,81	0	15,88	54,77	76,20
355,60	508,00	1.116,81	0	14,29	48,42	65,09
406,40	406,40	1.277,14	0	24,61	94,46	162,72
406,40	458,20	1.277,14	0	22,23	76,20	115,89
406,40	508,00	1.277,14	0	19,05	64,29	94,46
457,20	457,20	1.436,69	0	10,32	106,36	182,56
457,20	508,00	1.436,69	0	25,40	87,31	130,18
508,00	508,00	1.596,23	0	31,75	119,06	206,38

TABELA PARA BOCA DE LOBO A 90°

TABELA PARA GABARITO B

NOTA: Quando os dois tubos A e B são do mesmo diâmetro, subtraem-se duas espessuras do material nas ordenadas 6 e 12 — faça essa subtração nas tabelas.

Diâmetro do Tubo "A" Nominal	Diâmetro do Tubo "B" Nominal	Comprimento do Furo	DISTÂNCIA DOS 12 PONTOS ATE O CENTRO EM MILÍMETROS			
			9 - 3	10 - 2 - A - B	11 - 1 - 5 - 7	12 - 6
101,60	101,60	152,40	58,74	59,53	65,08	76,20
101,60	152,40	130,18	74,61	58,74	61,90	65,08
152,40	152,40	241,30	85,72	87,31	100,01	120,65
101,60	203,20	127,00	58,74	58,74	61,90	63,50
152,40	203,20	193,68	85,72	85,72	90,50	96,84
203,20	203,20	311,15	111,12	111,12	123,82	155,00
101,60	254,00	123,83	58,74	58,74	61,12	61,90
152,40	254,00	184,15	85,72	85,72	87,31	92,07
203,20	254,00	260,35	111,12	111,12	119,06	130,17
254,00	254,00	400,05	138,11	139,70	154,00	195,30
101,60	304,80	123,83	58,74	58,74	60,32	61,91
152,40	304,80	184,15	85,72	85,72	87,31	92,07
203,20	304,80	247,65	111,12	111,12	117,48	123,80
254,00	304,80	333,38	138,11	139,70	147,64	166,70
304,80	304,80	463,55	163,61	165,10	184,15	231,80
101,60	355,60	173,04	58,74	58,74	60,33	86,61
152,40	355,60	180,98	85,72	85,63	87,31	90,50
203,20	355,60	244,48	111,12	111,12	115,89	122,24
254,00	355,60	317,50	138,11	139,70	149,23	158,75
304,80	355,60	415,93	163,61	165,10	179,39	208,00
355,60	355,60	508,00	179,40	180,98	201,61	254,00
101,60	406,40	120,65	58,74	58,74	60,33	60,33
152,40	406,40	177,80	85,72	85,72	87,31	88,90
203,20	406,40	231,78	111,12	111,12	114,30	115,90
254,00	406,40	301,68	138,11	139,70	146,05	150,80
304,80	406,40	374,65	163,61	165,10	174,63	187,30
355,60	406,40	431,80	179,40	180,98	195,28	216,00
406,40	406,40	590,55	204,80	207,96	233,36	295,30
101,60	457,20	120,65	58,74	58,74	60,33	60,33
152,40	457,20	177,80	85,73	85,72	87,31	88,90
203,20	457,20	231,78	111,12	111,12	114,30	115,90
254,00	457,20	298,45	138,11	139,70	142,88	149,20
304,80	457,20	365,13	163,61	165,10	173,04	182,60
355,60	457,20	409,58	179,40	180,98	180,98	204,80
406,40	457,20	501,65	204,80	206,38	222,25	250,80
457,20	457,20	657,23	230,20	231,78	257,18	328,60
101,60	508,00	120,65	58,74	58,74	60,33	60,33
152,40	508,00	180,98	85,72	85,72	87,31	90,50
203,20	508,00	231,78	111,12	112,71	114,30	115,90
254,00	508,00	298,45	138,11	138,11	146,05	144,20
304,80	508,00	355,60	163,61	165,10	171,45	177,80
355,60	508,00	400,05	179,40	182,56	192,09	200,03
406,40	508,00	476,25	204,80	207,96	219,08	238,13
457,20	508,00	568,33	230,20	233,36	255,59	284,16
508,00	508,00	736,60	255,60	258,76	287,34	368,30

Sobre o tubo menor em ambas as figuras A e A', traçamos uma semi-circunferência, que dividimos em 4 (quatro) partes iguais. Projetamos esses pontos paralelos às linhas de centro até o tubo maior (Figs. B e B'); a intersecção dos pontos de divisão da Fig. A (6, 7, 8, 9 e 10) com a circunferência da (Fig. B) deverão ser transportadas para a (Fig. B') até se cruzarem com a projeção dos pontos (1, 2, 3, 4 e 5). Para o desenvolvimento do tubo menor, traçamos uma reta, cujo comprimento é (3,1416 x diâmetro externo) e, dividindo-a em 8 (oito) partes iguais, levantando perpendiculares a partir de cada um dos pontos de divisão (5, 4, 3, 2, 1, 2, 3, 4, 5). Da (Fig. A'), tomamos os comprimentos 1 - 1', 2 - 2', 3 - 3', 4 - 4' e 5 - 5', marcando-os sobre as perpendiculares. A união dos pontos com uma régua flexível completa o traçado, (Fig. C). A projeção do furo no tubo maior obtém-se conforme a (Fig. D), projetando-se os pontos 1', 2', 3', 4' e 5' da (Fig. A) sobre um eixo e tomando-se as distâncias, transversais ao eixo, da (Fig. B).

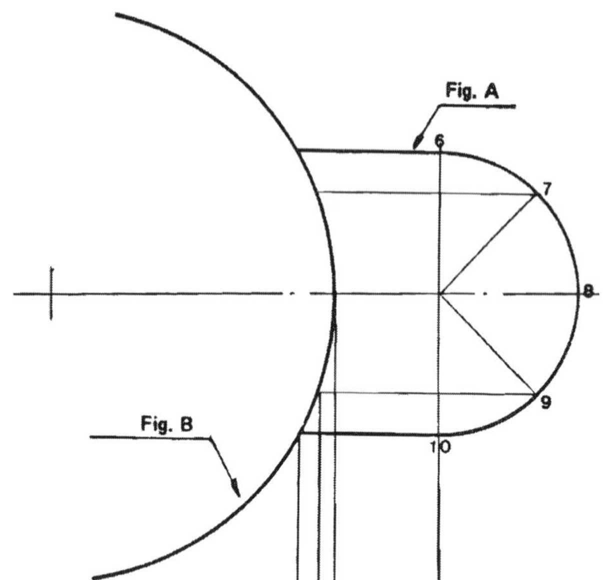

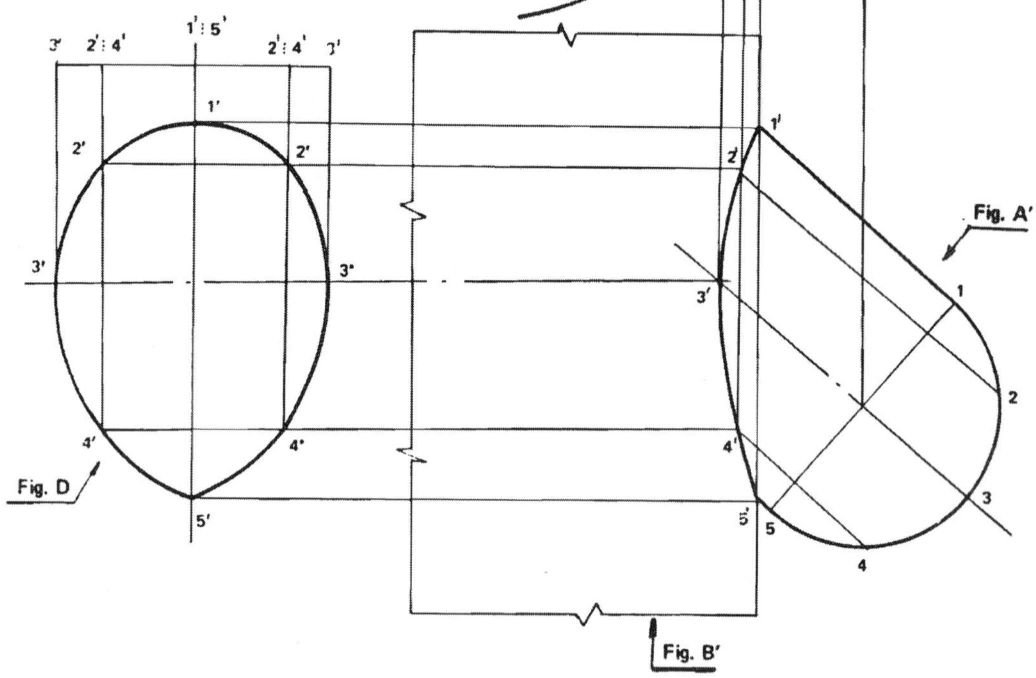

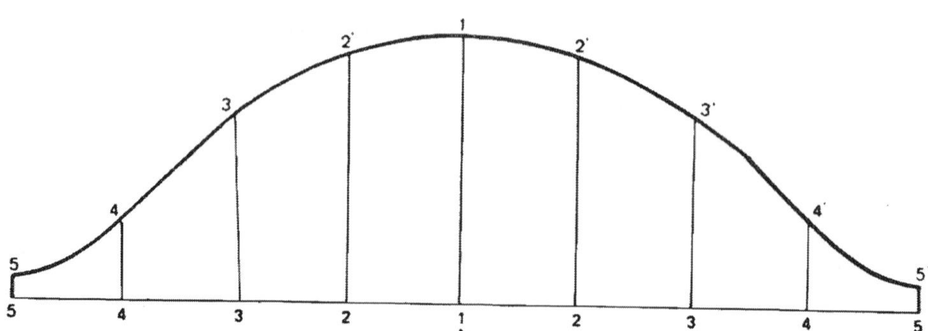

BÔCA DE LÔBO EXCÊNTRICA INCLINADA

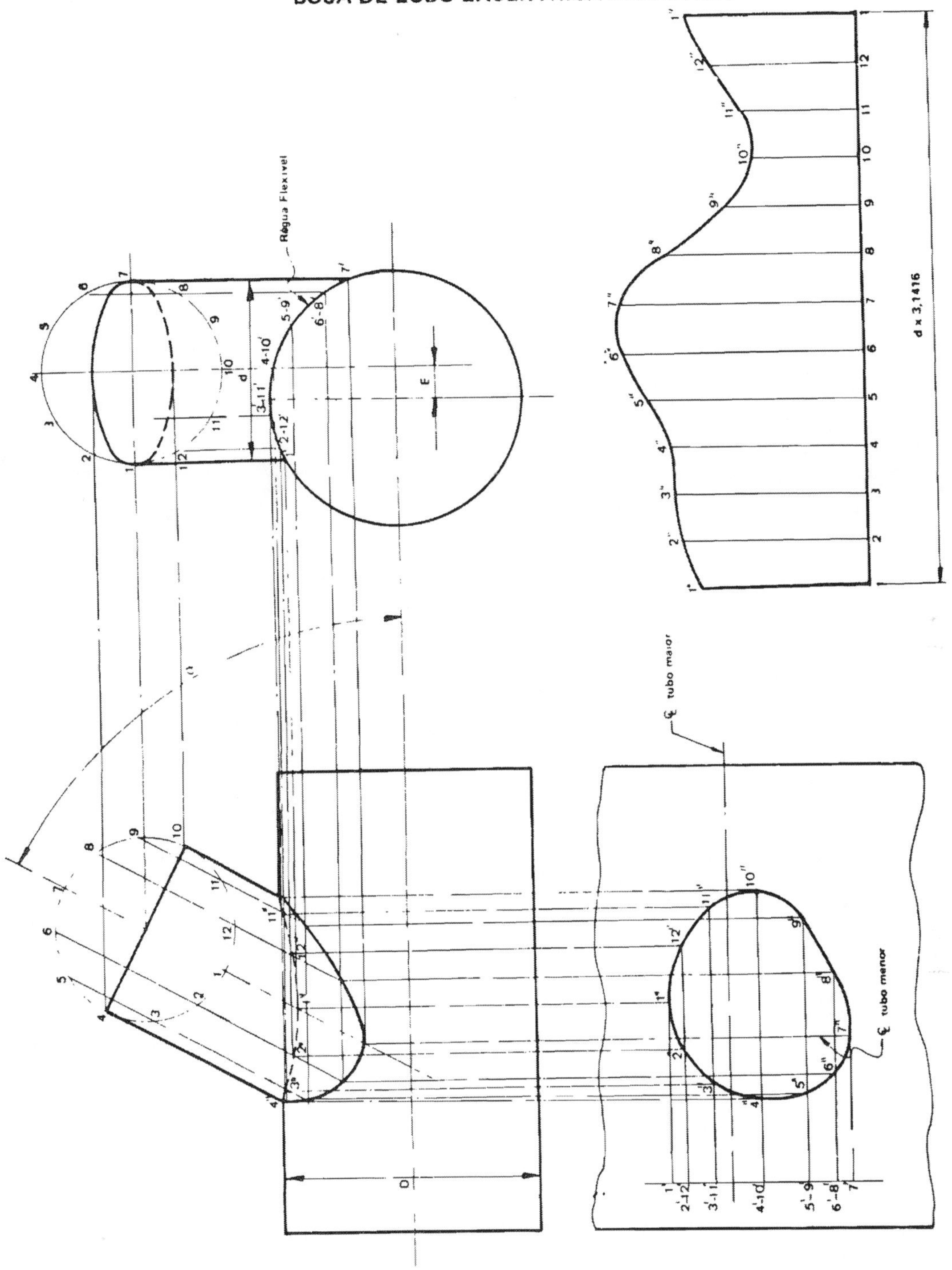

São conhecidos os diâmetros dos cilindros, a inclinação (L) dos eixos e a excentricidade (E).

Descreve-se, na face do cilindro inclinado, tanto na vista de elevação como na de perfil, uma circunferência, dividida em 12 (doze) partes iguais. Dos pontos de divisão, traçam-se paralelas ao eixo até que, no perfil, cruzem com a circunferência do cilindro maior. Desses pontos de intersecção, traçam-se paralelas ao eixo deste segundo cilindro, até que se cruzem com as paralelas do cilindro inclinado, na elevação, determinando, assim, a curva de intersecção dos dois cilindros.

Para o desenvolvimento do cilindro inclinado, traça-se uma reta com o comprimento de seu perímetro, dividida em 12 (doze) partes iguais. Dos pontos de divisão, traçam-se perpendiculares à reta com comprimentos tomados da elevação, onde estão em verdadeira grandeza.

Para o furo no cilindro maior, traçam-se paralelas desde os pontos de intersecção na elevação. Da vista de perfil e, com o auxílio de uma régua flexível, toma-se os pontos de intersecção entre os dois cilindros. Traça-se uma paralela às paralelas já traçadas enteriormente, marcando-se sobre ela os pontos tomados com o auxílio da régua flexível. Desses pontos traça-se perpendiculares a essa reta até que se cruzem com as primeiras obtendo-se os pontos 1'', 2'', 3''...12'' que nos dão o contorno do furo desejado.

TÊ EXCÊNTRICO

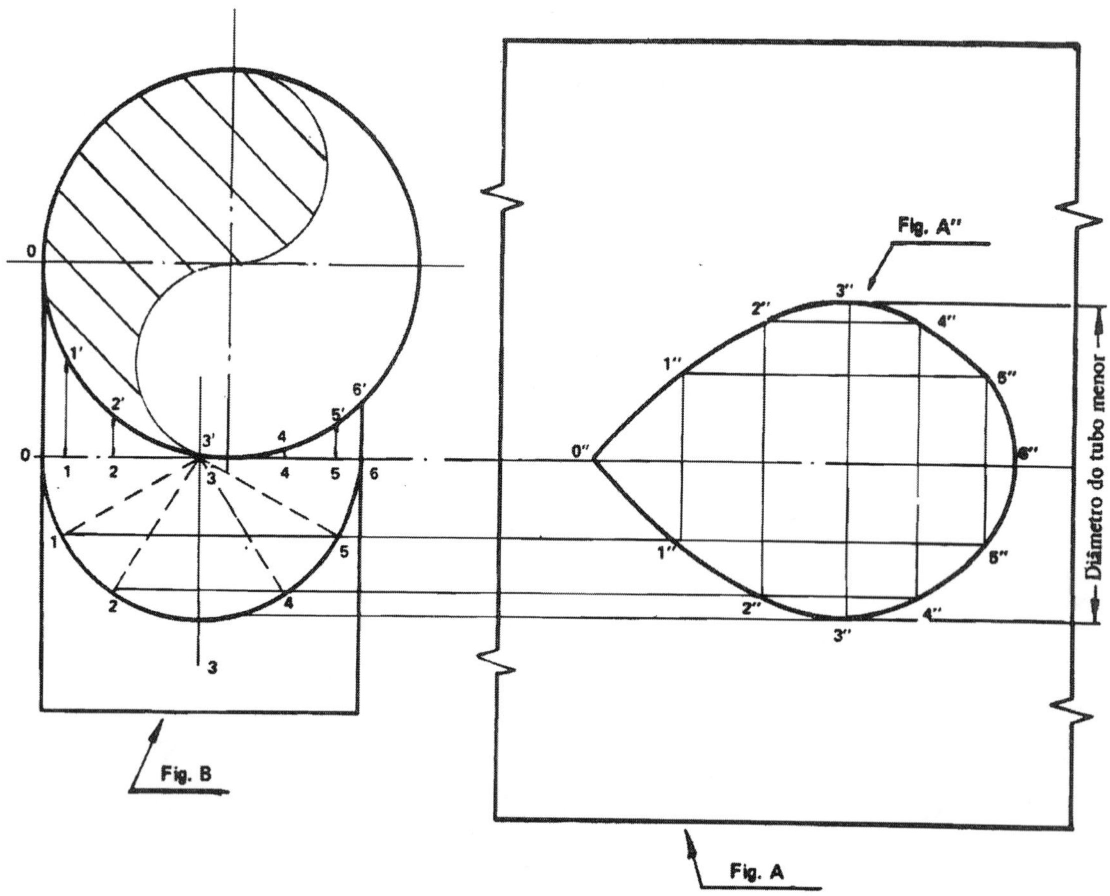

Para desenvolver um Tê Excêntrico, traçamos uma semi-circunferência no tubo menor, que dividiremos em 6 (seis) partes iguais; estes pontos projetamos paralelamente à linha de centro até a circunferência formada pelo tubo maior, determinando os pontos 0', 1', 2', 3', 4', 5' e 6'. Para determinarmos o furo formado na peça A, projetamos os pontos 0–6, 1–5, 2–4 e 3, da semi-circunferência traçada na peça B, horizontalmente; sobre a linha 0''–6'' marcamos os pontos, tomando-se, com uma régua flexível, as distâncias 0'–1', 1'–2', 2'–3', 3'–4', 4'–5' e 5'–6', na circunferência da peça A. A partir destes pontos traçamos retas perpendiculares à linha 0''–6'', até que se cruzem com as horizontais, formando os pontos 1'', 2'', 3'', 4'' e 5''. Sobre estas perpendiculares transportamos estes pontos para o outro lado da linha 0''–6'', fechando, assim o contorno do furo. Para o desenvolvimento da peça B, traçamos uma reta horizontal e marcamos sobre ela 12 (doze) vãos igualmente espaçados. Levantamos retas perpendiculares a partir destes pontos, tomando as distâncias e transportando-as para as verticais correspondentes. Unindo-se agora, os pontos 0', 1', 2', etc completamos o desenvolvimento.

TÊ EXCÊNTRICO

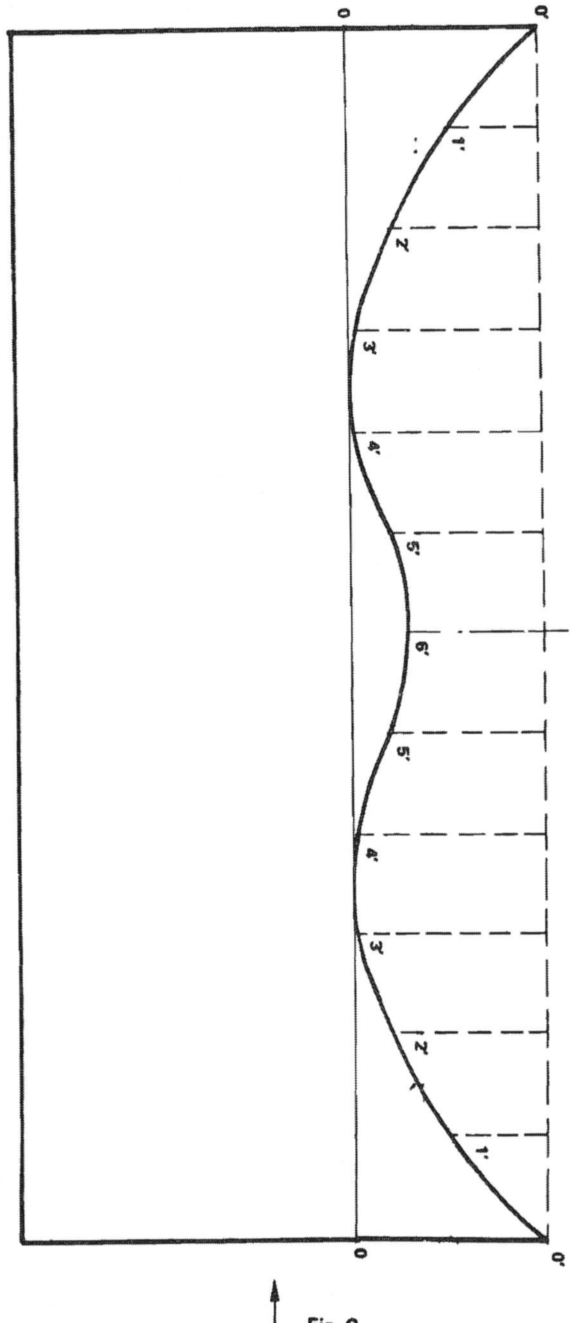

Fig. C

BÔCA DE LÔBO COM TUBO MENOR INCLINADO E DESVIADO LATERALMENTE

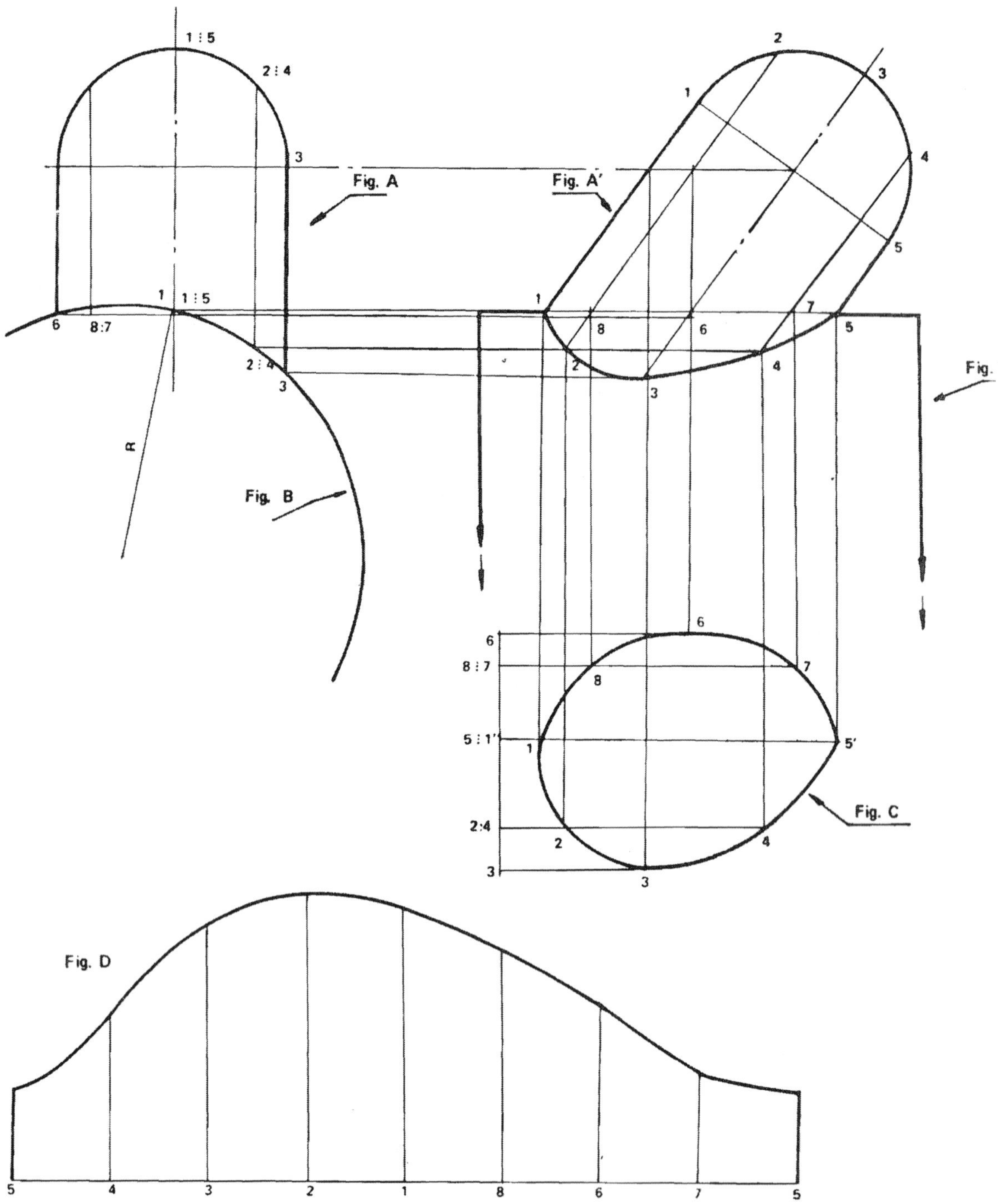

Desenhamos e identificamos as figuras A, A', B e B', nas duas figuras A e A', traçamos semi-circunferências e dividimos em quatro partes iguais, projetamos os pontos sobre as figuras B e B', traçamos linhas paralelas horizontais da figura B para a figura B' e no cruzamento destas com as linhas inclinadas da figura A' determinamos os pontos de intersecção dos tubos. Para traçarmos o desenvolvimento do furo no tubo B ou B', conforme nos mostra a figura C, tracamos linhas paralelas verticais partindo dos pontos de intersecção da figura A' e B' e ao lado esquerdo tracamos uma paralela sobre a qual marcamos as distâncias 6 - 8:7, 8:7 - 5: 1, 5: 1 - 2: 4 e 2: 4 - 3, destes pontos projetamos retas horizontais que cruzem com as linhas verticais determinando os pontos 1, 2, 3, 4, 5, 7, 6, e 8 que unidos através de uma linha nos dará o desenvolvimento do furo.

Para tracarmos o desenvolvimento do tubo menor conforme nos mostra a figura C, traçamos uma linha menor conforme nos mostra a figura D, traçarmos uma linha horizontal e marcamos sobre ela 8 vãos com distância igual a uma divisão da semi-circunferencia e projetamos retas verticais sobre esses pontos. Tomamos das figuras A' B' as distâncias da face do tubo menor aos pontos 1 - 2 - 3 - 4 - 5 - 6 - 7 e 8 e as marcamos sobre cada linha correspondente na figura D. Unindo esses pontos temos o desenvolvimento do tubo menor.

TUBO CILÍNDRICO PERPENDICULAR À OUTRO TUBO CÔNICO

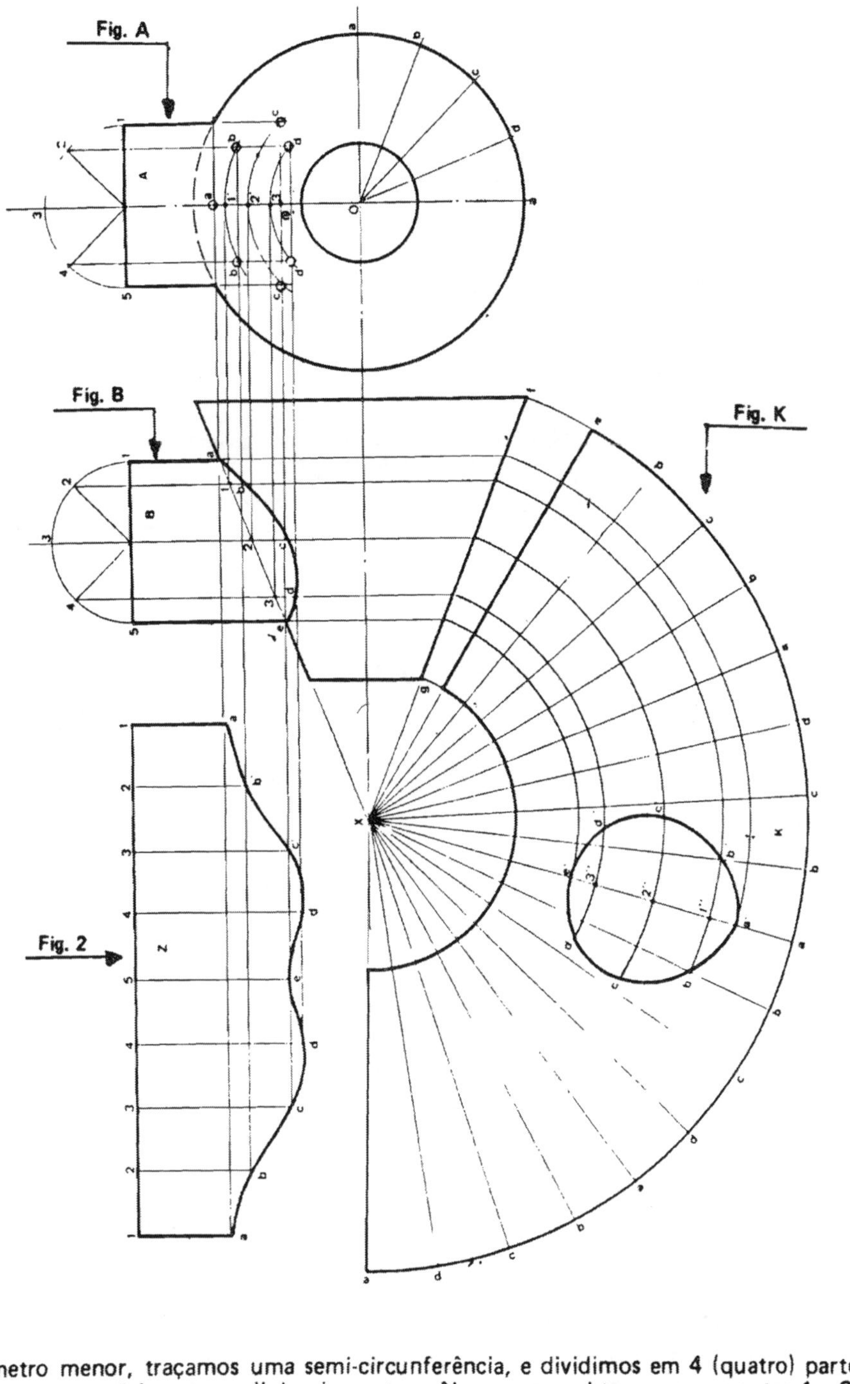

Sôbre o diâmetro menor, traçamos uma semi-circunferência, e dividimos em 4 (quatro) partes iguais. Projetamos êstes pontos paralelos com a linha de centro; sôbre o cone obteremos os pontos 1 - 2 e 3 e as extremidades, os pontos a - e (Fig. B). Projetamos êstes pontos horizontalmente sôbre a linha de centro da (Fig. A), onde teremos os pontos a' - 1' - 2' - 3' - e'. Com o centro em 0, traçamos os arcos que passam por êstes pontos até se cruzarem com as retas b - c - d da (Fig. A), e projetando êstes pontos sôbre as retas da (Fig. B), onde teremos os pontos b' - c' e d' e teremos a intersecção dos 2 (dois) tubos. Para traçarmos o desenvolvimento do furo no cone, prolongamos as linhas extremas do cone, onde teremos os cruzamentos e tomamos como centro o ponto x e como raio os pontos f e g da (Fig. B) traçamos os arcos correspondentes e marcamos sobre cada arco a abertura correspondente que é (3,1416 x diâmetro interno + 1 espessura) / 16. Tomamos como centro no desenvolvimento da (Fig. K), que é a linha a. Marcamos os pontos a' - 1' - 2' e 3'. tomados da (Fig. A). Fazemos os cruzamentos por meio de arcos, conforme mostra na (Fig. K). Assim teremos o desenvolvimento do furo formado no cone.

CONE RETO COMUM COM TUBO LATERAL À 90º

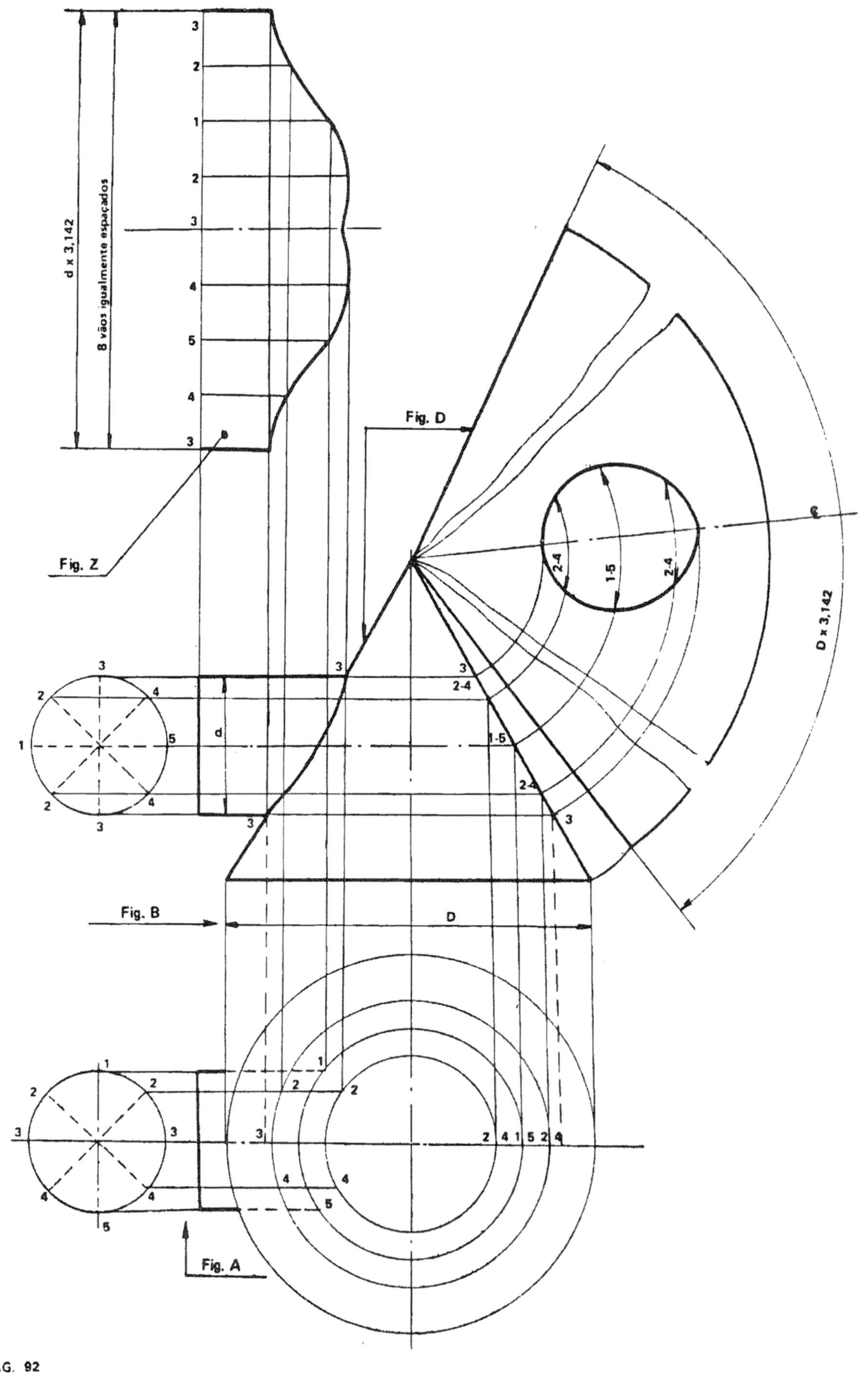

CONE RETO COMUM COM TUBO LATERAL

Desenhamos e identificamos as figuras A e B, dividimos as circunferências do tubo lateral em 8 partes iguais e projetamos esses pontos sobre os cones, tanto na figura A, como na B e nestas identificamos os pontos com 1, 2 - 2, 3, 4 - 4 e 5.

Para traçarmos o desenvolvimento do tubo conforme nos mostra a figura C, projetamos a linha base e marcamos sobre ela 8 espaços iguais às divisões da circunferência, em seguida traçamos linhas retas perpendiculares a esses pontos, projetamos os pontos 1, 2 - 2, 3, 4 - 4 e 5 que ao cruzarem as perpendiculares determinam o desenvolvimento do tubo.

Para traçarmos o desenvolvimento do cone com o furo onde encaixa o tubo, conforme nos mostra a figura D, procedemos assim: com centro no vértice do cone e raio igual a geratriz, traçamos um arco cujo desenvolvimento é igual ao diâmetro da base do cone vezes 3,14 e, ligamos aos extremos do arco ao vértice do cone.

Para o desenvolvimento do furo, conforme mostra a figura D, tomamos com o compasso centro no vértice do cone e por meio de arcos, projetamos da figura B para a D, os pontos 3, 2 - 4, 1 - 5, 2 - 4 e 3, em seguida tomamos na figura A, as distâncias 2 - 4, 1 - 5 e 2 - 4, e transportamos sobre suas respectivas linhas na figura D; unindo esses pontos temos o desenvolvimento do furo.

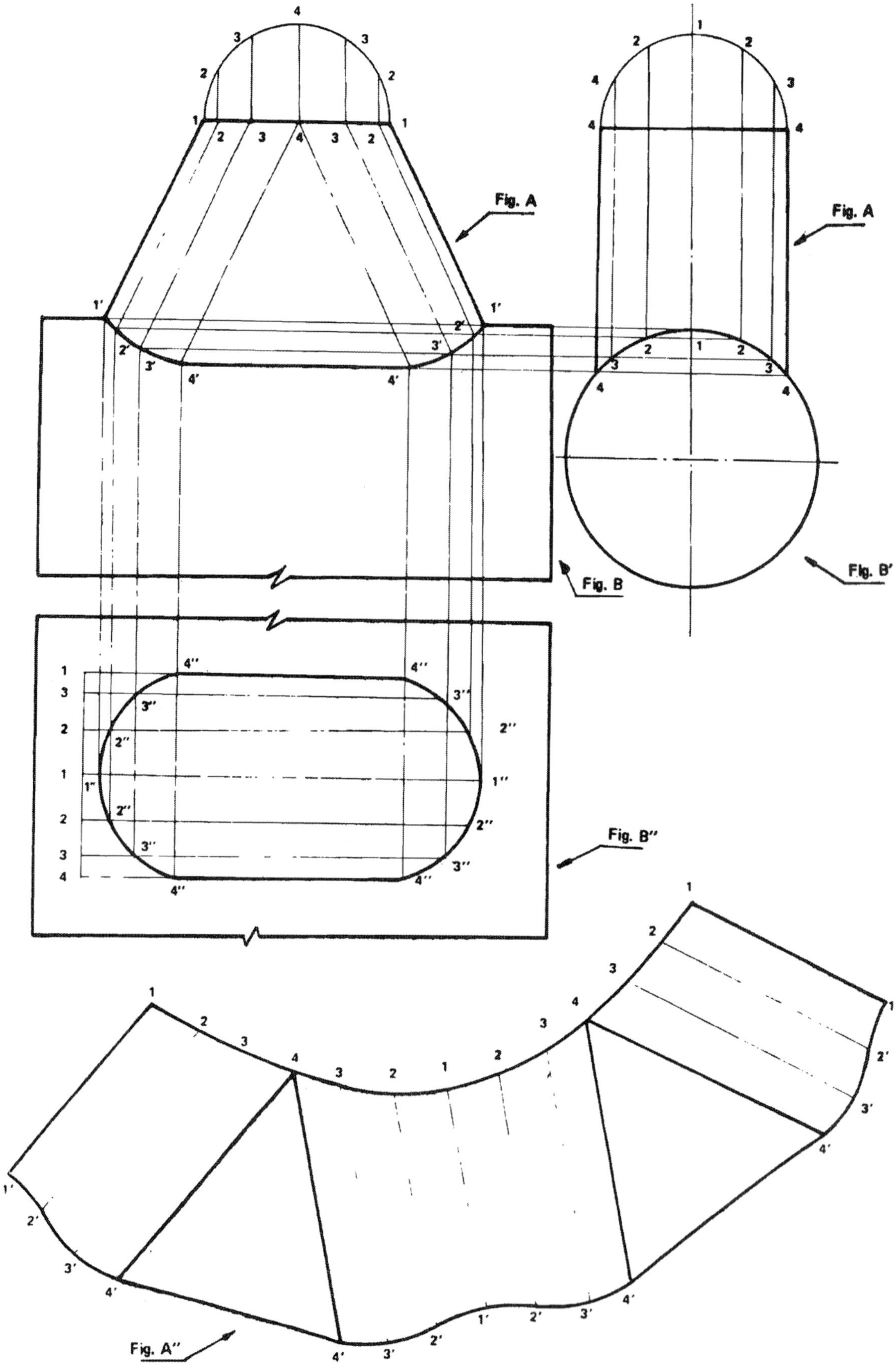
Fig. A
Fig. A
Fig. B
Fig. B'
Fig. B''
Fig. A''

INTERSECÇÃO DE UM TUBO CILÍNDRICO COM UM TUBO CÔNICO COM BASE OBLÍQUA

Na projeção em perfil da (Fig. A'), na parte superior traçamos uma semi-circunferência e dividimos em 6 (seis) partes iguais; os pontos projetamos paralelos com a linha de centro sobre o diâmetro maior, determinamos os pontos 1 - 2, 3 - 4. Projetamos estes pontos no sentido horizontal para se cruzarem com os pontos da (Fig. A), assim determinamos a entrada do tubo menor. Para determinarmos o desenvolvimento do furo na (Fig. B''), tomamos as distâncias dos pontos na (Fig. B'') e marcamos sobre uma reta vertical, e projetamos estes pontos no sentido horizontal para se cruzarem com os pontos da (Fig. A - B) assim fica determinado o furo de encaixe do tubo menor (Fig. A). Para traçarmos o desenvolvimento conforme a (Fig. A''), marcamos primeiro a distância do ponto 4' a 4' e tomamos as distâncias do ponto 4' a 4 e fazemos os cruzamentos, conforme na (Fig. A''), de pois é só ir tomando as V.G. dos pontos seguintes com abertura do compasso de uma divisão correspondente a cada (Fig. A e B), e assim proceder o desenvolvimento, conforme mostra a (Fig. A'').

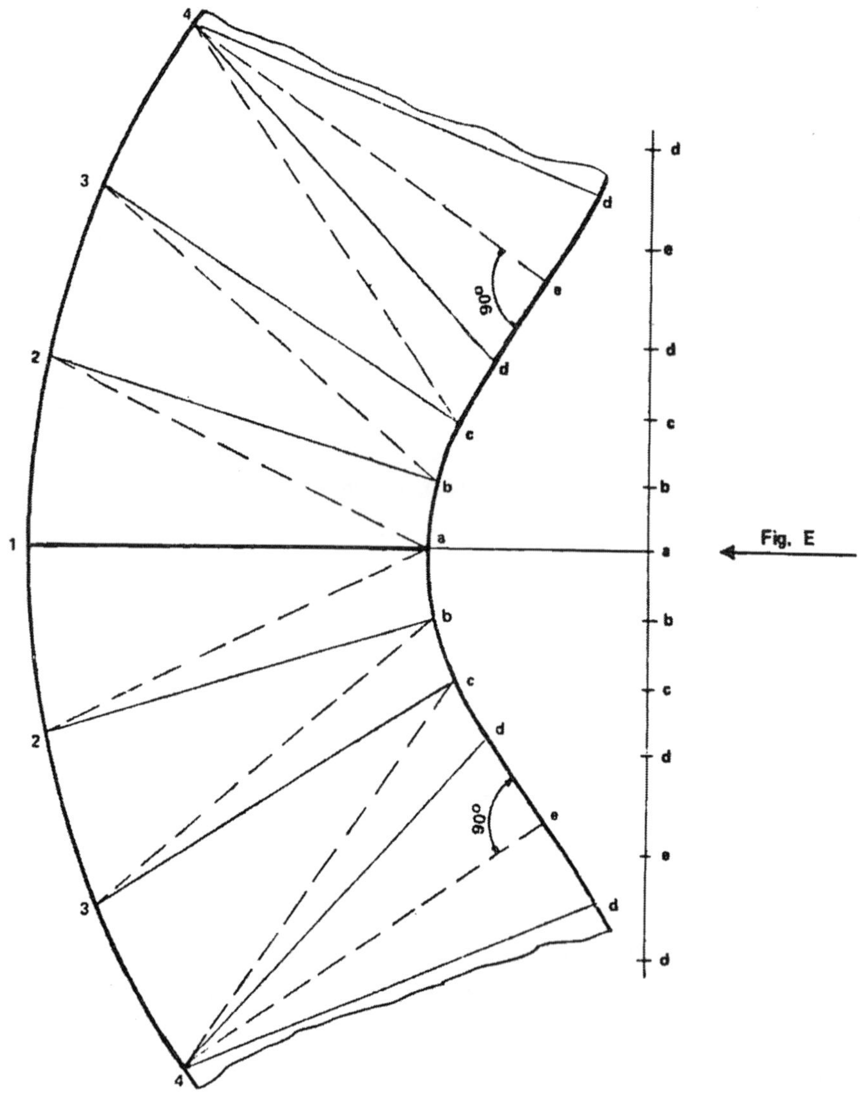

4
3
2
1
2
3
4
a
b
c
d
e
d
90º
Fig. E

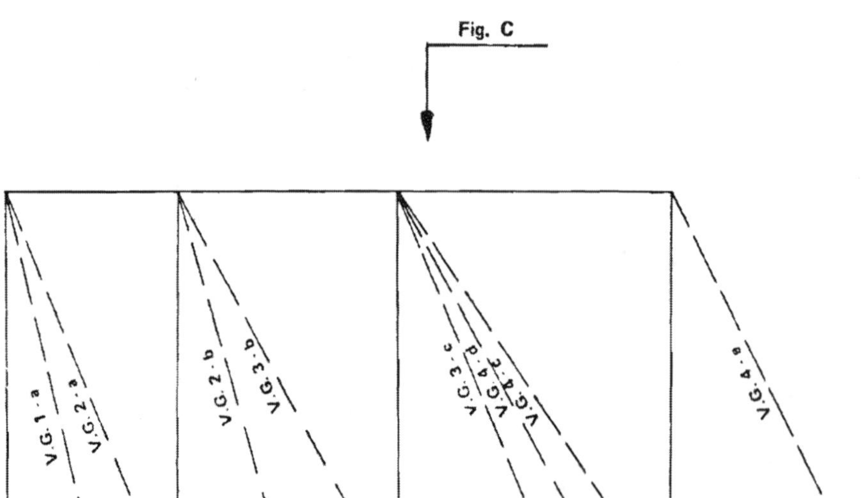

Fig. C
V.G. 1 - a
V.G. 2 - a
V.G. 2 - b
V.G. 3 - b
V.G. 3 - c
V.G. 4 - d
V.G. 4 - c
V.G. 4 - e
90º

REDONDO PARA OVAL COM BASES PARALELAS

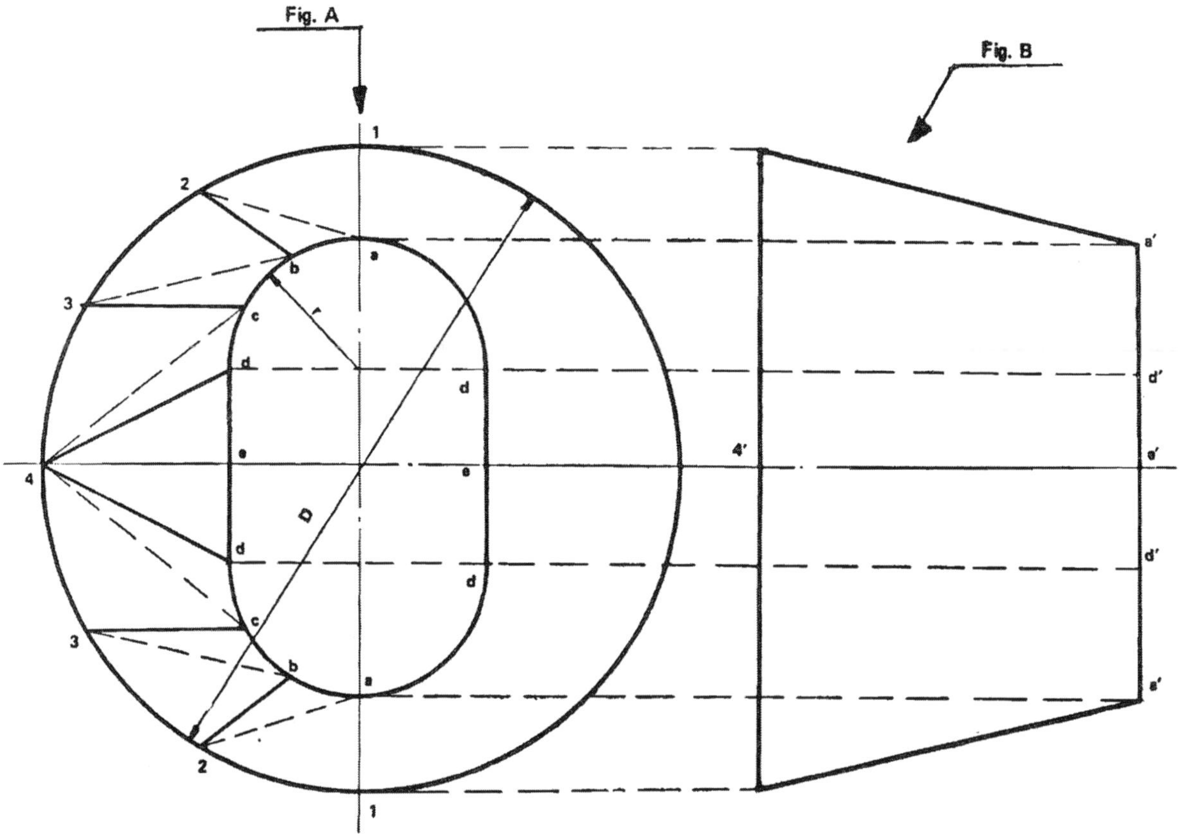

Desenhamos e identificamos as figuras A e B. Para determinarmos as V.G. conforme nos mostra a figura C, traçamos duas linhas paralelas com distância entre si igual a altura da figura B. No extremo direito das paralelas traçamos a primeira perpendicular, tomamos as distâncias 1 - a e 2 - a da figura A e marcamos sobre a reta inferior, unindo esses pontos ao extremo da reta vertical temos a V.G. 1 - a e 2 - a para as demais procedemos conforme nos mostra a figura C.

Na figura E temos o desenvolvimento e para traçá-lo, tomamos a V.G. 1 - A e a traçamos verticalmente, em seguida tomamos a V.G. 2 - a e com centro em a traçamos arcos em ambos os lados de 1, tomamos a distância igual a uma divisão da circunferência da base e com centro em 1 fazemos o cruzamento determinando os pontos 2 e 2. Tomamos a V.G. 2 - b e com centro nos pontos 2 da figura E traçamos arcos em ambos os lados de a e tomando a distância igual a uma divisão da semi-circunferência da figura A e centro em a fazemos o cruzamento determinando os pontos b e b. Assim devemos proceder para os demais pontos e obteremos o desenvolvimento da figura E.

OVAL PARA REDONDO COM BASES PARALELAS

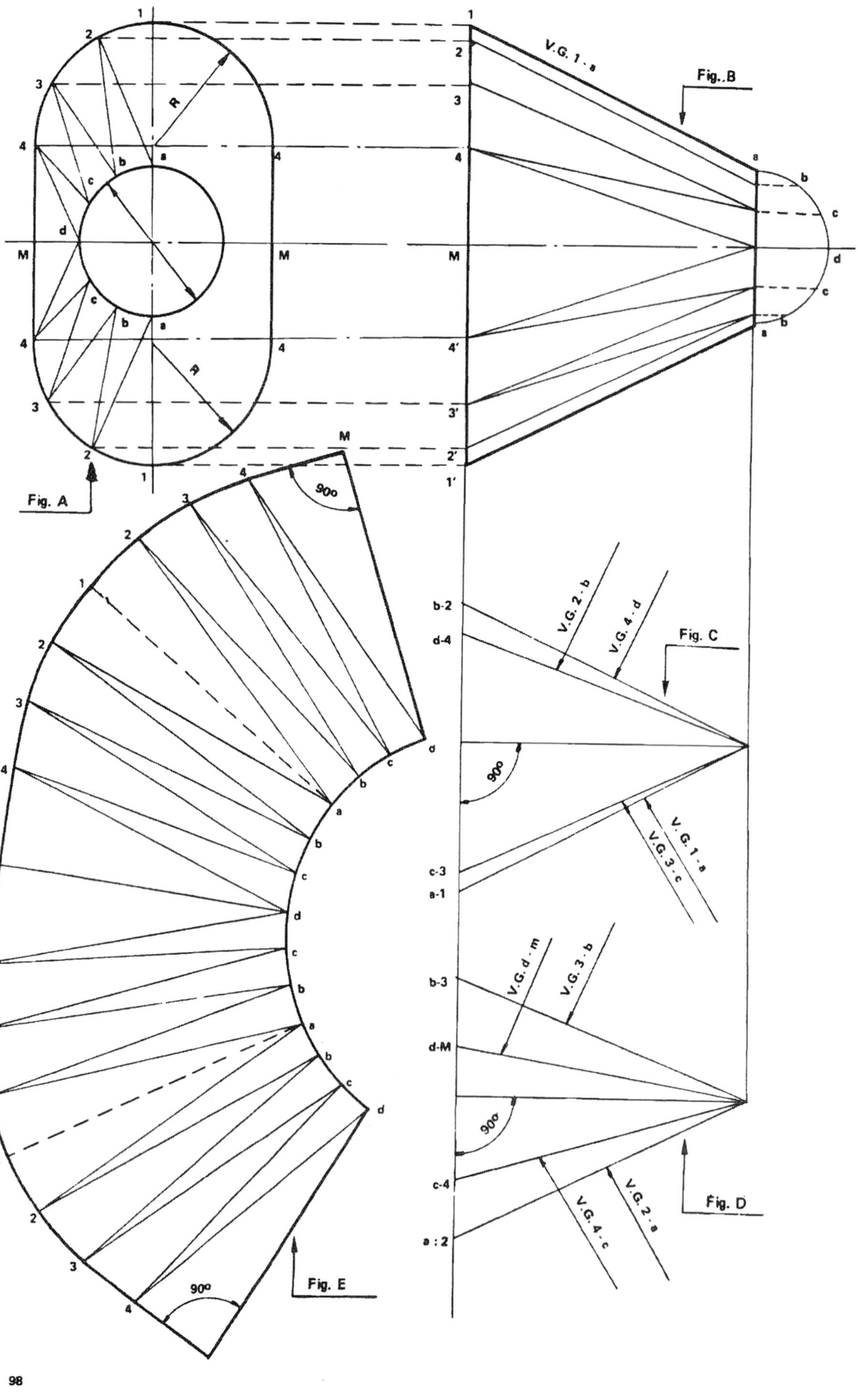

OVAL PARA REDONDO COM BASES PARALELAS

Desenhamos as figuras A e B. Para determinar as V.G. conforme nos mostram as figuras C e D traçamos duas retas paralelas com distância entre si igual a altura da figura B, traçamos em seguida, duas retas perpendiculares às paralelas. Tomamos as distâncias 4 - d e 2 - b da figura A e colocamos sobre a reta horizontal, unimos esses pontos ao extremo da reta vertical e temos as V.G. 4 - d e 2 - b determinadas, devemos proceder assim para as demais V.G. conforme nos mostram as figuras C e D.

Para traçarmos o desenvolvimento conforme nos mostra a figura E, tomamos e traçamos a V.G. M - d, com centro em d da figura E, traçamos arcos em ambos os lados de M, tomamos uma divisão da semi-circunferência da figura A, com centro em M, cruzamos arcos determinando assim os pontos 4. Tomamos a V.G. 4 - c e com centro em 4 traçamos arcos em ambos os lados de d, tomamos uma divisão da circunferência da figura A e com centro em d fazemos cruzamentos determinando assim os pontos c - c, assim devemos prosseguir sucessivamente para os demais pontos até completarmos o desenvolvimento conforme figura E.

CÔNICO DE BÔCA SUPERIOR INCLINADA

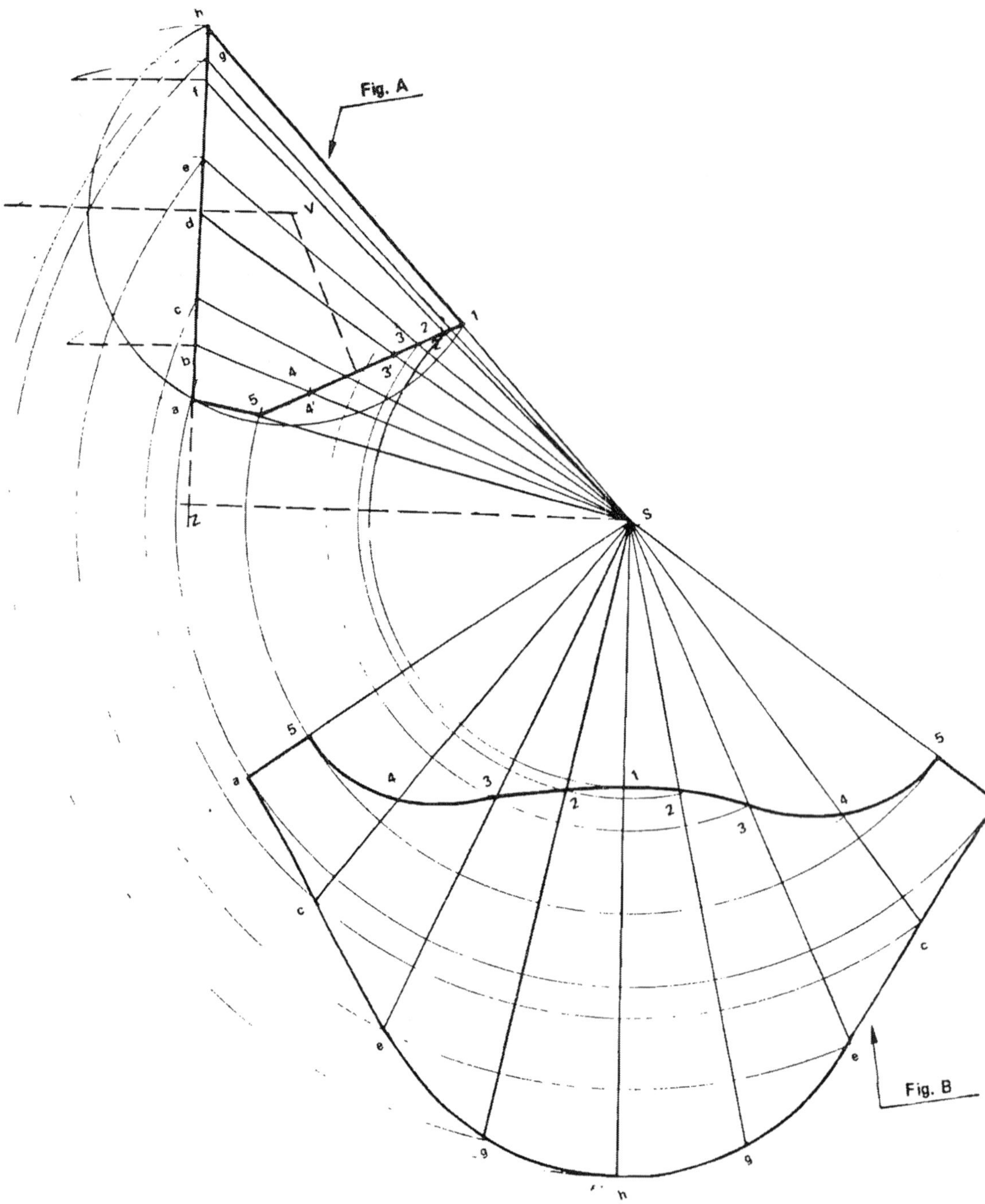

Para a traçagem desta peça, os vértices dos ângulos deverão estar tangenciando uma circunferência cujo centro é determinado pelo cruzamento das retas que dividem ao meio as linhas dos diâmetros.

Sobre o diâmetro da base, traçamos uma semi-circunferência que dividimos em 4 partes iguais e projetamos esses pontos sobre a base, determinando assim, os pontos a, b, d, f e h.

Com centro no ponto Z, que é determinado pelo cruzamento da prolongação da linha da base com a perpendicular que passa por S, traçamos arcos partindo das divisões da semi-circunferência e que determinam sobre a linha base os pontos c - e e g.

Com retas que nascem nesses pontos, traçamos geratrizes ao ponto S, que ao passarem pelo diâmetro menor, dão origem aos pontos 1, 2, 3, 4 e 5, projetamos esses pontos sobre as linhas geratrizes c - e - g, determinando os pontos 4, 3 e 2.

Para traçarmos o desenvolvimento, conforme figura B, procedemos assim:

Com centro em S e origem nos pontos 5, 4, 3, 2 e 1, traçamos os arcos do diâmetro menor, ainda com centro no ponto S e, origem nos pontos a, c, e, g e h, traçamos os arcos do diâmetro maior. Tomamos uma divisão da circunferência maior e, com centro no arco a, sobrepomos no arco c, e assim sucessivamente para os demais pontos, unimos esses pontos ao vértice S através de retas que, ao cruzarem com as linhas do diâmetro menor, determinam os pontos 1, 2, 3, 4 e 5. Unimos os pontos e temos a peça desenvolvida.

CONE OBLÍQUO DE BOCAS CIRCULARES E PARALELAS

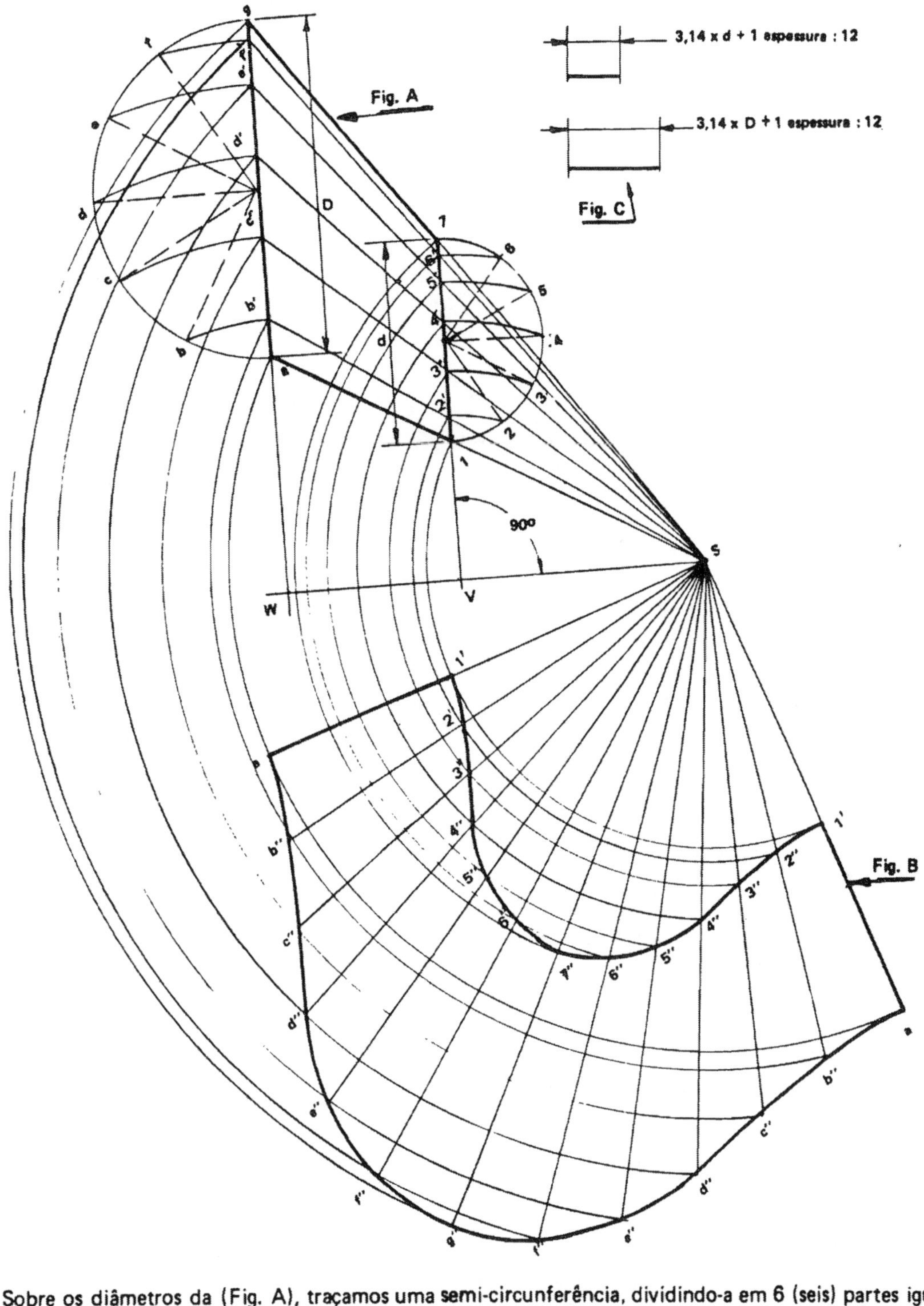

Sobre os diâmetros da (Fig. A), traçamos uma semi-circunferência, dividindo-a em 6 (seis) partes iguais, 1, 2, 3, 4, 5, 6 e 7 e a, b, c, d, e, f e g. Prolongamos o cone até S. De S traçamos uma perpendicular às faces das bocas, as quais prolongamos até cruzarem em V e W com a perpendicular. Com centro em V traçamos os arcos 2–2', 3–3', 4–4', 5–5' e 6–6' e com centro em W, os arcos b—b', c—c', d—d', e—e' e f—f'. Com centro em S traçamos os arcos 1, 2', 3', 4', 5', 6' e 7, para a boca menor, e os arcos a, b', c', d', e', f' e g para a boca maior. A partir de S, traçamos agora a reta S– 1''-a'' próxima a S–V–W. Agora, com abertura igual a 1/12 do desenvolvimento do diâmetro (d) da boca menor, ver (Fig. C), marcamos a partir de 1' os pontos 2'' sobre o arco 2', 3'' sobre o arco 3', 4'', sobre o arco 4', e assim sucessivamente até o outro ponto 1', completando, as doze divisões da boca menor. A seguir, com abertura tomada da (Fig. C) para o diâmetro da boca maior D marcando, a partir do ponto a' os pontos b'' sobre o arco b', c'' sobre o arco c', d'' sobre o arco d', e assim sucessivamente até o outro ponto a' completando as doze divisões da boca maior. Unindo-se com uma régua flexível os pontos 1', 2'', 3'', 4'', etc., e os pontos a', b'', c'', d'', etc., e fechando a figura com a reta S–1'–a' no lado oposto à primeira, temos o nosso cone desenvolvido.

CÔNICO OBLÍQUO DE BÔCAS PARALELAS

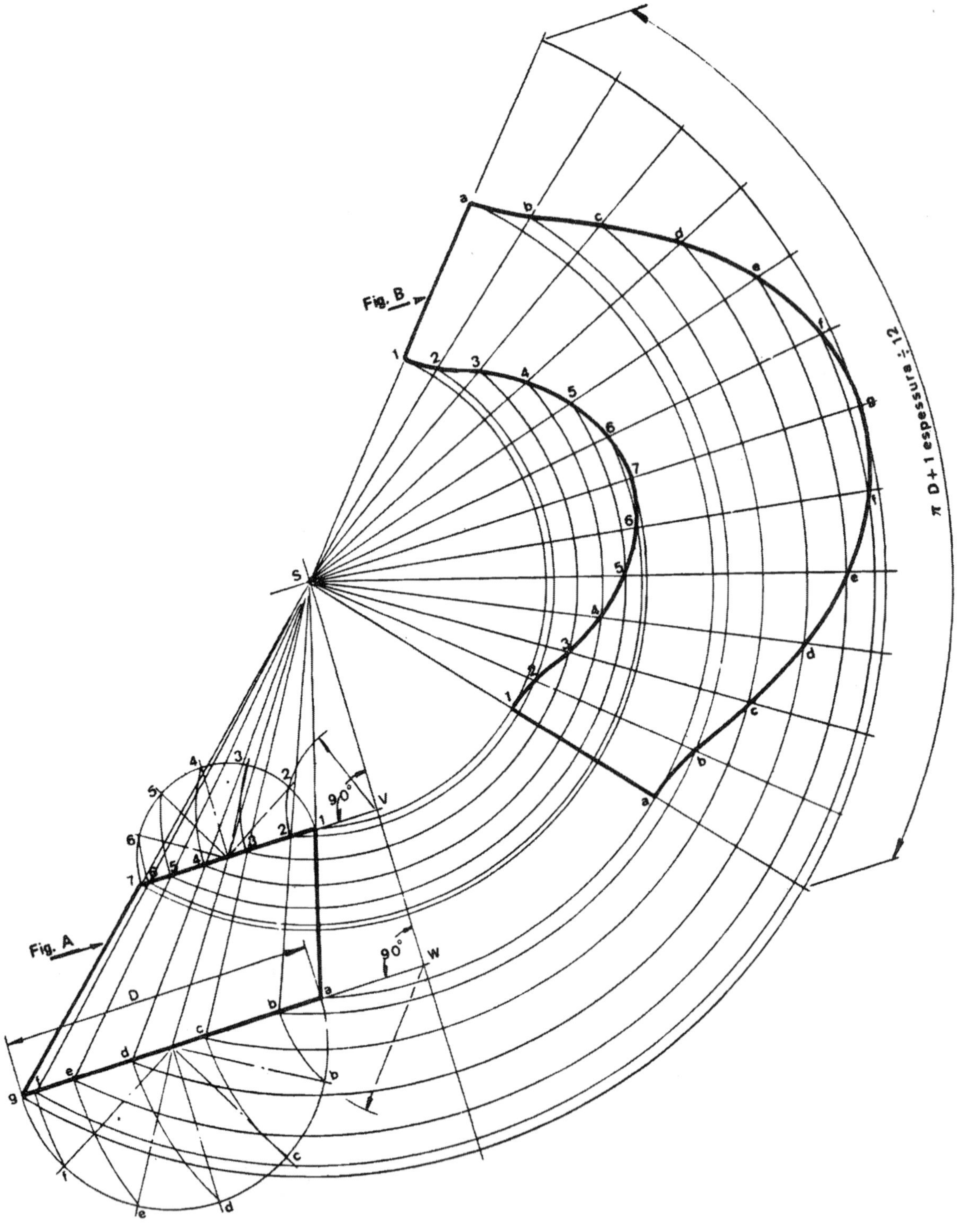

Desenhamos a figura A, traçamos semi-circunferências em suas extremidades, dividimos ambos em 6 partes iguais e identificamos, a maior com pontos a, b, c, d, e, f, g e a menor com os pontos 1, 2, 3, 4, 5, 6, 7.

Prolongamos as retas g - 7 e a - 1 até se encontrarem formando o vértice S, Prolongamos as linhas bases e traçamos uma perpendicular às linhas bases que passe pelo vértice S. Assim determinamos os pontos V e W; com centro em V e W traçamos arcos que partem dos pontos determinados nas semi-circunferências e dividam as linhas bases, sobre os quais repetimos as identificações dos semi-círculos.

Para traçarmos o desenvolvimento, com centro em S, traçamos arcos que partam das linhas bases conforme nos mostra a figura B. Tomamos uma das divisões da semi-circunferência maior e com centro sobre o arco a, cruzamos sobre o arco B, determinando o ponto B, com a mesma distância, centro no ponto B, determinamos o ponto c e assim sucessivamente até completar o desenvolvimento da base maior.

O mesmo princípio é usado para o desenvolvimento da base menor e depois unimos os pontos concluindo-se o desenvolvimento, conforme a figura B.

INTERSECÇÃO DE DOIS TUBOS CÔNICOS COM BASES NO MESMO PLANO

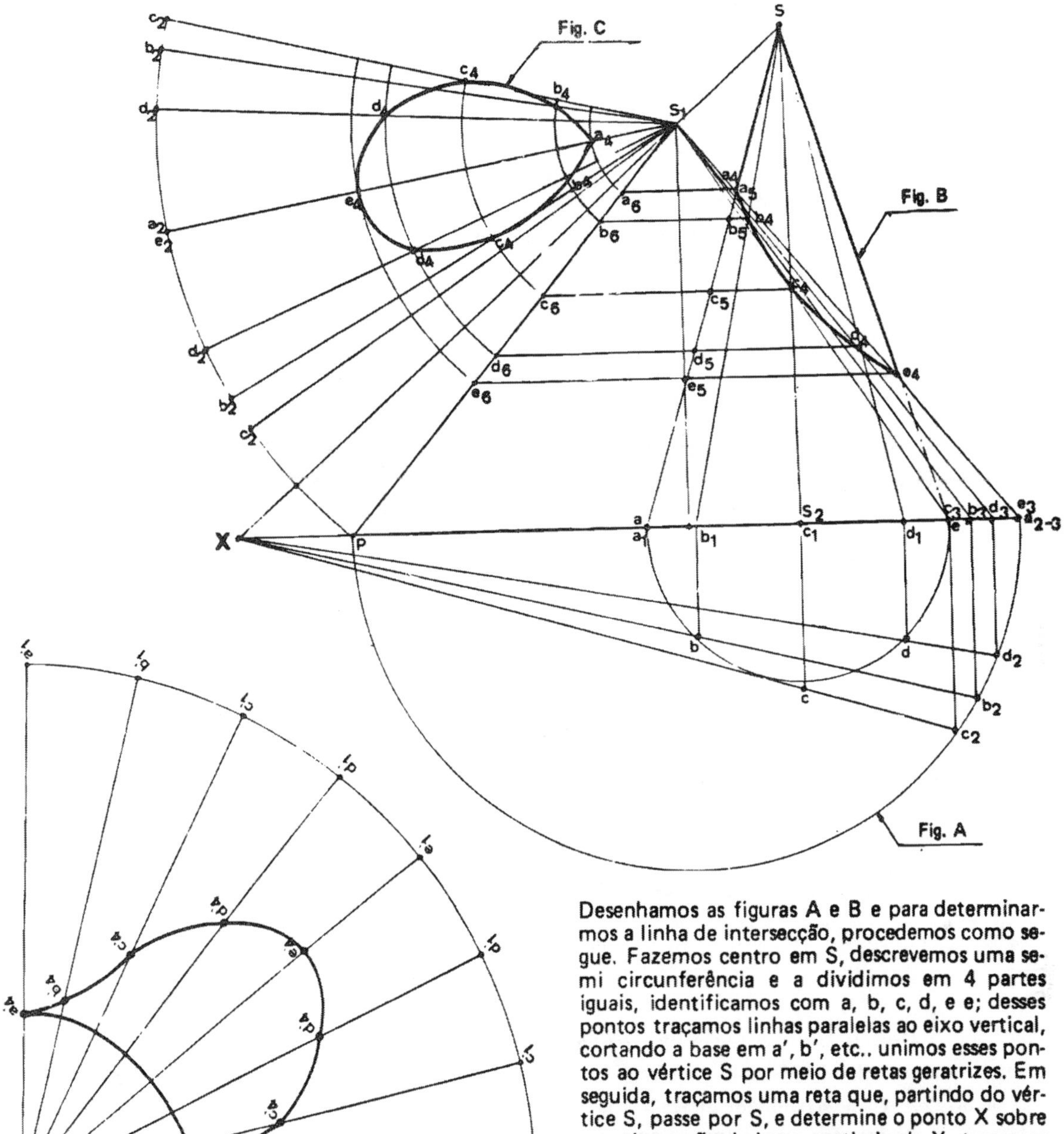

Desenhamos as figuras A e B e para determinarmos a linha de intersecção, procedemos como segue. Fazemos centro em S, descrevemos uma semi circunferência e a dividimos em 4 partes iguais, identificamos com a, b, c, d, e e; desses pontos traçamos linhas paralelas ao eixo vertical, cortando a base em a', b', etc.. unimos esses pontos ao vértice S por meio de retas geratrizes. Em seguida, traçamos uma reta que, partindo do vértice S, passe por S_1 e determine o ponto X sobre a prolongação da base; partindo de X, traçamos linhas retas que, passando pelos pontos a, b, c, etc. da figura B, determine na semi-circunferência do cone maior os pontos a_2, b_2, c_2, etc.. Com início nestes pontos, traçamos linhas paralelas ao eixo vertical, que determinem na base do cone os pontos a_3, b_3, etc., que, unidos ao vértice S_1 ao passarem pelas suas geratrizes correspondentes, determinam os pontos de intersecção a_4, a_5, b_5, etc..

Para desenvolvimento da lateral com o furo procedemos como segue: partindo dos pontos de intersecção a_4, b_4, etc., traçamos retas perpendiculares ao eixo do cone e que cortem as geratrizes extremas do mesmo, determinando os pontos a_5, b_5, etc..

Em seguida, para traçarmos o desenvolvimento da intersecção, conforme nos mostra a figura D, com centro em S da figura B, descrevemos um arco com raio igual a geratriz extrema; este arco tem o desenvolvimento igual a 2_H R dividindo-se em 8 partes iguais e identificando com a'_1, b'_1, etc..

Partindo dos pontos da divisão a'_1, b'_1, etc., traçamos retas geratrizes, tomamos as distâncias Sa_4, Sb_4, etc. da figura B, determinando os pontos de intersecção a'_4, b'_4, etc., sobre a figura D. Unimos esses pontos e determinamos assim, o desenvolvimento da intersecção lateral.

Para desenvolvimento do furo, conforme nos mostra a figura C, procedemos conforme segue: com centro em S^1, traçamos um arco com raio igual geratriz S^1 - P e o comprimento igual ao desenvolvimento médio do cone, sobre este desenvolvimento traçamos as medidas c_2 - b_2, b_2 - d_2, etc., tomadas da figura B, destes pontos traçamos geratrizes que ao cruzarem com os arcos oriundos das distâncias S_1 - a_6, S_1 - b_6, etc. determinam os pontos a_4, b_4, etc., os quais, unidos por uma linha dão o desenvolvimento do furo.

CALÇA CÔNICA COM BOCAS CIRCULARES E INCLINADAS ENTRE SI (SISTEMA TRIANGULAÇÃO)

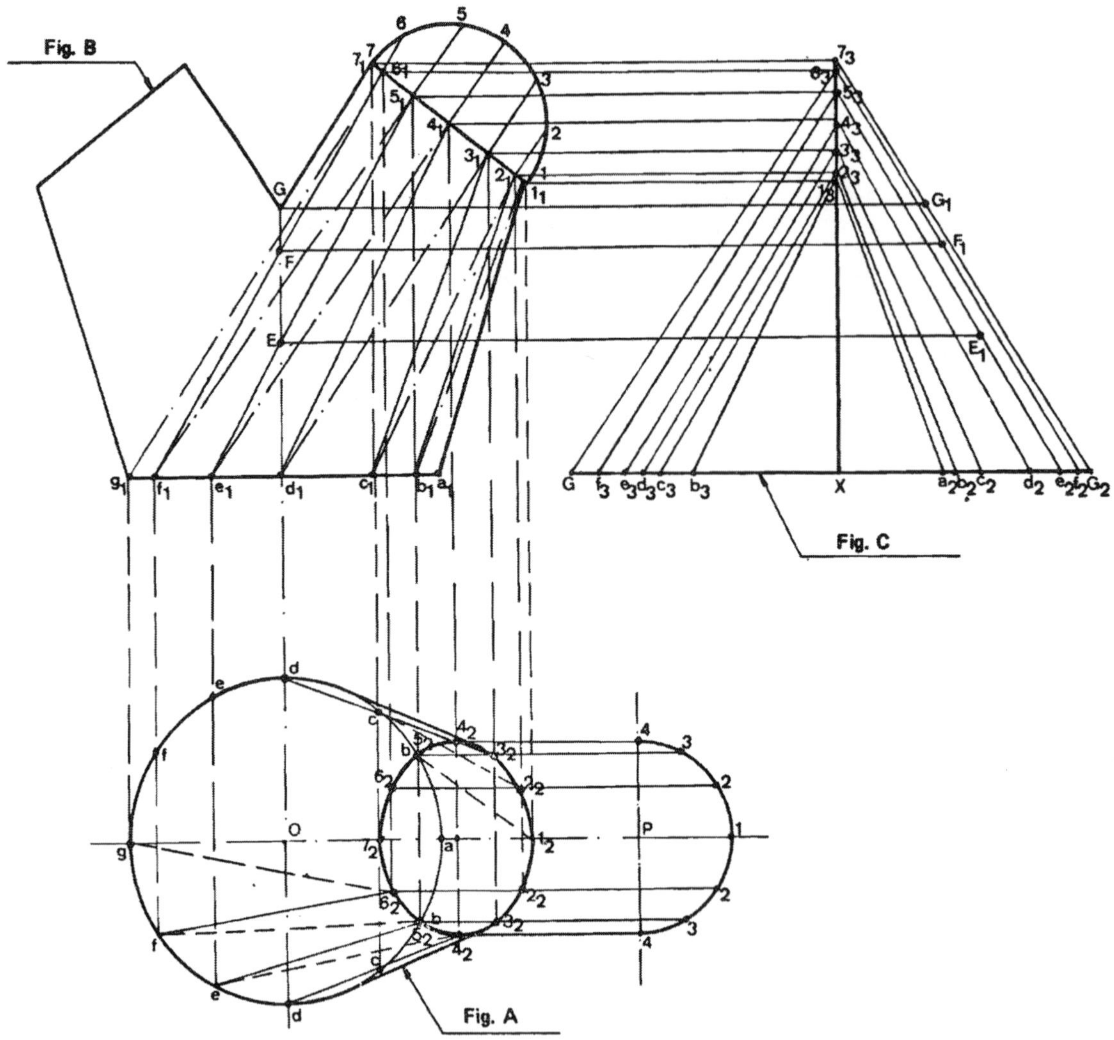

Desenhamos a vista em planta e elevação. Na figura B sobre o diâmetro da boca superior descrevemos uma semi-circunferência e dividimos em 6 partes iguais e identificamos com 1, 2, 3, etc.. Desses pontos de divisão traçamos perpendiculares ao diâmetro determinando os pontos 1_1, 2_2, 3_1, etc. .

Projetamos esses pontos perpendicularmente ao eixo horizontal da figura A e neste eixo descrevemos uma semi-circunferência com diâmetro igual ao da boca superior e a dividimos em 6 partes iguais e identificamos seus pontos com 1 - 7, 2 - 6, 3 - 5, e 4. Desses pontos traçamos paralelas ao eixo horizontal determinando sobre as projeções verticais os pontos 1_2, 2_2, 3_2, etc., que unidos através de uma curva contínua formam uma elipse. Em seguida, dividimos a circunferência maior em 12 partes iguais e identificamos com letras a, b, c, etc.. unindo essas divisões aos pontos 1_2, 2_2, etc.. usando-se linhas cheias e tracejadas conforme nos mostra a figura A. Para determinarmos as verdadeiras grandezas (V.G.) procedemos como segue: em um ponto qualquer da prolongação da base (neste caso x figura C) levantamos uma perpendicular indefinida. A partir de x e para a direita marcamos com linhas cheias as distâncias das geratrizes 1^2 - a, 2^2 - b, etc.. tomados da figura A determinando os pontos a_2, b_2, etc.. O mesmo raciocínio usamos para as distâncias 1^2 - b, 2^2 - c, etc.. Em seguida projetamos os pontos da boca superior inclinada perpendicularmente a vertical x, aonde obtemos os pontos 1_3, 2_3, etc., que unidos aos pontos sobre a horizontal determinam as V.G.

Para desenvolvermos a peça conforme a figura O nos mostra, traçamos somente um braço, como se fosse um cone (vide exercícios anteriores), e a partir de e'_1, f'_1 e g'_1 levamos sobre as geratrizes as distâncias e_2 - E_1, f_2 - F_1 e g_2 - G_1, tomadas da figura C que determinam novos pontos identificados com e', f' e g' que unidos a d'_1 completam o desenvolvimento.

CALÇA CÔNICA COM BOCAS CIRCULARES E INCLINADAS ENTRE SI (SISTEMA TRIANGULAÇÃO)

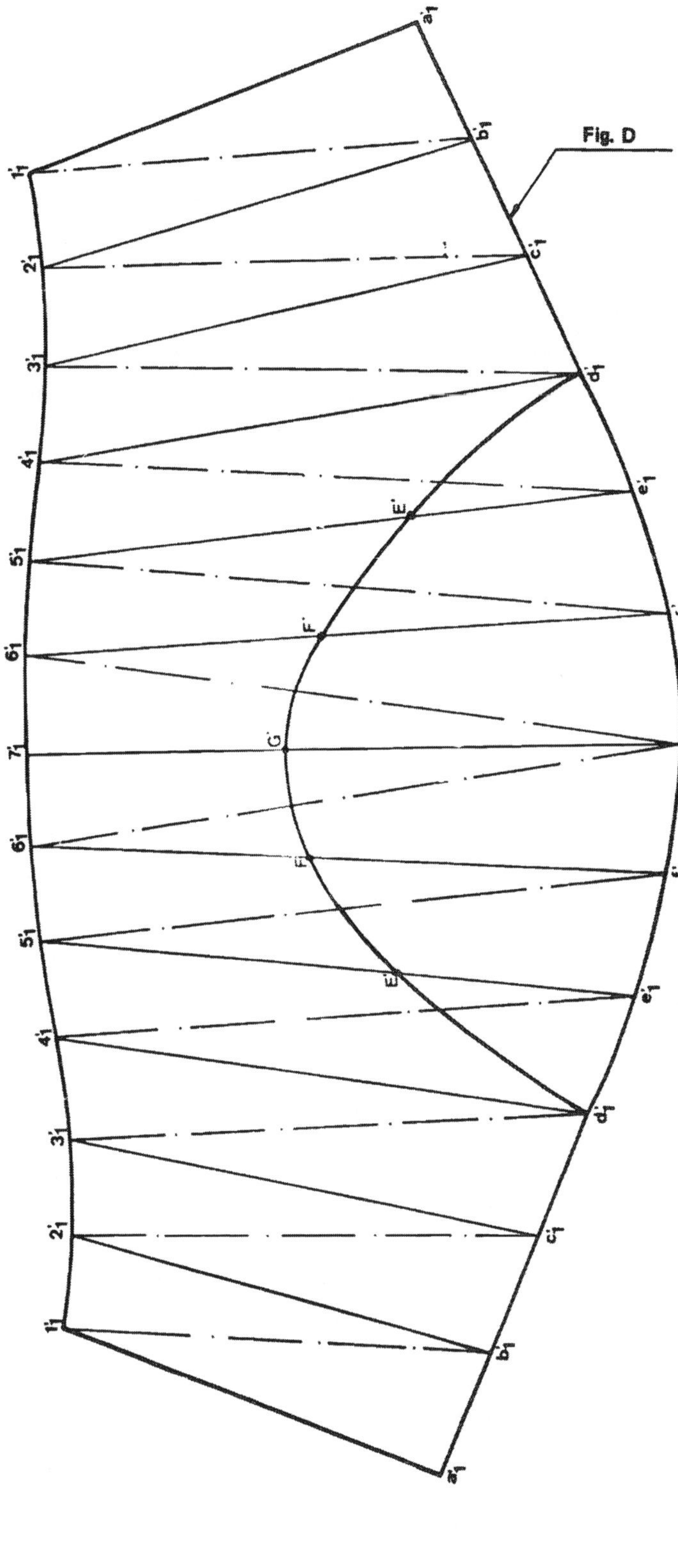

CALÇA CÔNICA COM AS BÔCAS PARALELAS

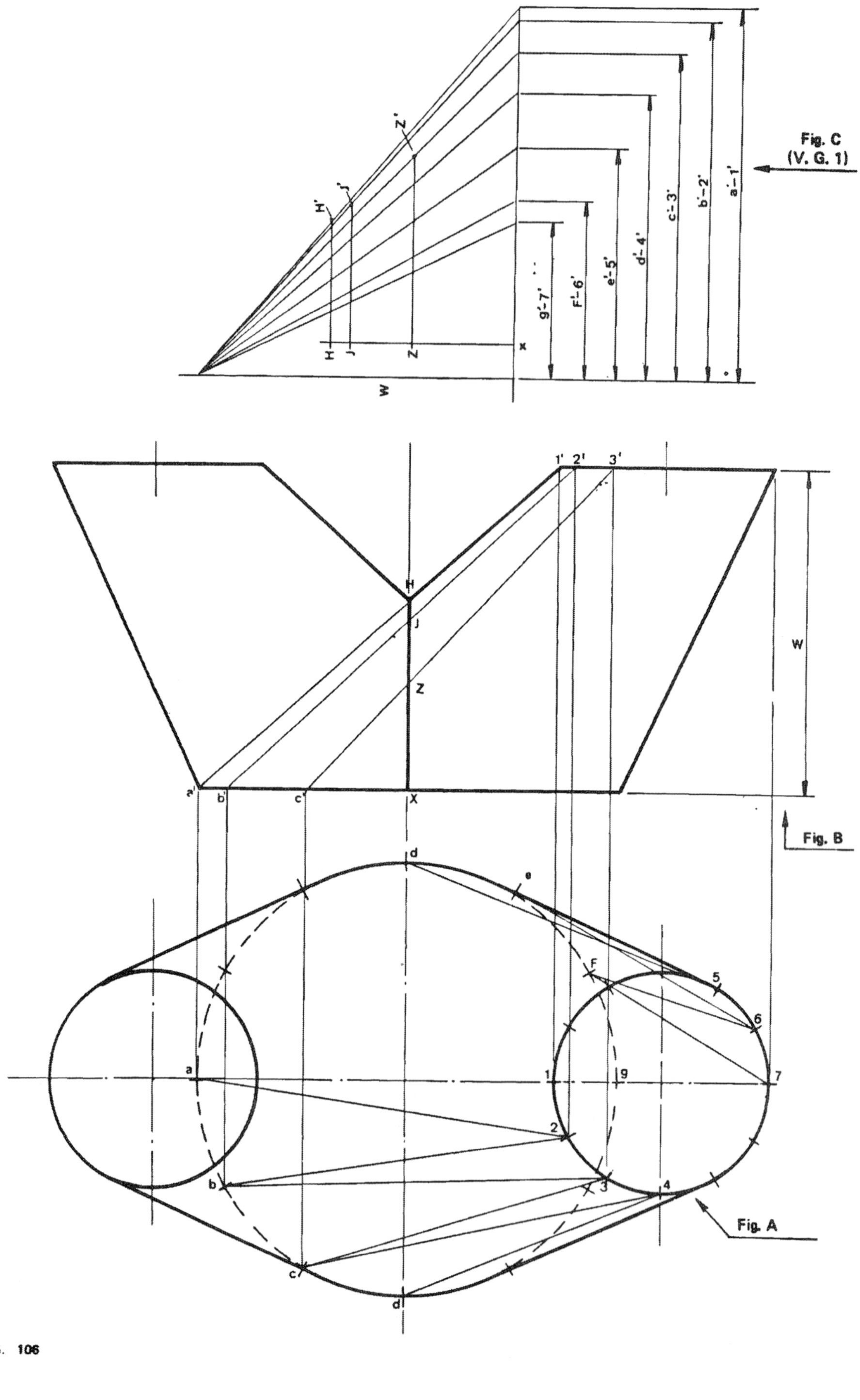

CALÇA CÔNICA COM AS BÔCAS PARALELAS

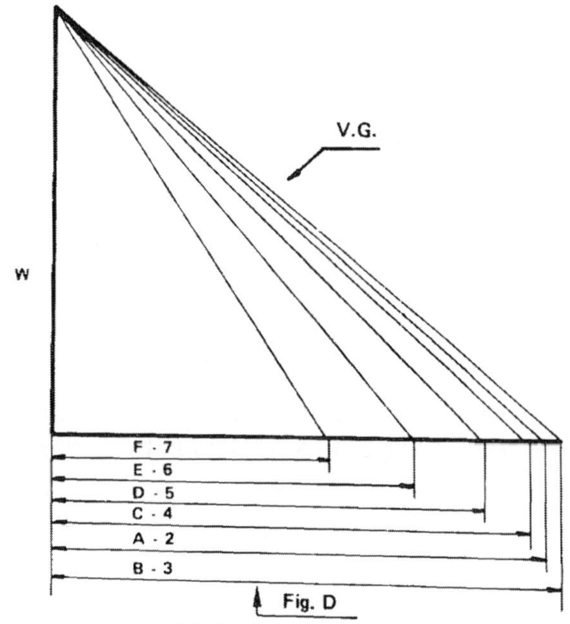

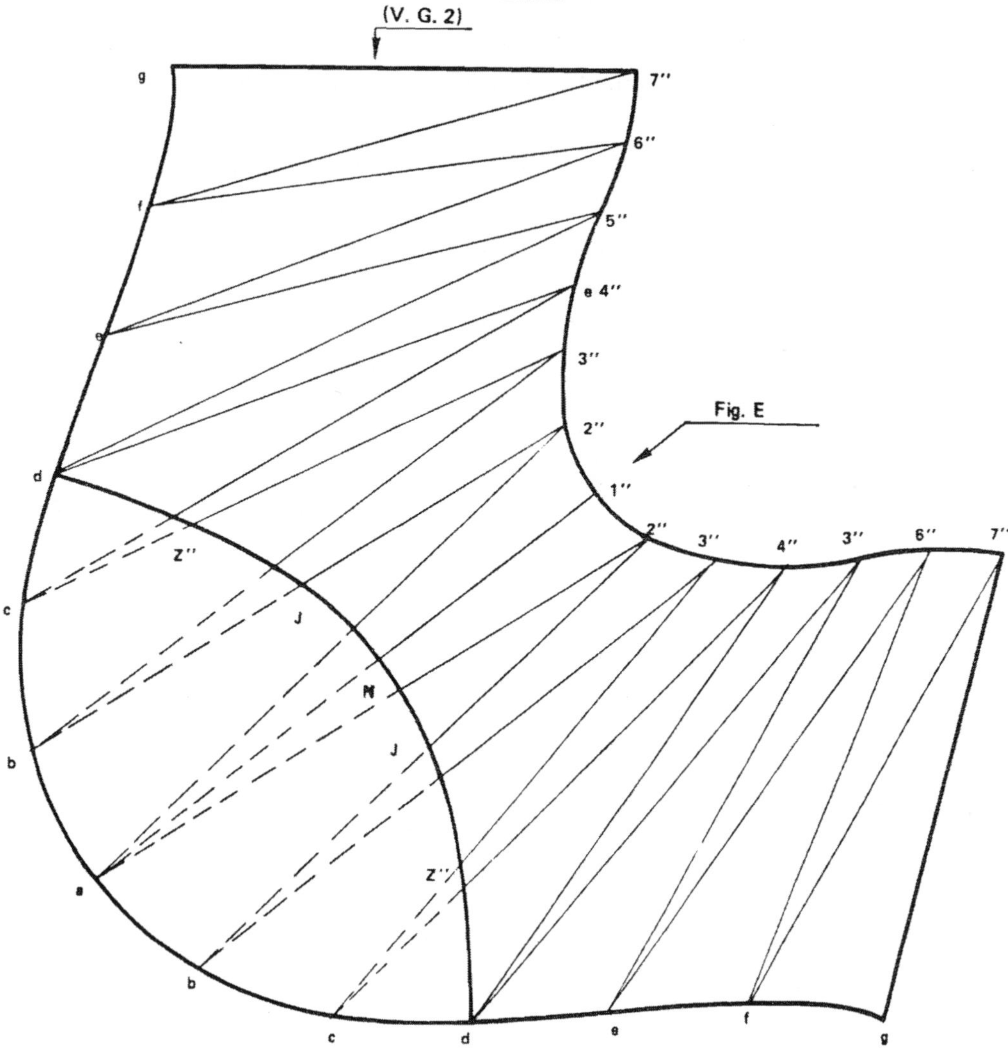

CALÇA CÔNICA COM BOCAS PARALELAS

Desenhamos as figuras A e B, na figura A dividimos a circunferência maior e a menor em 12 partes, identificamos seus pontos, e os ligamos conforme nos mostra a figura. Projetamos esses pontos para a figura B. Para determinarmos as verdadeiras grandezas conforme nos mostram as figuras C e D, tomamos e traçamos a altura W da figura B e traçamos uma linha perpendicular em sua extremidade.

Tomando as distâncias g - 7, f - 6, e - 5, d - 4, c - 3, b - 2, a - 1, da figura A colocamos sobre a linha horizontal da figura C e ligando-as ao extremo da altura W, temos as V.G. 1; sobre a linha base das V.G. 1, traçamos uma linha vertical e sobre ela, colocamos as distâncias x - z, z - j, j - h da figura B.

Projetamos esses pontos horizontalmente até que toquem as linhas indicadoras c - 3, b - 2 e a - 1, conforme nos mostra a figura C.

Para determinarmos a V.G. 2, conforme a figura D, procedemos da mesma forma, somente agora, pegamos as distâncias f - 7, e - 6, d - 5, c - 4, a - 2 e b - 3. Na traçagem do desenvolvimento, conforme nos mostra a figura E, tomamos e traçamos a V.G. a - 1 da figura C e identificando seus extremos, em seguida tomamos a V.G. a - 2 da figura D e com ponto em a traçamos arcos em ambos os lados de 1''. Com uma divisão da circunferência menor e com centro em 1, fazemos o cruzamento, determinando os pontos 2''. Com a V.G. b - 2 da figura C e centro em 2'' - 2'', traçamos arcos em ambos os lados de a, tomando uma divisão da circunferência maior e com centro em a, fazemos o cruzamento, determinando os pontos b e b. Assim devemos proceder sucessivamente para os demais pontos. Em seguida, tomamos as dimensões da linha horizontal até os pontos H, J, e Z da figura C, e com centro em a, b, c da figura E, marcamos sobre suas respectivas linhas e, ligando-as, temos o desenvolvimento, conforme a figura E.

CALÇA CÔNICA COM BÔCA PARALELA – 2.º PROCESSO

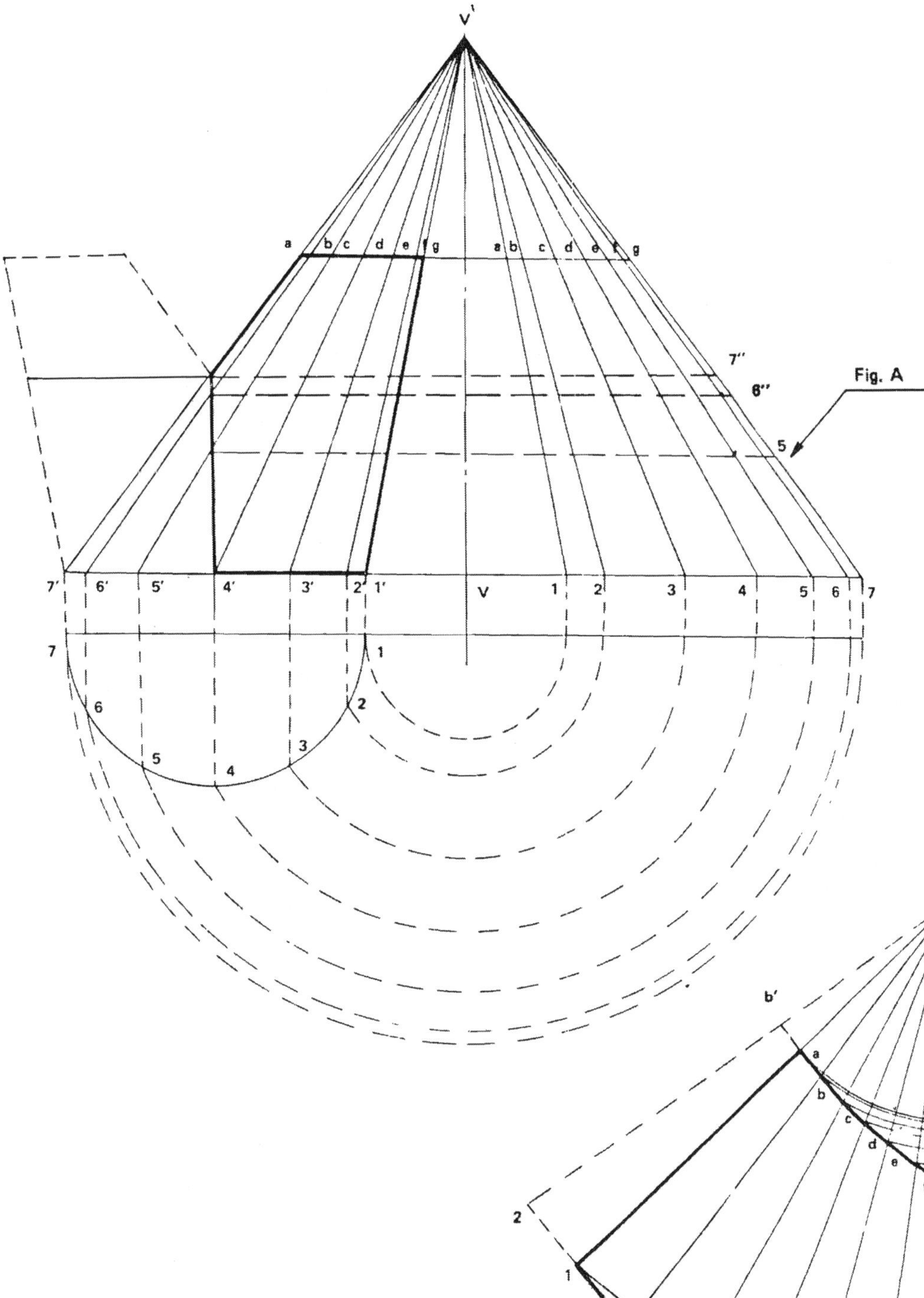

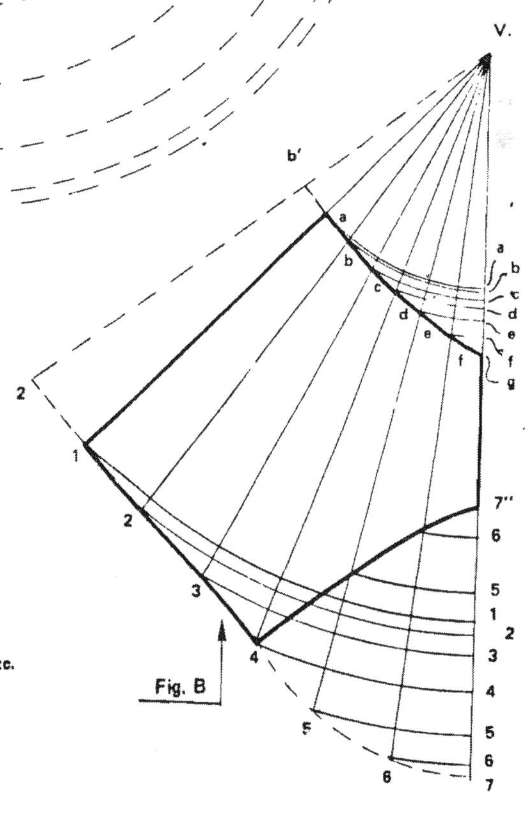

Nota: Desenvolvida apenas um quarto calça.

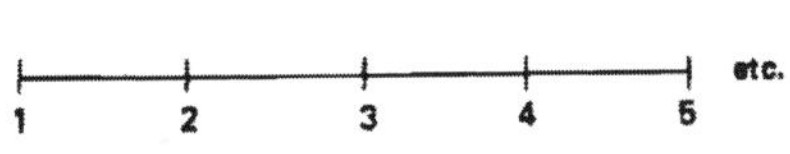

CALÇA CÔNICA COM BOCAS PARALELAS – 2.º PROCESSO

Com a figura A desenhada e identificada, com centro em V, projetamos, por meio de arcos, os pontos 1, 2, 3, 4, 5, 6 e 7 sobre o prolongamento da base 7 - 1, ligamos esses pontos por retas até o ponto V' e identificamo-os; traçamos as linhas horizontais 7, 6 e 5 até que se encontrem com as retas s-7, s-6, s-5, determinando, assim, as V.G.. Para traçarmos o desenvolvimento conforme nos mostra a figura B, traçamos uma linha vertical e identificamos uma de suas extremidades com o ponto V. Com centro em V' da figura A, tomamos as distâncias das V.G. e marcamos sobre a vertical. Com centro em V da figura B, traçamos arcos passando por cada ponto correspondente; tomamos uma divisão da semi-circunferência e, com centro no ponto 7, fazemos o cruzamento, com o arco do ponto 6 e centro no ponto 6, fazemos o cruzamento no ponto 5. Assim sucessivamente para os demais pontos, agora basta ligar com retas esses pontos de cruzamento até o vértice V, que irão cruzar com os arcos da boca menor.

GEOMETRIA DESCRITIVA

1. PROJEÇÃO CENTRAL OU POLAR

Em Geometria Descritiva a Representação dos corpos é feita por intermédio da épura a qual baseia-se no método das projeções, consideramos a Fig. 1, os pontos A e S encontram-se no espaço à frente do plano P. Tracemos uma reta de A para S a qual fura o plano P no ponto A_1. O ponto A_1 é a projeção central do ponto A.

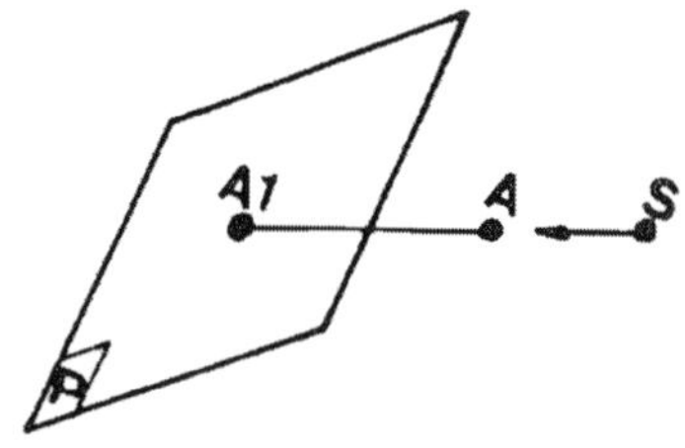

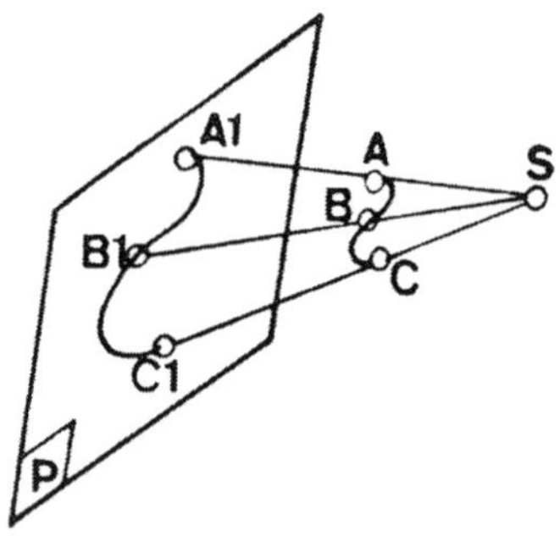

O ponto é chamado de "original", o ponto S - centro de projeção ou polo, o plano P = plano de projeção e a reta SA é a reta projetante ou raio projetante. A Fig. 2 representa uma linha curva ABC e sua respectiva projeção central $A_1 B_1 C_1$ sobre um plano P. O feixe de raios projetantes partindo do centro de projeção S são as projetantes da curva ABC, estas formam um cone projetante podendo então levar o nome de projeção Cônica. A curva $A_1 B_1 C_1$ é a intersecção do cone projetante com o plano P.

2. PROJEÇÃO PARALELA OU CILÍNDRICA

Se o centro de projeção S estiver infinitamente longe do plano de projeção P, os raios projetantes serão paralelos entre si. Neste caso é suficiente adotar uma direção de projeção. Assim temos a projeção Paralela.

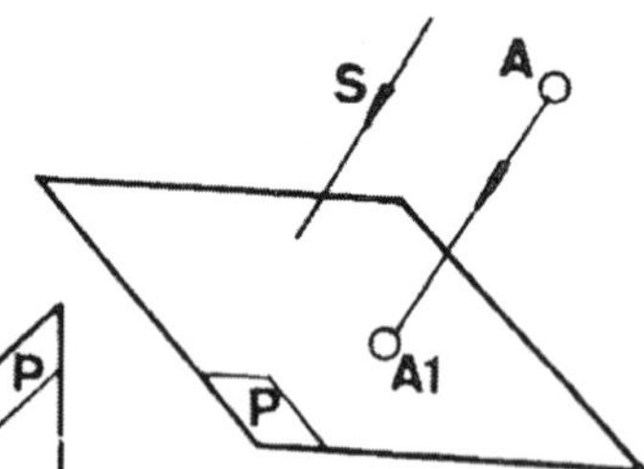

A Fig. 3 representa a projeção paralela A_1 do ponto A. A reta "S" é a direção de projeção e portanto, o raio projetante AA_1 é paralelo à reta "S". A Fig. 4 representa uma linha curva ABC e sua projeção paralela $A_1 B_1 C_1$ sobre o plano P. Os raios projetantes são todos paralelos à direção de projeção "S". A direção de projeção S poderá ser ortogonal a P ($S \perp P$) ou oblíqua a este ($S \angle P$). No caso em que $S \perp P$ a projeção é dita projeção ortogonal (do grego ortho = reto, gonos = ângulos) ou pode ser chamada cilíndrica ortogonal; quando "S"$\angle$"P" projeção cilíncrica oblíqua.

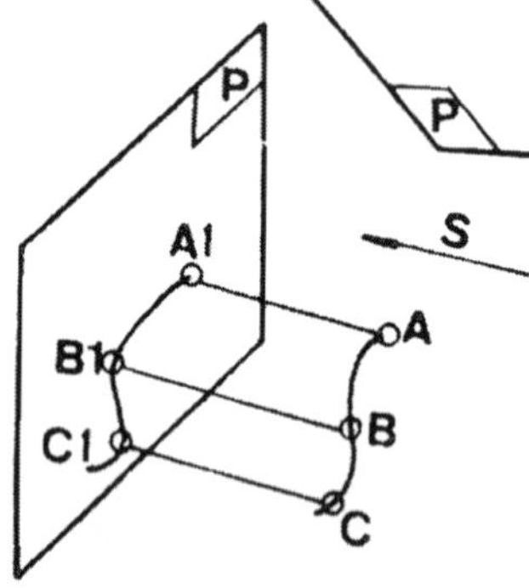

PEÇA NA ÉPURA, NO 1.o E 3.o DIEDRO

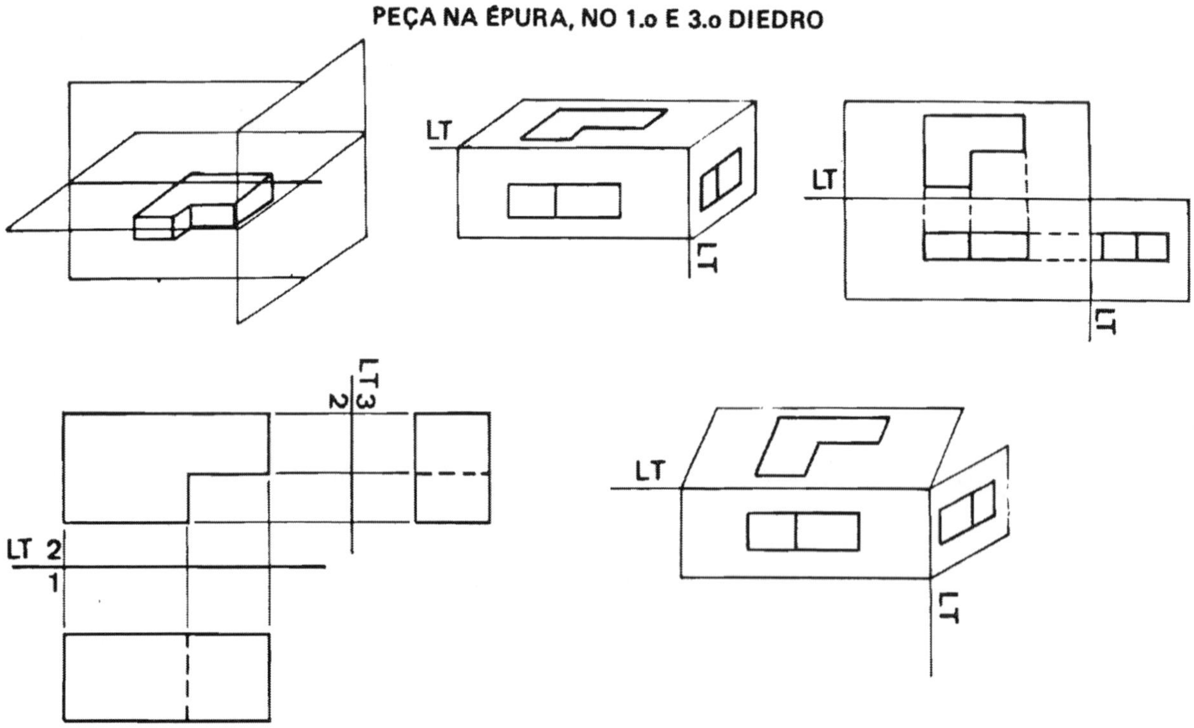

PROJEÇÃO DA PEÇA NA ÉPURA NO 3.o DIEDRO

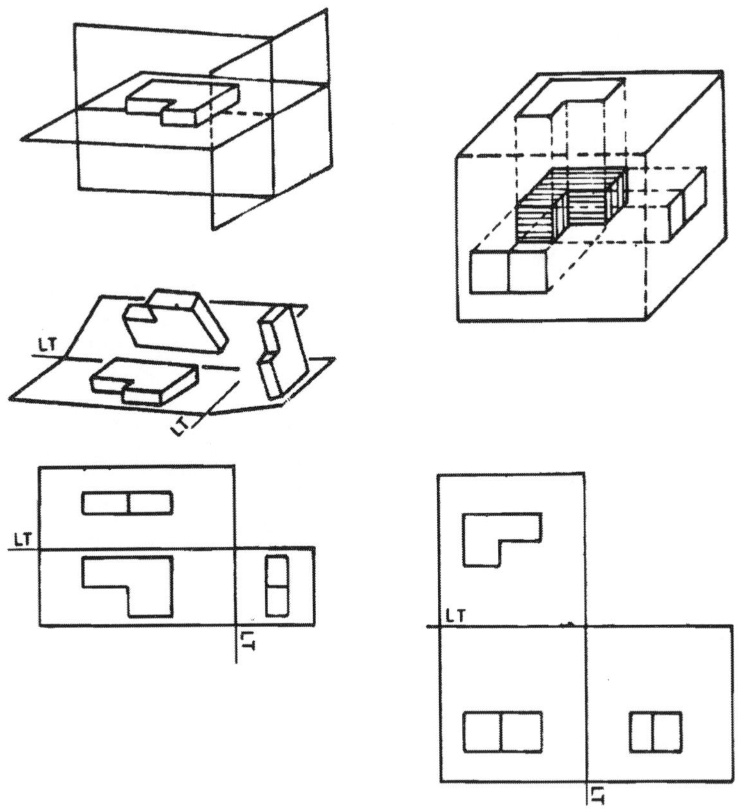

PLANO DE PROJEÇÃO

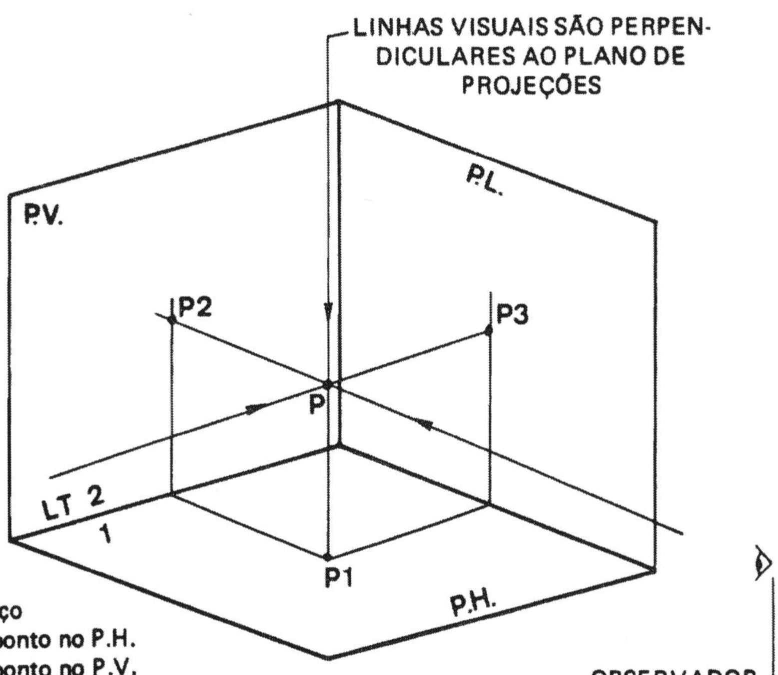

P – Ponto no Espaço
P1 – Projeção do ponto no P.H.
P2 – Projeção do ponto no P.V.
P3 – Projeção do ponto no P.L.

REPRESENTAÇÃO DA ÉPURA

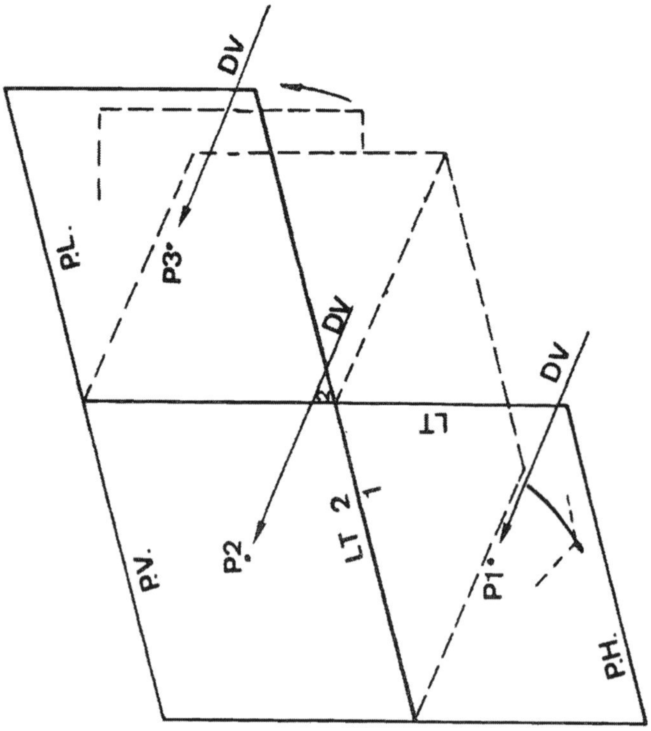

D.V. Direção Perpendicular ao Plano

P1 – Projeção do ponto no P.H.
P2 – Projeção do ponto no P.V.
P3 – Projeção do ponto no P.L.

REPRESENTAÇÃO DA ÉPURA

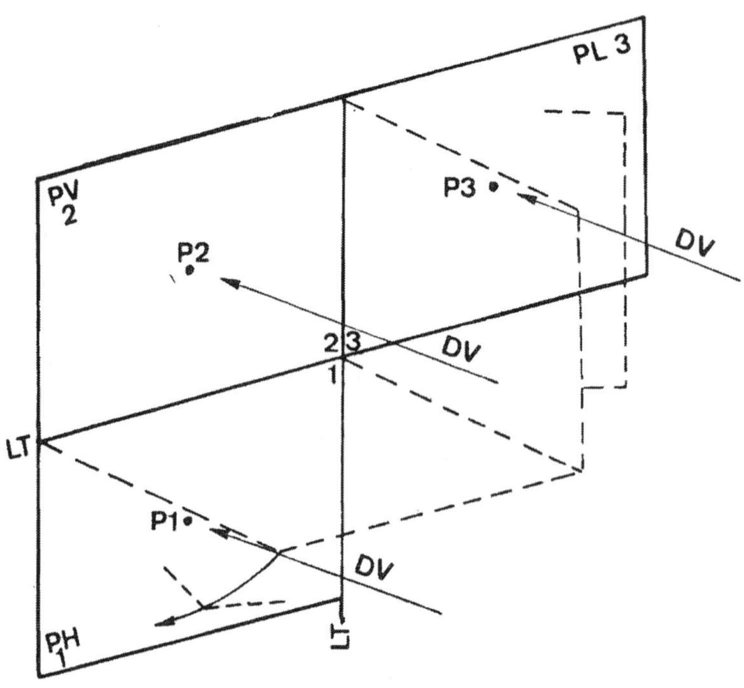

D.V. – Direção Visual (Perpendicular aos planos de projeção)
P1 – Projeção do ponto no plano Horizontal
P2 – Projeção do ponto no plano Vertical
P3 – Projeção do ponto no plano Lateral

ÉPURA DE UM PONTO (SITUAÇÃO DE UM PONTO)

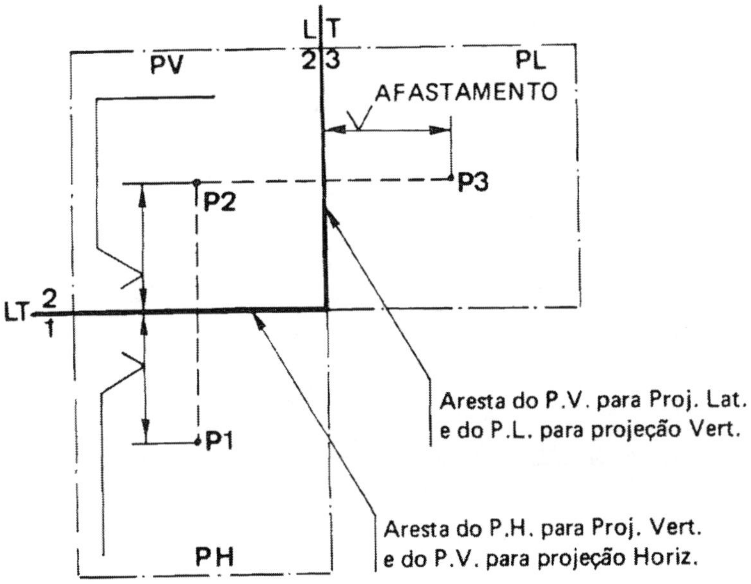

COTA – É a distância entre o ponto e o Plano Horizontal.

AFASTAMENTO – É a distância entre o ponto e o Plano Horizontal.

PLANO DE PROJEÇÃO AUXILIAR
ADJACENTES AO PLANO HORIZONTAL

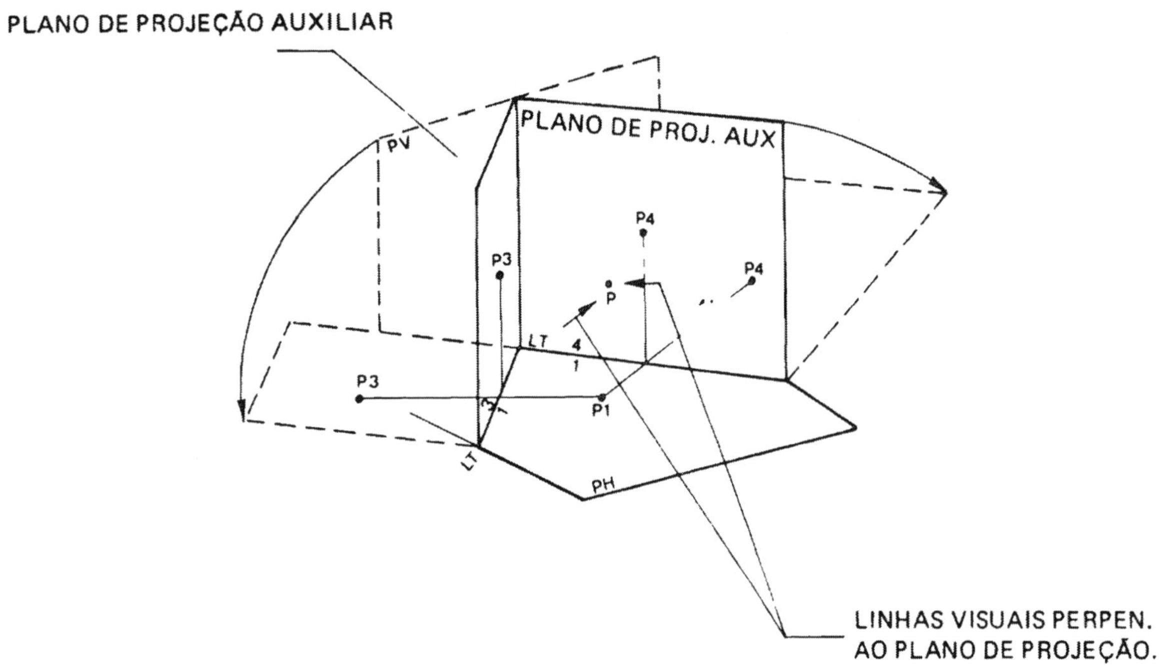

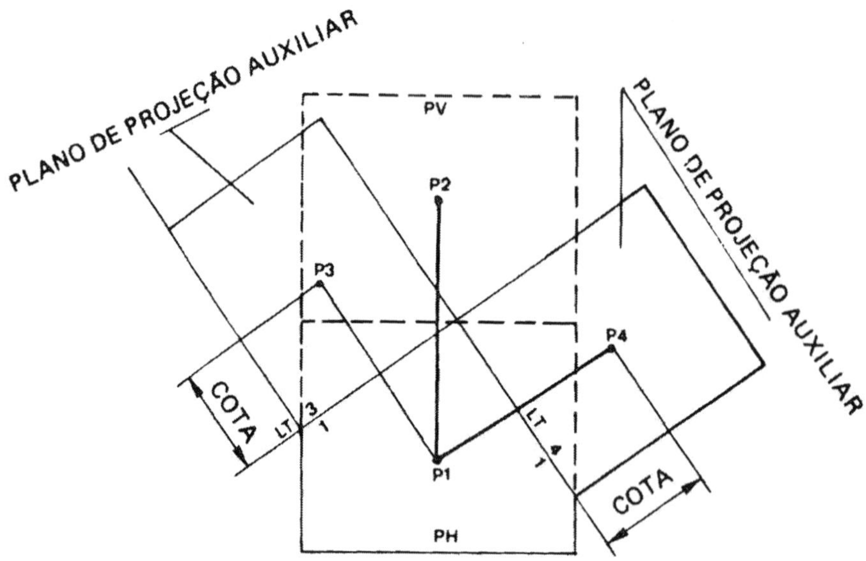

PLANO DE PROJEÇÃO AUXILIAR
(ADJACENTE AO PLANO VERTICAL)

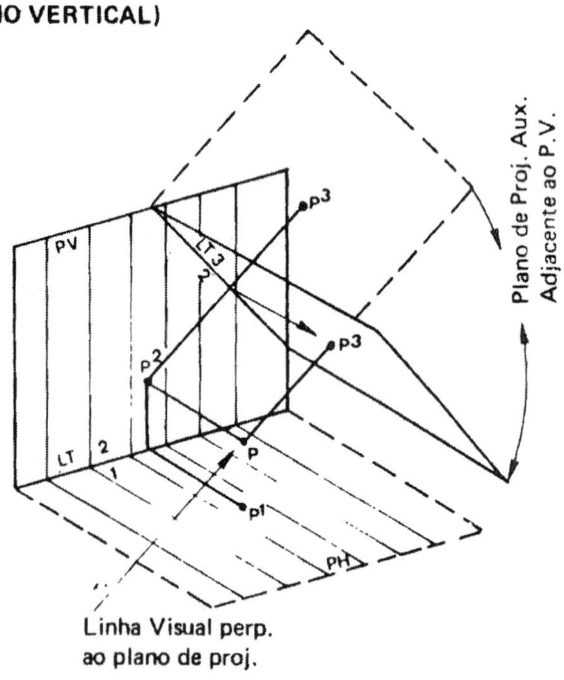

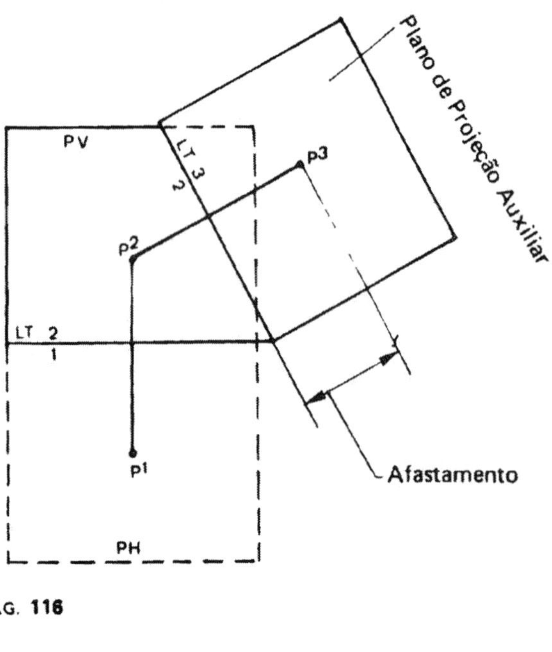

RETA HORIZONTAL

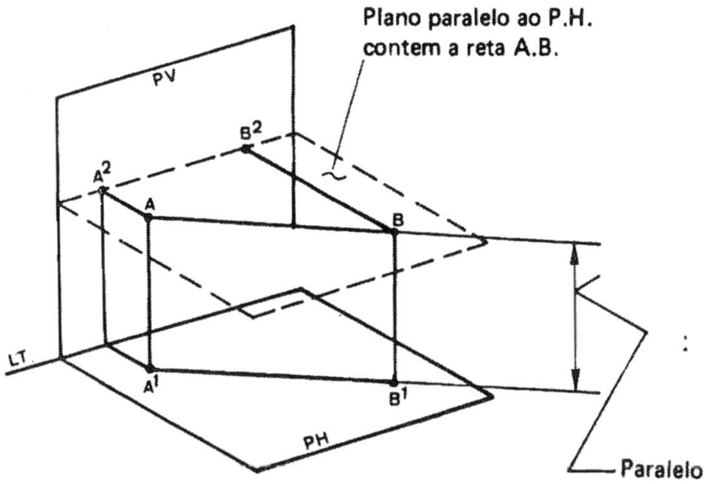

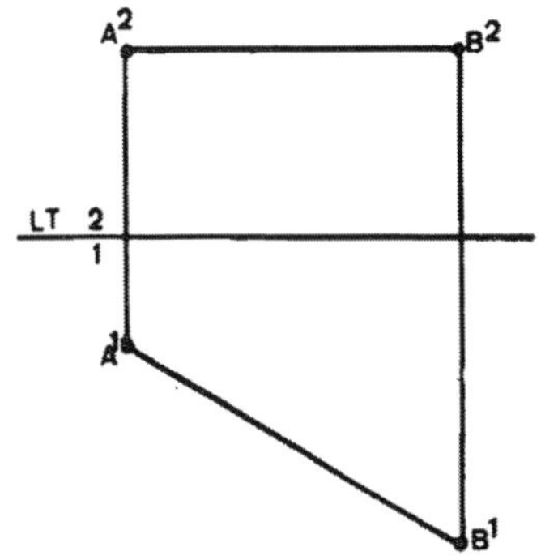

Reta Horizontal é toda reta que está contida ou em um plano paralelo ao P.H.

RETA FRONTAL

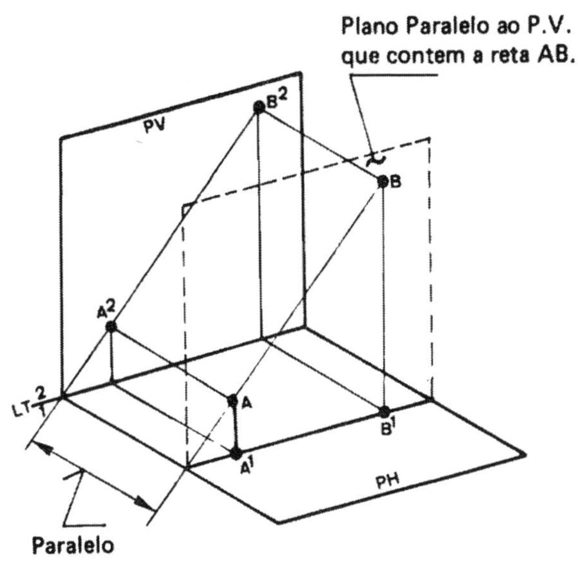

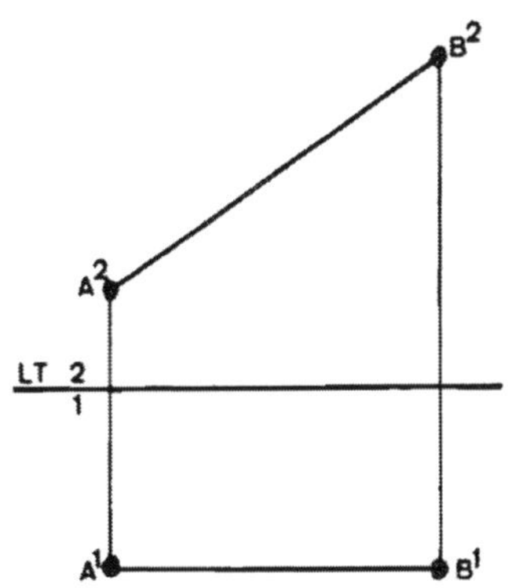

Reta de perfil é toda reta que está contida no P.L. ou em um plano paralelo ao P.L.

RETA DE PERFIL

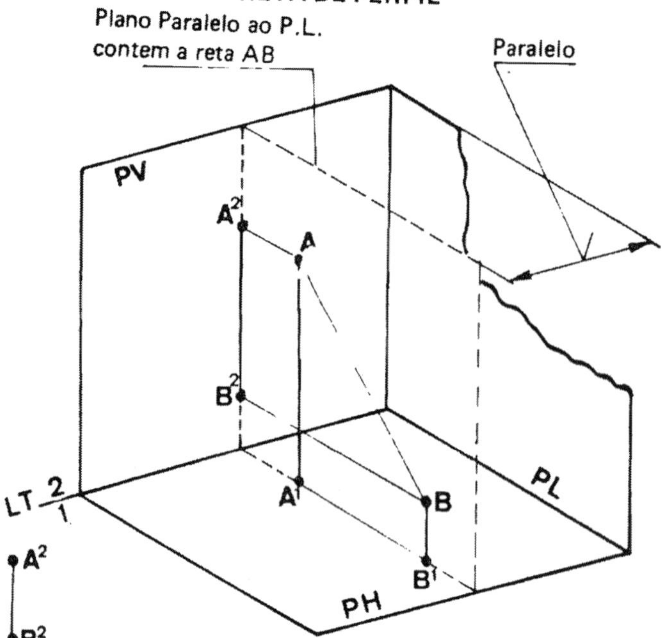

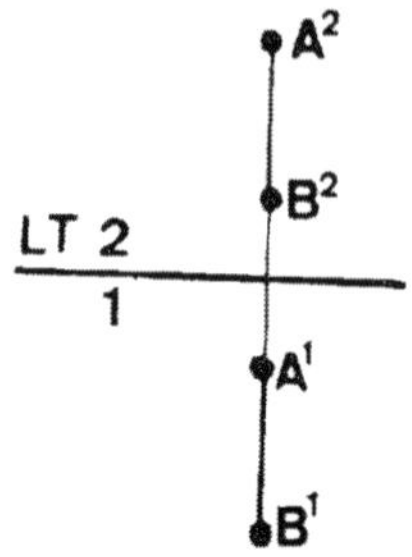

Reta Frontal é toda reta que está contida no plano vertical ou em um plano paralelo ao P.V.

RETA VERTICAL

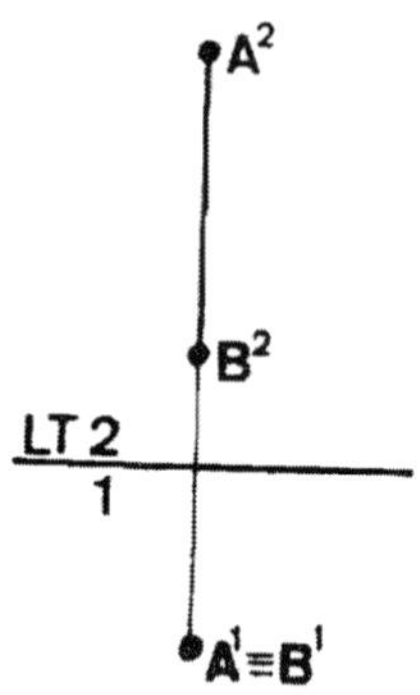

Reta Vertical é toda reta que estiver perpendicular ao P. H.

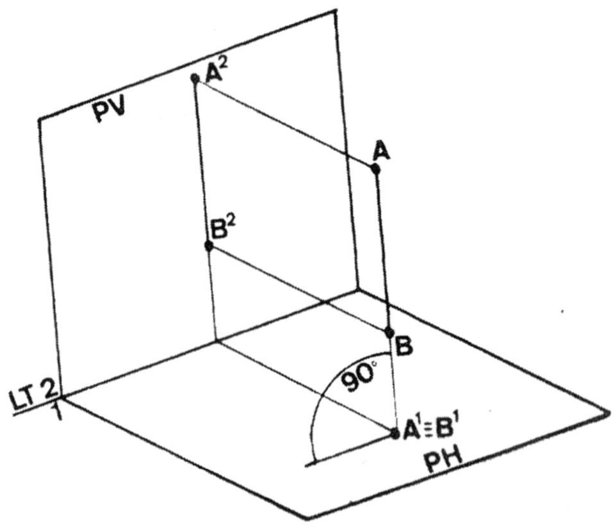

RETA QUALQUER

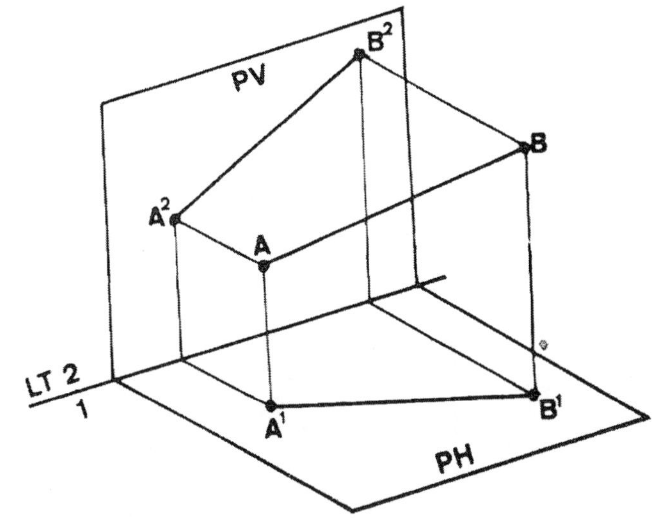

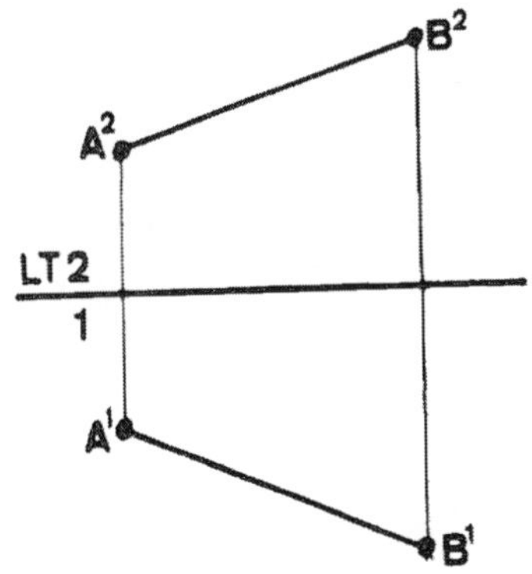

Reta Qualquer são as retas que estão inclinadas em relação aos planos de projeções.

INDICAM PARALELAS

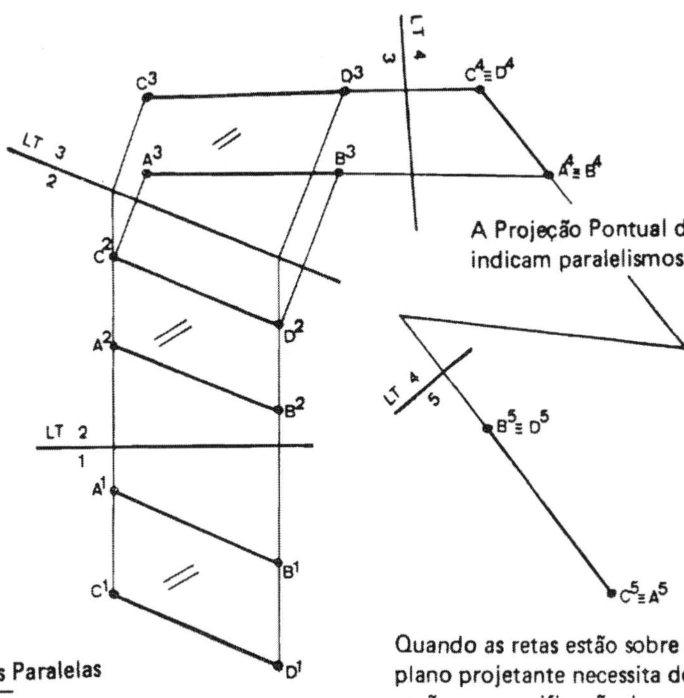

A Projeção Pontual das retas já indicam paralelismos.

// Retas Paralelas

Quando as retas estão sobre o mesmo plano projetante necessita de comparação para verificação de paralelismo.

As retas paralelas tem a propriedade de figurar nas projeções como paralelas exceto quando estão de topo ou sobre o mesmo plano projetante.

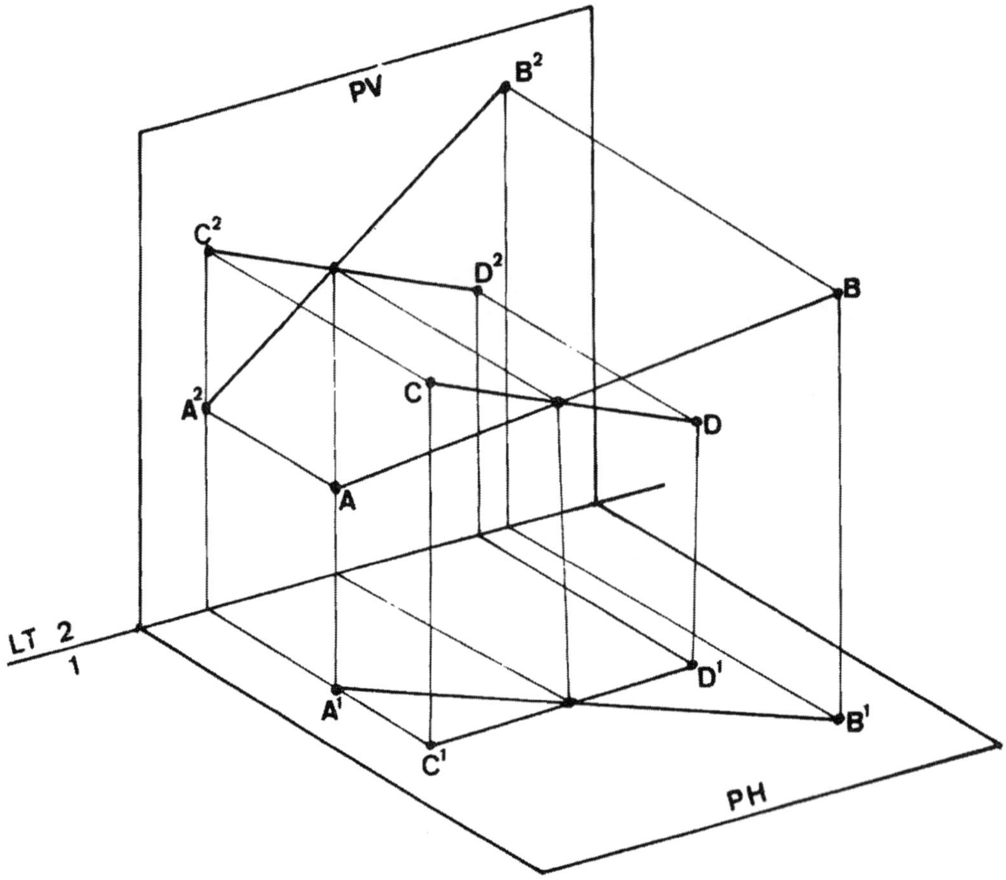

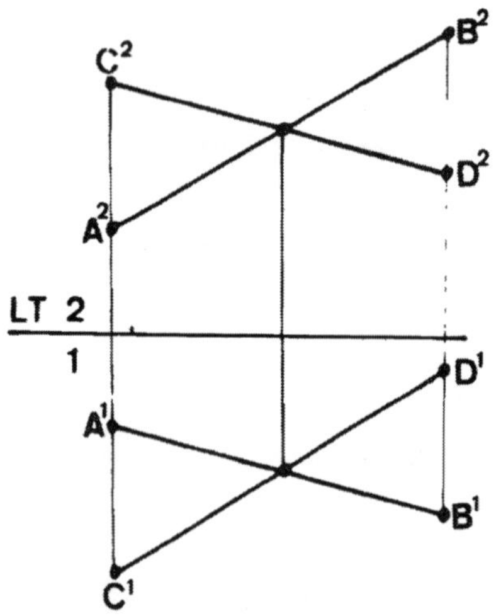

Retas Concorrentes são as retas que se cortam, as que tem um ponto comum na épura, o ponto de cruzamento das retas está sobre o mesma projetante.

RETAS REVERSAS

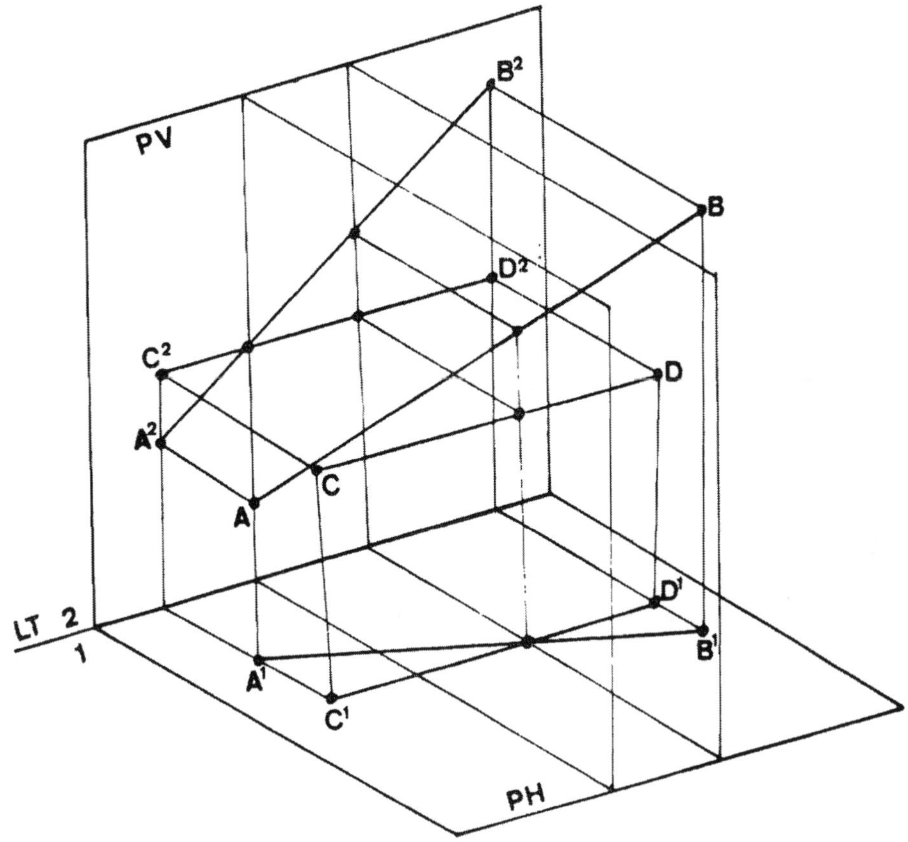

Retas Reversas são as retas que se cruzam apenas, sem cortar-se. Na épura o ponto de cruzamento não está sobre a mesma projetante.

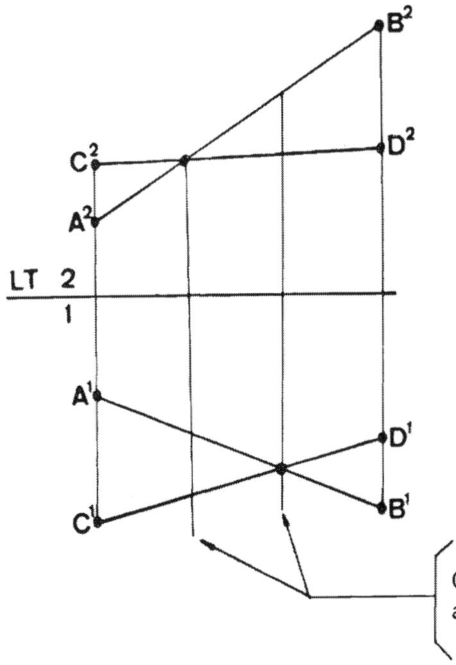

O ponto de cruzamento não está sobre a mesma projetante.

PONTO PERTENCENTE À RETA

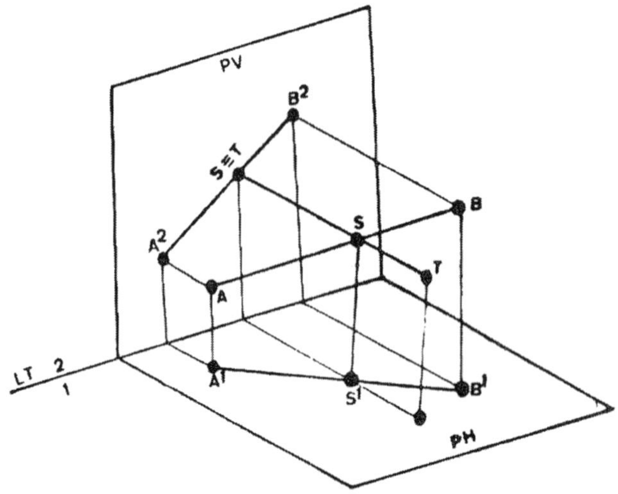

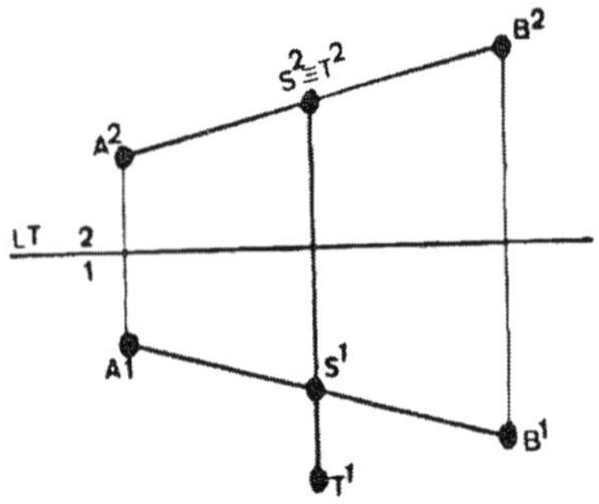

Para que um ponto pertença a uma reta, suas projeções devem figurar sobre as projeções de mesmo nome da reta.

VERDADEIRA GRANDEZA DO RETA V.G.

(V.G.) Verdadeira Grandeza

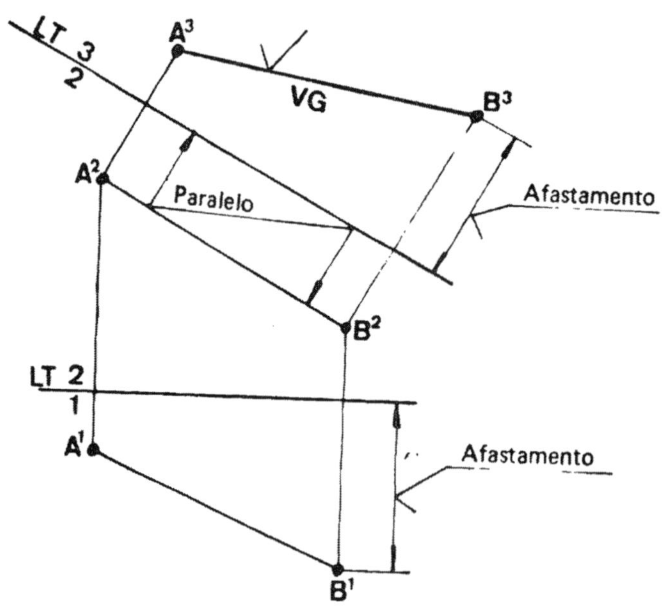

REGRA: Uma reta apresenta-se em V.G., quando estiver paralela ao plano de projeção.

Quando uma reta não está paralela nos planos de projeções podemos determinar a sua V.G. criando um plano de projeção auxiliar que satisfaça a condição da regra V.G.

Ex.:

Determinar a V.G. da reta AB dada as projeções horizontais e verticais.

1.o – Trace um plano de projeção auxiliar (L.T.2.3.) paralela a A^2 – B^2

2.o – Projete os pontos A^2 e B^2 perpendicular a LT2 - 3 tomando as distâncias LT - 2 - 1 ao ponto A^1 e ao ponto B^1 para estabelecer os pontos A^3 – B^3 que determina a V.G. da reta.

RETAS PERPENDICULARES

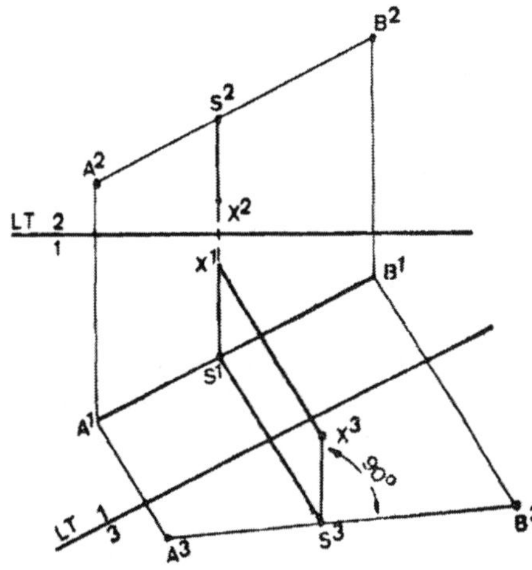

Quando duas retas, são perpendiculares entre si, o ângulo reto formado por elas, aparece em V.G. Todas as vezes em que uma das duas figurar em V.G., exceto quando uma delas estiver em perfil (pontual).

Exemplo: traçar uma reta perpendicular a reta A - B que passe pelo ponto X e seja concorrente com a reta A - B.

1.o – Trace um plano de projeção auxiliar LT. 1 - 3 paralela a uma das projeções da reta A - B.

2.o – Determine nesse plano a V.G. da reta A - B e a projeção do ponto X.

3.o – Sobre a projeção do ponto X^3 trace uma reta perpendicular a reta A^3 - B^3 estabelecendo o ponto S^3 sobre a reta A^3 - B^3.

4.o – Determine a projeção do ponto S nos planos horizontal e vertical estabelecendo assim a perpendicular.

DISTÂNCIA VERDADEIRA ENTRE UM PONTO E UMA RETA

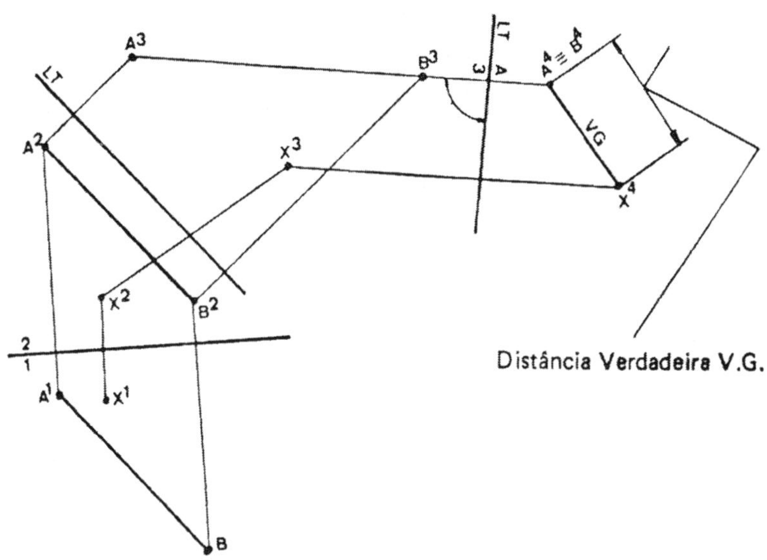

A distância verdadeira entre um ponto e uma reta é a V.G. da perpendicular baixada entre o ponto e a reta e figura em V.G. nas projeções em que:

a) A reta aparece em um ponto (projeção pontual)

b) A reta e a perpendicular aparece em V.G.

Exemplo: Determinar a distância verdadeira entre a reta A - B e o ponto X.

1.o – Trace um plano de projeção auxiliar LT. 2 - 3 que determine a V.G. da reta.

2.o – Perpendicular a projeção em V.G. da reta, trace um novo plano projeção auxiliar LT. 3 - 4 que determinará a projeção pontual da reta e a V.G. da perpendicular ou seja a distância verdadeira (V.G.).

DISTÂNCIA VERDADEIRA ENTRE DUAS RETAS PARALELAS

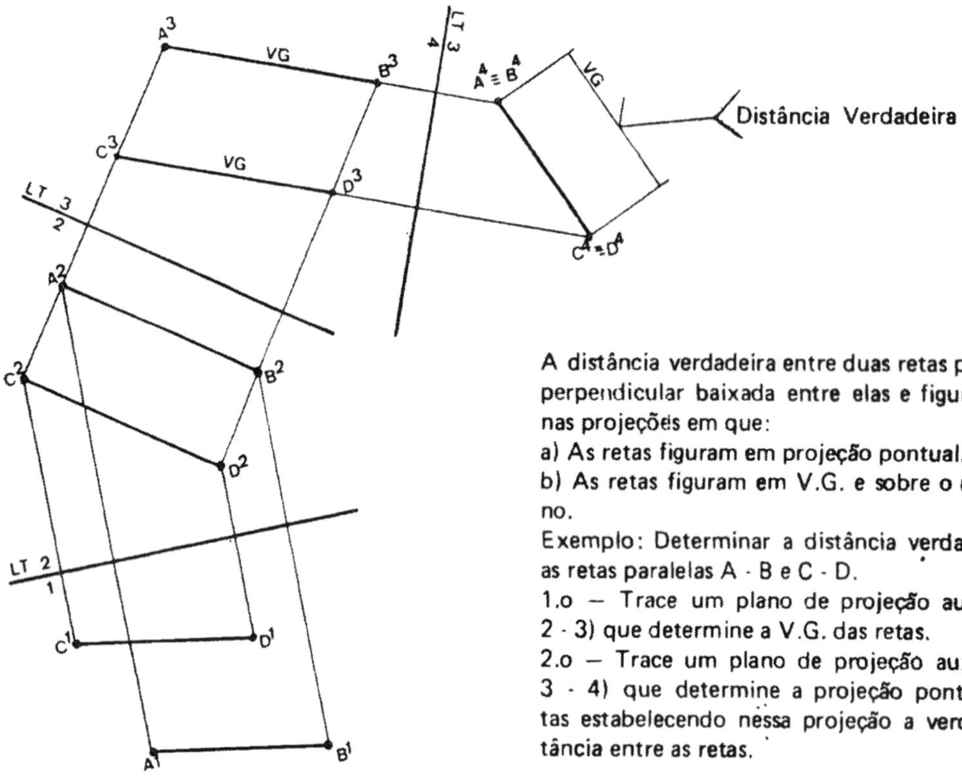

A distância verdadeira entre duas retas paralelas é a perpendicular baixada entre elas e figura em V.G. nas projeções em que:

a) As retas figuram em projeção pontual.

b) As retas figuram em V.G. e sobre o mesmo plano.

Exemplo: Determinar a distância verdadeira entre as retas paralelas A - B e C - D.

1.o — Trace um plano de projeção auxiliar (LT. 2 - 3) que determine a V.G. das retas.

2.o — Trace um plano de projeção auxiliar (L.T. 3 - 4) que determine a projeção pontual das retas estabelecendo nessa projeção a verdadeira distância entre as retas.

DISTÂNCIA VERDADEIRA ENTRE DUAS RETAS REVERSAS

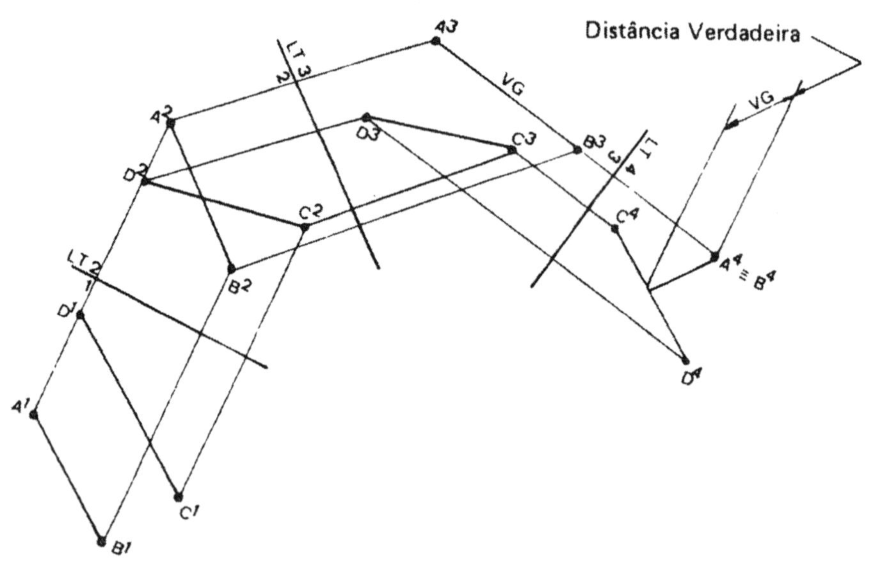

A distância verdadeira entre duas retas reversas é a perpendicular baixada entre duas. E figura em V.G. na projeção em que uma delas tenha projeção pontual.

Exemplo: Determinar a distância verdadeira entre as retas A - B e C - D.

1.o — Trace um plano de projeção auxiliar (LT. 2 - 3) que determine a V.G. de uma das retas (A^3 - B^3).

2.o — Trace um plano de projeção auxiliar (LT. 3 - 4) perpendicular a projeção da reta em V.G. (A^3 - B^3) e determine a projeção pontual desta, estabelecendo a distância verdadeira (V.G.) entre as retas. Quando projetar a segunda reta (C - D) neste plano auxiliar.

RETA PERTENCENTE AO PLANO

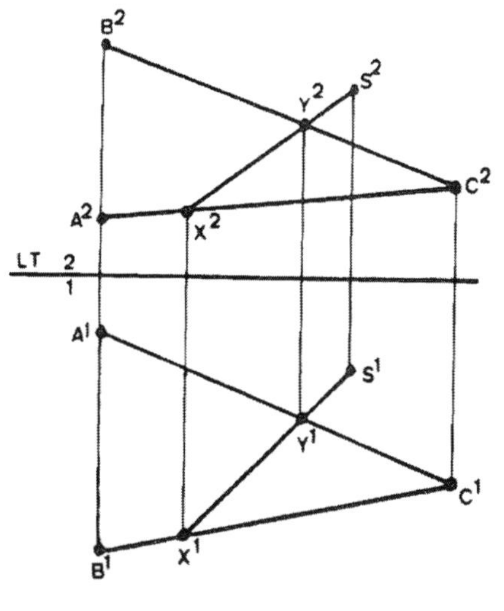

Quando uma reta pertencente a um plano figura na projeção como reta pontual o plano figura sobre uma reta ou seja de perfil.
Exemplo: Determinar uma projeção em que o plano A - B - C figure de perfil.
1.o — Trace as projeções de uma reta (A X) que pertença ao plano (A - B - C) e figure em uma das projeções em V.G.
2.o — Perpendicular a projeção em V.G. da reta (A^2 X^2) trace em um plano de projeção auxiliar (LT 2 - 3) que determinará a projeção de perfil do plano.

PONTO PERTENCENTE AO PLANO

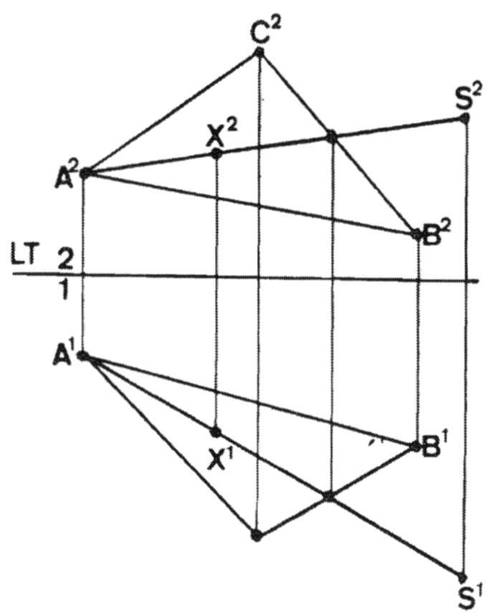

Um ponto está contido em um plano quando ele for pertencente a qualquer reta que estiver apoiada sobre o plano.
Exemplo: Determinar a projeção vertical do ponto X sendo dado a projeção horizontal do ponto e sabendo-se que é pertencente ao plano A - B - C.
1.o — Sobre a projeção horizontal do ponto trace uma reta (S^1) e considerando a pertencente ao plano A - B - C trace a projeção vertical a reta.
2.o — Sobre a projeção vertical da reta (S^2) determine a projeção vertical ponto (X^2).

PLANO DE PERFIL

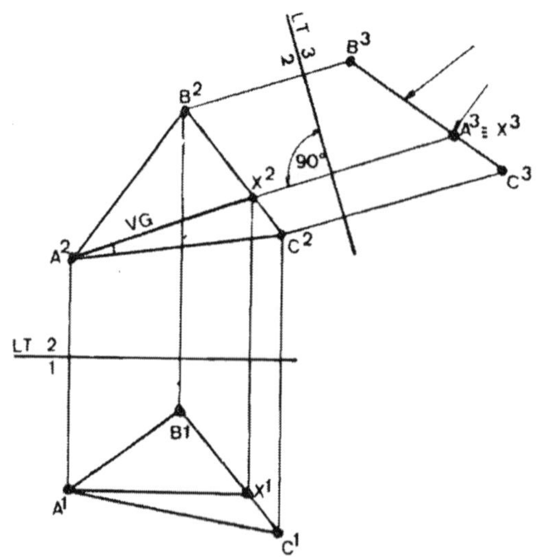

Plano de Perfil
Reta A - Y em
Projeção Pontual.

Quando uma reta é perpendicular a um plano, aparecerá perpendicular a qualquer traço do plano que figure na projeção em V.G.

Exemplo: Traçar uma reta perpendicular ao plano A - B - C que passe pelo ponto R.

1.º – Trace para projeção uma reta, em V.G. e pertencente ao plano A - B - C (Y^1 C^1 e X^2 C^2)

2.º – Sobre a projeção do ponto R e perpendicular as V.G. trace as projeções da reta pedida.

VERDADEIRA GRANDEZA DO PLANO

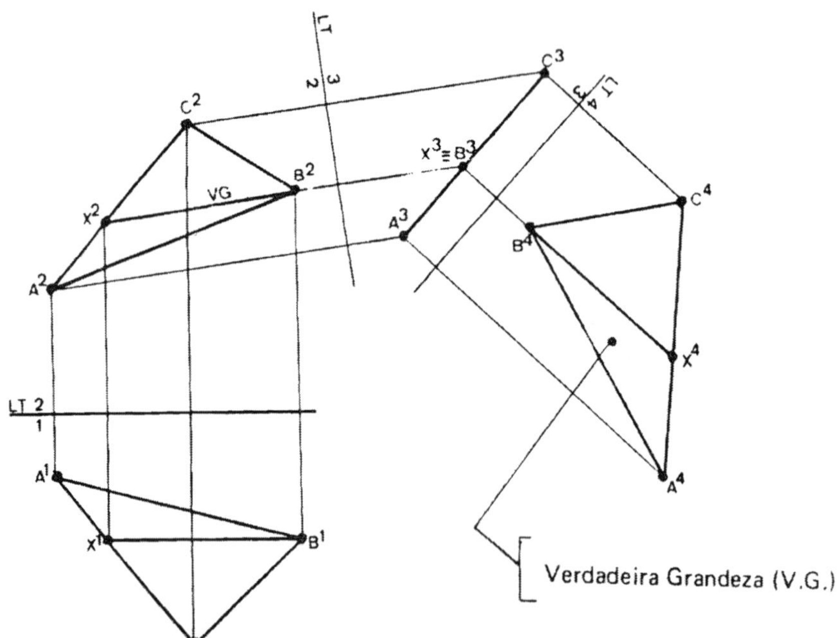

Uma projeção de tamanho verdadeiro de um plano tem que ser adjacente e com direção visual perpendicular a uma projeção de perfil do plano.

Exemplo: Determinar o tamanho verdadeiro do plano A- B - C.

1.o – Trace um plano de projeção auxiliar a LT - 2 - 3 que determine a projeção de perfil do plano.

2.o – Paralelo a projeção de perfil do plano trace um novo plano de projeção auxiliar LT - 3 - 4 que determinará o tamanho verdadeiro do plano.

RETA PERPENDICULAR AO PLANO

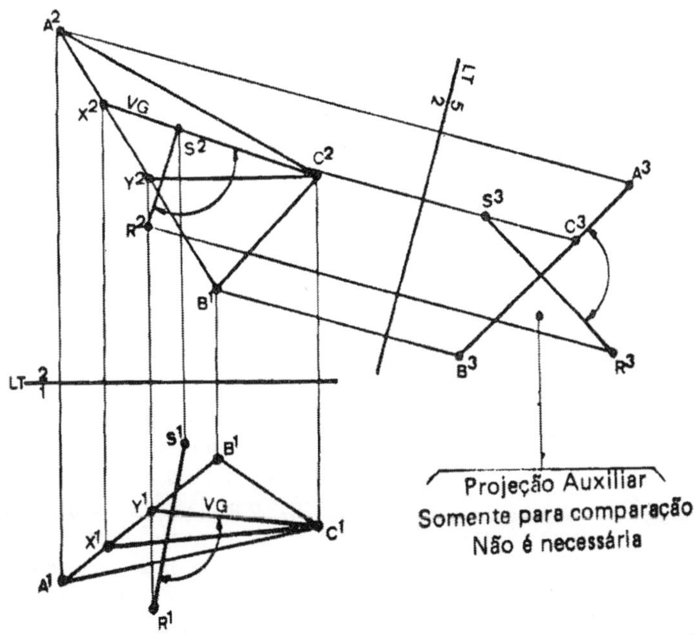

Quando uma reta é perpendicular a um plano aparecerá perpendicular a qualquer traço do plano que figure na projeção em V.G.

Exemplo: Traçar uma reta perpendicular ao plano A - B - C e que passe pelo ponto R.

1.o – Trace para projeção uma reta, em V.G. e pertencente ao plano A - B - C (Y^1 C^1 e X^2 C^2).

2.o – Sobre a projeção do ponto R e perpendicular as V.G. trace as projeções da reta pedida.

PONTO ONDE A RETA FURA O PLANO
(MÉTODO PLANO DE PERFIL)

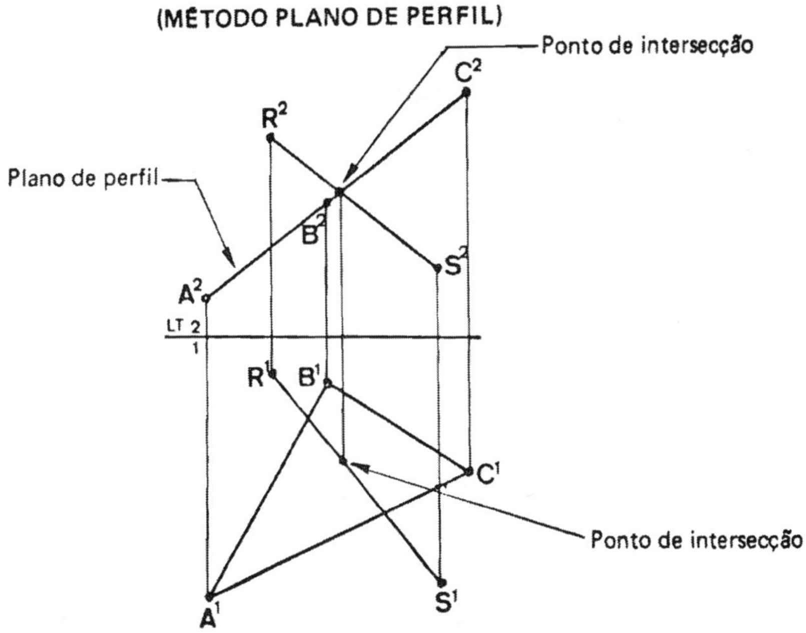

Quando uma reta não é pertencente e nem paralela a um plano, ela intersectará o plano somente uma vez e o ponto onde a reta fura o plano fica perfeitamente determinado, na projeção em que o plano figura de perfil.

Exemplo: Determinar as projeções horizontal e vertical do ponto de intersecção, entre a reta R - S e o plano A - B - C.

1.o – Como exemplo a projeção vertical mostra o plano A - B - C de perfil já fica determinada a projeção vertical do ponto de intersecção no cruzamento da reta com o plano.

2.o – E como o ponto de intersecção é comum ao plano e a reta para traçar a projeção faltante horizontal basta considerá-la pertencente a reta.

PONTO ONDE A RETA FURA O PLANO
(MÉTODO PLANO CORTANTE)

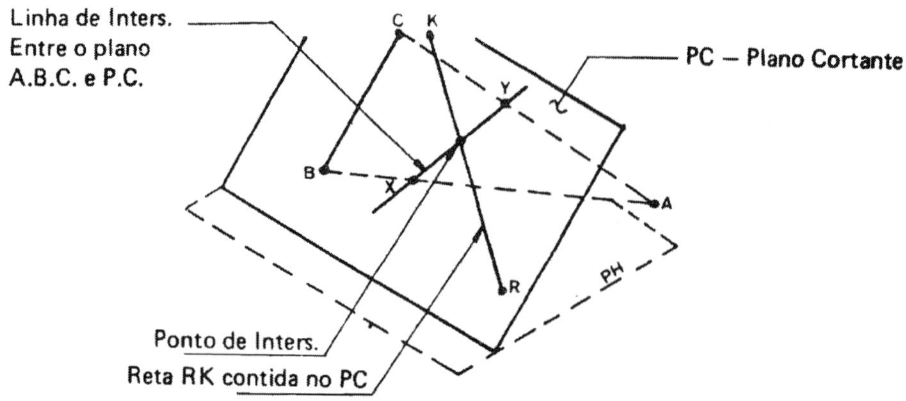

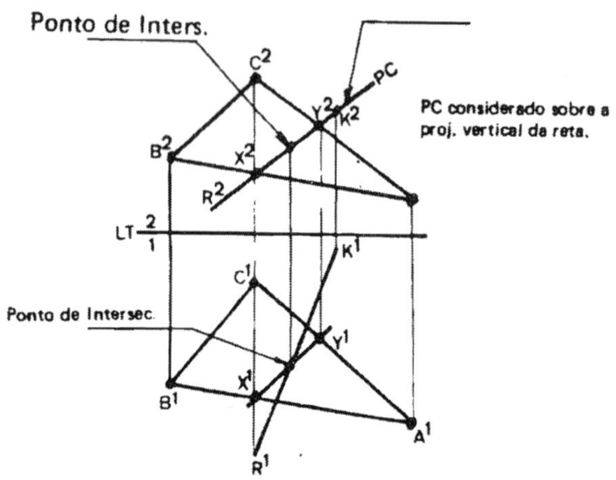

O ponto de intersecção entre uma reta e um plano pode ser determinado pelo método do plano cortante que consiste em considerar sobre uma das projeções um plano de perfil o ponto fica determinado no cruzamento da reta com a linha de intersecção entre o plano cortante e intersectado.

Exemplo: Determinar o ponto de intersecção entre o plano A - B - C e a reta R.

1.o – Considere sôbre a projeção vertical da reta um plano de perfil (perfil cortante).

2.o – Determine a projeção horizontal da linha de intersecção entre os planos A - B - C e cortante.

3.o – A projeção horizontal do ponto de intersecção fica determinada no cruzamento das retas R^1 e X^1 - Y^1.

INTERSECÇÃO ENTRE DOIS PLANOS
(MÉTODO PLANO DE PERFIL)

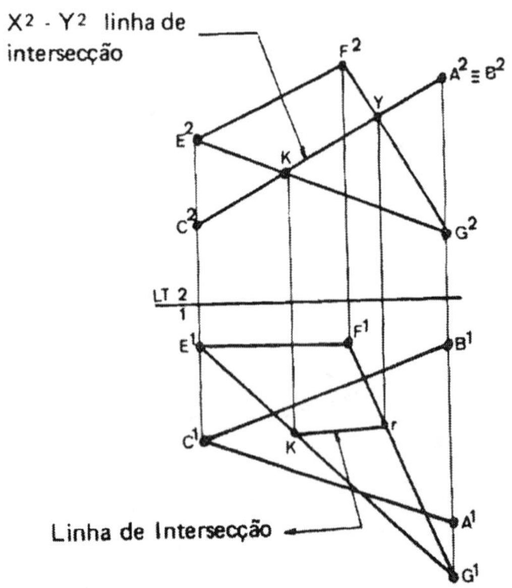

Quando dois planos não são paralelos eles se intersectarão entre os dois que é uma reta pertencente a ambas. E pode ser determinado pelo método do plano de perfil, ficando perfeitamente determinada na projeção em que um dos planos figurar de perfil.

Exemplo: Determinar as projeções da linha de intersecção entre os planos A - B - C e E - F - G.

1.o – Como no exemplo o plano A - B - C figura de perfil na projeção vertical, portanto a linha de intersecção fica determinada na projeção vertical pela reta X^2 - Y^2.

2.o – Sendo a linha de intersecção uma reta comum aos dois planos; temos portanto que: a reta X - Y é pertencente a ambos os planos e para completar a projeção faltante (horizontal neste exemplo) basta seguir as regras de uma reta pertencente a um plano.

ÂNGULO VERDADEIRO ENTRE PLANOS

É chamado ângulo diedro (our ângulo verdadeiro entre dois planos que intersectam-se) aquele que é formado pelos planos intersectantes e medido sobre um terceiro plano, que é perpendicular aos planos e ao mesmo tempo, também é perpendicular a linha de intersecção dos mesmos o ângulo verdadeiro entre os dois planos que se intersectam figura em V.G. na projeção em que, a linha de intersecção dos planos tem projeção pontual.

Exemplo: Determinar o ângulo verdadeiro entre os planos A - B - C e A - B - D.

1.o — Trace um plano de projeção auxiliar LT. 1 - 3 que determine a V.G. da linha de intersecção dos planos (A - B).

2.o — Perpendicular a projeção em V.G. da intersecção trace um novo plano de projeção auxiliar LT. 3 - 4 para determinar a projeção pontual da intersecção e também o ângulo verdadeiro entre os planos.

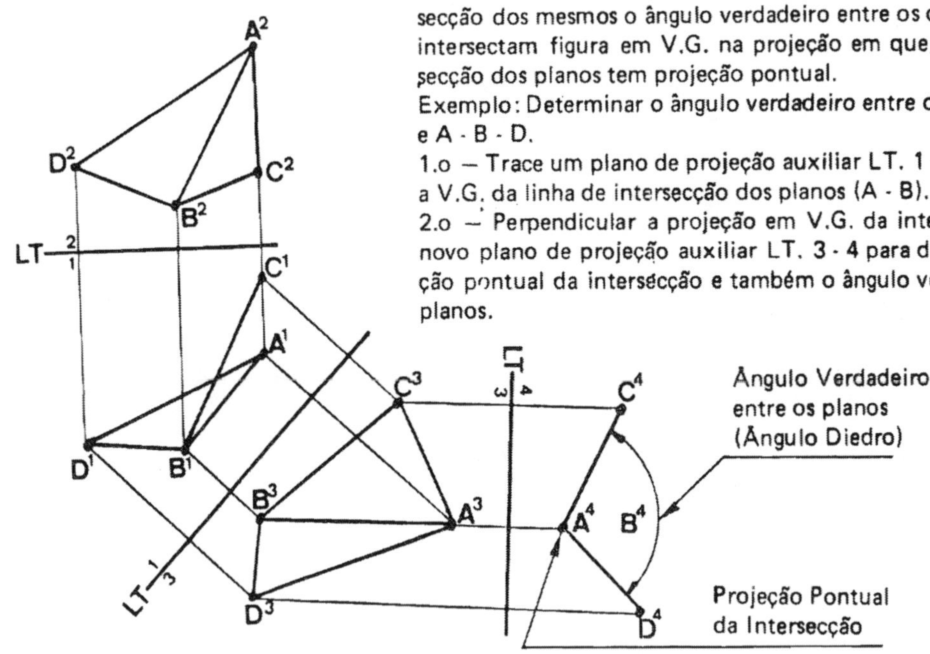

INTERSECÇÃO ENTRE PLANOS
FIGURAS PLANAS QUE NÃO CORTAM-SE

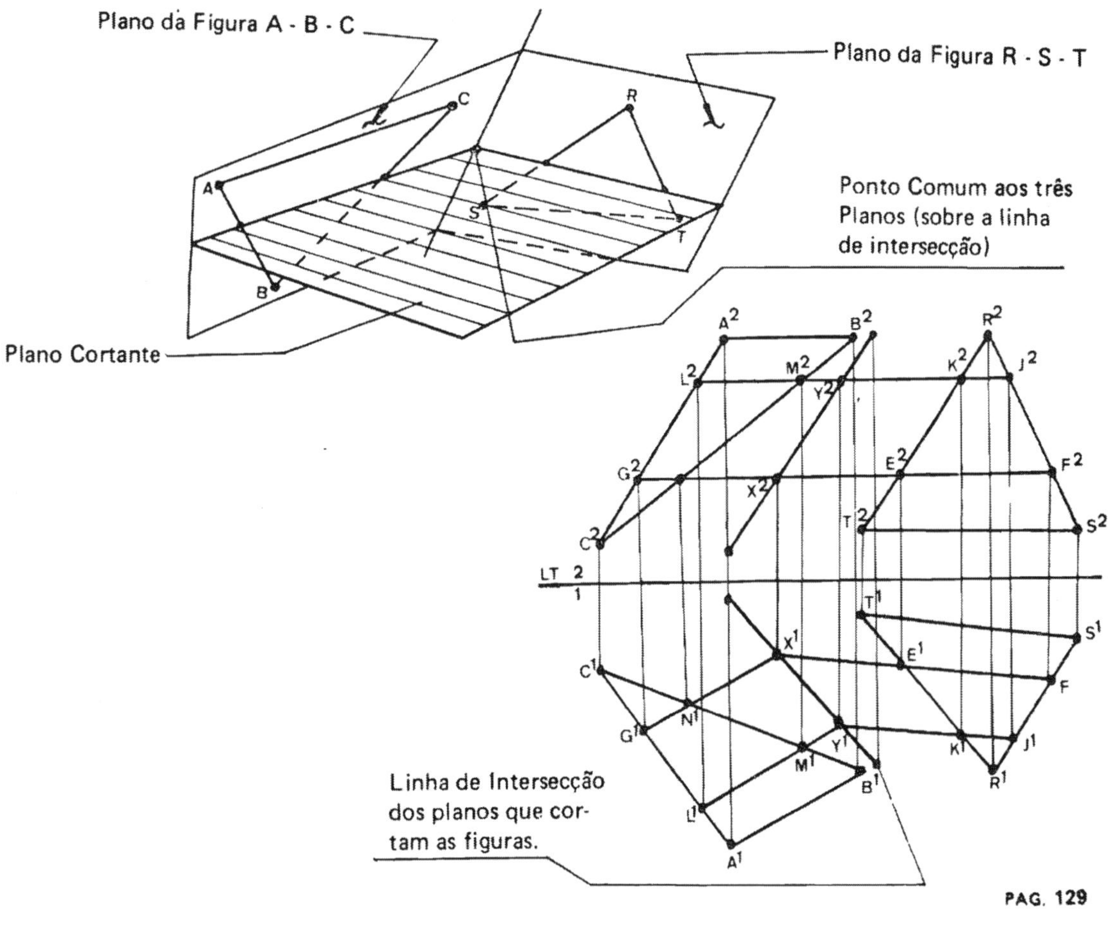

PROCESSO DE ROTAÇÃO

Quando um ponto gira em torno de um eixo:

1.° – Se o eixo de giro estiver pontual, o caminho percorrido pelo ponto será uma circunferência cujo centro é a projeção pontual do eixo.

2.o Na projeção em que o eixo de giro estiver em V.G., o caminho percorrido pelo ponto será uma a V.G. do eixo.

3.o – Quando o eixo de giro não estiver pontual e nem em V.G.; o caminho percorrido pelo ponto será uma elipse. (para determiná-la, obter o eixo em V.G. e depois pontual e observar item 1 e 2).

4.o – Na projeção em que o eixo de giro está pontual os pontos descrevem um arco de circunferência de mesmo valor angular. (isto é, o formato da projeção não se modifica, apenas muda de posição).

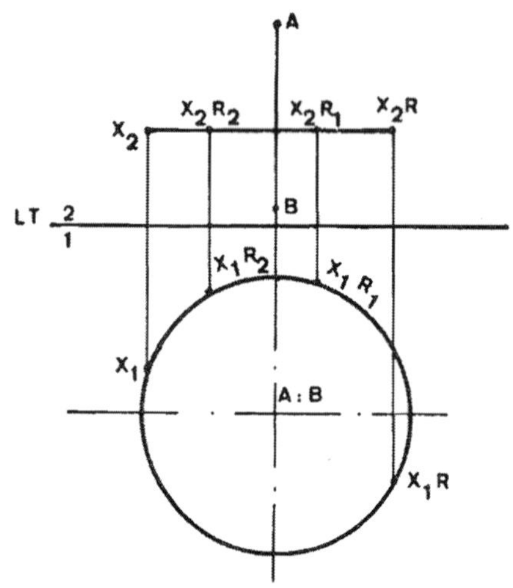

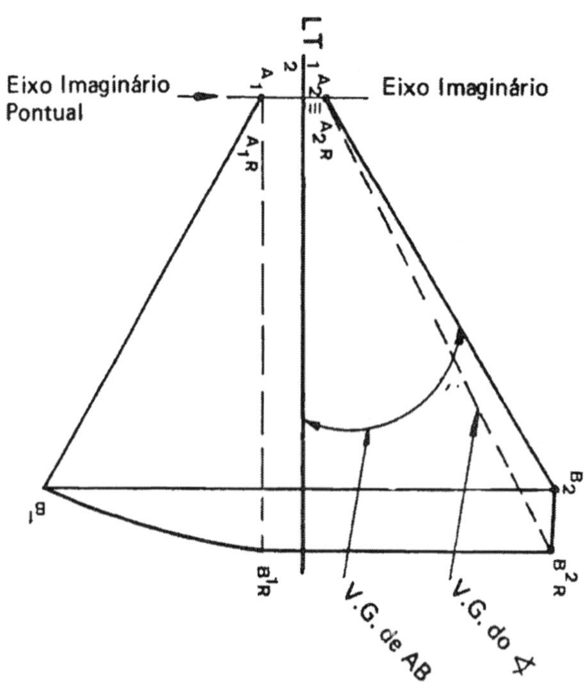

1.o) Colocar o eixo de giro pontual na projeção horizontal.

2.o) Girar até $A_1 B_1$ R ficar // à L.T.

3.o) Projetar B_2R sobre a reta // a L.T. passando por B_2.

DETERMINAR A V.G. DO ÂNGULO – SISTEMA DE ROTAÇÃO

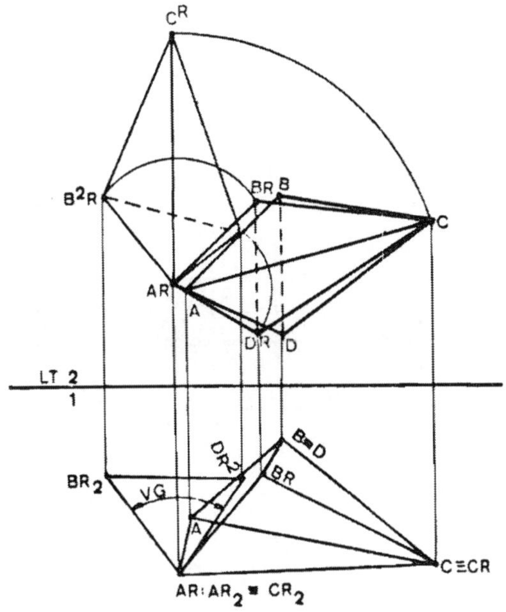

DETERMINAR A V.G. DO ÂNGULO – SISTEMA DE ROTAÇÃO

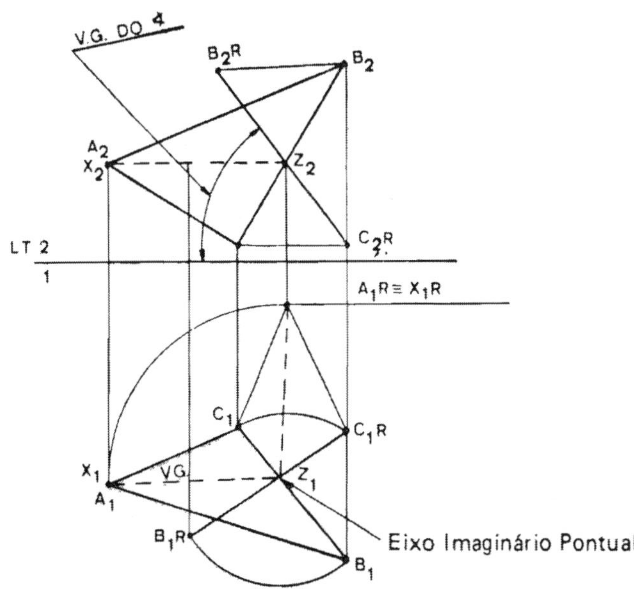

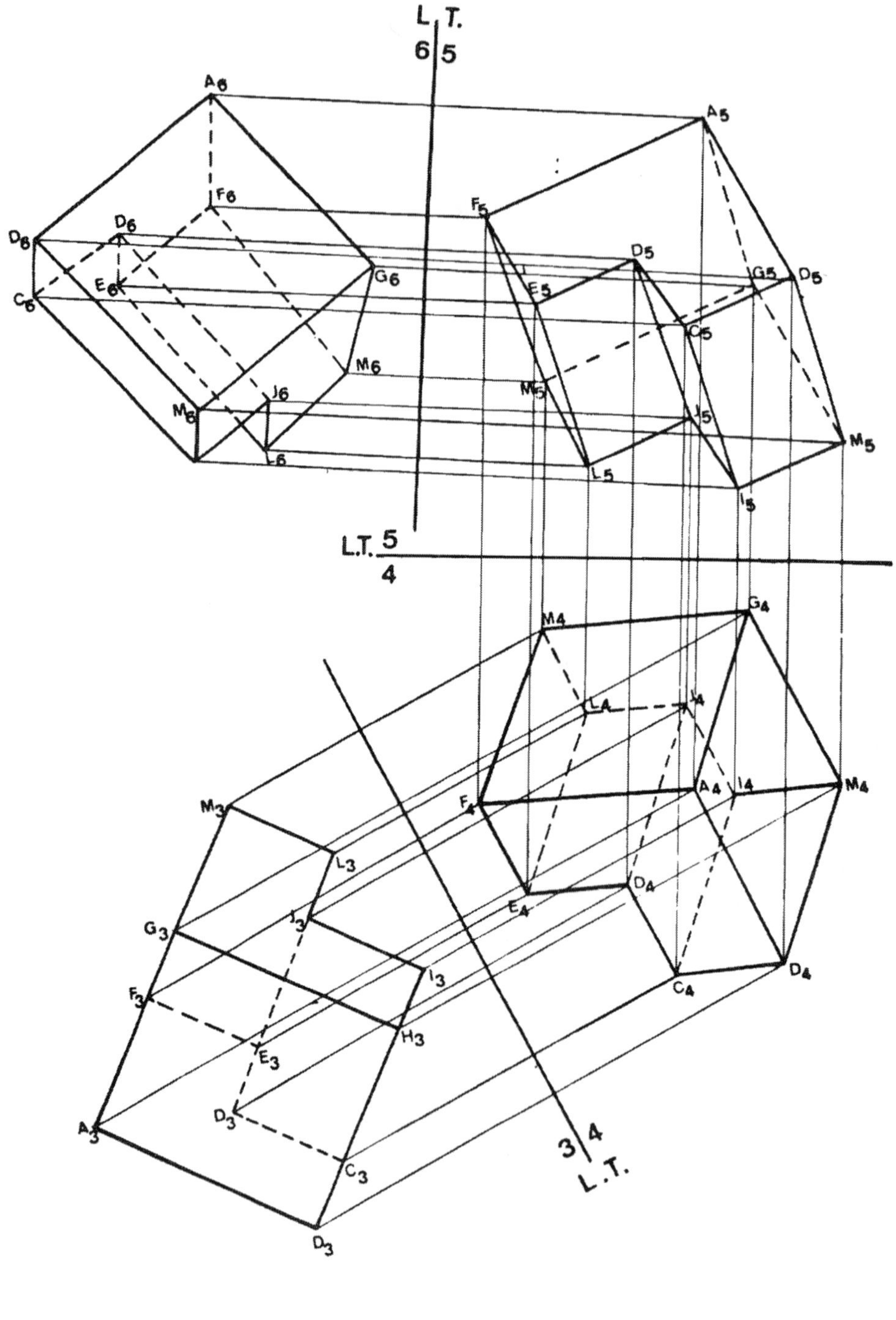
L.T.
6|5
L.T. 5/4
3|4
L.T.
A6
F6
D6
D6
E6
C6
G6
M6
M6
J6
L6
A5
F5
D5
E5
G5
D5
C5
M5
J5
M5
L5
I5
M4
G4
L4
J4
F4
A4
I4
M4
E4
D4
C4
D4
M3
L3
J3
G3
I3
F3
H3
E3
D3
A3
C3
D3

EXERCÍCIO PRÁTICO

Método de projeções auxiliares com aplicação de Retas Paralelas

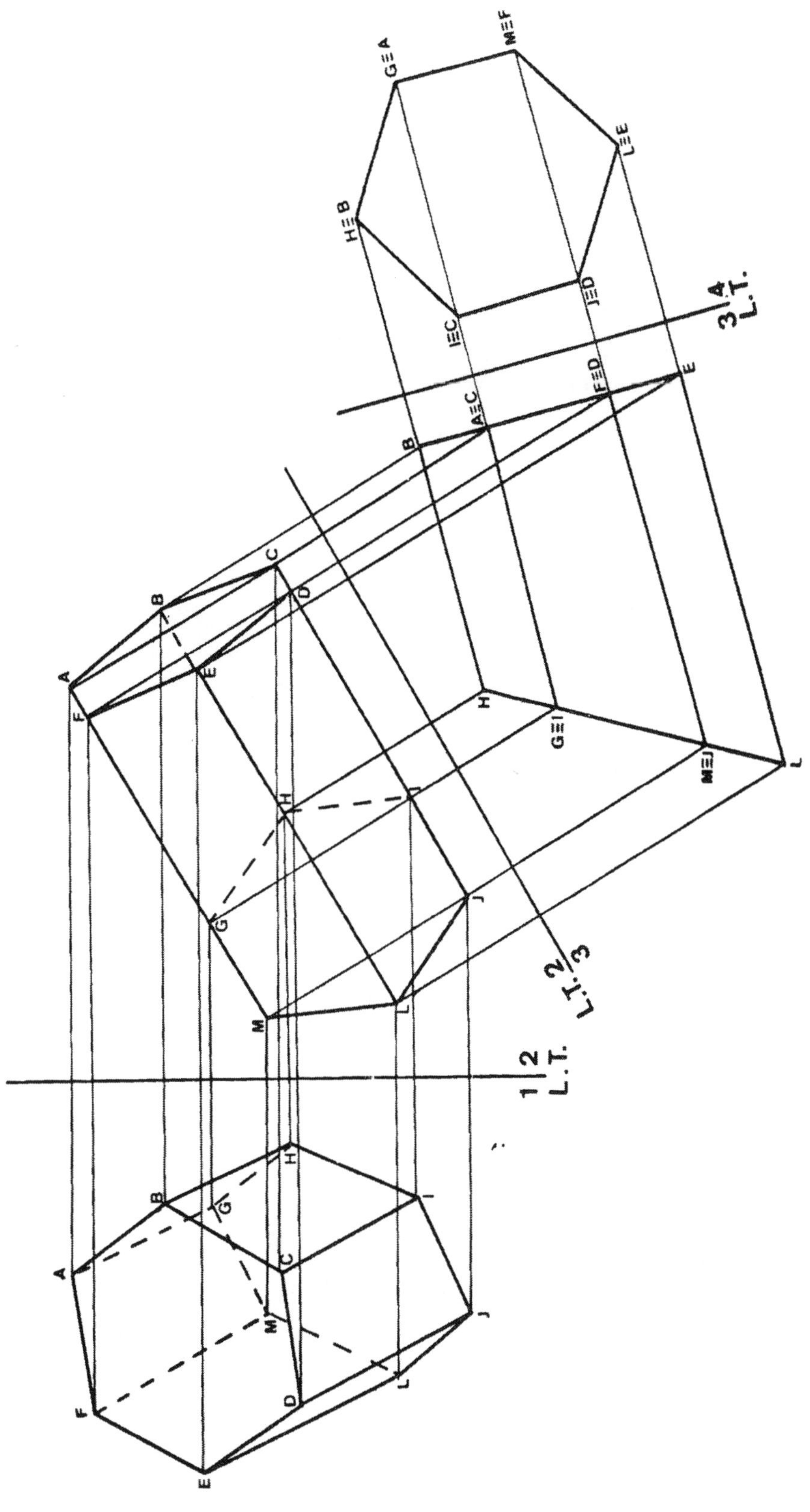

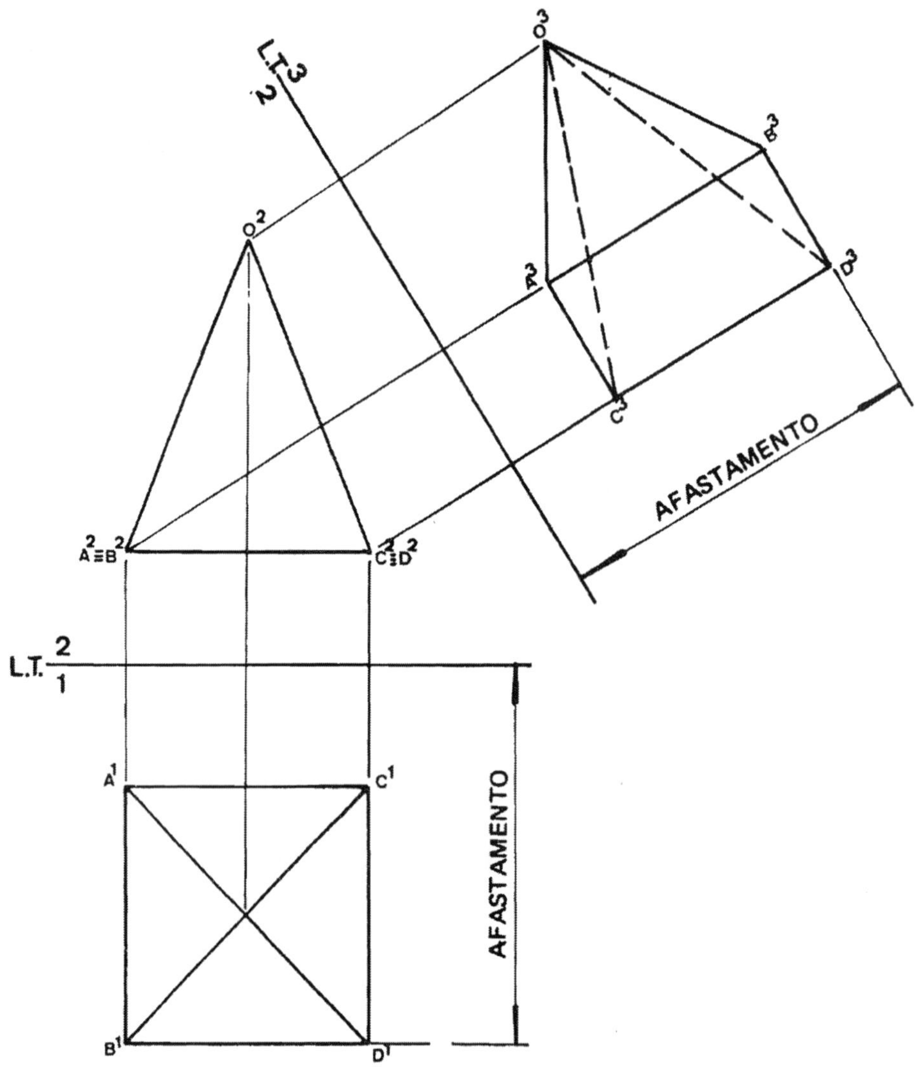

L.T.1 - 2 – P.H. para a projeção vertical e P.V. para a projeção horizontal

L.T.2 - 3 – P.V. para a projeção auxiliar n.o 3 e projeção auxiliar n.o 2 para a projeção vertical

MÉTODO PLANO EM PERFIL

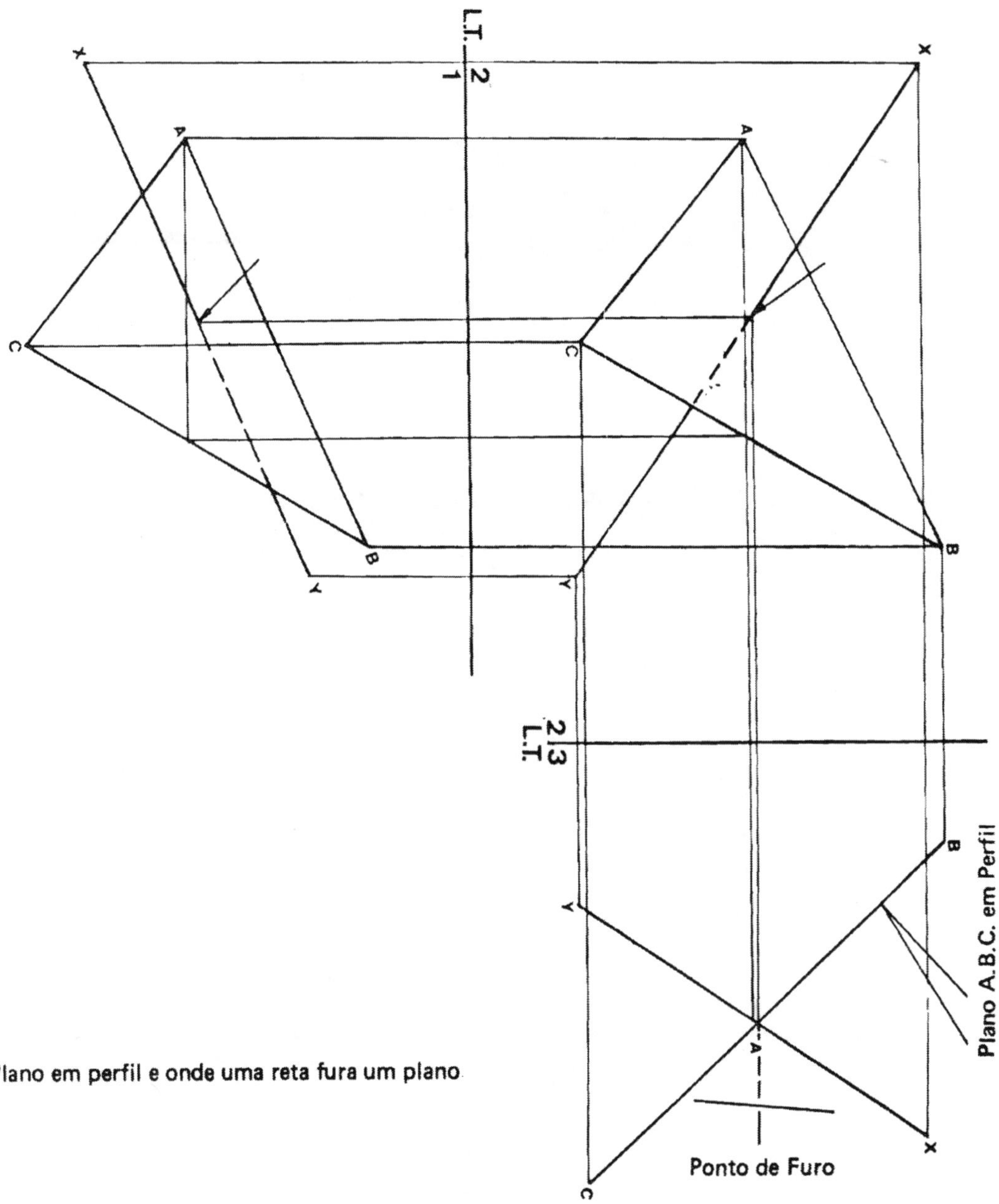

Plano em perfil e onde uma reta fura um plano

PROCESSO PLANO CORTANTE

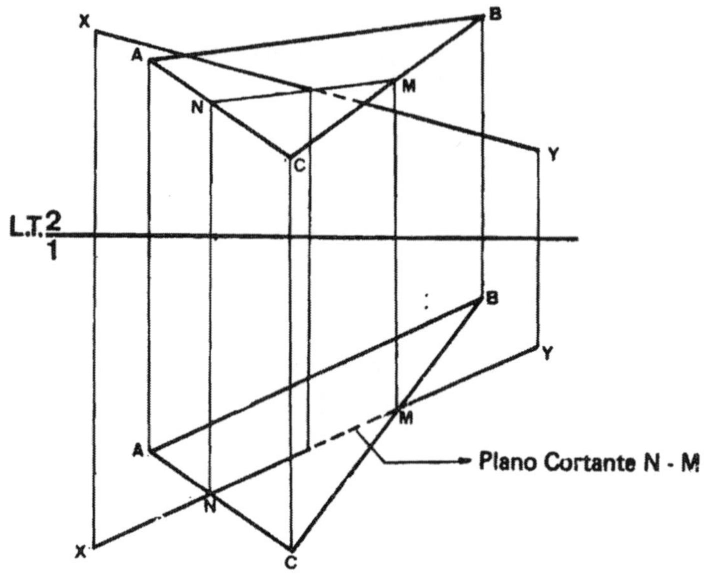

OBS.: O ponto onde a reta fura o plano

V.G. DE UM PLANO DE PERFIL PELO MÉTODO DE PROJEÇÕES AUXILIARES

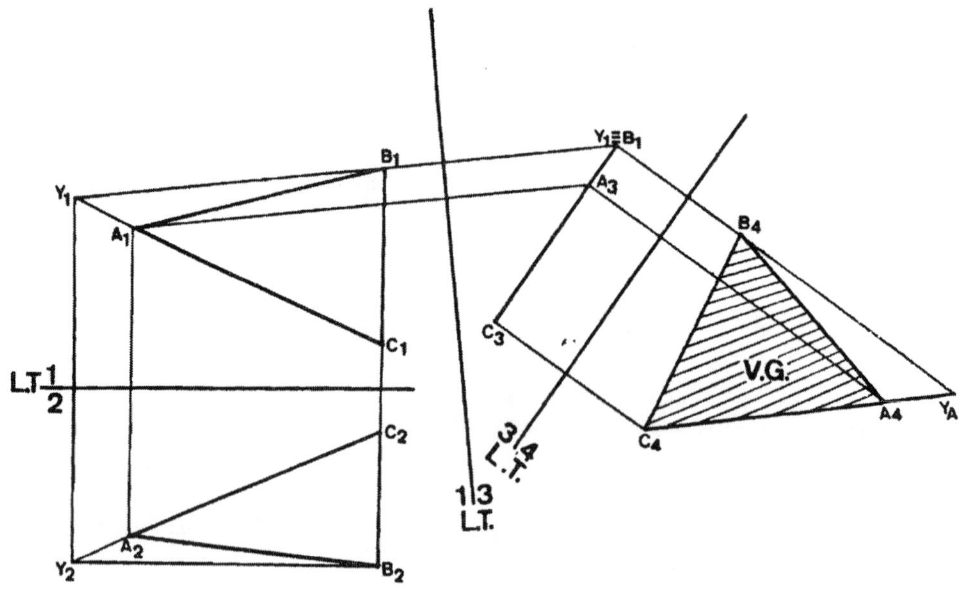

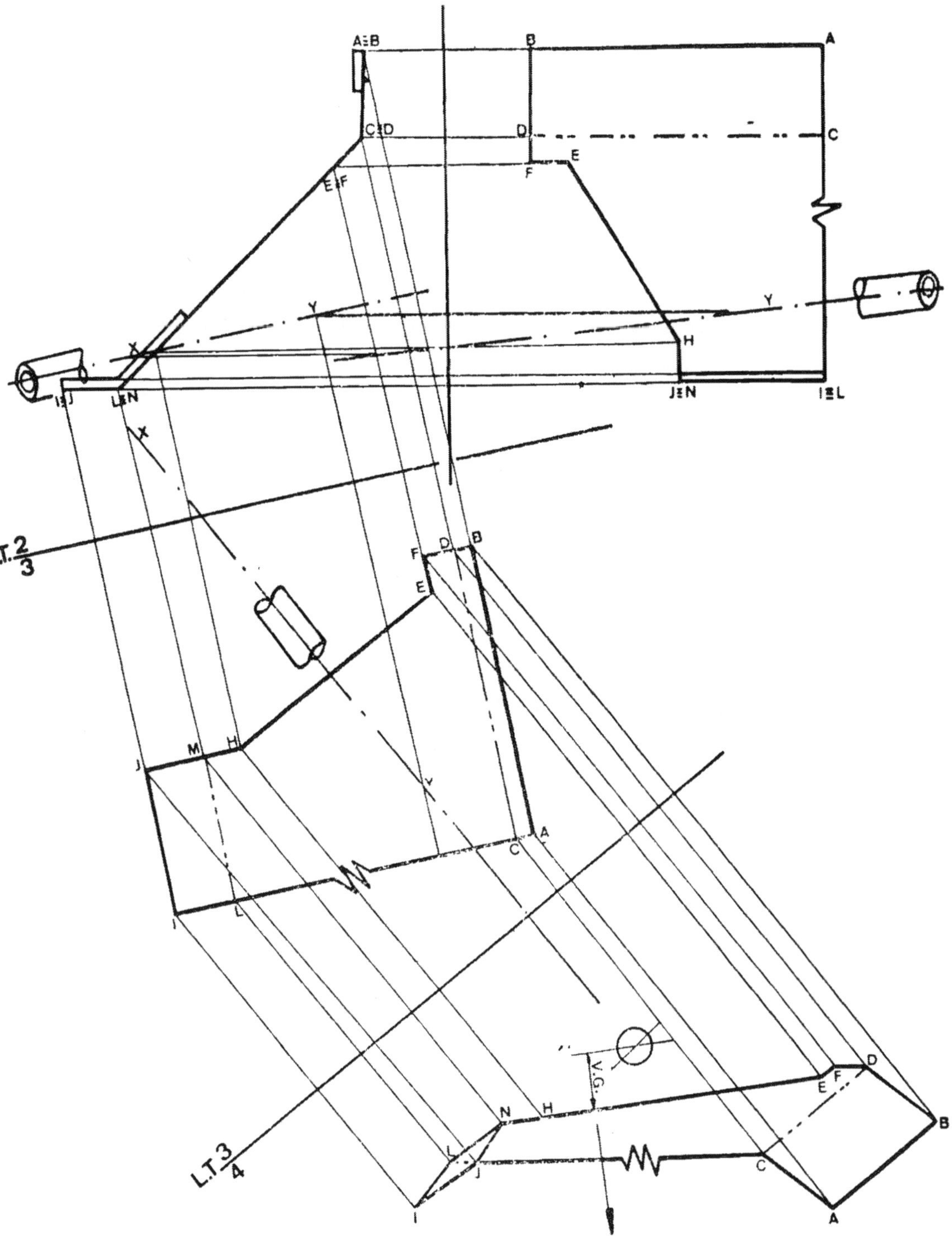

Determinar a distância verdadeira do tudo e a Pera.

CÁLCULOS DE ÂNGULOS

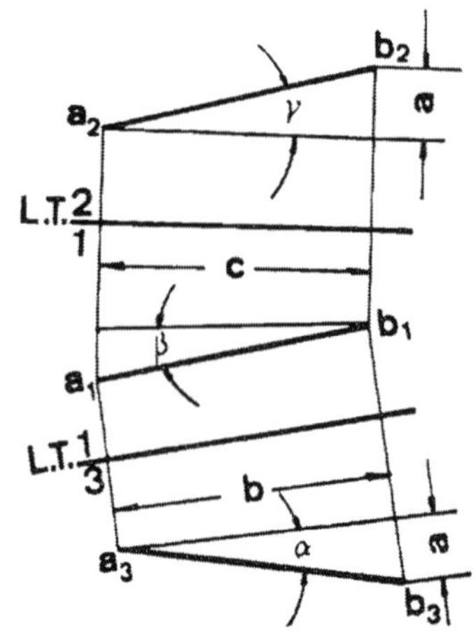

∢ DADOS β e γ ∢ CALCULADO α

$$tg\,\alpha = \frac{a}{b} = \frac{\frac{a}{1}}{\frac{c}{\cos\beta}} = \frac{a.\cos.\beta}{c} = tg\,\gamma\,\cos\beta$$

$$b = \frac{c}{\cos.\beta} \qquad \frac{a}{b} = tg$$

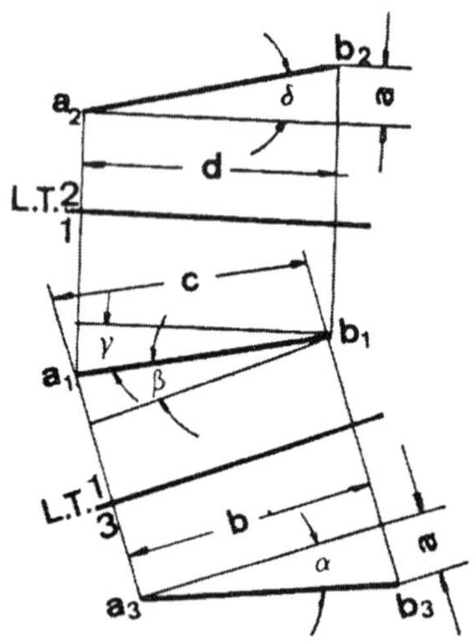

∢ DADOS δ, γ e β ∢ CALCULADO α

$$tg\,\alpha = \frac{a}{b} - \frac{c}{c.\cos.\beta} = \frac{\frac{a}{1}}{\frac{d.\cos.\beta}{\cos.\gamma}}$$

$$b = c.\cos. \qquad c = \frac{d}{\cos\gamma}$$

$$= \frac{a.\cos\gamma}{d.\cos\beta} = \frac{tg\,\delta\,\cos\gamma}{\cos\beta}$$

$$\frac{a}{d} = tg$$

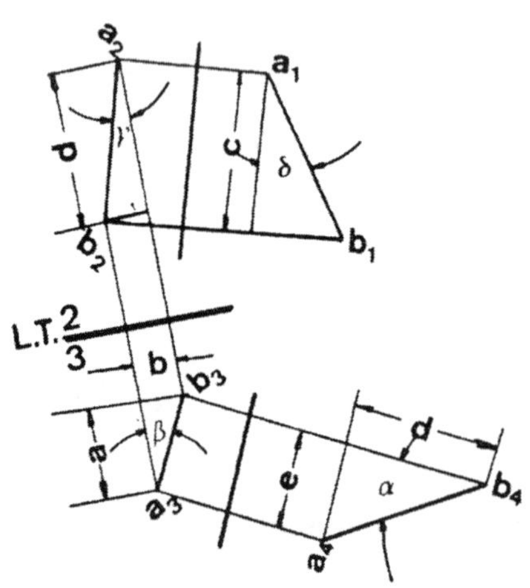

∢ DADOS δ e γ ∢ CALCULADO α e β

$$tg\,\beta = \frac{b}{a} = \frac{c.\,sen\,\gamma}{a} = cotg\,\delta\,sen\,\gamma$$

$$b = c.\,sen\,\gamma \qquad \frac{c}{d} = cotg\,\delta$$

$$cotg\,\alpha = \frac{d}{e} = \frac{\frac{d}{1}}{\frac{b}{sen\,\beta}} = \frac{d.\,sen\,\beta}{b} =$$

$$e = \frac{b}{sen} \qquad cotg\,\gamma\,sen\,\beta$$

$$\frac{d}{b} = cotg\,\gamma$$

TODA EQUAÇÃO QUE ESTÁ CONTIDA NA CHAVE ELA É ADICIONADA NA INDICAÇÃO DA SETA.

MODO DE USAR A PLACA DE SENO DUPLO

$$\operatorname{Tg}\alpha = \frac{a}{b} = \frac{c.\cos Y}{\frac{c}{\operatorname{Tg} x}} = \frac{c.\cos Y.\operatorname{Tg} x}{1.c}$$

$$\therefore \operatorname{Tg}\alpha = \cos Y.\operatorname{Tg} x$$

$\Delta = \operatorname{Tg} = (\cos Y.\operatorname{Tg} x)$

$B = Y$

Peça Invertida

$\Delta = \operatorname{Tg} = (\cos.\, x.\operatorname{Tg} Y)$

$B = x$

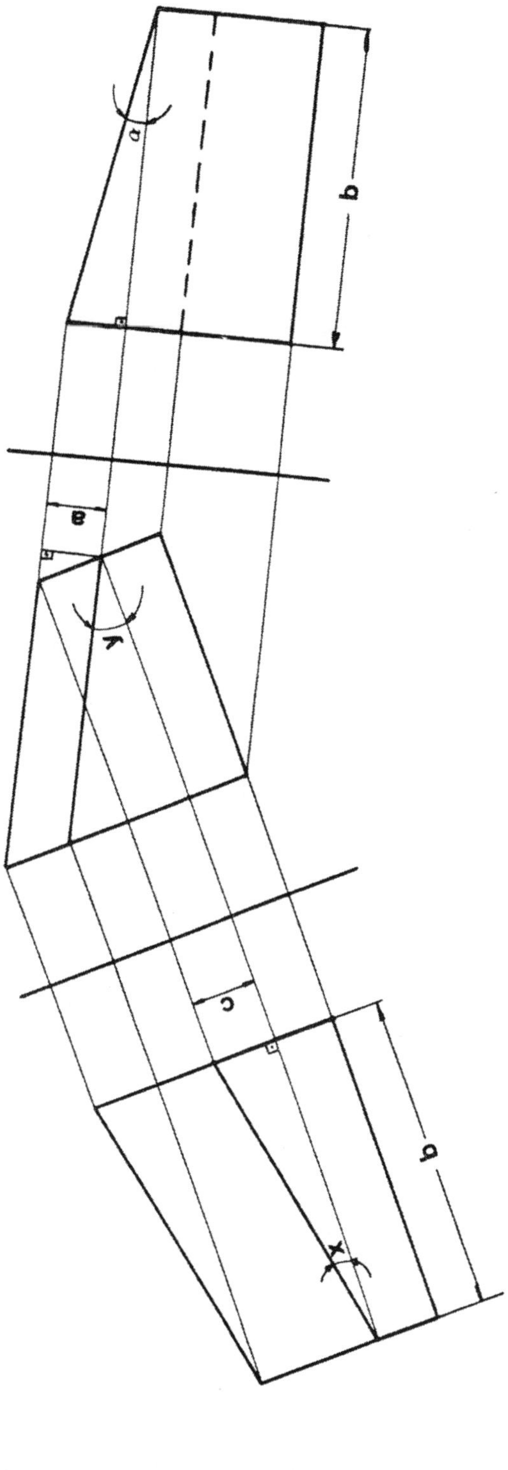

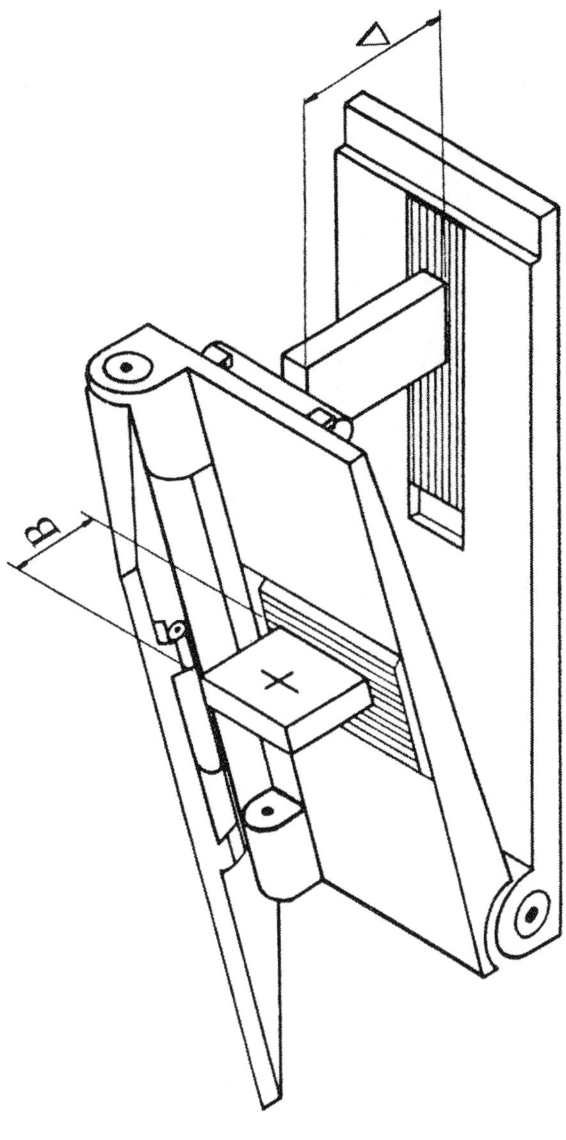

DESENHO EM COORDENADAS

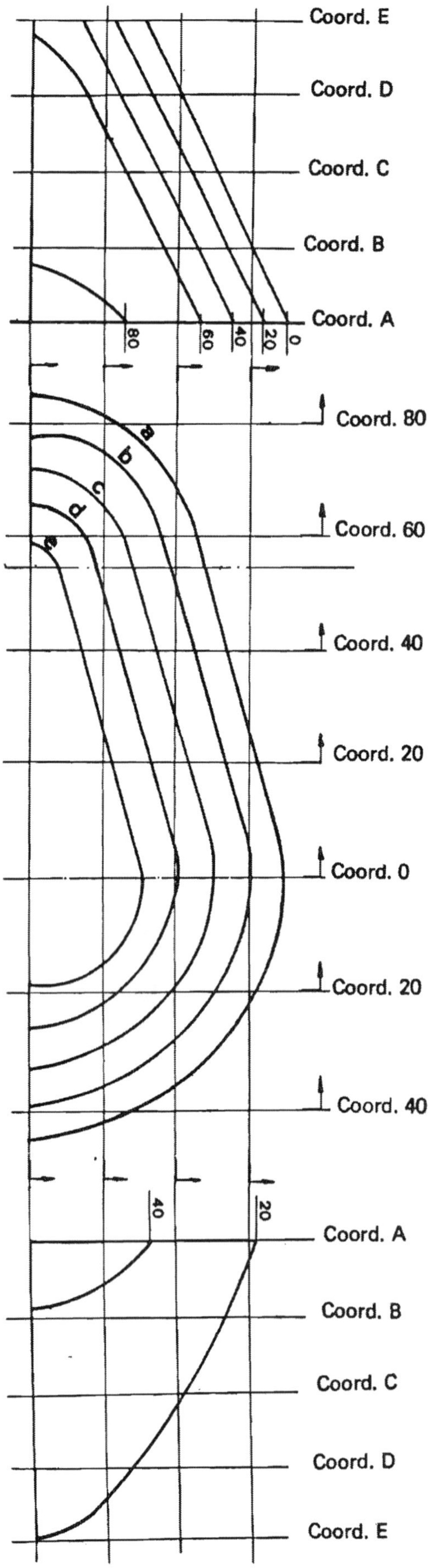

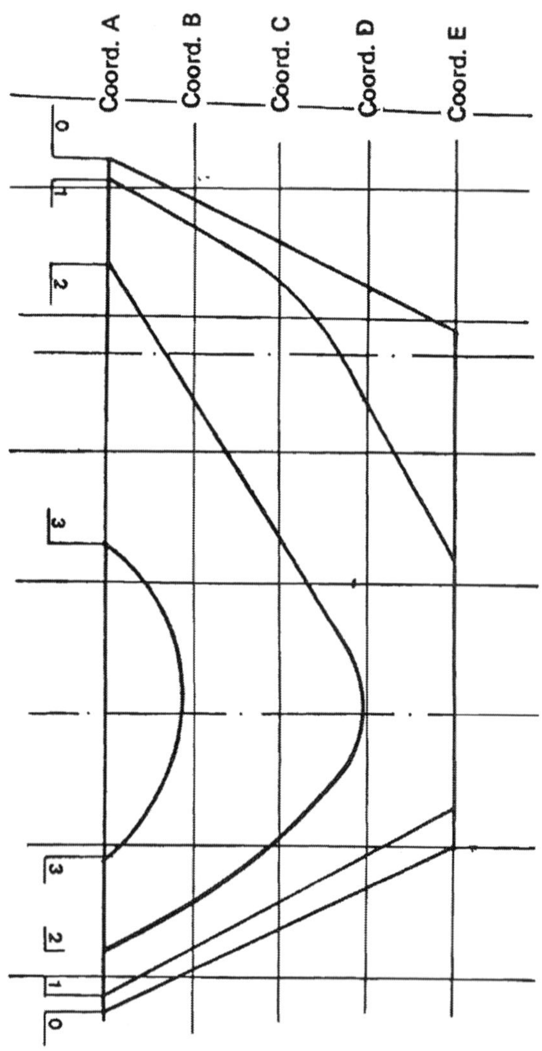

Coordenadas são planos cortantes horizontais, verticais e laterais. Nas indústrias as coordenadas são em desenho de 100 em 100 milímetros ou de 10 em 10 polegadas. Cada coordenada apresenta um corte passando na peça.

DESENHO EM COORDENADAS

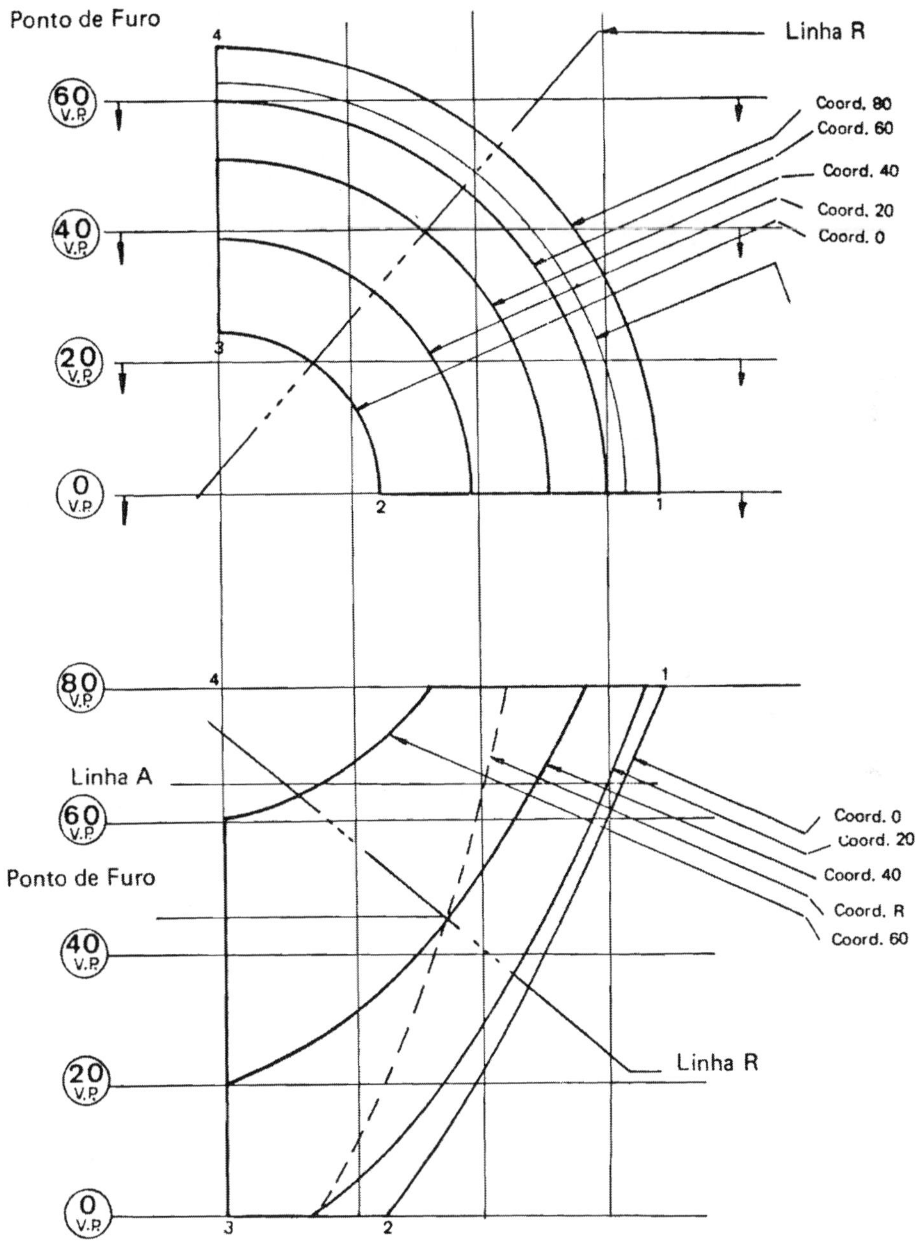

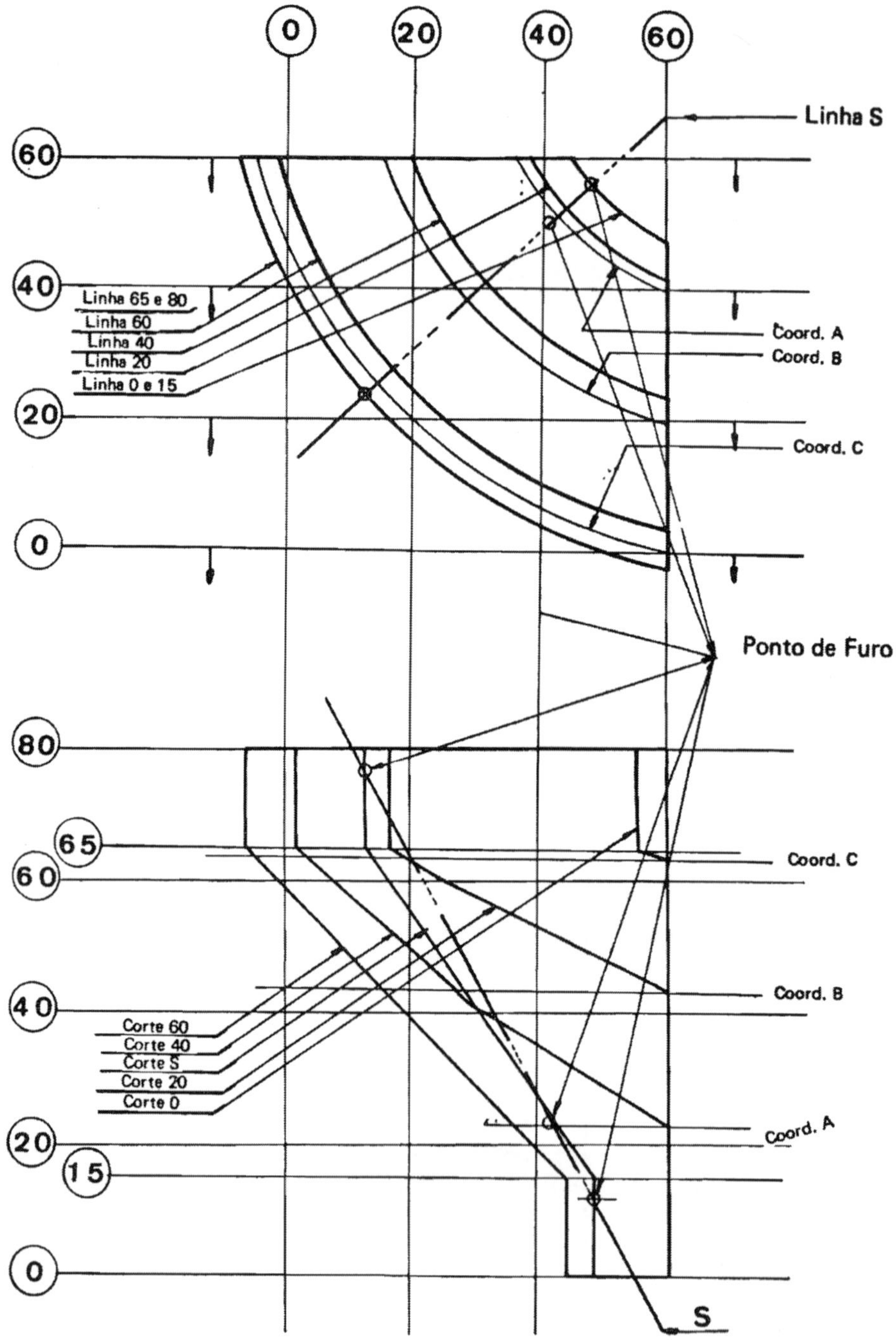
0
20
40
60
Linha S
60
40
Linha 65 e 80
Linha 60
Linha 40
Linha 20
Linha 0 e 15
Coord. A
Coord. B
20
Coord. C
0
Ponto de Furo
80
65
60
Coord. C
Coord. B
40
Corte 60
Corte 40
Corte S
Corte 20
Corte 0
Coord. A
20
15
0
S

1.o PROCESSO – CURVA PROPORCIONAL

Para desenvolver uma curva proporcional tomando como base a curva dada tendo como dimensão de A a B como na figura ilustrada traçando uma linha perpendicular passando pelo ponto B e C até a linha do ponto A formando 90° determinando o ponto D, depois prolongando a linha A - D para determinar o ponto E, mas a dimensão do ponto D até E não seje inferior a metade do ponto A - D depois liga-se os pontos B - C no E.
Depois é só desenvolver os pontos como na figura.

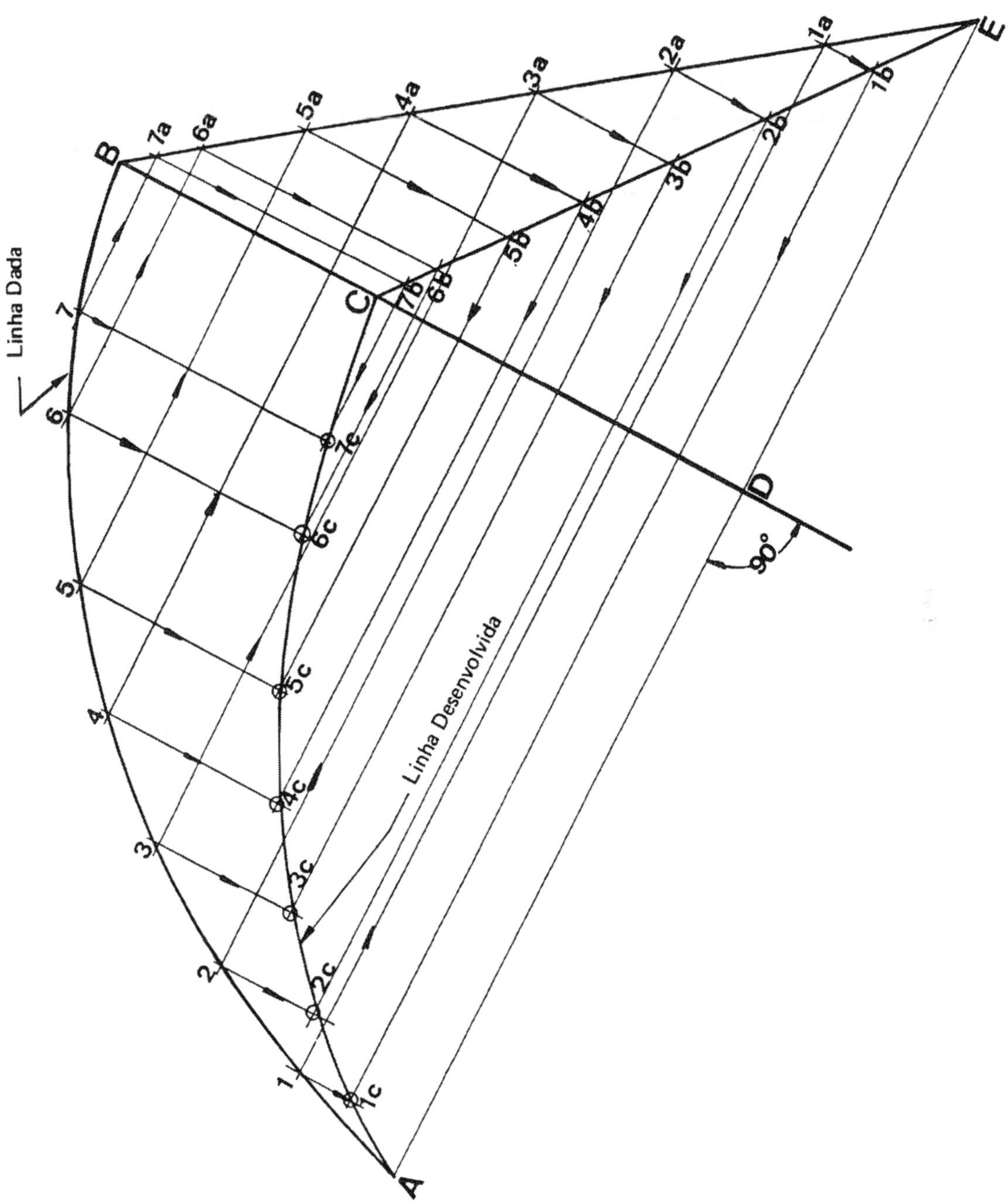

2.o PROCESSO DE CURVA PROPORCIONAL

Para se desenvolver uma cruva proporcional, tomando como base a curva dada tendo como dimensão do ponto A a B, como na figura ilustrada.
Traçando uma linha perpendicular, passando pelo ponto B - D até a linha A- C formando 90°, determinando o ponto E, para determinar o ponto F fazendo um prolongamento a reta A - C com uma dimensão nunca inferior a metade dos pontos A e E, traçando-se uma linha do ponto B até F e do ponto D até F. Depois determinar o ponto G com o mesmo processo que determinou o ponto F.

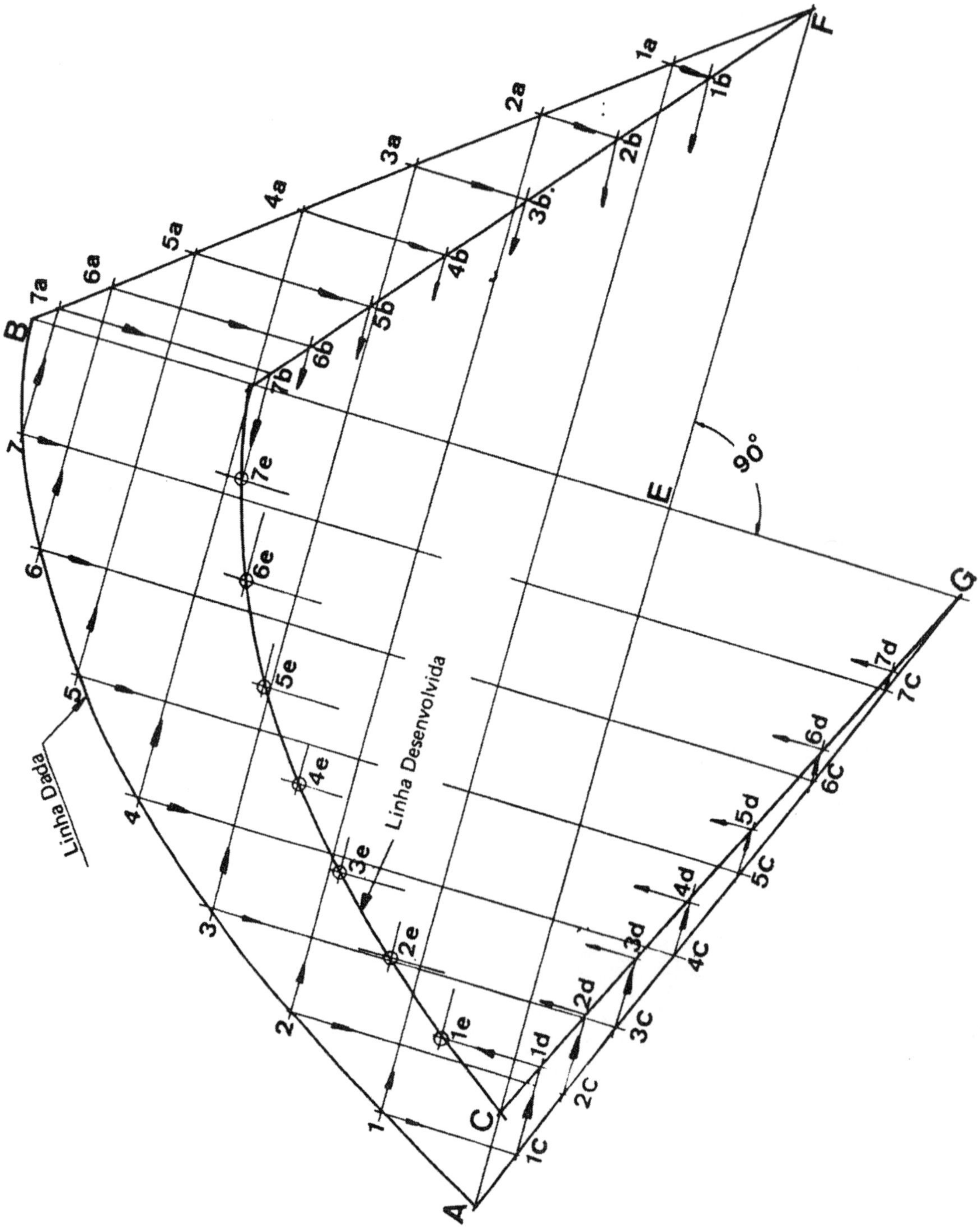

3.o PROCESSO DE CURVA PROPORCIONAL

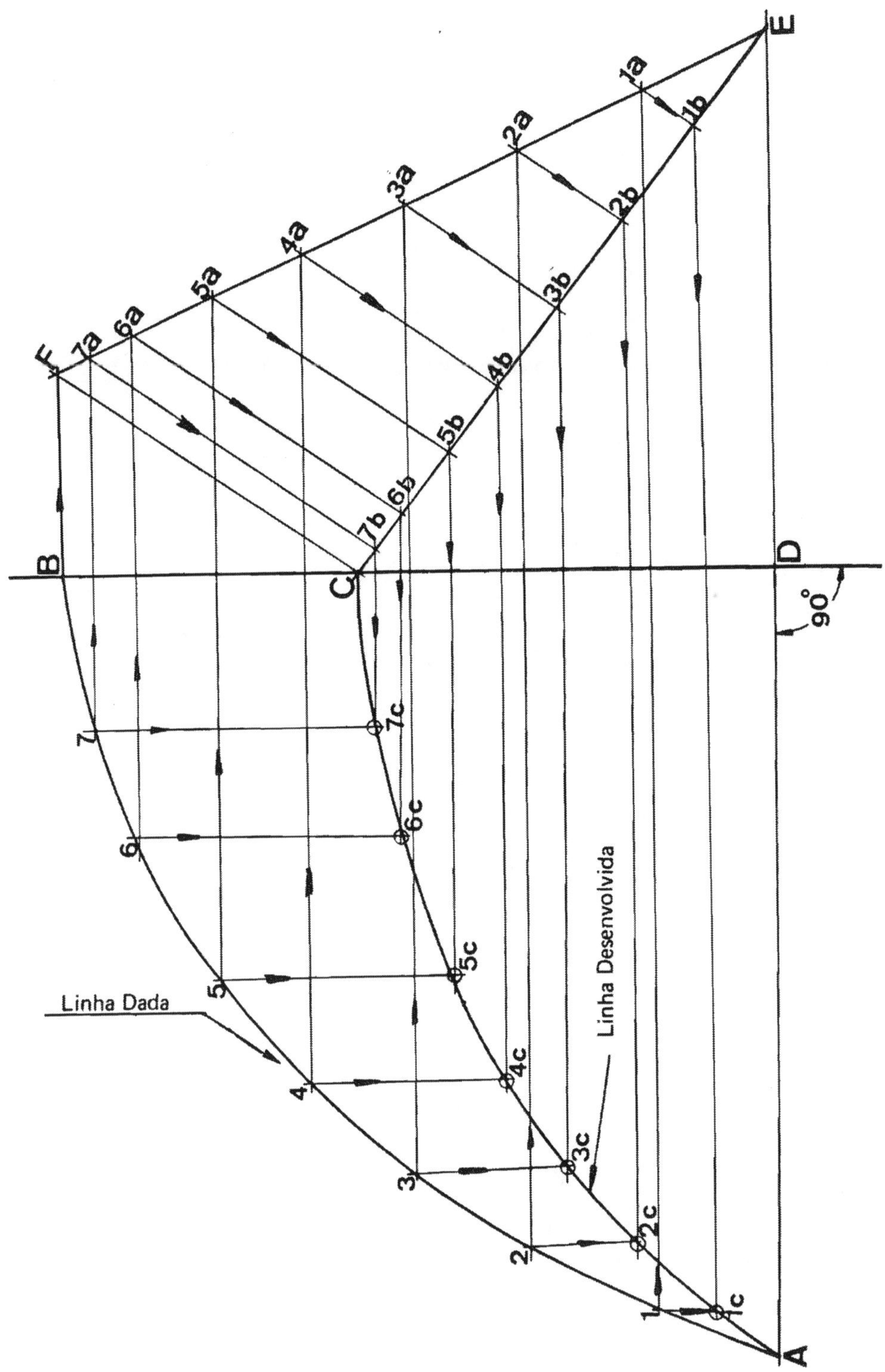

4.o PROCESSO DE CURVA PROPORCIONAL

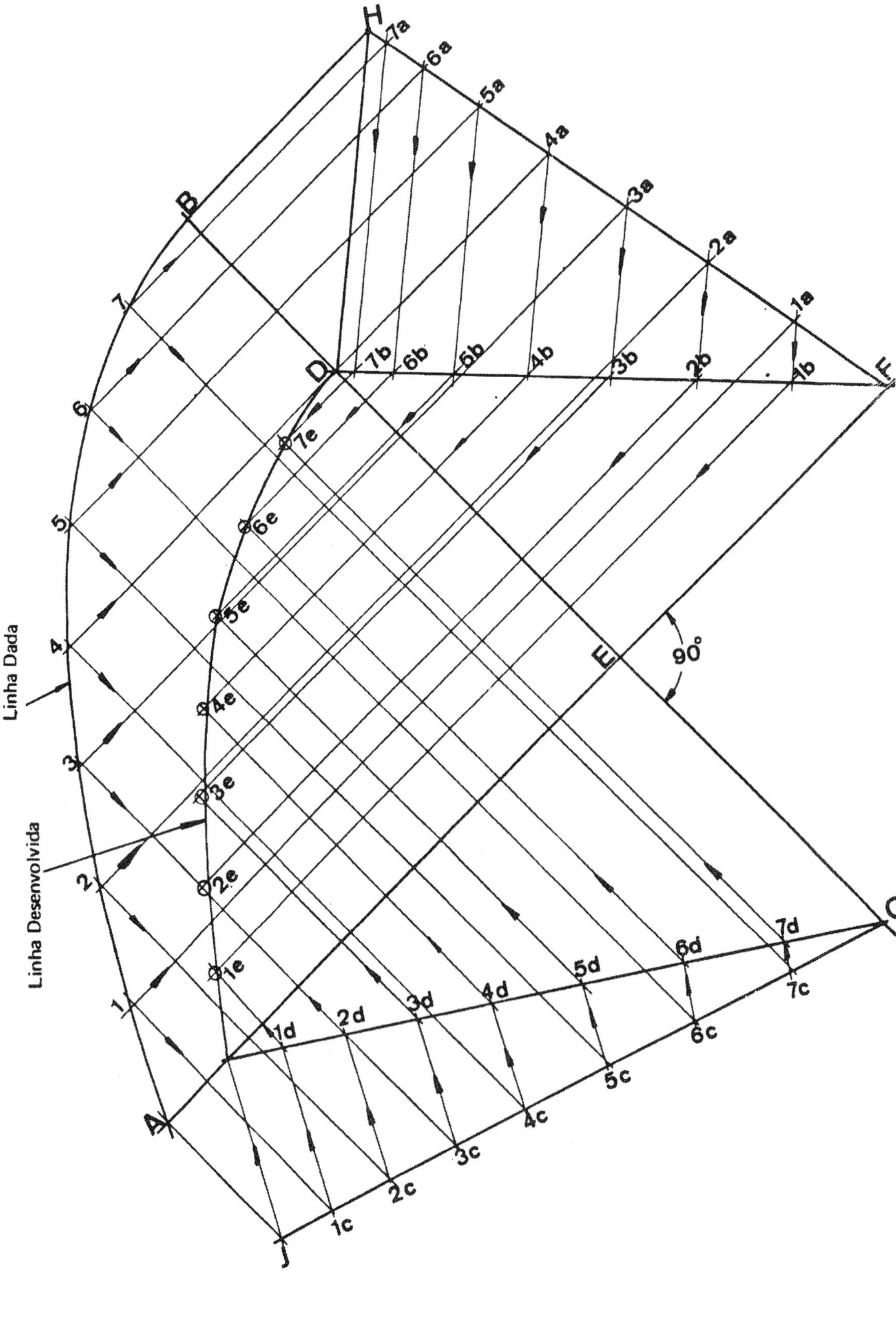

PROCESSOS DE CURVAS PROPORCIONAIS

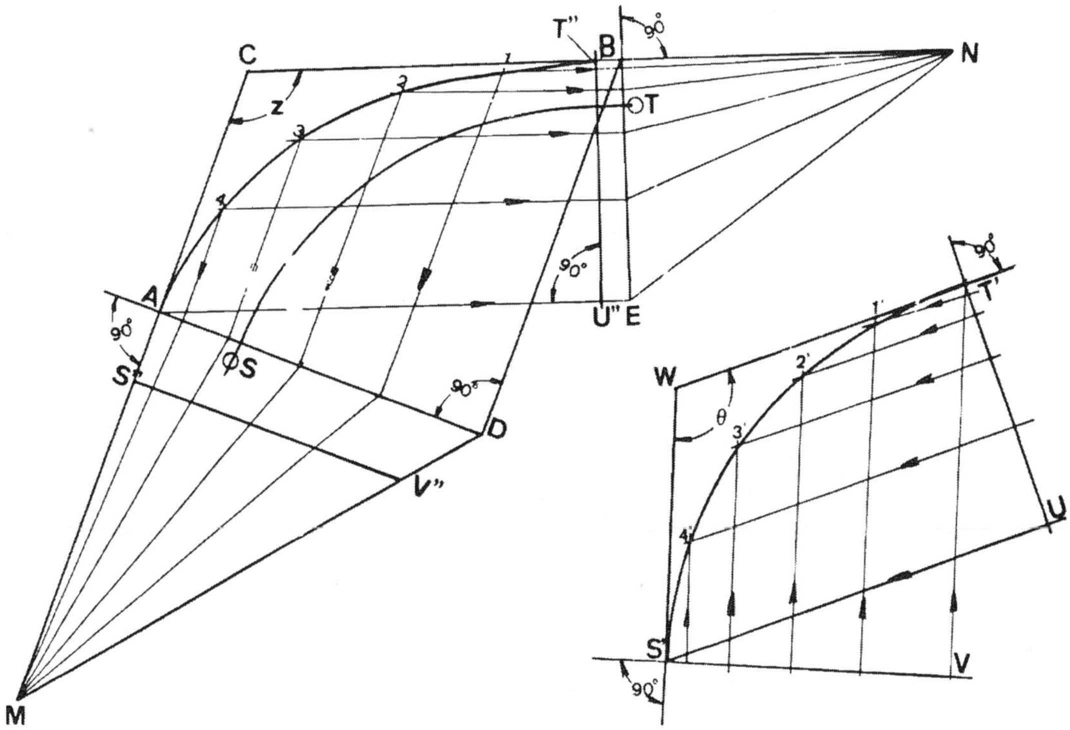

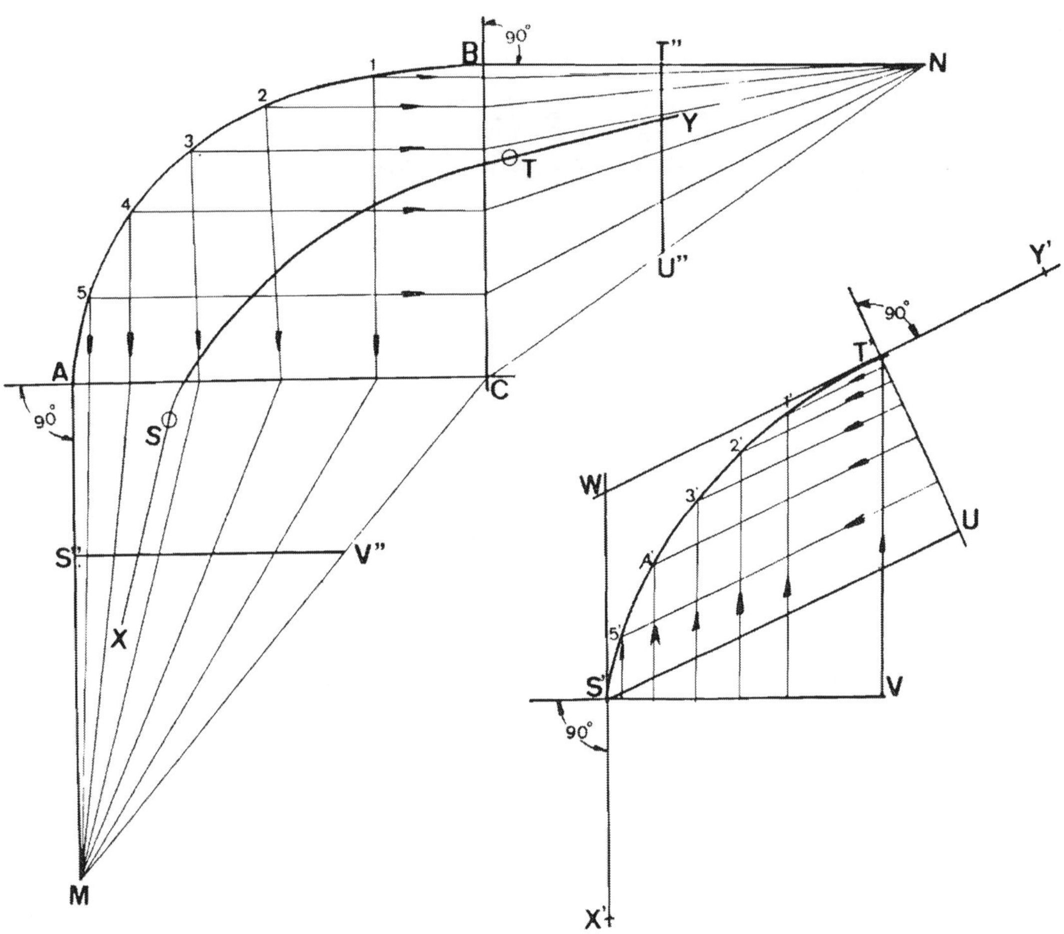

TABELAS GERAIS

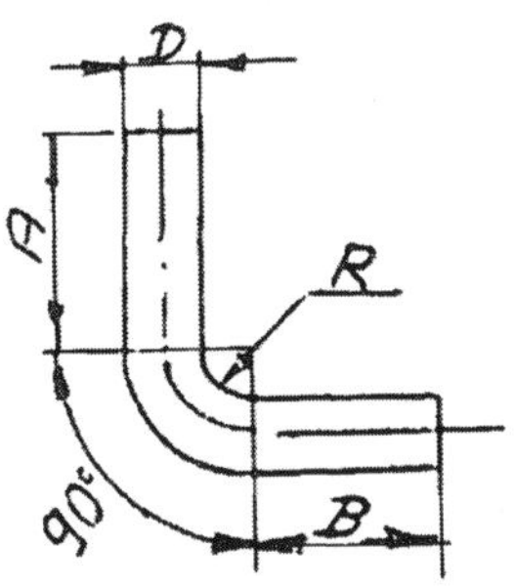

CÁLCULO DE COMPRIMENTO DE DOBRAS A 90°

(Dados da tabela calculados com alguns acertos práticos)

FÓRMULA Comprimento = A + B + C (C VER TABELA)

TABELA DOS VALORES

R \ D	0,5	0,8	1,0	1,2	1,5	2,0	2,5	3,0	3,5	4,0	4,5	5,0
0	0,2	0,3	0,4	0,5	0,6	0,9	1,1	1,4	1,6	1,9	2,1	2,4
0,25	0,7	0,8	0,9	1,0	1,1	1,4	1,6	1,9	2,1	2,4	2,6	2,9
0,50	1,1	1,3	1,4	1,5	1,6	1,9	2,1	2,4	2,6	2,9	3,1	3,4
0,75	1,5	1,7	1,8	1,9	2,1	2,3	2,6	2,8	3,1	3,4	3,6	3,8
1,00	1,9	2,1	2,2	2,4	2,5	2,8	3,0	3,1	3,5	3,8	4,0	4,3
1,25	2,3	2,5	2,6	2,8	2,9	3,2	3,5	3,7	4,0	4,3	4,5	4,7
1,50	2,7	2,9	3,0	3,2	3,3	3,6	3,9	4,1	4,4	4,7	4,9	5,2
1,75	3,1	3,3	3,4	3,6	3,7	4,0	4,3	4,5	4,9	5,1	5,4	5,6
2,00	3,5	3,7	3,8	4,0	4,1	4,4	4,7	5,0	5,3	5,5	5,8	6,0
2,25	3,9	4,1	4,2	4,4	4,5	4,8	5,1	5,4	5,7	5,9	6,3	6,5
2,50	4,3	4,5	4,6	4,8	4,9	5,2	5,5	5,8	6,1	6,4	6,7	6,9
2,75	4,7	4,9	5,0	5,2	5,3	5,6	5,9	6,0	6,5	6,8	7,1	7,3
3,00	5,1	5,3	5,4	5,6	5,7	6,0	6,3	6,6	6,9	7,2	7,5	7,8
3,50	5,9	6,1	6,2	6,4	6,5	6,8	7,2	7,5	7,7	8,0	8,4	8,6
4,00	6,7	6,9	7,0	7,2	7,3	7,6	8,0	8,3	8,5	8,8	9,2	9,4
4,50	7,5	7,7	7,8	8,0	8,1	8,4	8,8	9,1	9,3	9,6	10,0	10,3
5,00	8,3	8,5	8,6	8,8	8,9	9,2	9,6	9,9	10,1	10,4	10,8	11,1

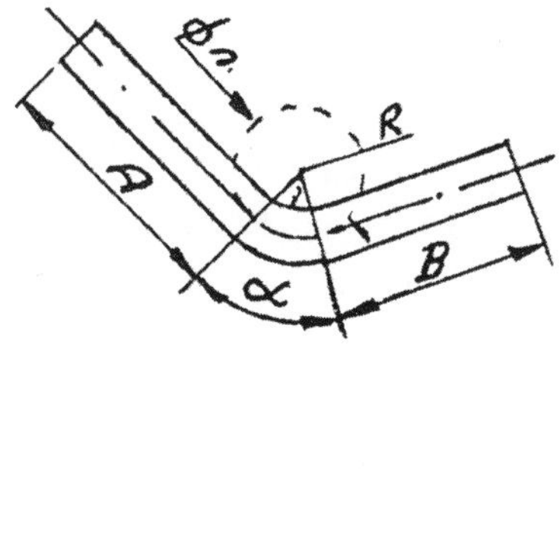

(Quando a dobra não for a 90°)

$$\text{Compr.} = \frac{(\varnothing \text{ neutro} \times \Pi \times \text{OC})}{360^\circ} + A + B$$

N.B. Para determinar o raio neutro usar

(0,4 x espessura + raio)

.001	0,0254	CONVERSÕES DE MILÉSIMOS DE POLEGADAS EM MILÍMETROS									
Pol.	mm.	Pol.	mm.	Pol.	mm.	Pol.	mm.	Pol.	mm.	Pol.	mm.
.001	0,03	.056	1,42	.111	2,82	.166	4,22	.221	5,61	.276	7,01
.002	0,05	.057	1,45	.112	2,84	.167	4,24	.222	5,64	.277	7,04
.003	0,08	.058	1,47	.113	2,87	.168	4,27	.223	5,66	.278	7,06
.004	0,10	.059	1,50	.114	2,90	.169	4,29	.224	5,69	.279	7,09
.005	0,13	.060	1,52	.115	2,92	.170	4,32	.225	5,72	.280	7,11
.006	0,15	.061	1,55	.116	2,95	.171	4,34	.226	5,74	.281	7,14
.007	0,18	.062	1,57	.117	2,97	.172	4,37	.227	5,77	.282	7,16
.008	0,20	.063	1,60	.118	3,00	.173	4,39	.228	5,79	.283	7,19
.009	0,23	.064	1,63	.119	3,02	.174	4,42	.229	5,82	.284	7,21
.010	0,25	.065	1,65	.120	3,05	.175	4,44	.230	5,84	.285	7,24
.011	0,28	.066	1,68	.121	3,07	.176	4,47	.231	5,87	.286	7,26
.012	0,30	.067	1,70	.122	3,10	.177	4,50	.232	5,89	.287	7,29
.013	0,33	.068	1,73	.123	3,12	.178	4,52	.233	5,92	.288	7,32
.014	0,36	.069	1,75	.124	3,15	.179	4,55	.234	5,94	.289	7,34
.015	0,38	.070	1,78	.125	3,18	.180	4,57	.235	5,97	.290	7,37
.016	0,41	.071	1,80	.126	3,20	.181	4,60	.236	5,99	.291	7,39
.017	0,43	.072	1,83	.127	3,23	.182	4,62	.237	6,02	.292	7,42
.018	0,46	.073	1,85	.128	3,25	.183	4,65	.238	6,05	.293	7,44
.019	0,48	.074	1,88	.129	3,28	.184	4,67	.239	6,07	.294	7,47
.020	0,51	.075	1,90	.130	3,30	.185	4,70	.240	6,10	.295	7,49
.021	0,53	.076	1,93	.131	3,33	.186	4,72	.241	6,12	.296	7,52
.022	0,56	.077	1,96	.132	3,35	.187	4,75	.242	6,15	.297	7,54
.023	0,58	.078	1,98	.133	3,38	.188	4,78	.243	6,17	.298	7,57
.024	0,61	.079	2,01	.134	3,40	.189	4,80	.244	6,20	.299	7,59
.025	0,64	.080	2,03	.135	3,43	.190	4,83	.245	6,22	.300	7,62
.026	0,66	.081	2,06	.136	3,45	.191	4,85	.246	6,25	.301	7,65
.027	0,69	.082	2,08	.137	3,48	.192	4,88	.247	6,27	.302	7,67
.028	0,71	.083	2,11	.138	3,51	.193	4,90	.248	6,30	.303	7,70
.029	0,74	.084	2,13	.139	3,53	.194	4,93	.249	6,32	.304	7,72
.030	0,76	.085	2,16	.140	3,56	.195	4,95	.250	6,35	.305	7,75
.031	0,79	.086	2,18	.141	3,58	.196	4,98	.251	6,38	.306	7,77
.032	0,81	.087	2,21	.142	3,61	.197	5,00	.252	6,40	.307	7,80
.033	0,84	.088	2,24	.143	3,63	.198	5,03	.253	6,43	.308	7,82
.034	0,86	.089	2,26	.144	3,66	.199	5,05	.254	6,45	.309	7,85
.035	0,89	.090	2,29	.145	3,68	.200	5,08	.255	6,48	.310	7,87
.036	0,91	.091	2,31	.146	3,71	.201	5,11	.256	6,50	.311	7,90
.037	0,94	.092	2,34	.147	3,73	.202	5,13	.257	6,53	.312	7,92
.038	0,97	.093	2,36	.148	3,76	.203	5,16	.258	6,55	.313	7,95
.039	0,99	.094	2,39	.149	3,78	.204	5,18	.259	6,58	.314	7,98
.040	1,02	.095	2,41	.150	3,81	.205	5,21	.260	6,60	.315	8,00
.041	1,04	.096	2,44	.151	3,84	.206	5,23	.261	6,63	.316	8,03
.042	1,07	.097	2,46	.152	3,86	.207	5,26	.262	6,65	.317	8,05
.043	1,09	.098	2,49	.153	3,89	.208	5,28	.263	6,68	.318	8,08
.044	1,12	.099	2,51	.154	3,91	.209	5,31	.264	6,71	.319	8,10
.045	1,14	.100	2,54	.155	3,94	.210	5,33	.265	6,73	.320	8,13
.046	1,17	.101	2,57	.156	3,96	.211	5,36	.266	6,76	.321	8,15
.047	1,19	.102	2,59	.157	3,99	.212	5,38	.267	6,78	.322	8,18
.048	1,22	.103	2,62	.158	4,01	.213	5,41	.268	6,81	.323	8,20
.049	1,24	.104	2,64	.159	4,04	.214	5,44	.269	6,83	.324	8,23
.050	1,27	.105	2,67	.160	4,06	.215	5,46	.270	6,86	.325	8,26
.051	1,30	.106	2,69	.161	4,09	.216	5,49	.271	6,88	.326	8,28
.052	1,32	.107	2,72	.162	4,11	.217	5,51	.272	6,91	.327	8,31
.053	1,35	.108	2,74	.163	4,14	.218	5,54	.273	6,93	.328	8.33
.054	1,37	.109	2,77	.164	4,17	.219	5,56	.274	6,96	.329	8,36
.055	1,40	.110	2,79	.165	4,19	.220	5,59	.275	6,98	.330	8,38

Derivação a 90°

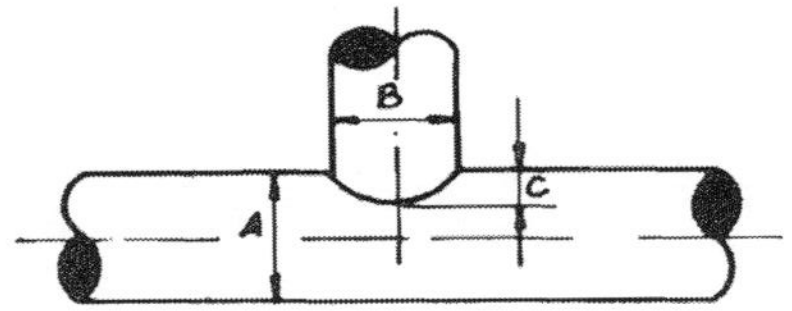

Fig. A

Derivação a 45°

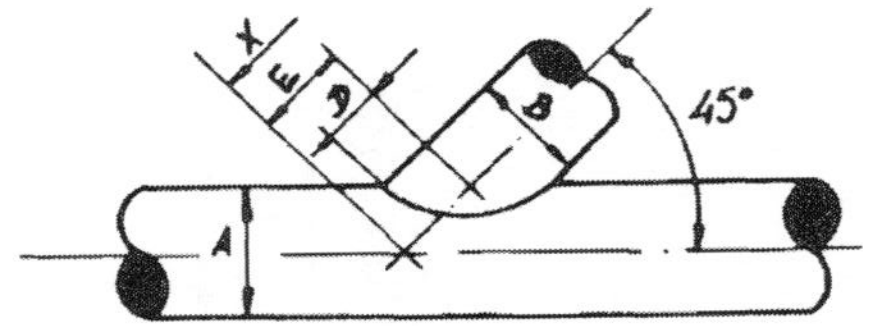

Fig. B

Derivação a 30° e 45°

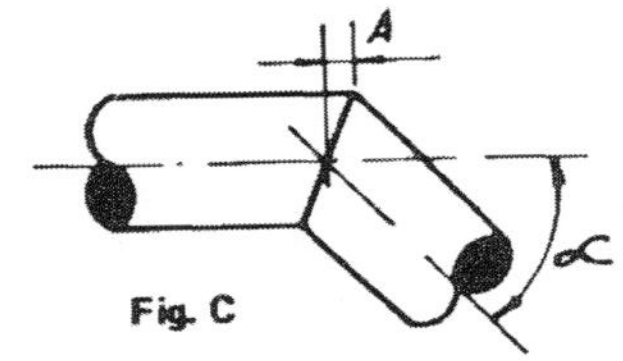

Fig. C

TABELAS DAS FIGURAS A E B

A	B	C	D	E	A	B	C	D	E	A	B	C	D	E
3"	2"	10	31	63	14"	8"	35	110	252	20"	14"	73	178	359
4"	2"	6	31	81	14"	10"	62	137	252	20"	16"	102	203	359
4"	3"	19	44	81	14"	12"	102	162	252	20"	18"	143	229	359
6"	2"	5	31	120	16"	4"	6	57	287	24"	4"	3	57	432
6"	3"	11	44	120	16"	6"	16	84	287	24"	6"	10	84	432
6"	4"	17	57	120	16"	8"	28	110	287	24"	8"	19	110	432
8"	2"	3	31	156	16"	10"	51	137	287	24"	10"	32	137	432
8"	3"	8	44	156	16"	12"	81	162	287	24"	12"	46	162	432
8"	4"	14	57	156	16"	14"	103	187	287	24"	14"	57	178	432
8"	6"	38	84	156	18"	3"	5	44	324	24"	16"	78	203	432
10"	3"	6	44	194	18"	4"	8	57	324	24"	18"	103	229	432
10"	4"	11	57	194	18"	6"	16	84	324	24"	20"	136	254	432
10"	6"	28	84	194	18"	8"	28	110	324	30"	4"	5	57	540
10"	8"	54	110	194	18"	10"	41	137	324	30"	6"	10	84	540
12"	3"	—	44	227	18"	12"	66	162	324	30"	8"	16	110	540
12"	4"	8	57	227	18"	14"	86	178	324	30"	10"	25	137	540
12"	6"	22	84	227	18"	16"	124	203	324	30"	12"	36	162	540
12"	8"	41	110	227	20"	4"	5	57	359	30"	14"	44	178	540
12"	10"	73	137	227	20"	6"	14	84	359	30"	16"	57	203	540
14"	3"	3	44	252	20"	8"	25	110	359	30"	18"	76	229	540
14"	4"	8	57	252	20"	10"	40	137	359	30"	20"	95	254	540
14"	6"	19	84	252	20"	12"	59	162	359	30"	24"	152	305	540

TABELA DE INTERSECÇÃO DE TUBOS DE Ø DIFERENTES

TABELA DA FIG. C

Ø Nominal	α 30° A	α 45° A
2"	8	13
3"	11	19
4"	14	24
6"	22	35
8"	29	46
10"	37	57
12"	43	67
14"	48	73
16"	54	84
18"	62	95
20"	68	106
22"	77	116
24"	81	127
30"	117	157
36"	122	189
40"	137	211
42"	143	221
48"	163	252

TABELA DE DERIVAÇÃO A 30° e 45°

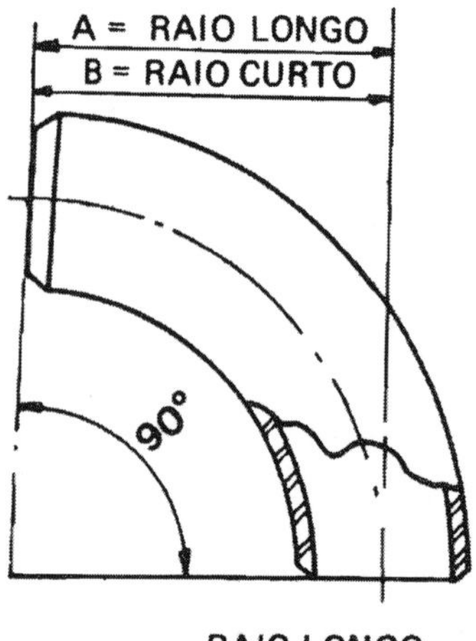

CURVA DE RAIO LONGO / RAIO CURTO 90°

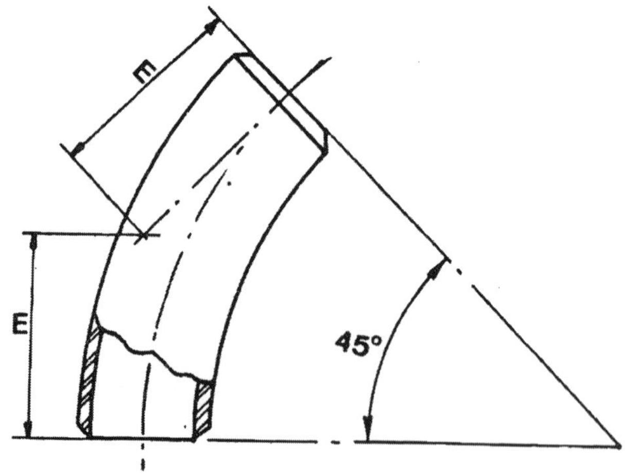

CURVA 45°

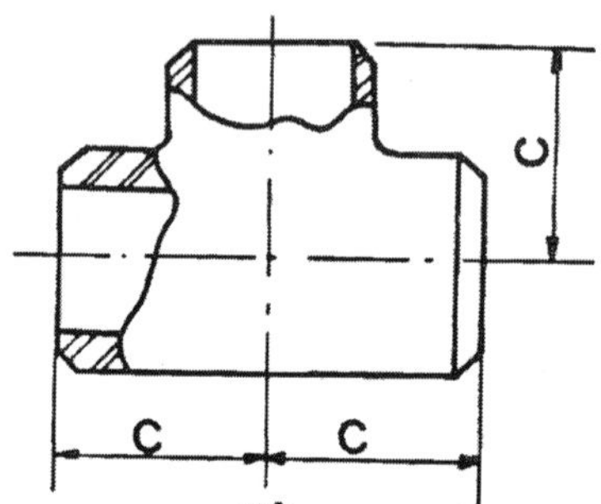

TÊ

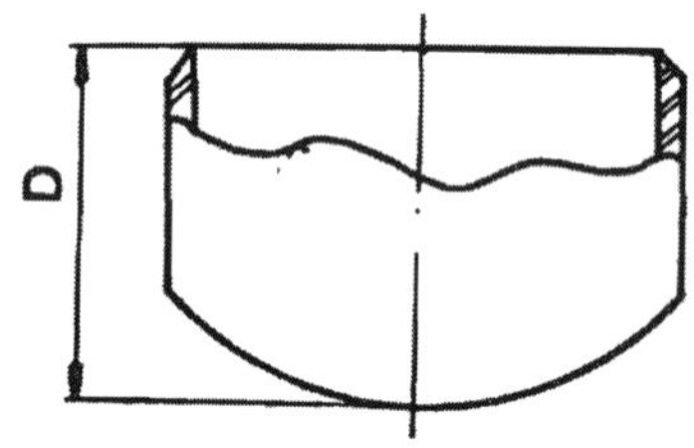

TAMPÃO

DIMEN. EM m/m

ASA B16.9 ASTM A234
COPIADO DO CAT. (TUBE - TURN)

DIÂM.	A	B	E	C	D
2"	76	50,8	35	64	38
3"	114	76,2	51	86	51
4"	152	101,6	64	105	63
6"	229	152,4	95	143	89
8"	305	203,2	127	178	102
10"	381	254,0	159	216	127
12"	457	304,8	191	254	152
14"	533	355,6	222	279	165
16"	610	406,4	254	305	178
18"	686	457,2	286	343	203
20"	762	508,8	318	381	229
24"	914	609,6	381	432	267

CURVA DE GOMOS

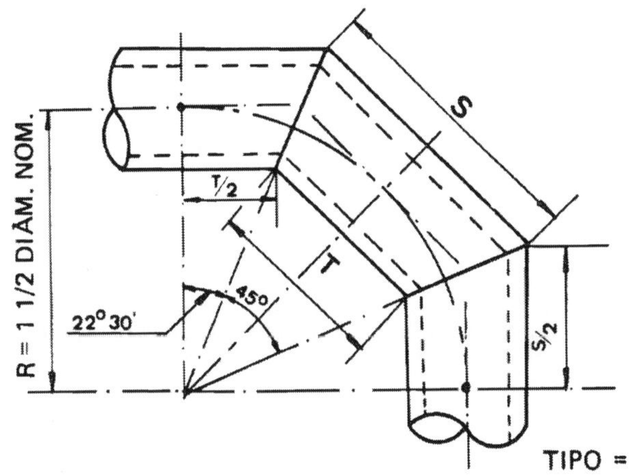

TIPO = 2

2 SOLDAS CURVA DE GOMOS		
DIÂM.	T	S
3″	57	132
4″	79	173
6″	119	259
8″	162	343
10″	203	429
12″	245	513
14″	295	589
16″	337	673
18″	380	757
20″	421	841
24″	505	1010
30″	632	1262

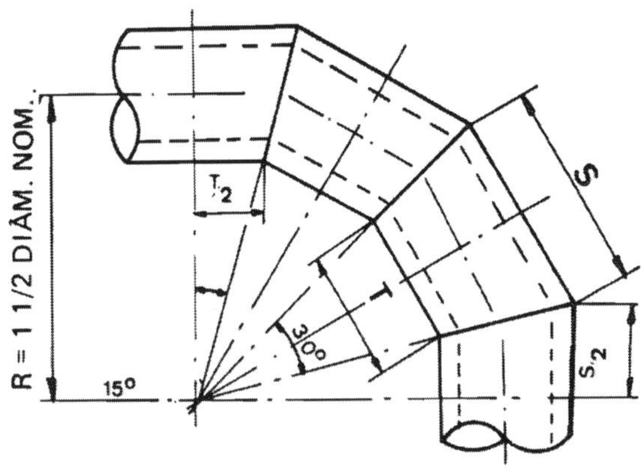

TIPO = 3

3 SOLDAS CURVA DE GOMOS		
DIÂM.	T	S
8″	105	222
10″	132	278
12″	159	332
14″	191	381
16″	218	435
18″	245	491
20″	272	545
24″	327	654
30″	408	816

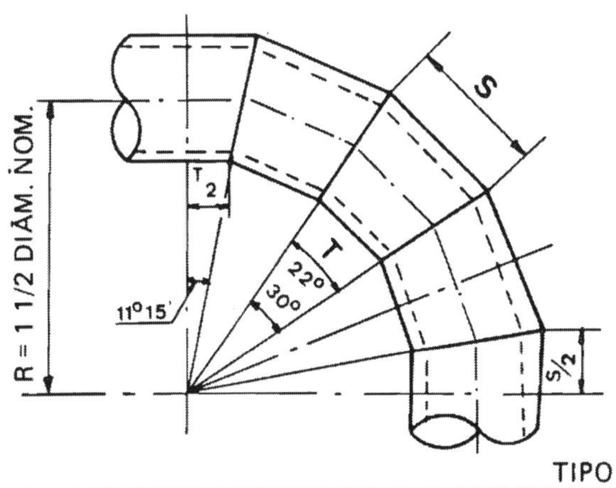

TIPO = 4

4 SOLDAS CURVA DE GOMOS		
DIÂM.	T	S
12″	118	246
14″	141	282
16″	162	324
18″	183	364
20″	202	403
24″	243	434
30″	303	606

N = NÚMERO DE SOLDAS
T = (2R - DIÂM. EXT.)
S = (2R - DIÂM. EXT.)

DOBRAGEM DE CURVAS DE 90° E 45° COM RAIO DE 5 VEZES O DIÂMETRO DO TUBO

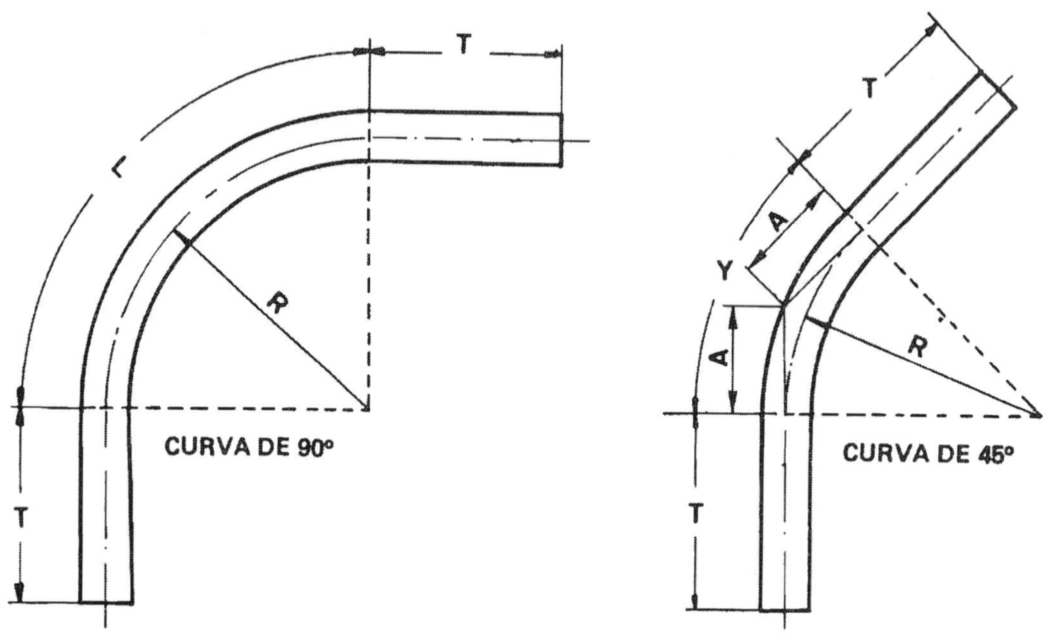

DIMEN. EM m/m

LEGENDA

R – RAIO 5 DIÂM.
L – COMP. DO ARCO DA CURVA DE 90°
Y – COMP. DO ARCO DA CURVA DE 45°
T – TANG. MÍNIMA PARA CURVAR
A – COMP. DA TANG. DA CURVA DE 45°

DIÂM.	R	L	Y	T	A
2″	254	399	200	406	105
3″	381	598	299	406	158
4″	508	798	399	406	210
6″	762	1197	598	610	316
8″	1016	1596	789	610	421
10″	1270	1995	998	610	526
12″	1524	2394	1197	610	631
14″	1778	2793	1396	610	736
16″	2032	3192	1596	610	842

ARCOS, FLECHAS E CORDAS PARA RAIO = 1

Ângulo	Arcos	Flechas	Cordas	Ângulo	Arcos	Flechas	Cordas
101	1.7628	0.3639	1.5432	141	2.4609	0.6662	1.8853
102	1.7802	0.3707	1.5543	142	2.4784	0.6744	1.8910
103	1.7977	0.3775	1.5652	143	2.4958	0.6827	1.8966
104	1.8151	0.3843	1.5760	144	2.5133	0.6910	1.9121
105	1.8326	0.3912	1.5867	145	2.5307	0.6993	1.9074
106	1.8500	0.3982	1.5973	146	2.5482	0.7076	1.9126
107	1.8675	0.4052	1.6077	147	2.5656	0.7160	1.9176
108	1.8850	0.4122	1.6180	148	2.5831	0.7244	1.9225
109	1.9024	0.4193	1.6282	149	2.6005	0.7328	1.9273
110	1.9199	0.4264	1.6383	150	2.6180	0.7412	1.9319
111	1.9373	0.4336	1.6483	151	2.6354	0.7496	1.9363
112	1.9548	0.4408	1.6581	152	2.6529	0.7581	1.9406
113	1.9722	0.4481	1.6678	153	2.6704	0.7666	0.9447
114	1.9897	0.4554	1.6773	154	2.6878	0.7750	1.9487
115	2.0071	0.4627	1.6868	155	2.7053	0.7836	1.9526
116	2.0246	0.4701	1.6961	156	2.7227	0.7921	1.9563
117	2.0420	0.4775	1.7053	157	2.7402	0.8006	1.9598
118	2.0595	0.4950	1.7143	158	2.7576	0.8092	1.9632
119	2.0769	0.4925	1.7233	159	2.7751	0.8178	1.9665
120	2.0944	0.5000	1.7321	160	2.7925	0.8264	1.9696
121	2.1118	0.5076	1.7407	161	2.8100	0.8350	1.9726
122	2.1293	0.5152	1.7492	162	2.8274	0.8436	1.9754
123	2.1468	0.5228	1.7576	163	2.8449	0.8522	1.9780
124	2.1642	0.5305	1.7659	164	2.8623	0.8608	1.9805
125	2.1817	0.5383	1.7740	165	2.8798	0.8695	1.9829
126	2.1991	0.5460	1.7820	166	2.8972	0.8781	1.9851
127	2.2160	0.5538	1.7899	167	2.9147	0.8868	1.9871
128	2.2340	0.5616	1.7976	168	2.9322	0.8955	1.9890
129	2.2515	0.5695	1.8052	169	2.9496	0.9042	1.9908
130	2.2689	0.5774	1.8126	170	2.9671	0.9128	1.9924
131	2.2864	0.5853	1.8199	171	2.9845	0.9215	1.9938
132	2.3038	0.5933	1.8271	172	3.0020	0.9302	1.9951
133	2.3213	0.6013	1.8341	173	3.0194	0.9390	1.9963
134	2.3387	0.6093	1.8410	174	3.0369	0.9477	1.9973
135	2.3563	0.6173	1.8478	175	3.0543	0.9564	1.9981
136	2.3736	0.6254	1.8544	176	3.0718	0.9651	1.9988
137	2.3911	0.6335	1.8608	177	3.0892	0.9738	1.9993
138	2.4086	0.6416	1.8672	178	3.1067	0.9825	1.9997
139	2.4260	0.6498	1.8733	179	3.1241	0.9913	1.9999
140	2.4435	0.6580	1.8794	180	3.1416	1.0000	2.0000

CALIBRADOR NORMAL DOS ESTADOS UNIDOS PARA CHAPAS PRETAS, GALVANIZADAS E DE AÇO

BITOLA	ESPESSURA APROXIMADA			PESO APROX.
	Pol.	Milésimos Pol.	mm.	Kg. por m²
0000000	1/2	0,500	12,7	97,65
000000	15/32	0,468	11,906	91,55
00000	7/16	0,437	10,112	85,44
0000	13/32	0,406	10,318	79,33
000	3/8	0,375	9,525	73,24
00	11/32	0,343	7,731	67,13
0	5/16	0,312	7,937	61,03
1	9/32	0,281	7,143	54,93
2	17/64	0,265	6,746	51,88
3	1/4	0,250	6,350	48,82
4	15/64	0,234	5,953	45,77
5	7/32	0,218	5,556	42,72
6	13/64	0,203	4,159	39,67
7	3/16	0,187	4,762	36,62
8	11/64	0,171	4,365	33,57
9	5/32	0,156	3,968	30,52
10	9/64	0,140	3,571	27,46
11	1/8	0,125	3,175	24,41
12	7/64	0,109	2,778	21,36
13	3/32	0,096	2,381	18,31
14	5/64	0,078	1,984	15,26
15	9/128	0,070	1,785	13,73
16	1/16	0,062	1,587	12,21
17	9/169	0,056	1,428	10,99
18	1/20	0,050	1,270	9,76
19	7/160	0,043	1,111	8,54
20	3/80	0,037	.952	7,32
21	11/320	0,034	.873	6,71
22	1/32	0,031	.793	6,10
23	9/320	0,028	.714	5,49
24	1/40	0,025	.635	4,88
25	7/320	0,021	.555	4,27
26	3/160	0,018	.476	3,66
27	11/640	0,017	.436	3,35
28	1/64	0,015	.396	3,05
29	9/640	0,014	.357	2,74
30	1/80	0,012	.317	2,44
31	7/640	0,010	.277	2,13
32	13/1280	0,010	.257	1,98
33	3/320	0,009	.238	1,83
34	11/1280	0,008	.218	1,67
35	5/640	0,007	.198	1,52
36	9/1280	0,007	.178	1,37
37	17/2560	0,006	.168	1,29
38	1/160	0,006	.158	1,22

NÚMEROS CONSTANTES PARA DIVISÕES DE FUROS EM QUALQUER DIÂMETRO BASTANDO MULTIPLICAR O DIÂMETRO PELO NÚMERO CONSTANTE O RESULTADO É CORRESPONDENTE À DISTÂNCIA ENTRE FUROS

Divisões	Constantes	Divisões	Constantes	Divisões	Constantes
3	0,86603	36	0,08720	69	0,04551
4	0,70711	37	0,08481	70	0,04487
5	0,58779	38	0,08358	71	0,04428
6	0,50000	39	0,08047	72	0,04362
7	0,43388	40	0,07850	73	0,04302
8	0,38268	41	0,07659	74	0,04244
9	0,34202	42	0,07482	75	0,04188
10	0,30902	43	0,07300	76	0,04132
11	0,28173	44	0,07134	77	0,04079
12	0,25882	45	0,06976	78	0,04027
13	0,23932	46	0,06824	79	0,03916
14	0,22232	47	0,06679	80	0,03925
15	0,20791	48	0,06540	81	0,03877
16	0,19509	49	0,06407	82	0,03830
17	0,18375	50	0,06279	83	0,03784
18	0,17365	51	0,06156	84	0,03740
19	0,16460	52	0,06038	85	0,03736
20	0,15643	53	0,05924	86	0,03654
21	0,14902	54	0,05814	87	0,03594
22	0,14236	55	0,05709	88	0,03581
23	0,13617	56	0,05607	89	0,03529
24	0,13053	57	0,05509	90	0,03499
25	0,12533	58	0,05414	91	0,03462
26	0,12054	59	0,05322	92	0,03415
27	0,11610	60	0,05234	93	0,03378
28	0,11196	61	0,05145	94	0,03342
29	0,10812	62	0,05062	95	0,03307
30	0,10453	63	0,04985	96	0,03271
31	0,10117	64	0,04907	97	0,03240
32	0,09802	65	0,04834	98	0,03211
33	0,09506	66	0,04758	99	0,03175
34	0,09227	67	0,04687	100	0,03140
35	0,08964	68	0,04618		

ARCOS, FLECHAS E CORDAS PARA RAIO = 1

Ângulo	Arcos	Flechas	Cordas	Ângulo	Arcos	Flechas	Cordas
1	0.0175	0.00004	0.0175	51	0.8901	0.0974	0.8610
2	0.0349	0.00015	0.0349	52	0.9076	0.1012	0.8767
3	0.0524	0.00034	0.0524	53	0.9250	0.1051	0.8924
4	0.0698	0.00061	0.0698	54	0.9425	0.1090	0.9080
5	0.0873	0.00095	0.0872	55	0.9599	0.1130	0.9235
6	0.1047	0.00137	0.1047	56	0.9774	0.1171	0.9389
7	0.1222	0.00187	0.1221	57	0.9948	0.1212	0.9543
8	0.1396	0.00244	0.1395	58	1.0123	0.1254	0.9695
9	0.1571	0.00308	0.1569	59	1.0297	0.1296	0.9848
10	0.1745	0.00381	0.1743	60	1.0472	0.1340	1.0000
11	0.1920	0.00460	0.1917	61	1.0647	0.1384	1.0151
12	0.2094	0.00548	0.2091	62	1.0821	0.1428	1.0301
13	0.2269	0.00643	0.2264	63	1.0996	0.1474	1.0450
14	0.2443	0.00745	0.2437	64	1.1170	0.1520	1.0598
15	0.2618	0.00856	0.2611	65	1.1345	0.1566	1.0746
16	0.2793	0.00973	0.2783	66	1.1519	0.1613	1.0893
17	0.2967	0.01098	0.2956	67	1.1694	0.1661	1.1039
18	0.3142	0.01231	0.3129	68	1.1868	0.1710	1.1184
19	0.3316	0.01371	0.3301	69	1.2043	0.1759	1.1328
20	0.3491	0.01519	0.3473	70	1.2217	0.1808	1.1472
21	0.3665	0.01675	0.3645	71	1.2392	0.1859	1.1614
22	0.3940	0.01837	0.3816	72	1.2566	0.1910	1.1756
23	0.4014	0.02008	0.3987	73	1.2741	0.1961	1.1896
24	0.4189	0.02185	0.4158	74	1.2915	0.2014	1.2036
25	0.4363	0.02570	0.4329	75	1.3090	0.2066	1.2175
26	0.4538	0.02563	0.4499	76	1.3265	0.2120	1.2313
27	0.4712	0.02763	0.4669	77	1.3439	0.2174	1.2450
28	0.4887	0.02969	0.4838	78	1.3614	0.2229	1.2586
29	0.5061	0.03185	0.5008	79	1.3788	0.2284	1.2722
30	0.5236	0.03407	0.5166	80	1.3963	0.2340	1.2856
31	0.5411	0.03637	0.5345	81	1.4137	0.2396	1.2989
32	0.5585	0.03874	0.5512	82	1.4312	0.2453	1.3121
33	0.5760	0.04118	0.5680	83	1.4486	0.2510	1.3252
34	0.5934	0.04370	0.5847	84	1.4661	0.2569	1.3283
35	0.6109	0.04328	0.6014	85	1.4835	0.2627	1.3512
36	0.6283	0.04894	0.6180	86	1.5010	0.2686	1.3640
37	0.6458	0.05168	0.6346	87	1.5184	0.2746	1.3767
38	0.6632	0.05448	0.6511	88	1.5359	0.2807	1.3893
39	0.6807	0.05736	0.6676	89	1.5533	0.2867	1.4018
40	0.6981	0.06031	0.6840	90	1.5708	0.2929	1.4142
41	0.7156	0.06333	0.7004	91	1.5882	0.2991	1.4265
42	0.7330	0.06642	0.7167	92	1.6057	0.3053	1.4387
43	0.7505	0.06958	0.7330	93	1.6232	0.3116	1.4507
44	0.7679	0.07281	0.7492	94	1.6406	0.3180	1.4627
45	0.7854	0.07612	0.7654	95	1.6580	0.3244	1.4746
46	0.8029	0.07950	0.7815	96	1.6755	0.3309	1.4863
47	0.8203	0.08290	0.7975	97	1.6930	0.3374	1.4979
48	0.8379	0.08650	0.8135	98	1.7104	0.3439	1.5094
49	0.8552	0.09000	0.8294	99	1.7279	0.3506	1.5208
50	0.8727	0.09370	0.8452	100	1.7453	0.3572	1.5321

FLANGES LISAS PARA VENTILAÇÃO INDUSTRIAL

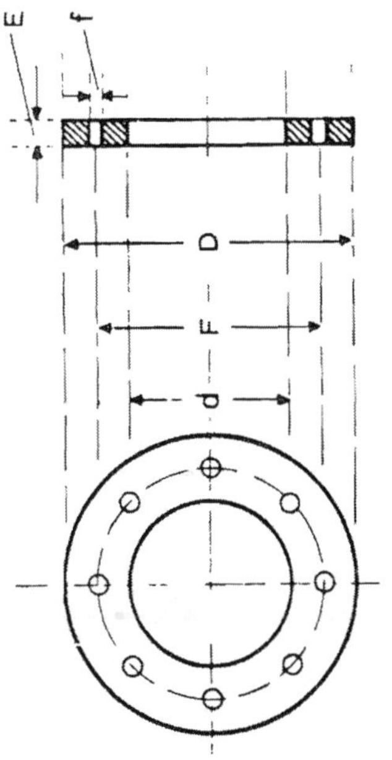

Dimensões do Tubo			Diâmetros da Flange em cm.			Espessura da Flange E em Pol.	Furos da Flange	
Diâmetro		Espessura da parede em pol.	Externo.	Interno	Da Furação		Diâ. máx.	quant.
pol.	cm		D	d	F		f pol.	furos
8	20,3	1/8" a 1/4"	34.0	21.0 a 21.7	29.5	3/16" a 3/8"	1"	8
10	25.4	1/8" a 1/4"	39.5	26.1 a 26.4	35.0	3/16" a 3/8"	1"	12
12	30.5	1/8" a 1/4"	44.5	31.2 a 31.8	40.0	3/16" a 3/8"	1"	12
14	35.6	1/8" a 5/16"	50.5	36.3 a 37.0	46.0	1/4" a 1/2"	1"	16
16	40.6	1/8" a 3/8"	56.5	41.3 a 42.6	51.5	1/4" a 5/8"	1 1/8"	16
18	45.7	1/8" a 7/16"	61.5	46.4 a 48.0	56.5	1/4" a 3/4"	1 1/8"	20
20	50.8	1/8" a 1/2"	67.0	51.5 a 53.5	62.0	1/4" a 1"	1 1/8"	20
22	55.9	1/8" a 1/2"	73.0	56.6 a 58.5	67.5	1/4" a 1"	1 1/8"	20
24	61.0	1/8" a 5/8"	78.0	61.7 a 64.7	72.5	1/4" a 1 1/4"	1 1/4"	20
26	66.0	3/16" a 5/8"	83.5	67.0 a 69.2	78.0	1/4" a 1 1/4"	1 1/4"	24
28	71.0	3/16" a 5/8"	88.5	72.0 a 74.2	83.0	1/4" a 1 1/4"	1 1/4"	24
30	76.0	3/16" a 3/4"	97.0	77.0 a 80.0	89.0	1/4" a 1 1/2"	1 1/2"	24
32	81.3	3/16" a 3/4"	102.5	82.3 a 84.3	94.5	1/4" a 1 1/2"	1 1/2"	24
34	86.4	3/16" a 3/4"	107.5	87.4 a 90.4	99.5	1/4" a 1 1/2"	1 1/2"	24
36	91.4	3/16" a 3/4"	112.5	92.4 a 95.4	104.5	1/4" a 1 1/2"	1 1/2"	28
38	96.5	3/16" a 3/4"	117.5	97.5 a 100.5	109.5	1/4" a 1 1/2"	1 1/2"	28
40	101.6	3/16" a 1"	128.0	102.6 a 107.0	117.0	1/4" a 2"	2"	28

TABELA DE PESO UNITÁRIO DAS CHAPAS

ESPESSURA		PESO	
Pol.	mm.	Pol.	kg/m²
1/8	3.175	0.1250	24.898
3/16	4.763	0.1875	37.348
1/4	6.350	0.2500	49.797
5/16	7.938	0.3125	62.246
3/8	9.525	0.3750	74.695
7/16	11.113	0.4375	87.144
1/2	12.700	0.5000	99.593
9/16	14.288	0.5625	112.043
5/8	15.875	0.6250	124.492
11/16	17.463	0.6875	136.941
3/4	19.050	0.7500	149.390
13/16	20.638	0.8125	161.839
7/8	22.285	0.8750	174.288
15/16	23.813	0.9375	186.738
1	25.400	1.000	199.187

Obs.: O peso específico adotado para o aço laminado é de 7.84 g/cm³.

EXEMPLOS DE JUNÇÕES DE CHAPAS (CRAVAÇÕES)

Embora existam outros tipos de emendas, os apresentados nesta página são os mais usados em funilaria industrial.

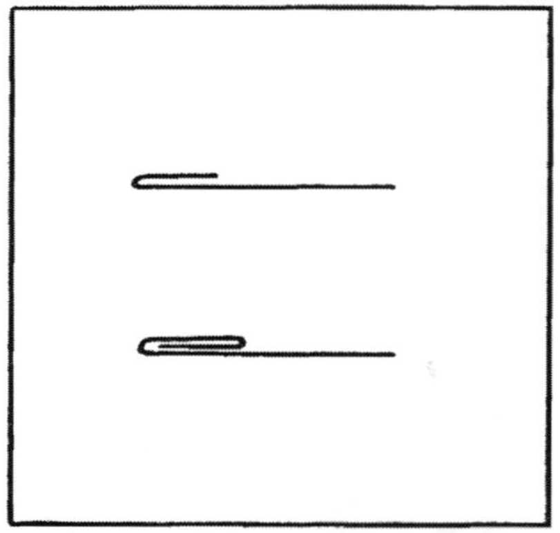

Arremate com dobra simples e dupla

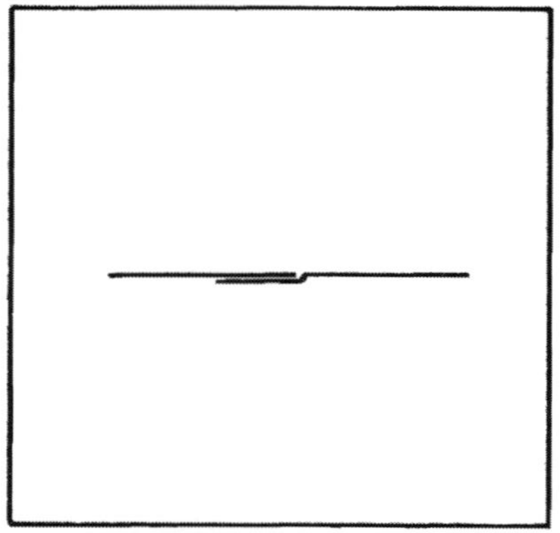

Emenda sobreposta soldada a ponto

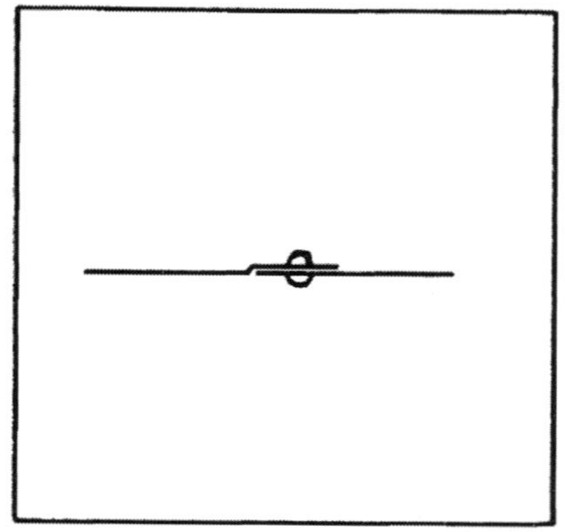

Emenda sobreposta rebitada

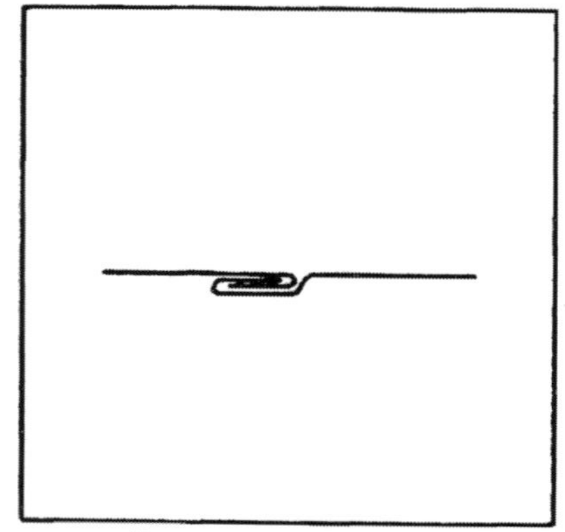

Emenda plana de encaixe

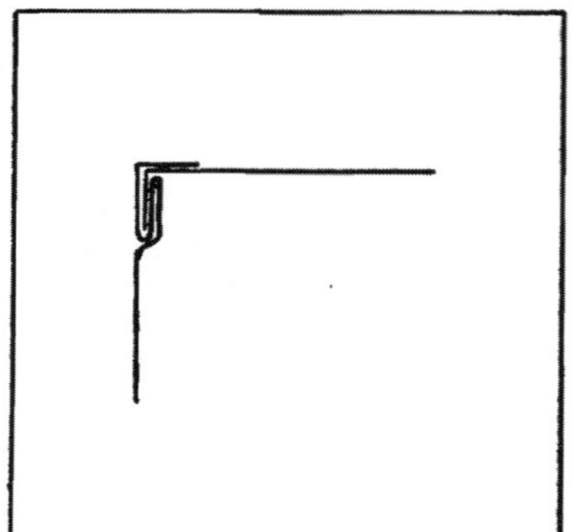

Emenda de canto "Pittsburgh" também chamada emenda tipo americana

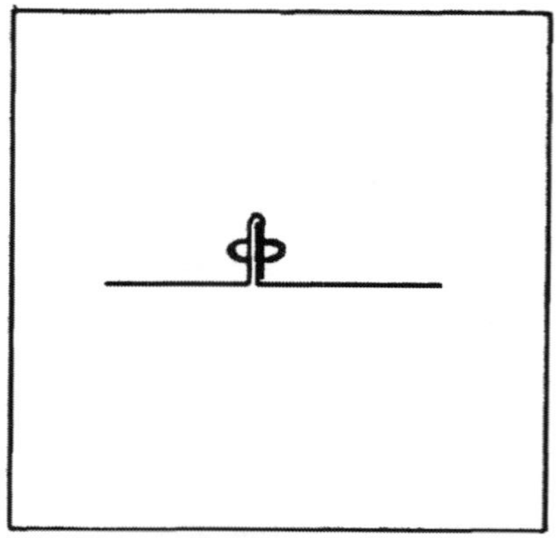

Emenda levantada rebitada

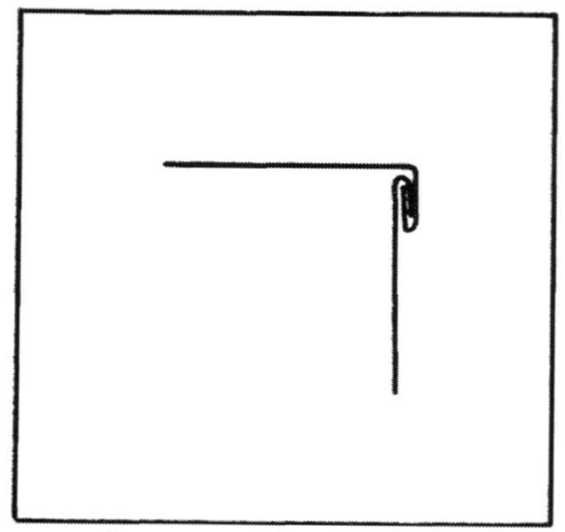

Emenda de canto de encaixe

Emenda de encaixe duplo também chamada "chaveta"

TABELA PARA CALCULAR O COMPRIMENTO DA PEÇA.

RAIO R	ESPESSURA DO MATERIAL – d												
	0,5	0,8	1,0	1,5	2,0	2,5	3,0	3,5	4,0	4,5	5,0	5,5	6,0
0	+ 0,2	0,3	0,4	0,6	0,9	1,1	1,4	1,6	1,9	2,1	2,4		
0,25	+ 0,2	0,3	0,4	0,6	0,9	1,1	1,4	1,6	1,9	2,1	2,4		
0,50	+ 0,1	0,3	0,4	0,6	0,9	1,1	1,4	1,6	1,9	2,1	2,4		
0,75	0,0	+ 0,2	0,3	0,6	0,8	1,1	1,3	1,6	1,9	2,1	2,3		
1,00	– 0,1	0,1	+ 0,2	0,5	0,8	1,0	1,2	1,5	1,8	2,0	2,3		
1,25	– 0,2	0,0	0,1	+ 0,4	0,7	1,0	1,2	1,5	1,8	2,0	2,2		
1,50	– 0,3	– 0,1	0,0	+ 0,3	0,6	0,9	1,0	1,4	1,7	1,9	2,2		
1,75	– 0,4	– 0,2	– 0,1	+ 0,2	0,5	0,8	1,0	1,4	1,6	1,9	2,1		
2,00	– 0,5	– 0,3	– 0,2	+ 0,1	0,4	0,7	1,0	1,3	1,5	1,8	2,0		
2,25	– 0,6	– 0,4	– 0,3	0,0	+ 0,3	0,6	0,9	1,2	1,4	1,8	2,0		
2,50	– 0,7	– 0,5	– 0,4	– 0,1	+ 0,2	0,5	0,8	1,1	1,4	1,7	1,9		
2,75	– 0,8	– 0,6	– 0,5	– 0,2	+ 0,1	0,4	0,7	1,0	1,3 1,2	1,6	1,8		
3,00	– 0,9	– 0,7	– 0,6	– 0,3	0,0	+ 0,3	0,6	0,9	1,2	1,5	1,8		
3,50	– 1,1	– 0,9	– 0,8	– 0,5	– 0,2	+ 0,2	0,5	0,7	1,0	1,4	1,6		
4,00	– 1,3	– 1,1	– 1,0	– 0,7	– 0,4	0,0	+ 0,3	0,5	0,8	1,2	1,4		
4,50	– 1,5	– 1,3	– 1,2	– 0,9	– 0,6	– 0,2	+ 0,1	0,3	0,6	1,1	1,3		
5,00	– 1,7	– 1,5	– 1,4	– 1,1	– 0,8	– 0,4	– 0,1	+ 0,1	0,4	0,8	1,1		

T Constan.

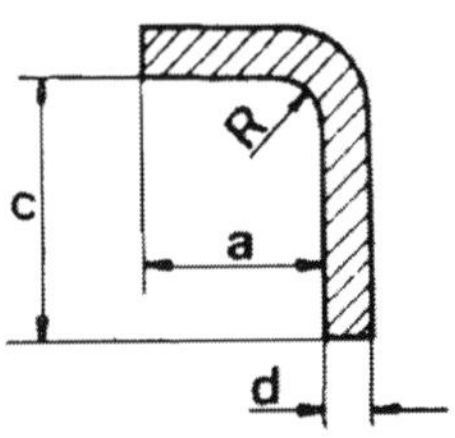

Exemplo:
a = 15
c = 20
d = 2,5
R = 3,5
T = 0,2

L = 15 + 20 + 0,2 = 35,2

T = Constante
a, c = Altura
d = Espessura
R = Raio
L = Compr. Procurado

DIVISÕES DA POLEGADA

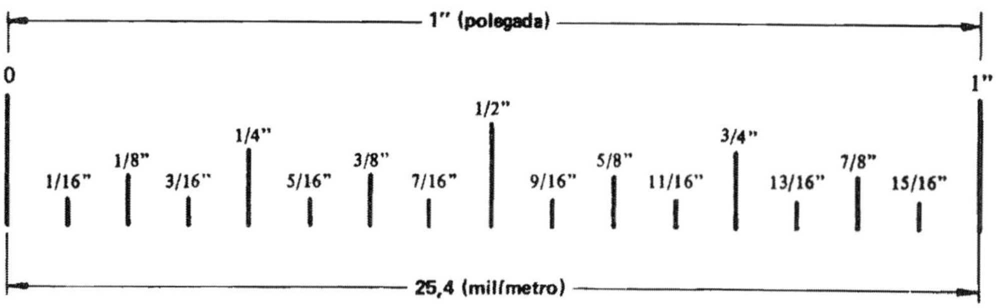

SISTEMA DE LEITURA DE FRAÇÕES DE POLEGADA, DECIMAIS DE POLEGADA E MILÍMETRO.

Frações de Polegada	Decimal de Polegada	Milímetro	Frações de Polegada	Decimal de Polegada	Milímetro
1/64	0,0156	0,397	33/64	0,5156	13,097
1/32	0,0312	0,794	17/32	0,5213	13,494
3/64	0,0468	1,191	35/64	0,5468	13,891
1/16	0,0625	1,588	**9/16**	0,5625	14,287
5/64	0,0781	1,984	37/64	0,5781	14,684
3/32	0,0937	2,381	19/32	0,5937	15,081
7/64	0,1093	2,778	39/64	0,6993	15,478
1/8	0,1250	3,175	**5/8**	0,6250	15,875
9/64	0,1406	3,572	41/64	0,6406	16,272
5/32	0,1562	3,969	21/32	0,6562	16,669
11/64	0,1718	4,366	43/64	0,6718	17,065
3/16	0,1875	4,763	**11/16**	0,6875	17,462
13/64	0,2031	5,159	45/64	0,7031	17,859
7/32	0,2187	5,556	23/32	0,7187	18,256
15/64	0,2343	5,953	47/64	0,7343	18,653
1/4	0,2500	6,350	**3/4**	0,7500	19,050
17/64	0,2656	6,747	49/64	0,7656	19,447
9/32	0,2812	7,144	25/32	0,7812	19,844
19/64	0,2968	7,541	51/64	0,7968	20,240
5/16	0,3125	7,938	**13/16**	0,8125	20,637
21/64	0,3281	8,334	53/64	0,8281	21,034
11/32	0,3437	8,731	27/32	0,8437	21,431
23/64	0,3593	9,128	55/64	0,8593	21,828
3/8	0,3750	9,525	**7/8**	0,8750	22,225
25/64	0,3906	9,922	57/64	0,8906	22,622
13/32	0,4062	10,319	29/32	0,9062	23,019
27/64	0,4216	10,716	59/64	0,9218	23,415
7/16	0,4375	11,113	**15/16**	0,9375	23,812
29/64	0,4531	11,509	61/64	0,9531	24,209
15/32	0,4687	11,906	31/32	0,9687	24,606
31/64	0,4843	12,303	63/64	0,9843	25,003
1/2	0,5000	12,700	1	1,0000	25,400

CÁLCULOS DE CONVERSÕES
MEDIDAS – SISTEMA INGLÊS E SISTEMA MÉTRICO DECIMAL

(É BOM LEMBRAR QUE A FRAÇÃO DA POLEGADA SUBDIVIDE-SE EM: 1/2" – 1/4" – 1/8" – 1/16" – 1/32" – 1/64" e 1/128").

1) Quantas polegadas tem 125 milímetros? (Resposta em decimal de polegada)

1 milímetro = 0,03937" (polegadas), logo:

```
  0,03937
x     125
---------
    19685
+  7874
  3937
---------
  4,92125
```

o resultado é de 4" (polegadas) inteiras e 921 milésimos de polegada.

2) Quantas polegadas tem 146 mm? (Resposta em fração de polegada)

1 polegada (1") = 25,4 mm (25 milímetros e 4 décimos), logo:

```
1460 |25,4
1900  5,75
 1320
  050
```

O resultado é de 5" (polegadas) inteiras e 0,75 decimal de 1" (polegada).

como o menor denominador da polegada é 1/128" (um, cento e vinte e oito avos de polegada), então:

```
   128
x 0,75
------
   640
+896
------
 96,00
```

logo a fração será de: 5 96"/128, então, simplificando: 96/128".
dividindo o numerador e o denominador por um mesmo número, temos:

```
96 |32        128 |32
00   3        00    4
```

logo:

96 : 32 = 3 e 128 : 32 = 4, e o resultado é de 3/4", assim:

$$5\,\frac{96}{128} = 5\,\frac{3''}{4}$$

Resposta: 146 mm tem 5 3/4".

3) Quantos milímetros tem 6 3/4" (polegadas)?

Primeiramente, transformamos a fração 3/4" em decimal de polegadas, dividindo o numerador pelo denominador: assim:

```
30 |4
20  0,75
 0
```

logo:

```
  0,75"   (decimal de polegada)
+ 6,00    (6" inteiras)
  ------
  6,75"
```

```
    6,75
x   25,4
--------
    2700
+  3375
  1350
--------
 171,450
```

então: 6,75 x 25,4 = 171,4 mm.

logo: 1" (polegada) = 25,4 mm. Resposta 6 3/4" = 171 mm. e 4 décimos.

4) Quantos pés tem 23 metros?

1 metro = 3,281 (pés), logo:

```
  3.281'
x     23
--------
   9843
+ 6562
--------
 75,463'
```

75 pés inteiros e 463 decimal do pé
Resposta: 23 m = 75,463'

12) Qual é a pressão em kg/ cm^2 correspondente a 150 lbs./polegadas^2?
Nota: 150 psi = pressão por polegada quadrada (POUND PER SQUARE INCHES)
1 lbs/pol^2 = 0,0703 kg/cm^2, logo:

$$\begin{array}{r} 0,0703 \\ \times\ 150 \\ \hline 3515 \\ +703\ \ \\ \hline 10,5450 \end{array}$$

Resposta: 150 lbs/pol^2 = 10,545 kg/cm^2

13) Quantas libras por polegada quadrada (lbs/pol^2) — (psi) correspondem a 5 kg/cm^2?
1 kg/cm^2 = 14,223 (psi), logo:

$$\begin{array}{r} 14,223 \\ \times\ \ \ 5 \\ \hline 71,115 \end{array}$$

Resposta: 5 kg/cm^2 = 71,115 lbs/pol^2 (psi)

14) Qual é o volume de um tanque em metros cúbicos, medindo 2,300 de comprimento x 1.200 de largura x 0,840 de altura (M)? — Quantos litros de óleo pode conter o tanque? — Quantos litros de óleo vazou do tanque, quando o óleo abaixar 1 cm.?
Volume do tanque = 2,30 x 1,20 x 0,84, logo:

$$\begin{array}{r} 2,30 \\ \times 1,20 \\ \hline +46 \\ 23\ \ \\ \hline 2,7600 \end{array} \qquad \begin{array}{r} 2,7600 \\ \times\ 0,84 \\ \hline 1104 \\ +\ 2208\ \ \\ \hline 2,318400 \end{array}$$

Resposta: Volume do tanque = 2,318400 m^3

Litros que o tanque pode conter (1 m^3 = 1000 lts.), logo:

$$\begin{array}{r} 2,3184\ m^3 \\ \times\ \ 1.000 \\ \hline 2.318,4000 \end{array}$$

Resposta: Pode conter 2.318,400 litros de óleo.

Litros de óleo esgotado ao abaixar: 0,01 (1 cmt), logo:

$$\begin{array}{r} 2,30 \\ \times\ 1,20 \\ \hline 46 \\ +\ 23\ \ \\ \hline 2,7600 \end{array} \qquad \begin{array}{r} 2,7600 \\ \times\ 0,01 \\ \hline 0,027600 \end{array} \qquad \begin{array}{r} 0,027600 \\ \times\ \ \ 1000 \\ \hline 27,600000000 \end{array}$$

Resposta: Vasa do tanque 27,600 litros por cada 1 cmt. que abaixa

15) Calcular quantos litros d'água cabe num tanque cilíndrico,tendo o Diâmetro (d) 0,610 x 1,650 de altura?
Área do círculo do tanque = Diâm. (O) = 0,7854 x d^2 = 0,7854 x $0,610^2$

$$\begin{array}{r} 0,61 \\ \times 0,61 \\ \hline 61 \\ +366\ \\ \hline 0,3721 \end{array} \qquad \begin{array}{r} 0,7854 \\ \times\ 0,3721 \\ \hline 7854 \\ 15708\ \ \\ +\ 54978\ \ \ \ \\ 23562\ \ \ \ \ \ \\ \hline 0,29224734 \end{array}$$

6 ÷ 6
4 6

Resposta: Área do tanque = 0,2923 m^2

REDUÇÃO DE POLEGADAS INGLÊSAS A MILÍMETROS
1 POLEGADA INGLÊSA – 25,399541 mm.

POLEGADAS	0	1/16"	1/8"	3/16"	1/4"	5/16"	3/8"	7/16"	1/2"	9/16"	5/8"	11/16"	3/4"	13/16"	7/8"	15/16"	POLEGADAS
0	0,000	1,587	3,175	4,762	6,350	7,937	9,525	11,102	12,700	14,287	15,875	17,462	19,050	20,637	22,225	23,812	0
1	25,400	26,987	28,574	30,162	31,749	33,337	34,924	36,512	38,099	39,687	41,274	42,862	44,449	46,037	47,624	49,212	1
2	50,799	52,387	53,974	55,561	57,149	58,736	60,324	61,911	63,499	65,086	66,674	68,261	69,849	71,436	73,024	74,611	2
3	76,199	77,786	79,374	80,961	82,549	84,136	85,723	87,311	88,898	90,486	92,073	93,661	95,248	96,836	98,423	100,010	3
4	101,600	103,190	104,770	106,360	107,950	109,540	111,120	112,710	114,300	115,890	117,470	119,060	120,650	122,240	123,820	125,410	4
5	127,000	128,590	130,170	131,760	133,350	134,940	136,520	138,110	139,700	141,280	142,870	144,460	146,050	147,630	149,220	150,810	5
6	152,400	153,980	155,570	157,160	158,750	160,330	161,920	163,510	165,100	166,680	168,270	169,860	171,450	173,030	174,620	176,210	6
7	177,800	179,380	180,970	182,560	184,150	185,730	187,320	188,910	190,500	192,080	193,670	195,260	196,850	198,430	200,020	201,610	7
8	203,200	204,780	206,370	207,960	209,550	211,130	212,720	214,510	215,900	217,480	219,070	220,660	222,250	223,830	225,420	227,010	8
9	228,600	230,180	231,770	233,360	234,950	236,530	238,120	239,710	241,300	242,880	244,470	246,060	247,650	249,230	250,820	252,410	9
10	254,000	255,580	257,170	258,760	260,350	261,930	263,520	265,110	266,700	268,280	269,870	271,460	273,050	274,630	276,220	277,810	10
11	279,390	280,980	282,570	284,160	285,740	287,330	288,920	290,510	292,090	293,680	295,270	296,860	298,440	300,030	301,620	303,210	11
12	304,790	306,380	307,970	309,560	311,140	312,730	314,320	315,910	317,490	319,080	320,670	322,260	323,840	325,430	327,020	328,610	12
13	330,190	331,780	333,370	334,960	336,540	338,130	339,720	341,310	342,890	344,480	346,070	347,660	349,240	350,830	352,420	354,010	13
14	355,590	357,180	358,770	360,360	361,940	363,530	365,120	366,710	368,290	369,880	371,470	373,060	374,640	376,230	377,820	379,410	14
15	380,990	382,580	384,170	385,760	387,340	388,930	390,520	392,110	393,690	395,280	396,870	398,460	400,040	401,630	403,220	404,810	15
16	406,390	407,980	409,570	411,160	412,740	414,330	415,920	417,500	419,090	420,680	422,270	423,850	425,440	427,030	428,620	430,200	16
17	431,790	433,380	434,970	436,550	438,140	439,730	441,320	442,900	444,490	446,080	447,670	449,250	450,840	452,430	454,020	455,500	17
18	457,190	458,780	460,370	461,950	463,540	465,130	466,720	468,300	469,890	471,480	473,070	474,650	476,240	477,830	479,420	481,000	18
19	482,590	484,180	485,770	487,350	488,940	490,530	492,120	493,700	495,290	496,880	498,470	500,050	501,640	503,230	504,820	506,400	19
20	507,990	509,580	511,170	512,750	514,340	515,930	517,520	519,100	520,690	522,280	523,870	525,450	527,040	528,630	530,220	531,800	20
21	533,390	534,980	536,570	538,150	539,740	541,330	542,920	544,500	546,090	547,680	549,270	550,850	552,440	554,030	555,610	557,200	21
22	558,790	560,380	561,960	563,550	565,140	566,730	568,310	569,900	571,490	573,080	574,660	576,250	577,840	579,430	581,010	582,600	22
23	584,190	585,780	587,360	588,950	590,540	592,130	593,710	595,300	596,890	598,480	600,060	601,650	603,240	604,830	606,410	608,000	23
24	609,590	611,180	612,760	614,350	615,940	617,530	619,110	620,700	622,290	623,880	625,460	627,650	628,640	630,230	631,810	633,400	24

MEDIDAS INGLESAS E SEUS VALORES EQUIVALENTES NO NOSSO SISTEMA MÉTRICO

1 Libra (LB) = 453,5 g.	1 Kgf. = 2.2046 LBS
112 LBS = 50,80 Kgf.	1t. (1000 kgf) = 2204,6 LBS = 0,9842 T.B. = 1,1023 TL.
1 Tonelada Líquida (2000 LBS) = 907,2 Kgf.	1 mm. = 0,03937 pol.
1 Tonelada Bruta (2240 LBS) = 1016,06 Kgf.	1 cm. = 0,3937 pol.
1 polegada = 25,40 mm.	1 m. = 39,37 pol. = 3,2808 pés = 1,09361 jardas
1 pé (12 pol.) = 30,48 cm.	1 Km. = 0,62137 milha = 1093,6 jardas
1 jarda (3 pés) = 91,44 cm.	1 kgf/cm = 5,5997 LBS/pol. = 67,197 LBS/pé *
1 milha (1760 jardas) = 1609,35 m.	1 Kgf/m. = 0,6729 LBS/pé = 2,0159 LBS/jarda *
1 LB/pé = 0,014886 Kg/cm *	1 mm.^{2} = 0,00155 pol.^{2}
1 Lb/pol. = 0,17858 kg/cm *	1 cm.^{2} = 0,155 pol.^{2}
1 Lb/pé = 1,48816 Kg/m *	1 m.^{2} = 10,7639 pés^2 = 1,196 jar.^{2}
1 Lb/jarda = 0,4961 Kg/m *	1 Kgf/mm.^{2} = 1422,32 LBS/pol.^{2}
1 pol.^{2} = 6,4516 cm^2 = 645,16 mm.^{2}	1 Kgf/cm.^{2} = 14,2232 LBS/pol.^{2}
1 pé^2 = 0,0929 m.^{2}	1 Kgf/m.^{2} = 0,2048 LBS/pé^2 = 1,8433 LBS/jar.^{2}
1 jarda^2 = 0,8361 m.^{2}	1 cm.^{3} = 0,061024 pol.^{3}
1 LB/ pol.^{2} (PSI – $\frac{\text{pounds per}}{\text{square inch}}$) = 0,0703 Kg/cm.^{2}	1 m.^{3} = 35,31476 pés^3 = 1,308 jar.^{3}
1 Lb/pé^2 = 4,8825 Kg/m.^{2}	1 Kgf/cm.^{3} = 36,127 LBS/pol.^{3}
1 pol.^{3} = 16,387 cm.^{2}	1 Kgf/m.^{3} = 0,0624249 LBS/pé^3
1 pé^3 = 0,02832 m.^{3}	1 cm.^{4} = 0,024025 pol.^{4}
1 Lb/pol.^{3} = 0,02768 Kg/cm.^{3}	1 Litro = 0,220 galão inglês
1 LB/pé^3 = 16,019 Kg/m.^{3}	1 Litro= 0,2641777 galão americano
1 pol.^{4} = 41,6231 cm.^{3}	1 m/s. = 196,818 pés/min.
1 galão inglês = 4,544 litros	$C.^o = \frac{5(F.^o - 32)}{9}$
1 galão americano = 3,785 litros	= 3,141592654...
1 pé/s = 0,3048 m/s.	1 Barril de 42 galões = 5,6 pés^3
$F.^o = \frac{9\,C.^o}{5} + 32$	1 B. T. U. = 0,252 calorias
1 Kg/mm.^{2} = 1,422 PSI	1 Litro = 0,2642 galão USA
1 Barril (42 galões USA) = 158,970 litros	1 m.^{3} = 264,1777 galões USA
1 KSI = 1000 PSI = 70,3 Kg/cm.^{2}	1 KIP = thousand pounds = 1000 Libras = 453,6 Kg.

Nota: ..../............ significa "por" – * Unidade por unidade linear (kg/cm. Linear, etc.)

REDUÇÃO DE PÉS E POLEGADAS INGLÊSAS A MILÍMETROS

pés	0	1"	2"	3"	4"	5"	6"	7"	8"	9"	10"	11"	12"	pés
1	305	330	356	381	406	432	457	483	508	533	559	584	610	1
2	610	635	660	686	711	737	762	787	813	838	864	889	414	2
3	914	940	965	991	1016	1041	1067	1092	1118	1143	1168	1194	1219	3
4	1219	1245	1270	1295	1321	1346	1372	1397	1422	1448	1473	1499	1524	4
5	1524	1549	1575	1600	1626	1651	1676	1702	1727	1753	1778	1803	1829	5
6	1829	1854	1880	1905	1930	1956	1981	2007	2032	2057	2083	2108	2134	6
7	2134	2159	2184	2210	2235	2261	2286	2311	2337	2362	2388	2413	2438	7
8	2438	2464	2489	2515	2540	2565	2591	2616	2642	2667	2692	2718	2743	8
9	2743	2769	2794	2819	2845	2870	2896	2921	2946	2972	2997	3023	3048	9
10	3048	3073	3019	3124	3150	3175	3200	3226	3251	3277	3302	3327	3353	10
11	3353	3378	3404	3429	3454	3480	3505	3531	3556	3581	3607	3632	3658	11
12	3658	3683	3708	3734	3759	3785	3810	3835	3861	3886	3912	3937	3962	12
13	3962	3988	4013	4039	4064	4089	4115	4140	4166	4191	4216	4242	4267	13
14	4267	4293	4318	4343	4369	4394	4420	4445	4470	4496	4521	4547	4572	14
15	4572	4597	4623	4648	4674	4699	4724	4750	4775	4801	4826	4851	4877	15
16	4877	4902	4982	4953	4978	5004	5029	5055	5080	5105	5131	5156	5182	16
17	5182	5209	5232	5258	5283	5309	5334	5359	5385	5410	5436	5461	5486	17
18	5486	5512	5537	5563	5588	5613	5639	5664	5690	5715	5740	5766	5791	18
19	5791	5817	5842	5867	5893	5918	5944	5969	5994	6020	6045	6071	6096	19
20	6096	6121	6147	6172	6198	6223	6248	6274	6299	6325	6350	6375	6401	20
21	6401	6426	6452	6477	6502	6528	6553	6579	6604	6629	6655	6680	6706	21
22	6706	6731	6756	6782	6807	6833	6858	6883	6909	6932	6960	6985	7010	22
23	7010	7036	7061	7087	7112	7137	7163	7188	7214	7239	7264	7290	7315	23
24	7315	7341	7366	7391	7417	7442	7467	7493	7518	7545	7569	7594	7620	24
25	7620	7645	7671	7696	7722	7747	7772	7798	7823	7849	7874	7899	7925	25
26	7925	7950	7975	8001	8026	8052	8677	8102	8128	8153	8179	8204	8230	26
27	8230	8255	8280	8306	8332	8357	8382	8408	8433	8458	8484	8509	8534	27
28	8534	8559	8585	8610	8636	8661	8686	8712	8737	8763	8788	8814	8839	28
29	8839	8864	8890	8915	8941	8966	8991	9017	9042	9068	9093	9118	9144	29
30	9144	9169	9195	9220	9246	9271	9296	9322	9347	9373	9398	9423	9449	30
31	9449	9474	9500	9525	9551	9576	9601	9627	9652	9677	9703	9728	9753	31
32	9753	9778	9804	9829	9855	9880	9905	9931	9956	9982	10007	10032	10058	32
33	10058	10083	10109	10134	10160	10185	10210	10236	10261	10287	10312	10337	10363	33
34	10363	10388	10414	10439	10465	10490	10515	10541	10566	10592	10617	10642	10668	34
35	10668	10693	10719	10744	10760	10795	10820	10846	10871	10897	10922	10947	10973	35
36	10973	10998	11024	11049	11075	11100	11125	11151	11176	11202	11227	11252	11277	36
37	11277	11302	11328	11353	11379	11404	11429	11455	11480	11506	11531	11556	11582	37
38	11582	11607	11633	11658	11684	11709	11734	11760	11785	11811	11836	11861	11887	38
39	11587	11912	11938	11963	11989	12014	12039	12065	12090	12116	12141	12166	12192	39
40	12192	12217	12243	12268	12294	12319	12344	12370	12395	12421	12446	12471	12497	40
pés	0	1"	2"	3"	4"	5"	6"	7"	8"	9"	10"	11"	12"	pés

DIMENSÕES DE TUBOS

EXEMPLO DE TUBOS DE DIFERENTES ESCALAS

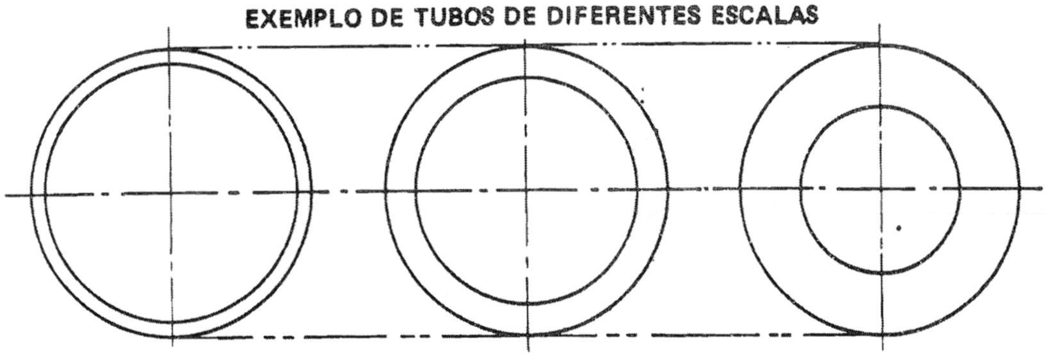

DIÂMETROS		ESPESSURA = PAREDE DO TUBO (mm.)								
		SCHEDULE = ESCALA								
Nominal	Externo	5	10	20	30	STD	40	Ext. For.	80	160
1/8"	10	–	1,24	–	–	1,73	1,73	2,41	2,41	–
1/4"	14	–	1,65	–	–	2,23	2,23	3,02	3,02	–
3/8"	17	–	1,65	–	–	2,31	2,31	3,20	3,20	–
1/2"	21	–	2,11	–	–	2,77	2,77	3,73	3,73	4,75
3/4"	27	1,65	2,11	–	–	2,87	2,87	3,91	3,91	5,54
1"	33	1,65	2,77	–	–	3,38	3,38	4,55	4,55	6,35
1 1/4"	42	1,65	2,77	–	–	3,56	3,56	4,85	4,85	6,35
1 1/2"	48	1,65	2,77	–	–	3,68	3,68	5,08	5,08	7,14
2"	60	1,65	2,77	–	–	3,91	3,91	5,54	5,54	8,71
2 1/2"	73	2,11	3,05	–	–	5,16	5,16	7,01	7,01	9,52
3"	89	2,11	3,05	–	–	5,49	5,49	7,62	7,62	11,12
3 1/2"	102	2,11	3,05	–	–	5,74	5,74	8,08	8,08	–
4"	114	2,11	3,05	–	–	6,02	6,02	8,56	8,56	13,49
5"	141	2,77	3,40	–	–	6,55	6,55	9,52	9,52	15,87
6"	168	2,77	3,40	–	–	7,11	7,11	10,97	10,97	18,24
8"	219	2,77	3,76	6,35	7,03	8,18	8,18	12,70	12,70	23,01
10"	273	3,40	4,19	6,35	7,80	9,27	9,27	12,70	15,06	28,57
12"	324	3,96	4,57	6,35	8,38	9,52	10,31	12,70	17,45	33,32
14"	356 (14")	–	6,35	7,92	9,52	9,52	11,12	12,70	19,05	35,71
16"	406 (16")	–	6,35	7,92	9,52	9,52	12,70	12,70	21,41	40,46
18"	457 (18")	–	6,35	7,92	11,12	9,52	14,27	12,70	23,80	45,24
20"	508 (20")	–	6,35	9,52	12,70	9,52	15,06	12,70	26,19	49,99
22"	559 (22")	–	6,35	–	–	9,52	–	12,70	–	–
24"	610 (24")	–	6,35	9,52	14,27	9,52	17,45	12,70	30,94	59,51
26"	660 (26")	–	–	–	–	9,52	–	12,70	–	–
30"	762 (30")	–	7,92	12,70	15,87	9,52	–	12,70	–	–
34"	864 (34")	–	–	–	–	9,52	–	12,70	–	–
36"	914 (36")	–	–	–	–	9,52	–	12,70	–	–
42"	1067 (42")	–	–	–	–	9,52	–	12,70	–	–

DIMENSÕES E PESOS DOS TUBOS COM E SEM COSTURA – B36.10

Diâmetro nominal D.N.	Diâmetro externo		Espessura da parede		Peso		Identificação		
pol.	pol.	mm.	pol.	mm.	lbs. pé	kg/m	std.	std. x-s, xx-s	sched. n.o
1/8	0.405	10,3	0.068	1,7	0.24	0,357	5L	Std.	40
			0.095	2,4	0.31	0,461	5L	X-S	80
1/4	0.540	13,7	0.088	2,2	0.42	0,625	5L	Std.	40
			0.119	3,0	0.54	:0,804	5L	X-S	80
3/8	0.675	17,1	0.091	2,3	0.57	0.848	5L	Std.	40
			0.126	3,2	0.74	1,100	5L	X-S	80
1/2	0.840	21,3	0.109	2,8	0.85	1,260	5L	Std.	40
			0.147	3,7	1.09	1,620	5L	X-S*	80
			0.188	4,8	1.31	1,950			160
			0.294	7,5	1.71	2,540	5L	XX-S	
3/4	1.050	26,7	0.113	2,9	1.13	1,680	5L	Std.	40
			0.154	3,9	1.47	2,190	5L	X-S	80
			0.219	5,6	1.94	2,890			160
			0.308	7,8	2.44	3,630	5L	XX-S	
1	1.315	33,4	0.133	3,4	1.68	2,500	5L	Std.	40
			0.179	4,5	2.17	3,230	5L	X-S	80
			0.250	6,4	2.84	4,230			160
			0.358	9,1	3.66	5,450	5L	XX-S	
1 1/4	1.660	42,2	0.140	3,6	2.27	3,380	5L	Std.	40
			0.191	4,8	3.00	4,460	5L	X-S	80
			0.250	6,4	3.76	5,600			160
			0.382	9,7	5.21	7,750	5L	XX-S	
1 1/2	1.900	48,3	0.145	3,7	2.72	4,050	5L	Std.	40
			0.200	5,1	3.63	5,400	5L	X-S	80
			0.281	7,1	4.86	7,230			160
			0.400	10,2	6.41	9,540	5L	XX-S	
2	2.375	60,3	0.154	3,9	3.65	5,430	5L	Std.	40
			0.218	5,5	5.02	7,470	5L	X-S	80
			0.344	8,7	7.46	11,100			160
			0.436	11,1	9.03	13,400	5L	XX-S	
2 1/2	2.875	73,0	0.203	5,2	5,79	8,620	5L	Std.	40
			0.276	7,0	7.66	11,400	5L	X-S	80
			0.375	9,5	10.01	14,900			160
			0.552	14,0	13.70	20,400	5L	XX-S	
3	3.500	88,9	0.125	3,2	4.51	6,710	5L		
			0.156	4,0	5.58	8,300	5L		
			0.188	4,8	6.63	9,870	5L		
			0.216	5,5	7.58	11,300	5L	Std.	40
			0.250	6,4	8.68	12,900	5L		
			0.281	7,1	9.67	14,400	5L		
			0.300	7,6	10.25	15,300	5L	X-S	80
			0.438	11,1	14.31	21,300			160
			0.600	15,2	18.58	27,700	5L	XX-S	
3 1/2	4.000	101,6	0.125	3,2	5.17	7,690	5L		
			0.156	4,0	6.41	9,540	5L		
			0.188	4,8	7.63	11,400	5L		
			0.226	5,7	9.11	13,600	5L	Std.	40
			0.250	6,4	10.01	14,900	5L		
			0.281	7,1	11.17	16,600	5L		
			0.318	8,1	12.51	18,600	5L	X-S	80

DIMENSÕES E PESOS DOS TUBOS COM E SEM COSTURA – B36.10

Diâmetro nominal D.N.	Diâmetro externo		Espessura de parede		Peso		Identificação		
pol.	pol.	mm.	pol.	mm.	lbs/pé	kg/m	nnnnnnnn	std. x-s, xx-s	sched. n.o
4	4.500	114,3	0.125	3,2	5.84	8,69	5L		
			0.156	4,0	7.25	10,80	5L		
			0.188	4,8	8.64	12,90	5L		
			0.219	5,6	10.00	14,90	5L		
			0.237	6,0	10.79	16,10	5L	Std.	40
			0.250	6,4	11.35	16,90	5L		
			0.281	7,1	12.67	18,90	5L		
			0.312	7,9	13.98	20,80	5L		
			0.337	8,6	14.98	22,30	5L	X-S	80
			0.438	11,1	18.93	28,20			120
			0.531	13,5	22.52	33,50			160
			0.674	17,1	27.54	41,00	5L	XX-S	
5	5.563	141,3	0.156	4,0	9.02	13,40	5L		
			0.183	4,8	10.76'	16,00	5L		
			0.219	5,6	12.49	18,60	5L		
			0.258	6,6	14.62	21,80	5L	Std.	40
			0.281	7,1	15.87	23,60	5L		
			0.312	7,9	17.52	26,10	5L		
			0.344	8,7	19.16	28,50	5L		
			0.375	9,5	20.78	30,90	5L	X-S	80
			0.500	12,7	27.04	40,20			120
			0.625	15,9	32.96	49,00			160
			0.750	19,0	38.55	57,40	5L	XX-S	
6	6.625	168,3	0.188	4,8	12.89	19,20	5L 5LX		
			0.219	5,6	14.97	22,30	5L 5 LX		
			0.250	6,4	17.02	25,30	5L 5 LX		
			0.280	7,1	18.97	28,20	5L 5LX	Std.	40
			0.312	7,9	21.07	31,40	5L 5LX		
			0.344	8,7	23.06	34,30	5L 5LX		
			0.375	9,5	25.03	37,20	5L 5LX		
			0.432	11,0	28.57	42,50	5L 5LX	X-S	80
			0.562	14,3	36.42	54,20			120
			0.719	18,3	45.34	67,50			160
			0.864	21,9	53.16	79,10	5L	XX-S	
8	8.625	219,1	0.188	4,8	16.90	25,10	5L 5LX		
			0.203	5,2	18.27	27,20	5LX		
			0.219	5,6	19.64	29,20	5L 5LX		
			0.250	6,4	22.36	33,30	5L 5LX		20
			0.277	7,0	24,70	36,80	5L 5LX		30
			0.312	7,9	27.74	41,30	5L 5LX		
			0.322	8,2	28.55	42,50	5L 5LX	Std.	40
			0.344	8,7	30.40	45,20	5L 5LX		
			0.375	9,5	33.04	49,20	5L 5LX		
			0.406	10,3	35.66	53,10			
			0.438	11,1	38.26	56,90	5L 5LX		
			0.500	12,7	43.39	64,60	5L 5LX	X-S	80
			0.549	15,1	50.93	75,80			100
			0.719	18,3	60.69	90,30			120
			0.812	20,6	67.79	101,00			140
			0.875	22,2	72.42	108,00	5L	XX-S	
			0.906	23,0	74.71	111,00			160

DIMENSÕES E PESOS DOS TUBOS COM E SEM COSTURA – B36.10									
Diâmetro nominal D.N.	Diâmetro externo		Espessura da parede		Peso		Identificação		
pol.	pol.	mm.	pol.	mm.	lbs./pé	kg/m	std.	std. x-s, xx-s	sched. n.o
10	10.750	273,0	0.188	4,8	21.15	31,5	5L 5LX		
			0.203	5,2	22.88	34,0	5LX		
			0.219	5,6	24.60	36,6	5L 5LX		
			0.250	6,4	28.04	41,7	5L 5LX		20
			0.279	7,1	31,20	46,4	5L 5LX		
			0.307	7,8	34.24	51,0	5L 5LX		30
			0.344	8,7	38.20	56,8	5L 5LX		
			0.365	9,3	40.48	60,2	5L 5LX	Std.	40
			0.438	11,1	48.19	71,7	5L 5LX		
			0.500	12,7	54.74	81,5	5L 5LX	X-S	60
			0.594	15,1	64.60	95,8			80
			0.719	18,3	77.00	115,0			100
			0.844	21,4	89.27	133,0			120
			1.000	25,4	104.13	155,0		XX-S	140
			1.125	28,6	115.65	172,0			160
12	12.750	323,8	0.203	5,2	27.22	40,5	5LX		
			0.219	5,6	29.28	43,6	5L 5LX		
			0.250	6,4	33.38	49,7	5L 5LX		20
			0.281	7,1	37.45	55,7	5L 5LX		
			0.312	7,9	41.45	61,8	5L 5LX		
			0.330	8,4	43.77	65,1	5L 5LX		30
			0.344	8,7	45.55	67,8	5L 5LX		
			0.375	9,5	49.56	73,8	5L 5LX	Std.	
			0.406	10,3	53.56	79,7	5LX		40
			0.438	11,1	57.53	85,6	5L 5LX		
			0.500	12,7	65.42	97,4	5L 5LX	X-S	
			0.562	14,3	73.22	109,0			60
			0.688	17,5	88.57	132,0			80
			0.844	21,4	107.29	160,0			100
			1.000	25,4	125.49	187,0		XX-S	120
			1.125	28,6	139.68	208,0			140
			1.312	33,3	160.33	239,0			160
14	14.000	355,6	0.210	5,3	30.93	46,0	5LX		
			0.219	5,6	32.20	47,9	5LX		
			0.250	6,4	36.71	54,6	5L 5LX		
			0.281	7,1	41.21	61,3	5L 5LX		
			0.312	7,9	45.68	68,0	5L 5LX		
			0.344	8,7	50.14	74,6	5L 5LX		
			0.375	9,5	54.57	81,2	5L 5LX	Std.	30
			0.438	11,1	63.37	94,3	5L 5LX		40
			0.469	11,9	67.78	101,0	5LX		
			0.500	12,7	72.09	107,0	5L 5LX	X-S	
			0.594	15,1	85.01	127,0			60
			0.750	19,0	106.13	158,0			80
			0.938	23,8	130.79	195,0			100
			1.094	27,8	150.76	224,0			120
			1.250	31,8	170.22	253,0			140
			1.406	35,7	189.15	281,0			160
			2.000	50,8	256.32	381,0			
			2.125	54,0	269.51	401,0			
			2.200	55,9	277.26	413,0			
			2.500	63,5	307.05	457,0			

DIMENSÕES E PESOS DOS TUBOS COM E SEM COSTURA – B36.10									
Diâmetro nominal D.N.	Diâmetro externo		Espessura da parede		Peso		Identificação		
pol.	pol.	mm.	pol.	mm.	lbs./pé	kg/m	std.	std. x-s, xx-s	sched. n.o
16	16.000	406,4	0.219	5,6	36.87	54,9	5LX		
			0.250	6,4	42.05	62,6	5L 5LX		10
			0.281	7,1	47.22	70,3	5L 5LX		
			0.312	7,9	52.36	77,9	5L 5LX		20
			0.344	8,7	57.48	85,5	5L 5LX		
			0.375	9,5	62.58	93,1	5L 5LX	Std.	30
			0.438	11,1	72.72	108,0	5L 5LX		
			0.469	11,9	77.75	116,0	5LX		
			0.500	12,7	82.77	123,0	5L 5LX	X-S	40
			0.656	16,7	107.54	160,0			60
			0.844	21,4	136.58	203,0			80
			1.031	26,2	164.86	245,0			100
			1.219	31,0	192.40	286,0			120
			1.438	36,5	223.57	333,0			140
			1.594	40,5	245.22	365,0			160
18	18.000	457,2	0.250	6,4	47.39	70,5	5L 5LX		10
			0.281	7,1	53.22	79,2	5L 5LX		
			0.312	7,9	59.03	87,8	5L 5LX		20
			0.344	8,7	64.82	96,5	5L 5LX		
			0.375	9,5	70.59	105,0	5L 5LX	Std.	
			0.406	10,3	76.34	114,0	5LX		
			0.438	11,1	82.06	122,0	5L 5LX		30
			0.469	11,9	87.77	131,0	5LX		
			0.500	12,7	93.45	139,0	5L 5LX	X-S	
			0.562	14,3	104.76	156,0			40
			0.750	19,0	138.17	206,0			60
			0.938	23,8	170.84	254,0			80
			1.156	29,4	208.00	310,0			100
			1.375	34,9	244.14	363,0			120
			1.562	39,7	274.30	408,0			140
			1.781	45,2	308.55	459,0			160
20	20.000	508,0	0.250	6,4	52.73	78,5	5L 5LX		10
			0.281	7,1	59.23	88,1	5L 5LX		
			0.312	7,9	65.71	97,8	5L 5LX		
			0.344	8,7	72.16	107,0	5L 5LX		
			0.375	9,5	78.60	117,0	5L 5LX	Std.	20
			0.406	10,3	85.01	127,0	5LX		
			0.438	11,1	91.41	136,0	5L 5LX		
			0.469	11,9	97.78	146,0	5LX		
			0.500	12,7	104.13	155,0	5L 5LX	X-S	30
			0.594	15,1	123.06	183,0			40
			0.812	20,6	166.50	248,0			60
			1.031	26,3	208.92	311,0			80
			1.281	32,5	256.15	381,0			100
			1.500	38,1	296.37	441,0			120
			1.750	44,4	341.10	508,0			140
			1.969	50,0	379.14	564,0			160
22	22.000	558,8	0.250	6,4	58.07	86,4	5LX		10
			0.281	7,1	65.24	97,1	5LX		
			0.312	7,9	72.38	108,0	5L 5LX		

DIMENSÕES E PESOS DOS TUBOS COM E SEM COSTURA – B36.10

Diâmetro nominal D.N.	Diâmetro externo		Espessura da parede		Peso		Identificação		
pol.	pol.	mm.	pol.	mm.	lbs./pé	kg/m	std.	std. x-s, xx-s	sched. n.o
22	22.000	558,8	0.344	8,7	79.51	118,0	5L 5LX		
			0.375	9,5	86.61	129,0	5L 5LX	Std.	20
			0.406	10,3	93.69	139,0	5LX		
			0.438	11,1	100.75	150,0	5L 5LX		
			0.469	11,9	107.79	160,0	5LX		
			0.500	12,7	114.81	171,0	5L 5LX	X-S	30
			0.625	15,9	142.68	212,0			
			0.875	22,2	197.42	294,0			60
			1.125	28,6	250.82	373,0			80
			1.375	34,9	302.88	451,0			100
			1.625	41,3	353.61	526,0			120
			1.875	47,6	403.01	600,0			140
			2.125	54,0	451.07	671,0			160
24	24.000	609,6	0.250	6,4	63.41	94,4	5LX		10
			0.281	7,1	71.25	106,0	5LX		
			0.312	7,9	76.06	118,0	5L 5LX		
			0.344	8,7	86.85	129,0	5L 5LX		
			0.375	9,5	94.62	141,0	5L 5LX	Std.	20
			0.406	10,3	102.37	152,0	5LX		
			0.438	11,1	110.10	164,0	5L 5LX		
			0.469	11,9	117.81	175,0	5LX		
			0.500	12,7	125.49	187,0	5L 5LX	X-S	
			0.562	14,3	140.80	210,0			30
			0.688	17,5	171.17	255,0			40
			0.969	24,6	238.29	355,0			60
			1.219	31,0	296.53	441,0			80
			1.531	38,9	367.45	547,0			100
			1.812	46,0	429.50	639,0			120
			2.062	52,4	483.24	719,0			140
			2.344	59,5	542.09	807,0			160
26	26.000	660,4	0.250	6,4	68.75	102,0	5LX		
			0.281	7,1	77.25	115,0	5LX		
			0.312	7,9	85.73	128,0	5LX		10
			0.344	8,7	94.19	140,0	5LX		
			0.375	9,5	102.63	153,0	5LX	Std.	
			0.406	10,3	111.05	165,0	5LX		
			0.438	11,1	119.44	178,0	5LX		
			0.469	11,9	127.82	190,0	5LX		
			0.500	12,7	136.17	203,0	5LX	X-S	20
			0.562	14,3	152.82	227,0			
28	28.000	711,2	0.250	6,4	74.09	110,0	5LX		
			0.281	7,1	83.26	124,0	5LX		
			0.312	7.9	92.41	138,0	5LX		10
			0.344	8,7	101.53	151,0	5LX		
			0.375	9,5	110.64	165,0	5LX	Std.	
			0.406	10,3	119.72	178,0	5LX		
			0.438	11,1	128.79	192,0	5LX		
			0.469	11,9	137.83	205,0	5LX		
			0.500	12,7	146.85	219,0	5LX	X-S	20
			0.625	15,9	182.73	272,0			30

DIMENSÕES E PESOS DOS TUBOS COM E SEM COSTURA – B.3610

Diâmetro nominal D.N.	Diâmetro externo		Espessura da parede		Peso		Identificação		
pol.	pol.	mm.	pol.	mm.	lbs/pé	kg/m	std.	std. x-s, xx-s	sched. n.o
30	30.000	762,0	0.250	6,4	79.43	118	5LX		
			0.281	7,1	89.27	133	5LX		
			0.312	7,9	99.08	147	5LX		10
			0.344	8,7	108.88	162	5LX		
			0.375	9,5	118.65	177	5LX	Std.	
			0.406	10,3	128.40	191	5LX		
			0.438	11,1	138.13	206	5LX		
			0.469	11,9	147.84	220	5LX		
			0.500	12,7	157.53	234	5LX	X-S	20
			0.625	15,9	196.08	292			30
32	32.000	812,8	0.250	6,4	84.77	126	5LX		
			0.281	7,1	95.28	142	5LX		
			0.312	7,9	105.76	157	5LX		10
			0.344	8,7	116.22	173	5LX		
			0.375	9,5	126.66	188	5LX	Std.	
			0.406	10,3	137.08	204	5LX		
			0.438	11,1	147.48	219	5LX		
			0.469	11,9	157.86	235	5LX		
			0.500	12,7	168.21	250	5LX	X-S	20
			0.625	15,9	201.43	312			30
			0.688	17,5	229.92	342			40
34	34.000	863,6	0.250	6,4	90.11	134	5LX		
			0.281	7,1	101.28	151	5LX		
			0.312	7,9	112.43	167	5LX		10
			0.344	8,7	123.56	184	5LX		
			0.375	9,5	134.67	200	5LX	Std.	
			0.406	10,3	145.76	217	5LX		
			0.438	11,1	156.82	233	5LX		
			0.469	11,9	167.87	250	5LX		
			0.500	12,7	178.89	266	5LX	X-S	20
			0.625	15,9	222.78	332			30
			0.688	17,5	244.60	364			40
36	36.000	914,4	0.250	6,4	95.45	142	5LX		
			0.281	7,1	107.29	160	5LX		
			0.312	7,9	119.11	177	5LX		10
			0.344	8,7	130.90	195	5LX		
			0.375	9,5	142.68	212	5LX	Std.	
			0.406	10,3	154.43	230	5LX		
			0.438	11,1	166.17	247	5LX		
			0.469	11,9	177.88	265	5LX		
			0.500	12,7	189.57	282	5LX	X-S	20
			0.562	14,3	212.89	217			
			0.625	15,9	236.13	351			30
			0.750	19,0	282.36	420			40

TABELA DE CONVERSÃO DE PRESSÃO

kgf/cm^2	0	1	2	3	4	5	6	7	8	9
	lbf/pol^2									
	–	14.22	28.45	42.67	56.89	71.12	85.34	99.56	113.78	128.01
10	142.23	156.45	170.68	184.90	199.12	213.35	227.57	241 79	256.02	270.24
20	284.46	298.69	312.91	327.13	341.36	355.58	369.80	384.03	398.25	412.47
30	426.70	440.92	455.14	469.36	483.59	497.81	512.03	526.26	540.48	554.70
40	568.93	583.15	597.37	611.60	625.82	640.04	654,27	668.49	682 71	696.94
50	711.16	725.38	739.61	753.83	768.05	782.28	796.50	810.72	824.94	839.17
60	853.39	867.61	881.84	896.06	910.28	924.51	938.73	952.95	967.18	981.40
70	995.62	1009.8	1024.1	1038.3	1052.5	1066.7	1081.0	1095.2	1109.4	1123.6
80	1137.8	1152.1	1166.3	1180.5	1194.7	1209.0	1223.2	1237.4	1251.6	1265.9
90	1280.1	1294.3	1308.5	1322 7	1337.0	1351.2	1365.4	1379.6	1393.9	1408.1
100	1422.3	1436.5	1450.8	1465.0	1479.2	1493.4	1507.7	1521,9	1536.1	1550.3

Quilo-força por cm quadrado em libra-força por polegada quadrada — 1 kgf/cm^2 = 14,223 lbf/pol^2

lbf/pol^2	0	1	2	3	4	5	6	7	8	9
	kgf/cm^2									
	–	0.0703	0.1406	0.2109	0.2812	0.3515	0.4218	0.4921	0,5625	0.6328
10	0.7031	0.8734	0.8437	0.9140	0.9843	1.0546	1.1249	1.1952	1.2655	1.3358
20	1.4062	1.4765	1.5468	1.6171	1.6874	1.7577	1.8280	1.8983	1.9686	2.0389
30	2.1092	2.1795	2.2498	2.3202	2.3905	2.4608	2.5311	2.6014	2.6717	2.7420
40	2.8123	2.8826	2.9529	3.0232	3.0935	3.1639	3.2342	3.3045	3.3748	3.4451
50	3.5154	3.5857	3.6560	3.7263	3.7966	3.8669	3.9372	4 0075	4.0779	4.1482
60	4.2185	4.2888	4.3591	4.4294	4.4997	4.5700	4.6403	4.7106	4.7809	4.8512
70	4.9216	4.9919	5.0622	5.1325	5.2028	5.2731	5.3434	5.4137	5.4840	5 5543
80	5.6246	5.6949	5.7652	5.8356	5.9059	5.9762	6.0465	6.1168	6.1871	6 2574
90	6.3277	6.3980	6.4683	6.5386	6.6089	6.6793	6.7496	6.8199	6.8902	6 9605
100	7.0308	7.1011	7.1714	7.2417	7.3120	7.3823	7.4526	7.5229	7.5933	7.6636

Libra-força por polegada quadrada em quilo-força por cm quadrado — 1 lbf/pol^2 = 0,07031 kgf/cm^2

TEMPERATURA DE VAPOR SATURADO

PRESSÃO lbf/pol^2	TEMPERATURA °C	PRESSÃO lbf/pol^2	TEMPERATURA °C	PRESSÃO lbf/pol^2	TEMPERATURA °C
1	102	90	166	230	204
5	109	100	170	240	206
10	115	110	173	250	208
15	121	120	177	275	212
20	126	125	178	300	217
25	131	130	180	325	221
30	134	140	183	350	224
35	138	150	186	375	228
40	142	160	188	400	232
45	144	170	191	425	235
50	148	175	192	450	239
60	153	180	193	475	242
65	156	190	196	500	244
70	158	200	198	525	247
75	160	210	199	550	250
80	162	220	202	575	252
85	164	225	203	600	254

CONVERSÃO DE TEMPERATURA

C = Centígrados ou Célcius

FAHRENHEIT EM CENTÍGRADOS

$°C = (°F - 32) \times 5/9$

F	C	F	C	F	C
-459.6	-273.1	160	71	1025	552
-425	-254	170	77	1050	566
-400	-240	180	82	1075	579
-375	-226	190	88	1100	593
-350	-212	200	93	1125	607
-325	-198	210	99	1150	621
-300	-184	220	104	1175	635
-275	-171	230	110	1200	649
-250	-157	240	116	1225	663
-225	-143	250	121	1250	677
-200	-129	260	127	1300	704
-175	-115	270	132	1350	732
-150	-101	280	138	1400	760
-125	-87	290	143	1450	788
-100	-73	300	149	1500	816
-90	-68	310	154	1550	843
-80	-62	320	160	1600	871
-70	-57	330	166	1650	899
-60	-51	340	171	1700	927
-50	-46	350	177	1750	954
-45	-43	360	182	1800	982
-40	-40	370	188	1850	1010
-35	-37	380	193	1900	1038
-30	-34	390	199	1950	1066
-25	-32	400	204	2000	1093
-20	-29	410	210	2050	1121
-15	-26	420	216	2100	1149
-10	-23	430	221	2150	1177
-5	-20.6	440	227	2200	1204
0	-17.8	450	232	2250	1232
5	15.0	460	238	2300	1260
10	-12.2	470	243	2350	1288
15	-9.4	480	249	2400	1316
20	-6.7	490	254	2450	1343
25	-3.9	500	260	2500	1371
30	-1.1	525	274	2550	1399
35	-1.7	550	288	2600	1427
40	-4.4	575	302	2650	1454
45	7.2	600	316	2700	1482
50	-10.0	625	329	2750	1510
55	-12.8	650	343	2800	1538
60	-15.6	675	357	2850	1566
65	18.3	700	371	2900	1593
70	21.1	725	385	2950	1621
75	23.9	750	399	3000	1649
80	26.7	775	413	3050	1677
85	29.4	800	427	3100	1704
90	32.2	825	441	3150	1732
95	35.0	850	454	3200	1760
100	37.8	875	468	3250	1788
110	43	900	482	3300	1816
120	49	925	496	3350	1843
130	54	950	510	3400	1871
140	60	975	524	3450	1899
150	66	1000	538	3500	1927

F= Fahrenheit

CENTÍGRADOS EM FAHRENHEIT

$°F = (°C \times 1{,}8) + 32$

C	F	C	F	C	F
-273.1	-459.6	130	266	410	770
-250	-418	135	275	420	788
-230	-382	140	284	430	806
-210	-346	145	293	440	824
-200	-328	150	302	450	842
-190	-310	155	311	460	860
-180	-292	160	320	470	878
-170	-274	165	329	480	896
-160	-256	170	338	490	914
-150	-238	175	347	500	932
-140	-220	180	356	525	977
-130	-202	185	365	550	1022
-120	-184	190	374	575	1067
-110	-166	195	383	600	1112
-100	-148	200	392	625	1157
-90	-130	205	401	650	1202
-80	-112	210	410	675	1247
-70	-94	215	419	700	1292
-60	-76	220	428	725	1337
-50	-58	225	437	750	1382
-45	-49	230	446	775	1427
-40	-40	235	455	800	1472
-35	-31	240	464	825	1517
-30	-22	245	473	850	1562
-25	-13	250	482	875	1607
-20	-4	255	491	900	1652
-15	5	260	500	925	1697
-10	14	265	509	950	1742
-5	23	270	518	975	1787
0	32	275	527	1000	1832
5	41	280	536	1025	1877
10	50	285	545	1050	1822
15	59	290	554	1075	1967
20	68	295	563	1100	2012
25	77	300	572	1125	2057
30	86	305	581	1150	2102
35	95	310	590	1175	2147
40	104	315	599	1200	2192
45	113	320	608	1225	2237
50	122	325	617	1250	2282
55	131	330	626	1275	2327
60	140	335	635	1300	2372
65	149	340	644	1325	2417
70	158	345	653	1350	2462
75	167	350	662	1400	2552
80	176	355	671	1450	2642
85	185	360	680	1500	2732
90	194	365	689	1550	2822
95	203	370	698	1600	2912
100	212	375	707	1650	3002
105	221	380	716	1700	3092
110	230	385	725	1750	3182
115	239	390	734	1800	3272
120	248	395	743	1850	3362
125	257	400	752	1900	3452

ROSCA INGLESA – BSP (BRITISH STANDARD PIPE THREAD)

B.S. n.o 21 – 1957 WHITWORTH = 55°

n = n.o de fios p.pol. S = 25,4 / n H = 0,960495		h = 0,640335 dm = d - h di = d - 2h	
n	**s**	**h**	**r**
28	0,907	0,581	0,125
19	1,337	0,856	0,184
14	1,814	1,162	0,249
11	2,309	1,479	0,317
10	2,540	1,626	0,349
8	3,175	2,033	0,436

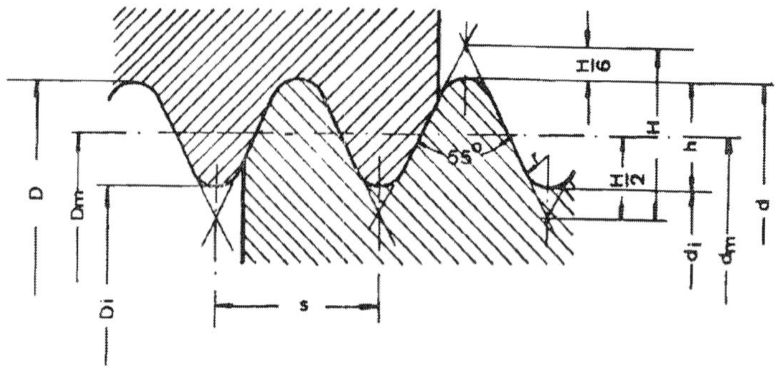

NOMINAL	1/8"	1/4"	3/8"	1/2"	3/4"	1"	1.1/4"	1.1/2"	2"	2.1/2"	3"	4"	5"	6"
d D	9,728	13,157	16,662	20,955	26,441	33,249	41,910	47,803	59,614	75,184	87,884	113,030	138,430	163,83
n	28	19	19	14	14	11	11	11	11	11	11	11	. 11	11
dm Dm	9,147	12,301	15,806	19,793	25,279	31,770	40,431	46,324	58,135	73,705	86,405	111,551	136,951	162,351
di Di	8,566	11,445	14,950	18,631	24,117	30,291	38,952	44,845	56,656	72,226	84,926	110,072	135,472	160,872
DIMENSÕES EM MILIMETROS														

OBS. SENDO ESPECIFICADO, PODEMOS FORNECER NOSSO MATERIAL COM ROSCA CÔNICA INGLESA 1 : 16 B S T P T (BRITISH STANDARD TAPER PIPE THREAD).

ALGUNS TIPOS DE VÁLVULAS DE BRONZE SÃO NORMALMENTE FABRICADOS COM ESSA ROSCA.

ROSCA AMERICANA – NPT (NATIONAL PIPE THREAD)

ANSI – B 2.1 – 1945 BRIGGS = 60°

Nominal	Fios P/ Poleg.	Profun-didade	A	B	E	F	P
1/8	27	0.02963	0.36351	0.37476	0.2639	0.180	0.03704
1/4	18	0.04444	0.47739	0.48989	0.4018	0.200	0.05556
3/8	18	0.04444	0.61201	0.62701	0.4078	0.240	0.05556
1/2	14	0.05714	0.75843	0.77843	0.5337	0.320	0.07143
3/4	14	0.05714	0.96768	0.98887	0.5457	0.339	0.07143
1	11.1/2	0.06957	1.21363	1.23863	0.6828	0.400	0.08696
1 1/4	11.1/2	0.06957	1.55713	1.58338	0.7068	0.420	0.08696
1.1/2	11 1/2	0.06957	1.79609	1.82234	0.7235	0.420	0.08696
2	11.1/2	0.06957	2.26902	2.29627	0.7565	0.436	0.08696
2 1/2	8	0.10000	2.71953	2.76216	1.1375	0.682	0.12500
3	8	0.10000	3.34062	3.38850	1.2000	0.766	0.12500
4	8	0.10000	4.33438	4.38712	1.3000	0.844	0.12500
5	8	0.10000	5.39073	5.44929	1.4063	0.937	0.12500
6	8	0.10000	6.44609	6.50597	1.5125	0.958	0.12500
8	8	0.10000	8.43359	8.50003	1.7125	1.063	0.12500
DIMENSÕES EM POLEGADAS							

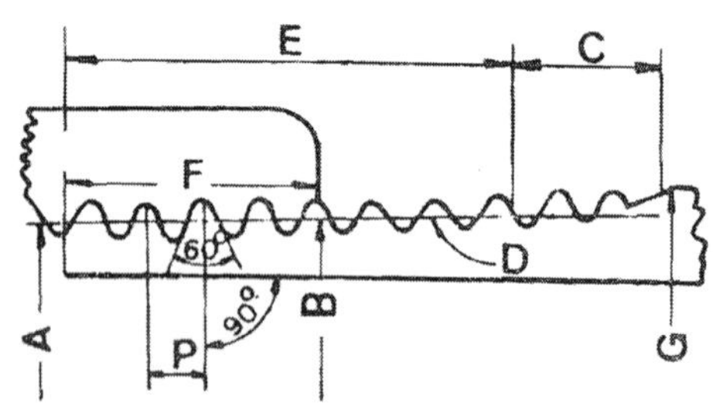

A = Diâmetro menor de centro a centro dos fios.
B = Diâmetro de centro a centro dos fios no ponto de calibração
C = Fios imperfeitos.
D = Conicidade 1 16
E = Comprimento efetivo da rosca.
F = Comprimento de calibração.
G = Diâmetro externo do cano.
P = Passo

CÁLCULOS DE LINHA A 45°
(TRIGONOMETRIA)

Círculo Trigonométrico: É o círculo onde se definem as funções trigonométricas e que tem as seguintes propriedades:

– O raio é igual a unidade.

– Os arcos são considerados positivos quando medidos no sentido anti-horário.

– Fica dividido por dois diâmetros perpendiculares entre si, um horizontal AA', outro vertical BB', em qùatro setores iguais chamados quadrantes.

Convenciona-se tomar para origem dos arcos a extremidade direita do diâmetro horizontal (ponto A).

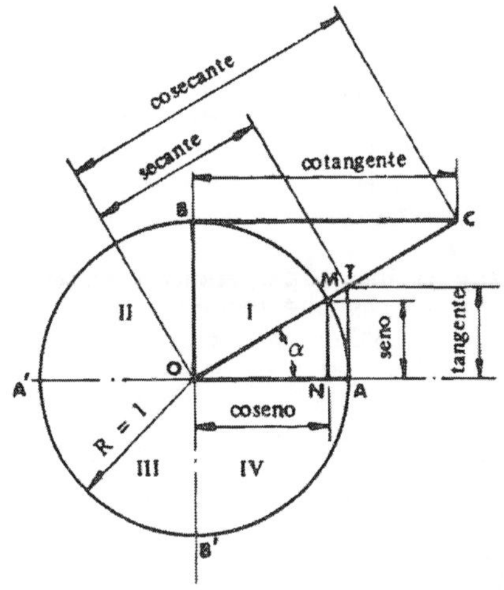

Definições das Funções Trigonométricas: Chamando-se de ω o ângulo cujas funções se que definir, o lado OA desse ângulo é fixo, isto é, a origem de todos os ângulos considerados no círculo trigonométrico; o lado OM é móvel; variando à medida que varia a posição do ponto M.

Chama-se **Seno** do ângulo ω o segmento perpendicular, baixado da extremidade M do lado móvel do ângulo, sobre o lado fixo OA.

Seno ω = MN

Coseno do ângulo ω no círculo trigonométrcio é o segmento sobre o lado fixo OA do ângulo compreendido entre o centro O do círculo e o pé N do seno.

Coseno ω = ON

Tangente do ângulo ω no círculo trigonométrico é o segmento da tangente ao círculo na origem do arco A, compreendido entre o ponto de tangência A e o prolongamento do lado móvel T.

Tangente ω = AT

Cotangente do ângulo ω no círculo trigonométrico é o segmento da tangente ao círculo no ponto B compreendido entre o ponto de tangência B o ponto de cruzamento da tangente com o prolongamento do lado móvel.

Cotangente ω = BC

Secante do ângulo ω no círculo trigonométrico é o segmento sobre o lado móvel do ângulo, compreendido entre o centro do círculo O e o ponto de encontro do lado móvel com a tangente.

Secante ω = OT

Cossecante do ângulo ω no círculo trigonométrico é o segmento sobre o lado móvel do ângulo, compreendido entre o centro do círculo e o ponto de encontro do lado móvel com a cotangente.

Cossecante ω = OC

Convenção de Sinais das Funções Trigonométricas: – O seno é positivo quando medido acima da reta AA' (1.º e 2.º quadrantes).

– O cosseno é positivo quando medido à direita da reta BB' (1.º e 4.º quadrantes).

– A tangente e a cotangente são positivas no 1.º e no 3.º quadrantes.

– Como a secante é o inverso do coseno (1/cos), ela tem, necessariamente, o mesmo sinal do coseno.

– Como a cossecante é o inverso do seno (1/sen), ela tem, necessariamente, o mesmo sinal do seno.

Obs.: Observando o círculo trigonométrico, verificamos que o seno e o cosseno podem valer no máximo 1 (uma unidade); a secante e a cossecante tem o valor mínimo igual a 1 (uma unidade), porque os pontos T e C caem sempre fora do círculo, podendo, excepcionalmente, cair sobre o círculo; a tangente e a cotangente podem assumir todos os valores reais.

Variações das Funções Trigonométricas: Vamos considerar um ângulo crescendo de 0° a 360° e estudar como variam as diferentes funções trigonométricas desse ângulo. A tabela das variações das funções encontra-se na página seguinte:

TABELA DA VARIAÇÃO DAS FUNÇÕES DE 30°, 45°, 60°, 90° e 0°

Funções	30°	45°	60°	90°	0°
Seno	.500	.707	.866	1.000	0.000
Coseno	.866	.707	.500	0.000	1.000
Tangente	.577	1.000	1.732	00	0.000
Cotangente	1.732	1.000	.577	0.000	00
Secante	1.154	1.414	2.000	00	1.000
Cossecante	2.000	1.414	1.154	1.000	00

Trigonometria: É a parte da Matemática que estuda a medida dos triângulos, baseada nas relações entre seus lados e ângulos.

Estudo de um Ângulo: Seja a figura geométrica formada pelas semi-retas OM e ON, traçadas por um ponto O; essa figura representa um ângulo. O ponto O é o vértice e as semi-retas OM e ON são os lados.

Designa-se o ângulo pelo símbolo MON ou, ainda, simplesmente, pela letra O do vértice, precedida da palavra **ângulo** ou, ainda, do símbolo $\sphericalangle$. Também é frequente o emprego de uma só letra minúscula colocada na abertura do ângulo (São usadas letras gregas para esse tipo de representação de ângulo):

$\sphericalangle \alpha \qquad \sphericalangle \beta \qquad \sphericalangle \gamma$

Estudo do Grau: Se traçarmos dois diâmetros perpendiculares, teremos dividido o círculo em quatro partes iguais ou **quatro quadrantes.** Teremos formado 4 ângulos retos.

Grau: É o ângulo correspondente a 1/90 de um ângulo reto. A circunferência terá, portanto, 90 x 4 = 360°. O grau subdivide-se em 60 minutos de arco (escreve-se 60') e cada minuto de arco em 60 segundos de arco (escreve-se 60"). A circunferência tem, pois: 360 x 60' x 60" 1.296.000"

O segundo admite submúltiplos que se designam por décimos, centésimos e milésimos de segundos.

Radiano: Em Trigonometria, medem-se os elementos de um círculo em função do raio do mesmo círculo. Assim, a unidade de arco, num círculo dado, é o arco do comprimento equivalente do raio do mesmo círculo: o **radiano.**

Radiano é, pois, o ângulo central que subentende um arco de circunferência equivalente ao comprimento do raio do círculo. Sabemos por geometria, que a circunferência toda C é igual a 2π raios, ou 2π radianos. Temos: C = 2 x 3,1416 raios = 2 x 3,1416 radianos. Uma semi-circunferência é igual a radianos; um quadrante é igual a $\pi/2$ radianos; 45° equivalem a $\pi/4$ radianos e assim sucessivamente.

Conversão de Graus em Radianos: Multiplicar o número de graus por $\pi/180$.

Exemplo: Calcular em radianos o arco de 450°.

$$R = \frac{\pi \times 450^\circ}{180} = \frac{5}{2} \text{ radianos}$$

Conversão de Radianos em Graus: Multiplicar o número de radianos por $180/\pi$.

Exemplo: Calcular em graus o arco de 1 radiano.

Sabemos que π radianos é igual a 180°. Então, teremos:

$$1 \text{ radiano} = \frac{180}{\pi} = \frac{180}{3{,}14} = 57^\circ 17' 44''$$

Exercício: Dois móveis partem do mesmo ponto A de uma circunferência e percorrem-na em sentido contrário à circunferência, com as velocidades respectivas de 3°/seg. e 6°/ seg. Calcular:

– Quanto tempo decorrerá entre cada encontro?

– Em quais pontos da circunferência se darão os primeiros dois encontros?

Resolução: – Seja t o tempo que decorre entre o momento da saída e o primeiro encontro. Nesse tempo, o primeiro móvel terá percorrido certo número de graus igual a 3° x t, e o segundo móvel 6° x t. O total dos graus percorridos será então, de 360° e temos: 3t + 6t = 360°.

$$\text{logo: } t = \frac{360^\circ}{9} \text{ e, portanto } t = 40 \text{ seg.}$$

Os encontros sucessivos se darão, pois, em cada 40 segundos.

– Em 40 segundos o primeiro móvel percorreu um arco de 3° x 40 = 120°. O segundo encontro se dará depois de um percurso de mais 120°, ou 240°, a partir do ponto de saída.

Exercícios Propostos: 1) Qual é, em radianos, o valor dos seguintes arcos: 30°, 120° e 12°30'?

2) Qual é, em radianos, o arco percorrido pelo ponteiro dos minutos de um relógio, num período de 25 minutos? Resposta: 2,618 rd.

3) Converter em graus o arco de 5,5 radianos.

Estudo das Razões Trigonométricas: As razões possíveis entre os 3 lados de um triângulo retângulo de lados a, b, c, são em número de seis e foram chamadas respectivamente: **Seno, Cosseno, Tangente, Cotangente, Secante e Cossecante.**

Seja o triângulo retângulo de lados a, b e c e de ângulos A, B e C, sendo A = 90°. Teremos as 6 razões referentes ao ângulo B e variáveis com ele.

$$\text{Seno de B} = \frac{\text{Cateto Oposto}}{\text{Hipotenusa}} = \frac{b}{a}$$

$$\text{Coseno de B} = \frac{\text{Cateto Adjacente}}{\text{Hipotenusa}} = \frac{c}{a}$$

$$\text{Tangente de B} = \frac{\text{Cateto Oposto}}{\text{Cateto Adjacente}} = \frac{b}{c}$$

$$\text{Cotangente de B} = \frac{\text{Cateto Adjacente}}{\text{Cateto Oposto}} = \frac{c}{b}$$

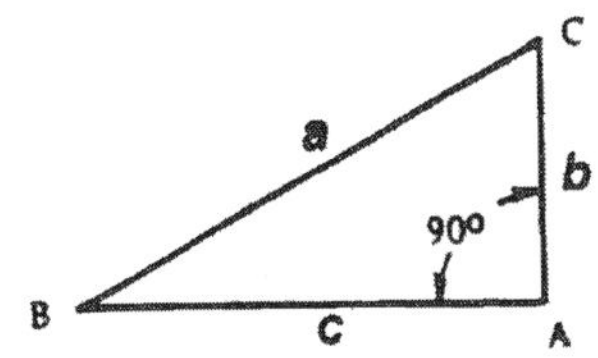

$$\text{Secante de B} = \frac{\text{Hipotenusa}}{\text{Cateto Adjacente}} = \frac{a}{c}$$

$$\text{Cossecante de B} = \frac{\text{Hipotenusa}}{\text{Cateto Oposto}} = \frac{a}{b}$$

No triângulo ABC:

1) o lado **a** é a **hipotenusa**
2) o lado **b** é o **cateto oposto** ao ângulo B
3) o lado **c** é o **cateto adjacente** ao ângulo B

Poderemos então, definir as primeiras quatro razões trigonométricas do ângulo B, como sendo respectivamente:

$$\text{sen B} = \frac{b}{a} = \frac{\text{Cateto Oposto}}{\text{Hipotenusa}}$$

$$\cos \text{B} = \frac{c}{a} = \frac{\text{Cateto Adjacente}}{\text{Hipotenusa}}$$

$$\text{tg B} = \frac{b}{c} = \frac{\text{Cateto Oposto}}{\text{Cateto Adjacente}}$$

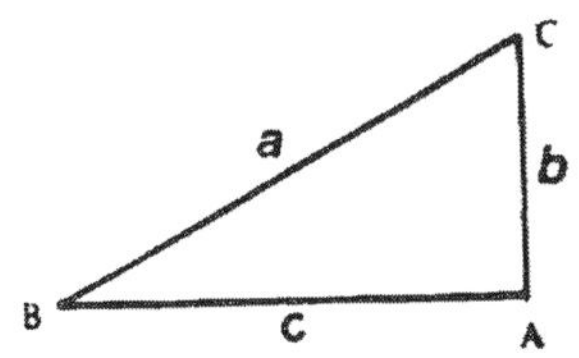

$$\cot \text{B} = \frac{c}{b} = \frac{\text{Cateto Adjacente}}{\text{Cateto Oposto}}$$

Então, o seno do ângulo B é a razão do cateto oposto a esse ângulo para a hipotenusa. E assim por diante para as outras razões.

Nota: Se considerássemos o ângulo C, teríamos:

$$\text{sen C} = \frac{c}{a} \; ; \; \cos \text{C} = \frac{b}{a}$$

$$\text{tg C} = \frac{c}{b} \; ; \; \text{cotg C} = \frac{b}{c}$$

Funções Trigonométricas: As seis razões trigonometricas variam conforme o ângulo a que se referem. São perfeitamente determinadas para cada um dos ângulos compreeendidos entre 0° e 90° e a cada ângulo, nesse intervalo, corresponde apenas um valor para cada razão.

As razões trigonométricas são, pois, **funções** dos ângulos a que se referem e costumam-se chamar **Funções Trigonométricas.**

Essas funções são **contínuas** e **definidas** dentro do intervalo de 0° a 90°.

Fórmulas Fundamentais e suas Deduções: Tomemos um triângulo retângulo e consideremos todos os seus lados e ângulos.

Agora, podemos estudar qualquer ângulo desse triângulo. Tomemos o ângulo B.

$$\text{sen B} = \frac{\text{Cateto Oposto}}{\text{Hipotenusa}} = \frac{b}{a} \qquad a = \frac{b}{\text{sen B}} \qquad b = \text{sen B} \cdot a$$

$$\cos \text{B} = \frac{\text{Cateto Adjacente}}{\text{Hipotenusa}} = \frac{c}{a} \qquad a = \frac{c}{\cos \text{B}} \qquad c = \cos \text{B} \cdot a$$

$$\text{tg. B} = \frac{\text{Cateto Oposto}}{\text{Cateto Adjacente}} = \frac{b}{c} \qquad c = \frac{b}{\text{tg B}} \qquad b = \text{tg B} \cdot c$$

$$\text{cotg B} = \frac{\text{Cateto Adjacente}}{\text{Cateto Oposto}} = \frac{c}{b} \qquad b = \frac{c}{\text{cotg B}} \qquad c = \text{cotg B} \cdot c$$

$$\text{sec B} = \frac{\text{Hipotenusa}}{\text{Cateto Adjacente}} = \frac{a}{c} \qquad c = \frac{a}{\text{sec B}} \qquad a = \text{sec B} \cdot c$$

$$\text{cosec B} = \frac{\text{Hipotenusa}}{\text{Cateto Oposto}} = \frac{a}{b} \qquad b = \frac{a}{\text{cosec B}} \qquad a = \text{cosec B} \cdot b$$

Teorema de Pitágoras e suas Deduções: Enunciado: "Em todo triângulo retângulo, o quadrado da hipotenusa é igual à soma dos quadrados dos catetos".

$$a^2 = b^2 + c^2 \; ; \; a = \sqrt{b^2 + c^2} \quad ; \quad b^2 = a^2 - c^2 \quad ; \quad b^2 = \sqrt{a^2 + c^2}$$

$$c^2 = a^2 - b^2 \; ; \; c = \sqrt{a^2 - b^2}$$

Variações das Funções Trigonométricas: Seno: MN; Coseno: ON; Tangente: AT; Cotg.: ḂC; Secante: OT; Cossecante OC.

	0°	0° a 90°	90°	90° a 180°	180°	180° a 270°	270°	270° a 360°	360°
Sen	0	Cresce	1	Decresce	0	Decresce	-1	Cresce	0
Cos	1	Decresce	0	Decresce	-1	Cresce	0	Cresce	1
Tg	0	Cresce	±	Cresce	0	Cresce	±	Cresce	0
Cotg	±	Decresce	0	Decresce	±	Decresce	0	Decresce	±
Sec	1	Cresce	—	Cresce	-1	Decresce	±	Decresce	1
Cossec	—	Decresce	1	Cresce	±	Cresce	-1	Decresce	—

Triângulo Retângulo: Formado por 2 Ângulos Agudos (A e B) e 1 Ângulo Reto (C) de 90°

A = Ângulo ALFA } Qualquer grau do ângulo
B = Ângulo BÊTA }
C = Ângulo GAMA = 90° = Ângulo Reto

Ângulo Agudo é o ângulo de menos (—) de 90° fecha até 0°.
Ângulo Reto é o ângulo de 90°.
Ângulo Obtuso é o ângulo de mais (+) de 90°, abre até 180°.

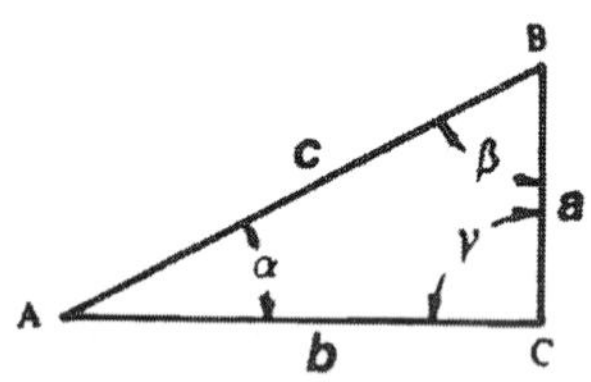

A — B — C são os vértices do triângulo retângulo.

Contorno do triângulo retângulo, são chamados pelas letras: **a =lado oposto; b = lado adjacente; c = Hipotenusa.**

Os ângulos têm as suas siglas, e escreve-se assim: **sen = seno; cos = cosseno; tg = tangente; cotg = cotangente.** Os ângulos agudos podem ser chamados ângulos ALFA (α) ou ângulo BÊTA (β).

Maneira de se achar os Ângulos dos Vértices A e B

C = Ângulo GAMA (γ) = 90° menos o vértice "A" ângulo ALFA (α) nos dá o vértice "B" ângulo BÊTA (β) ($\gamma - \alpha = \beta$ ou 90° – A = B).

C= Ângulo GAMA (γ) = 90° menos o vértice "B" ângulo BÊTA (β) nos dá o vértice "A" ângulo ALFA (α) ($\gamma - \beta = \alpha$ ou 90° – B = A)

Fórmula dos Cálculos Trigonométricos: Para os valores decimais dos graus, deve-se consultar a tabela trigonométrica aos graus correspondentes.

$$\text{sen } \beta = \frac{a}{c} \qquad \cos \beta = \frac{b}{c} \qquad \text{tg } \beta = \frac{a}{b} \qquad \text{cotg } \beta = \frac{b}{a}$$

$$\text{sen } \gamma = \frac{b}{c} \qquad \cos \gamma = \frac{a}{c} \qquad \text{tg } \gamma = \frac{b}{a} \qquad \text{cotg } \gamma = \frac{a}{b}$$

$a = c \cdot \text{sen}\ \beta \quad = b \cdot \text{tg}\ \beta \quad = \dfrac{b}{\text{cotg}\ \beta} \quad = c \cdot \cos\ \gamma \quad = \dfrac{b}{\text{tg}\ \gamma} = b \cdot \text{cotg}$

$b = c \cdot \text{sen}\ \gamma \quad = a \cdot \text{tg}\ \gamma \quad = \dfrac{a}{\text{cotg}\ \gamma} \quad = c \cdot \cos\ \beta \quad = \dfrac{a}{\text{tg}\ \beta} = a \cdot \text{cotg}$

$c = \dfrac{a}{\text{sen}} = \dfrac{b}{\text{sen}} = \dfrac{a}{\cos} = \dfrac{b}{\cos}$

Cálculos do Triângulo Retângulo: É bom lembrar que a soma dos 2 ângulos agudos tem que ser sempre 90°

1) Quantos graus tem o ângulo "B" sendo o ângulo "A" de 25°? (B = 90° − 25° = 65°)
Resposta: Ângulo "B" tem 65°

2) Quantos graus tem o ângulo "A" sendo o ângulo "B" de 76°? ("A" = 90° − 76° = 14°)
Resposta: Ângulo "A" tem 14°

3) Se temos o lado oposto a = 360 e o lado adjacente b = 920; calcular o ângulo e depois o ângulo

Ângulo β será: $\text{tg}\ \beta = \dfrac{a}{b} = \dfrac{320}{920} = 0{,}39130$

0,39130 é decimal de graus, deve-se então, procurar na tabela trigonométrica, quanto vale em graus a tg. de 0,39130 e vamos achar 21° e 22′ (vinte e um graus e vinte e dois minutos) da mesma forma se for Cos., Sen., etc.

Então o Ângulo β = 21° 22′ e o ângulo γ será: $\delta - \beta$ = 90° − 21° 22′ = 89° 60′ − 21° 22′ = 68° 38′.

$$\begin{array}{r} 89°\,60' \\ -\ 21°\,22' \\ \hline 68°\,38' \end{array}$$

Casos como este, quando de 90°, temos que fazer uma subtração que envolve a operação de minutos, empresta-se 1 dos 90° que é igual a 60′, e o cálculo é feito como acima.

Resposta: Ângulo β = 21° 22′ e o ângulo γ = 68° 38′

4) Se temos o lado oposto a = 460 e a Hipotenusa C = 870; calcular o ângulo γ e depois o angulo
Na fórmula anterior: Ângulo γ será: **(ver Fórmula dos Cálculos Trigonométricos)**:

$$\cos\ \gamma = \frac{a}{c} = \frac{460}{870} = 0{,}52873$$

0,52873 é decimal de graus, procura-se na tabela trigonométrica, na coluna de cos. Vamos encontrar 0,52869 e é o número que mais se aproxima de 0,52873 que é igual a 58° 55′.

Ângulo β será: $\delta - \gamma$ = 90° − 58° 55′ = 31° 5′

$$\begin{array}{r} 89°\,60' \\ -\ 58°\,55' \\ \hline 31°\,05' \end{array}$$

(Emprestando-se 1° dos 90° temos 89° 60′ para a subtração)

$$\begin{array}{l|l} 4600 & 870 \\ \hline 2500 & 0{,}52873 \\ 7600 & \\ 6400 & \\ 3100 & \\ 490 & \end{array}$$

Resposta: Ângulo β = 58° 55′ e Ângulo γ = 31° 5′

5) Se o lado adjacente b = 900 e o ângulo β = 18°; achar a distância "a" (lado oposto)
Na fórmula anterior **(ver Fórmula dos Cálculos Trigonométricos)** a = b x tg β = 900 x tg de 18°
conforme tabela trigonométrica na coluna de tg. achamos 0,32492, logo:

a = 900 x 0,32492 = 292

$$\begin{array}{r} 0{,}32492 \\ 900 \\ \hline 292{,}42800 \end{array}$$

Resposta: Distância a = 292

6) Se o lado oposto a = 292 e o ângulo = 25°; achar a distância b.
Na fórmula anterior **(ver Fórmula dos Cálculos Trigonométricos)** a distância b é:

$$b = \frac{a}{\text{tg}\ \beta} = \frac{292}{\text{tg}\ 25°} = \frac{292}{0{,}46631} = 626$$

$$\begin{array}{l|l} 29200000 & 0{,}46631 \\ \hline 122140 & 626{,}1 \\ 288780 & \\ 089940 & \\ 43309 & \end{array}$$

Resposta: Distância b é 626

7) Se o lado oposto a = 560 e o lado adjacente b = 800; achar o ângulo β, ângulo γ e a hipotenusa C:

$$\text{Ângulo } \beta = \frac{a}{b} = tg\ \beta \quad \text{logo } tg\ \beta = \frac{560}{800} = 0{,}700 = 35^{\circ}$$

$$\text{Ângulo } \gamma = \delta - \beta = 90^{\circ} - 35^{\circ} = 55^{\circ}$$

5600 | 800
000   0,700

$$\text{Hipotenusa} = \frac{a}{sen\ \beta} = \frac{560}{0{,}57358} = 976$$

90°
− 35°
55°

56000000 | 0,57358
437780   976,3
362740
185920
13846

Resposta: Ângulo β = 35°; Ângulo γ = 55°; Hipotenusa C = 976

8) Exemplo Final: Subtrair de 90° − 57°54'20''
Casos como este, 1° = 60' (um grau é igual a sessenta minutos); 1' = 60'' (um minuto é igual a sessenta segundos), então, de 90° empresta-se 60' (60 minutos) e fica então 89°, depois empresta-se 60'', e fica, então, 59', tendo-se, finalmente, 89° 59'60''

Resolvendo-se a operação, temos:

89° 59' 60''
− 57° 54' 20''
32° 05' 40''

Resposta: 90° − 57° 54' 20'' restam 32° 05' 40''.

Exercício: Calcular as medidas assinaladas com "A" (Tubulação vista em Elevação).

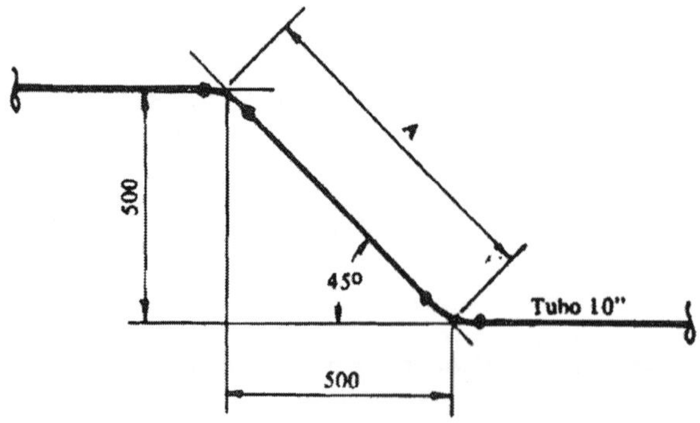

A = 1,414 x 500 = 707

FÓRMULAS TRIGONOMÉTRICAS

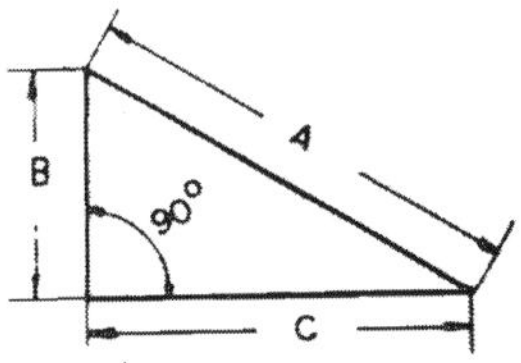

$$C = \sqrt{A^2 - B^2}$$

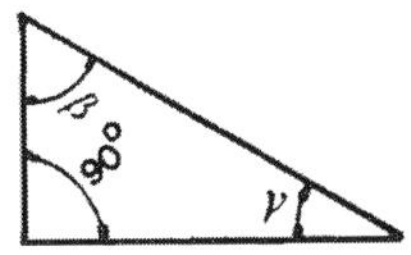

$$\beta = 90° - \gamma$$

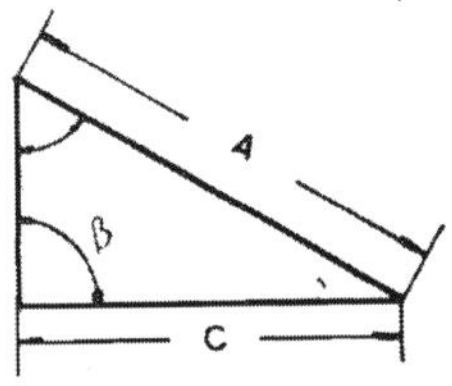

$$\text{sen}\ \beta = \frac{C}{A}$$

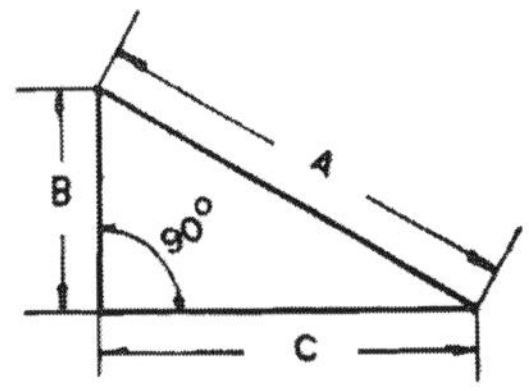

$$A = \sqrt{B^2 + C^2}$$

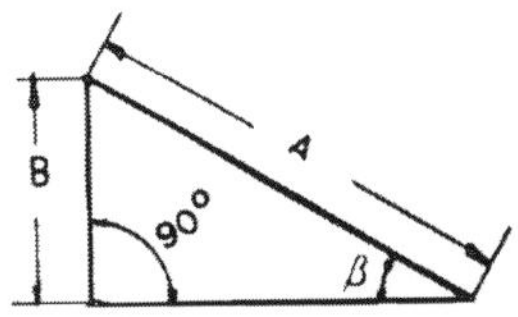

$$B = A\ \text{sen}\ \beta$$

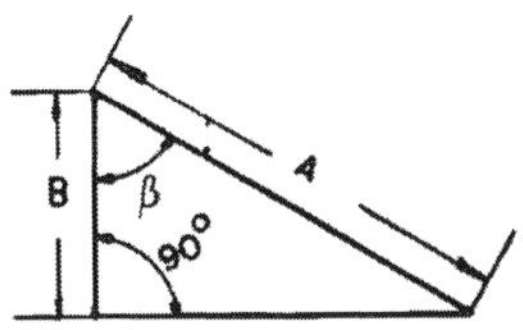

$$B = A\cos\beta$$

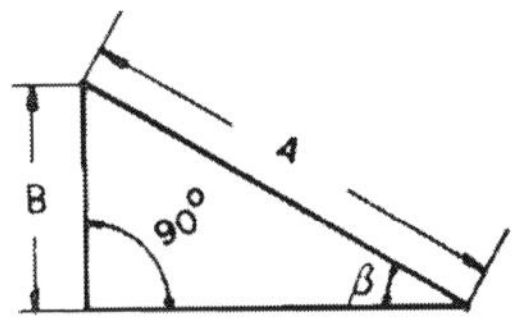

$$A = \frac{B}{\text{sen}\ \beta}$$

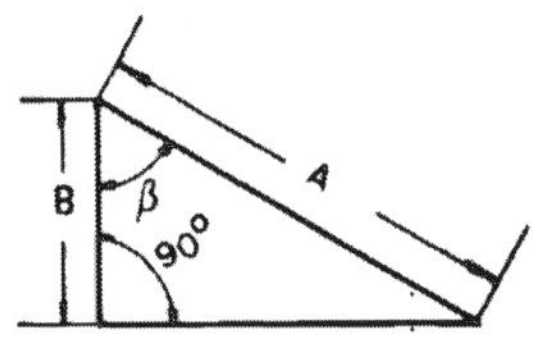

$$A = \frac{C}{\cos\beta}$$

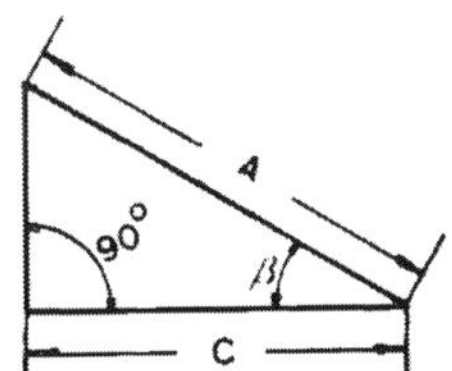

$$A = \frac{C}{\cos\beta}$$

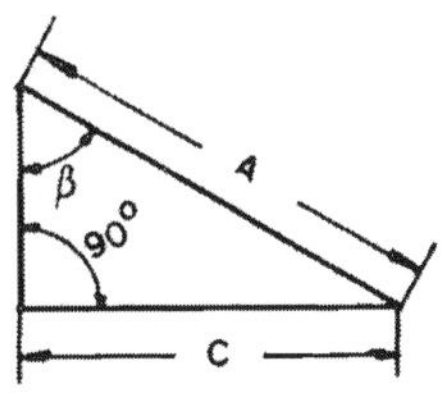

$$A = \frac{C}{\text{sen}\ \beta}$$

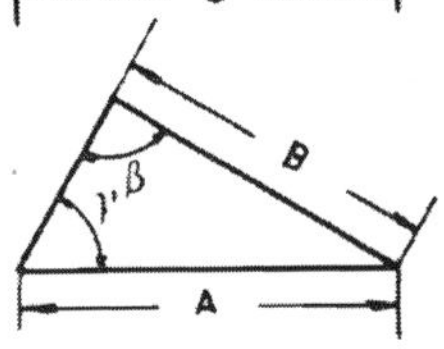

$$B = \frac{A\ .\ \text{sen}\ \gamma}{\text{sen}\ \beta}$$

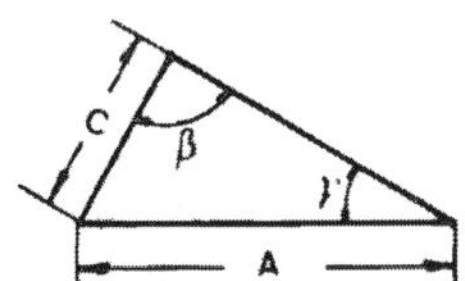

$$C = \frac{A\ .\ \text{sen}\ \gamma}{\text{sen}\ \beta}$$

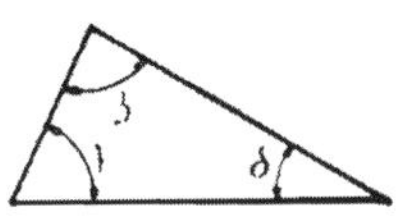

$$\gamma = 180° - (\beta + \delta)$$

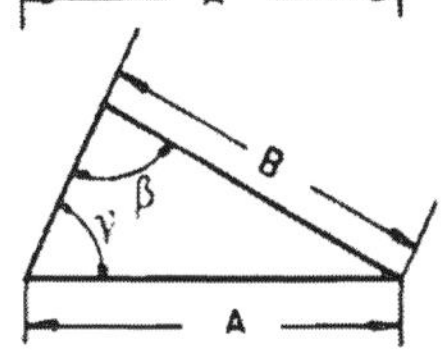

$$\text{sen}\ \gamma = \frac{B\ (\text{sen}\ \beta)}{A}$$

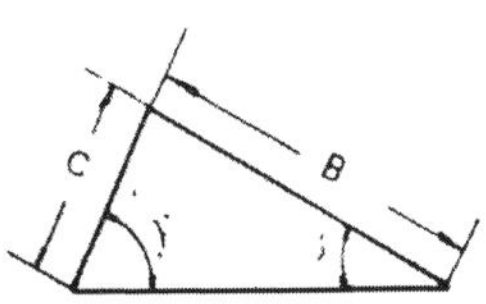

$$C = \frac{B\ .\ \text{sen}\ \beta}{\text{sen}\ \gamma}$$

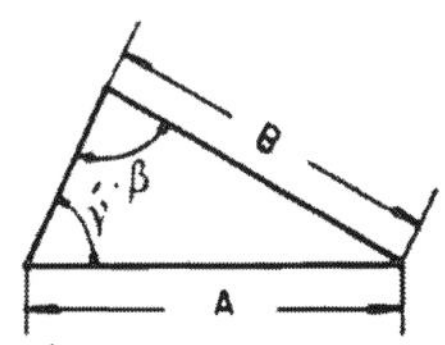

$$\text{sen}\ \beta = \frac{A\ .\ \text{sen}\ \gamma}{B}$$

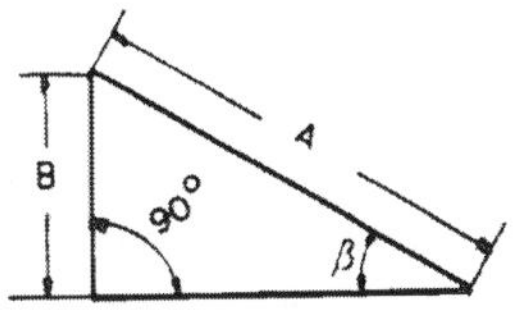

$$\text{sen}\ \beta = \frac{B}{A}$$

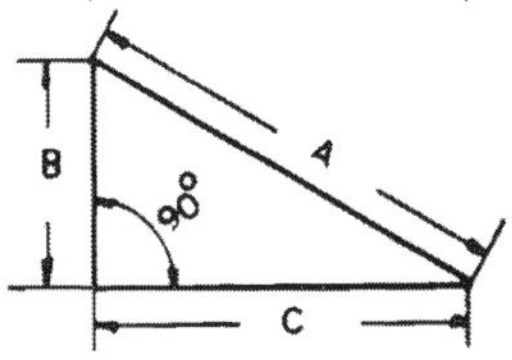

$$B = \sqrt{A^2 - C^2}$$

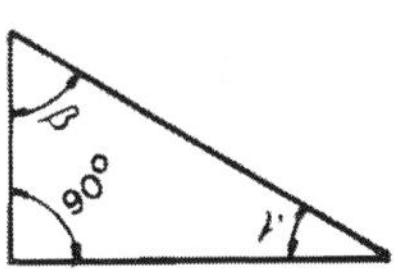

$$\gamma = 90° - \beta$$

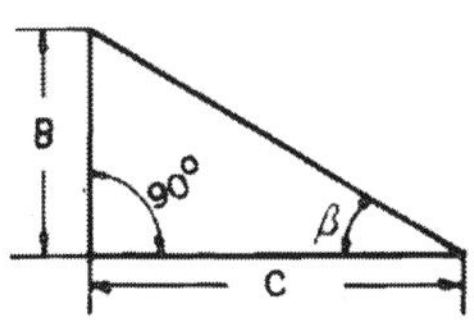

$$\text{tang}\ \beta = \frac{B}{C}$$

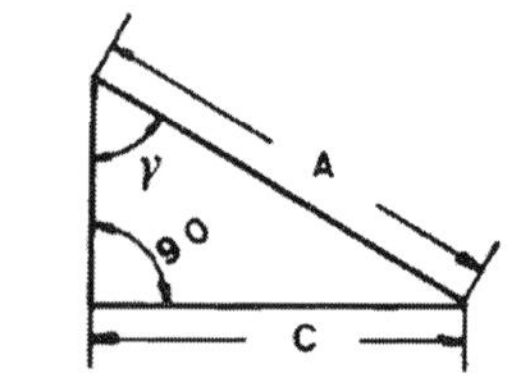

$C = A \cdot \text{sen}\,\gamma$

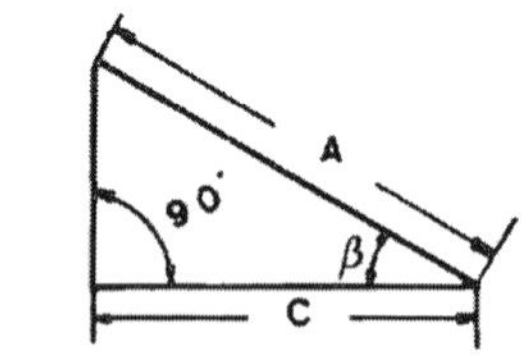

$C = A \cos \beta$

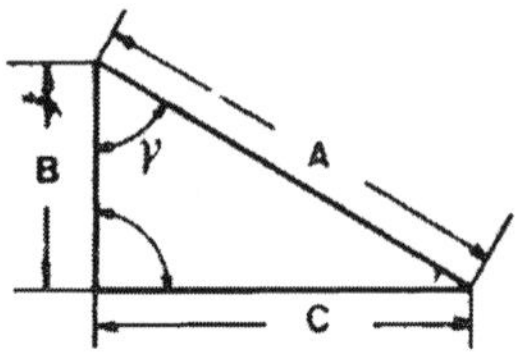

$C = B \cdot \text{tang}\,\gamma$

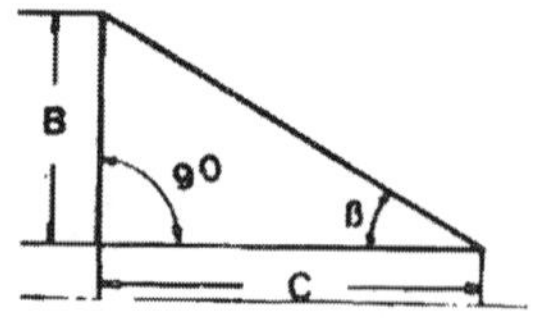

$C = B \cdot \text{cotg}\,\beta$

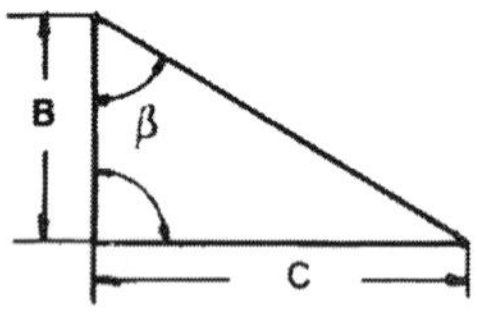

$B = C \cdot \text{cotg}\,\beta$

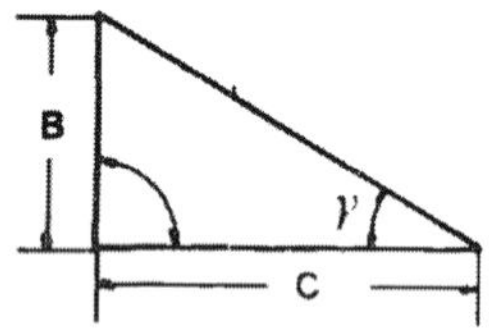

$B = C \cdot \text{tang}\,\gamma$

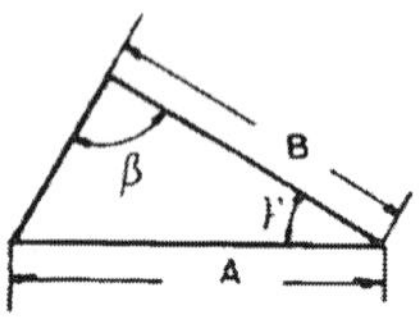

$$\text{Tg}\,\beta = \frac{A.\ \text{sen}\ \gamma}{B - A \cdot \cos \gamma}$$

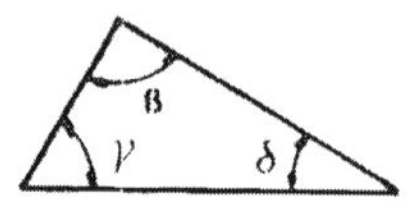

$\delta = 180^\circ - (\beta + \gamma)$

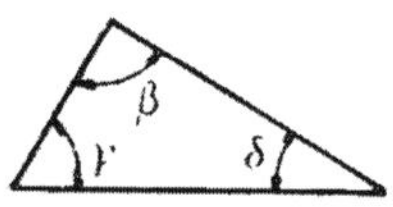

$\gamma = 180^\circ - (\delta + \beta)$

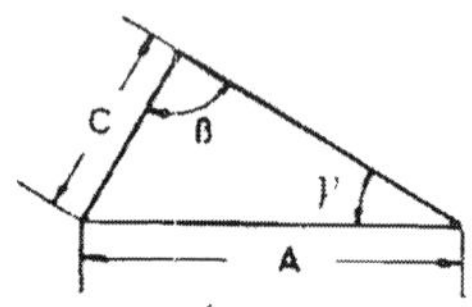

$$C = \frac{A \cdot \text{sen}\ \beta}{\text{sen}\ \gamma}$$

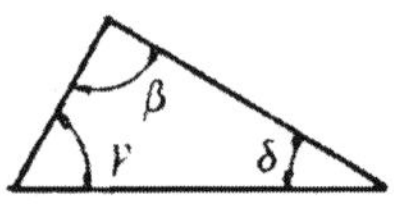

$\gamma = 180^\circ - (\delta + \beta)$

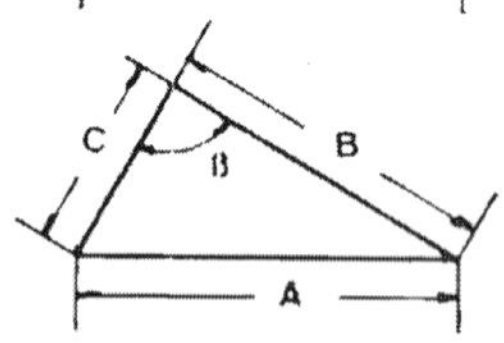

$$\text{Cos}\ \gamma = \frac{B^2 + C^2 - A^2}{2\,B\,C}$$

TEOREMA DE PITÁGORAS

Para se conhecer um dos lados do triângulo retângulo, conhecendo os outros dois, podemos nos valer do processo abaixo, denominado "Teorema de Pitágoras".

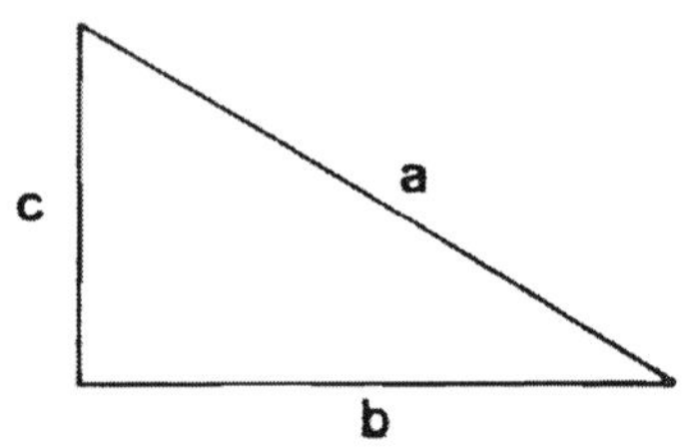

Calcular o lado A, conhecendo-se o lado B e o lado C.

FÓRMULA: $A = \sqrt{C^2 - B^2}$

Ex.: C = 10 e B = 5

$A = \sqrt{10^2 - 5^2} = \sqrt{100 - 25}$

$A = \sqrt{75}$

A = 8,3

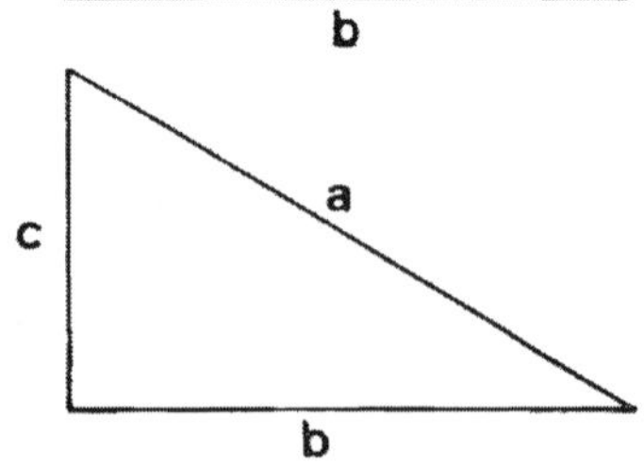

Calcular o lado B, conhecendo-se o lado C e o lado A.

FÓRMULA: $B = \sqrt{C^2 - A^2}$

Ex: A = 10 e C = 15

$B = \sqrt{15^2 - 10^2} = \sqrt{225 - 100}$

$B = \sqrt{125}$

B = 11,18

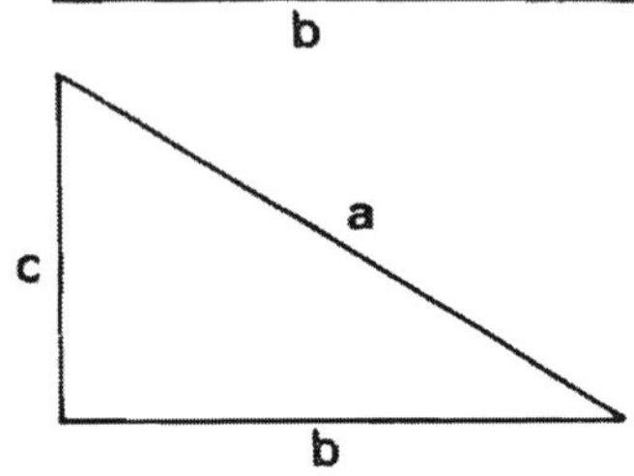

Calcular o lado C, conhecendo-se o lado A e o lado B.

FÓRMULA: $C = \sqrt{A^2 + B^2}$

Ex.: A = 6 e B = 5

$C = \sqrt{6^2 + 5^2} = \sqrt{36 + 25}$

$C = \sqrt{61}$

C = 7,81

SENO

Grau \ Min.	0'	10'	20'	30'	40'	50'	60'	Min. / Grau
0	0,00000	0,00291	0,00582	0,00873	0,01164	0,01454	0,01745	89
1	0,01745	0,02036	0,02327	0,02618	0,02908	0,03199	0,03490	88
2	0,03490	0,03781	0,04071	0,04362	0,04653	0,04943	0,05234	87
3	0,05234	0,05524	0,05814	0,06105	0,06395	0,06685	0,06976	86
4	0,06973	0,07266	0,07556	0,07846	0,08136	0,08426	0,08716	85
5	0,08716	0,09005	0,09295	0,09585	0,09874	0,10164	0,10453	84
6	0,10453	0,10742	0,11031	0,11320	0,11609	0,11898	0,12187	83
7	0,12187	0,12476	0,12764	0,13053	0,13341	0,13629	0,13917	82
8	0,13917	0,14205	0,14493	0,14781	0,15069	0,15356	0,15643	81
9	0,15643	0,15931	0,16218	0,16505	0,16792	0,17078	0,17365	80
10	0,17365	0,17651	0,17937	0,18224	0,18509	0,18795	0,19081	79
11	0,19081	0,19366	0,19652	0,19937	0,20222	0,20507	0,20791	78
12	0,20791	0,21076	0,21360	0,21644	0,21928	0,22212	0,22495	77
13	0,22495	0,22778	0,23062	0,23345	0,23627	0,23910	0,24192	76
14	0,24192	0,24474	0,24756	0,25038	0,25320	0,25601	0,25882	75
15	0,25882	0,26163	0,26443	0,26724	0,27004	0,27284	0,27564	74
16	0,27564	0,27843	0,28123	0,28402	0,28680	0,28959	0,29237	73
17	0,29237	0,29515	0,29793	0,30071	0,30348	0,30625	0,30902	72
18	0,30902	0,31178	0,31454	0,31730	0,32006	0,32282	0,32557	71
19	0,32557	0,32832	0,33106	0,33381	0,33655	0,33929	0,34202	70
20	0,34202	0,34475	0,34748	0,35021	0,35293	0,35565	0,35837	69
21	0,35837	0,36108	0,36379	0,36650	0,36921	0,37191	0,37461	68
22	0,37461	0,37730	0,37999	0,38268	0,38537	0,38805	0,39073	67
23	0,39073	0,39341	0,39608	0,39875	0,40142	0,40408	0,40674	66
24	0,40674	0,40939	0,41204	0,41469	0,41734	0,41998	0,42262	65
25	0,42262	0,42525	0,42788	0,43051	0,43313	0,43575	0,43837	64
26	0,43837	0,44098	0,44359	0,44620	0,44880	0,45140	0,45399	63
27	0,45399	0,45658	0,45917	0,46175	0,46433	0,46690	0,46947	62
28	0,46947	0,47204	0,47460	0,47716	0,47971	0,48226	0,48481	61
29	0,48481	0,48735	0,48989	0,49242	0,49495	0,49748	0,50000	60
30	0,50000	0,50252	0,50503	0,50754	0,51004	0,51254	0,51504	59
31	0,51504	0,51753	0,52002	0,52250	0,52498	0,52745	0,52992	58
32	0,52992	0,53238	0,53484	0,53730	0,53975	0,54220	0,54464	57
33	0,54464	0,54708	0,54951	0,55194	0,55436	0,55678	0,55919	56
34	0,55919	0,56160	0,56401	0,56641	0,56880	0,57119	0,57358	55
35	0,57358	0,57596	0,57833	0,58070	0,58307	0,58543	0,58779	54
36	0,58779	0,59014	0,59248	0,59482	0,59716	0,59949	0,60182	53
37	0,60182	0,60414	0,60645	0,60876	0,61107	0,61337	0,61556	52
38	0,61566	0,61795	0,62024	0,62251	0,62479	0,62706	0,62932	51
39	0,62932	0,63158	0,63383	0,63608	0,63832	0,64056	0,64279	50
40	0,64279	0,64501	0,64723	0,64945	0,65166	0,65386	0,65606	49
41	0,65606	0,65825	0,66044	0,66262	0,66480	0,66697	0,66913	48
42	0,66913	0,67129	0,67344	0,67559	0,67773	0,67987	0,68200	47
43	0,68200	0,68412	0,68624	0,68835	0,69046	0,69256	0,69466	46
44	0,69466	0,69675	0,69883	0,70091	0,70298	0,70505	0,70711	45
Grau / Min.	60'	50'	40'	30'	20'	10'	0'	Grau / Min.

COSENO

COSENO

Grau \ Min.	0'	10'	20'	30'	40'	50'	60'	Min. / Grau
0	1,00000	1,00000	0,99998	0,99996	0,99993	0,99989	0,99985	89
1	0,99985	0,99979	0,99973	0,99966	0,99958	0,99949	0,99939	88
2	0,99939	0,99929	0,99917	0,99905	0,99892	0,99878	0,99863	87
3	0,99863	0,99847	0,99831	0,99813	0,99795	0,99776	0,99756	86
4	0,99756	0,99736	0,99714	0,99692	0,99668	0,99644	0,99619	85
5	0,99619	0,99594	0,99567	0,99540	0,99511	0,99482	0,99452	84
6	0,99452	0,99421	0,99390	0,99357	0,99324	0,99229	0,99255	83
7	0,99255	0,99219	0,99182	0,99144	0,99106	0,99067	0,99027	82
8	0,99027	0,98986	0,98944	0,98902	0,98858	0,98814	0,98769	81
9	0,98769	0,98723	0,98676	0,98629	0,98580	0,98531	0,98481	80
10	0,98481	0,98430	0,98378	0,98325	0,98272	0,98218	0,98163	79
11	0,98163	0,98107	0,98050	0,97992	0,97934	0,97875	0,97815	78
12	0,97815	0,97754	0,97692	0,97630	0,97566	0,97502	0,97437	77
13	0,97437	0,97371	0,97304	0,97237	0,97169	0,97100	0,97030	76
14	0,97030	0,96959	0,96887	0,96815	0,96742	0,96667	0,96593	75
15	0,96593	0,96517	0,96440	0,96363	0,96285	0,96206	0,96126	74
16	0,96126	0,96046	0,95964	0,95882	0,95799	0,95715	0,95630	73
17	0,95630	0,95545	0,95459	0,95372	0,95284	0,95195	0,95106	72
18	0,95106	0,95015	0,94924	0,94832	0,94740	0,94646	0,94552	71
19	0,94552	0,94457	0,94361	0,94264	0,94167	0,94068	0,93969	70
20	0,93969	0,93869	0,93769	0,93667	0,93565	0,93462	0,93358	69
21	0,93358	0,93253	0,93148	0,93042	0,92935	0,92827	0,92718	68
22	0,92718	0,92609	0,92499	0,92388	0,92276	0,92164	0,92050	67
23	0,92050	0,91936	0,91822	0,91706	0,91590	0,91472	0,91355	66
24	0,91355	0,91236	0,91116	0,90996	0,90875	0,90753	0,90631	65
25	0,90631	0,90507	0,90383	0,90269	0,90133	0,90007	0,89879	64
26	0,89879	0,89752	0,89623	0,89493	0,89363	0,84232	0,89101	63
27	0,89101	0,88968	0,88835	0,88701	0,88566	0,88431	0,88295	62
28	0,88295	0,88158	0,88020	0,87882	0,87743	0,87603	0,87462	61
29	0,87462	0,87321	0,87178	0,87036	0,86892	0,86748	0,86603	60
30	0,86603	0,86457	0,86310	0,86163	0,86015	0,85866	0,85717	59
31	0,85717	0,85567	0,85416	0,85264	0,85112	0,84959	0,84805	58
32	0,84805	0,84650	0,84495	0,84339	0,84182	0,84025	0,83867	57
33	0,83867	0,83708	0,83549	0,83389	0,83228	0,83066	0,82904	56
34	0,82904	0,82741	0,82577	0,82413	0,82248	0,82082	0,81915	55
35	0,81915	0,81748	0,81580	0,81412	0,81242	0,81072	0,80902	54
36	0,80902	0,80730	0,80558	0,80386	0,80212	0,80038	0,79864	53
37	0,79864	0,79688	0,79512	0,79335	0,79158	0,78980	0,78801	52
38	0,78801	0,78622	0,78442	0,78261	0,78079	0,77897	0,77715	51
39	0,77715	0,77531	0,77347	0,77162	0,76977	0,76791	0,76604	50
40	0,76604	0,76417	0,76229	0,76041	0,75851	0,75661	0,75471	49
41	0,75471	0,75280	0,75088	0,74896	0,74703	0,74509	0,74314	48
42	0,74314	0,74120	0,73924	0,73728	0,73531	0,73333	0,73135	47
43	0,73135	0,72937	0,72737	0,72537	0,72337	0,72136	0,71934	46
44	0,71934	0,71732	0,71529	0,71325	0,71121	0,70916	0,70711	45
Grau / Min.	60'	50'	40'	30'	20'	10'	0'	Grau / Min.

SENO

LINHAS TRIGONOMÉTRICAS

TABELAS TRIGONOMÉTRICAS

TANGENTE

Grau \ Min.	0'	10'	20'	30'	40'	50'	60'	Min. / Grau
0	0,00000	0,00291	0,00582	0,00873	0,01164	0,01455	0,01746	89
1	0,01746	0,02036	0,02326	0,02619	0,02910	0,03201	0,03492	88
2	0,03492	0,03783	0,04075	0,04366	0,04658	0,04949	0,05241	87
3	0,05241	0,05533	0,05824	0,06116	0,06408	0,06700	0,06993	86
4	0,06993	0,07285	0,07578	0,07870	0,08163	0,08456	0,08749	85
5	0,08749	0,09042	0,09335	0,09629	0,09923	0,10216	0,10510	84
6	0,10510	0,10805	0,11099	0,11394	0,11688	0,11983	0,12278	83
5	0,12278	0,12574	0,12879	0,13165	0,13461	0,13758	0,14054	82
8	0,14054	0,14351	0,14648	0,14945	0,15243	0,15540	0,15838	81
9	0,15838	0,16137	0,16435	0,16734	0,17033	0,17333	0,17633	80
10	0,17633	0,17933	0,18223	0,18534	0,18835	0,19136	0,19438	79
11	0,19438	0,19740	0,20042	0,20345	0,20648	0,20952	0,21256	78
12	0,21256	0,21560	0,21864	0,22169	0,22475	0,22781	0,23087	77
13	0,23087	0,23393	0,23700	0,24008	0,24316	0,24624	0,24933	76
14	0,24933	0,25242	0,25552	0,25862	0,26172	0,26483	0,26795	75
15	0,26795	0,27107	0,27419	0,27732	0,28046	0,28360	0,28675	74
16	0,28675	0,28990	0,29305	0,29621	0,29938	0,30255	0,30573	73
17	0,30573	0,30891	0,31210	0,31530	0,31850	0,31271	0,32492	72
18	0,32492	0,32814	0,33136	0,33460	0,33783	0,34108	0,34433	71
19	0,34433	0,34758	0,35085	0,35412	0,35740	0,36068	0,36397	70
20	0,36397	0,36727	0,37057	0,37388	0,37720	0,38053	0,38386	69
21	0,38386	0,38721	0,39055	0,39391	0,39727	0,40065	0,40443	68
22	0,40403	0,40741	0,41081	0,41421	0,41763	0,42105	0,42447	67
23	0,42447	0,42791	0,43136	0,43481	0,43828	0,44175	0,44523	66
24	0,44523	0,44872	0,45222	0,45573	0,45924	0,46272	0,46631	65
25	0,46631	0,46985	0,47341	0,47698	0,48055	0,48414	0,48773	64
26	0,48773	0,49134	0,49495	0,49858	0,50222	0,50587	0,50953	63
27	0,50953	0,51319	0,51688	0,52057	0,52427	0,52798	0,53171	62
28	0,53171	0,53545	0,53920	0,54296	0,54673	0,55051	0,55431	61
29	0,55431	0,55812	0,56194	0,56577	0,56962	0,57348	0,57735	60
30	0,57735	0,58124	0,58513	0,58905	0,59297	0,59691	0,60086	59
31	0,60086	0,60438	0,60881	0,61280	0,61681	0,62083	0,62487	58
32	0,62487	0,62892	0,63299	0,63707	0,64117	0,64528	0,64941	57
33	0,64941	0,65355	0,65771	0,66189	0,66608	0,67028	0,67451	56
34	0,67451	0,67875	0,68301	0,68728	0,69157	0,69588	0,70021	55
35	0,70021	0,70455	0,70891	0,71329	0,71769	0,72211	0,72654	54
36	0,72654	0,73100	0,73547	0,73996	0,74447	0,74900	0,75355	53
37	0,75355	0,75812	0,76272	0,76733	0,77196	0,77661	0,78129	52
38	0,78129	0,78598	0,79070	0,79544	0,80020	0,80498	0,80978	51
39	0,80978	0,81461	0,81946	0,82434	0,82923	0,82415	0,83910	50
40	0,83910	0,84407	0,84906	0,85408	0,85912	0,86419	0,86929	49
41	0,86929	0,87441	0,87955	0,88473	0,88992	0,89515	0,90040	48
42	0,90040	0,90569	0,91099	0,91633	0,92170	0,92709	0,93252	47
43	0,93252	0,93797	0,94345	0,94896	0,95451	0,96008	0,96569	46
44	0,96569	0,97133	0,97700	0,98270	0,98843	0,99420	0,00000	45
Grau / Min.	60'	50'	40'	30'	20'	10'	0'	Grau / Min.

COTANGENTE

COTANGENTE

Grau \ Min.	0'	10'	20'	30'	40'	50'	60'	Min. / Grau
0		343,77371	171,88540	114,58865	85,93979	68,75009	57,28996	89
1	57,28996	49,10388	42,96408	38,18846	34,36777	31,24158	28,63625	88
2	28,63625	26,43160	24,54176	22,90377	21,47040	20,20555	19,08114	87
3	19,08114	18,07498	17,16934	16,34986	15,60478	14,92442	14,30067	86
4	14,30067	13,72674	13,19688	12,70621	12,25051	11,82617	11,43005	85
5	11,43005	11,05943	10,71191	10,38540	10,07803	9,78817	9,51436	84
6	9,51436	9,25530	9,00983	8,77689	8,55555	8,34496	8,14435	83
7	8,14435	7,95302	7,77035	7,59575	7,42871	7,26873	7,11537	82
8	7,11537	6,96823	0,82694	6,69116	6,56055	6,43484	6,31375	81
9	6,33175	6,19703	6,08444	5,97576	5,87080	5,76937	5,67128	80
10	5,67128	5,57638	5,48451	5,39552	5,30928	5,22566	5,14455	79
11	5,14455	5,06584	4,98940	4,91516	4,84300	4,77286	4,70463	78
12	4,70463	4,63825	4,57363	4,51071	4,44942	4,38969	4,33148	77
13	4,33148	4,27471	4,21933	4,16530	4,11256	4,06107	4,01078	76
14	4,01078	3,96165	3,91364	3,86671	3,82083	3,77595	3,73205	75
15	3,73205	3,68909	3,64705	3,60588	3,56557	3,52069	3,48741	74
16	3,48741	3,44951	3,41236	3,37594	3,34023	3,30521	3,27085	73
17	3,27085	3,23714	3,20406	3,17159	3,13972	3,10842	3,07768	72
18	3,07768	3,04749	3,01783	2,98869	2,96004	2,93189	2,90421	71
19	2,90421	2,87700	2,85023	2,82391	2,79802	2,77254	2,74748	70
20	2,74748	2,72281	2,69853	2,67462	2,65109	2,62791	2,60509	69
21	2,60509	2,58261	2,56046	2,53865	2,51715	2,49597	2,47509	68
22	2,47509	2,45451	2,43422	2,41421	2,39449	2,37504	2,35585	67
23	2,35585	2,33693	2,31826	2,29984	2,29167	2,26274	2,24604	66
24	2,24604	2,22857	2,21132	2,19430	2,17749	2,16090	2,14451	65
25	2,14451	2,12832	2,11233	2,09651	2,08094	2,06553	2,05030	64
26	2,05030	2,03526	2,02039	2,00569	1,99116	1,97680	1,96261	63
27	1,96261	1,94858	1,93470	1,92098	1,90741	1,89400	1,88073	62
28	1,88073	1,86760	1,85462	1,84177	1,82906	1,81649	1,80405	61
29	1,80405	1,79174	1,77955	1,76749	1,75556	1,74375	1,73205	60
30	1,73205	1,72047	1,70901	1,69766	1,68643	1,67530	1,66428	59
31	1,66428	1,65337	1,64256	1,63185	1,62125	1,61074	1,60033	58
32	1,60033	1,50902	1,57981	1,56969	1,55966	1,54972	1,53987	57
33	1,53987	1,53010	1,52043	1,51084	1,50133	1,49190	1,48256	56
34	1,48256	1,47330	1,46411	1,45501	1,44598	1,43703	1,42815	55
35	1,42815	1,41934	1,41061	1,40195	1,39336	1,38484	1,37638	54
36	1,37638	1,36800	1,35968	1,35142	1,34323	1,33511	1,32704	53
37	1,32704	1,31904	1,31110	1,30323	1,29541	1,28764	1,27994	52
38	1,27994	1,27230	1,26471	1,25717	1,24969	1,24227	1,23490	51
39	1,23490	1,22758	1,22031	1,21310	1,20593	1,19882	1,19175	50
40	1,19175	1,18474	1,17777	1,17085	1,16398	1,15715	1,15037	49
41	1,15037	1,14363	1,13694	1,13029	1,12369	1,11713	1,11061	48
42	1,11061	1,10414	1,09770	1,09131	1,08496	1,07864	1,07237	47
43	1,07237	1,06613	1,05994	1,05378	1,04766	1,04158	1,03553	46
44	1,03553	1,02952	1,02355	1,01761	1,01170	1,00583	1,00000	45
Grau / Min.	60'	50'	40'	30'	20'	10'	0'	Grau / Min.

TANGENTE

TRAÇAGEM DE FUROS EM RELAÇÃO A SUA CIRCUNFERÊNCIA

TRAÇAGEM MEDIANTE A COORDENADA

MULTIPLICAR O COEFICIENTE PELO DIÂMETRO DA CIRCUNFERÊNCIA

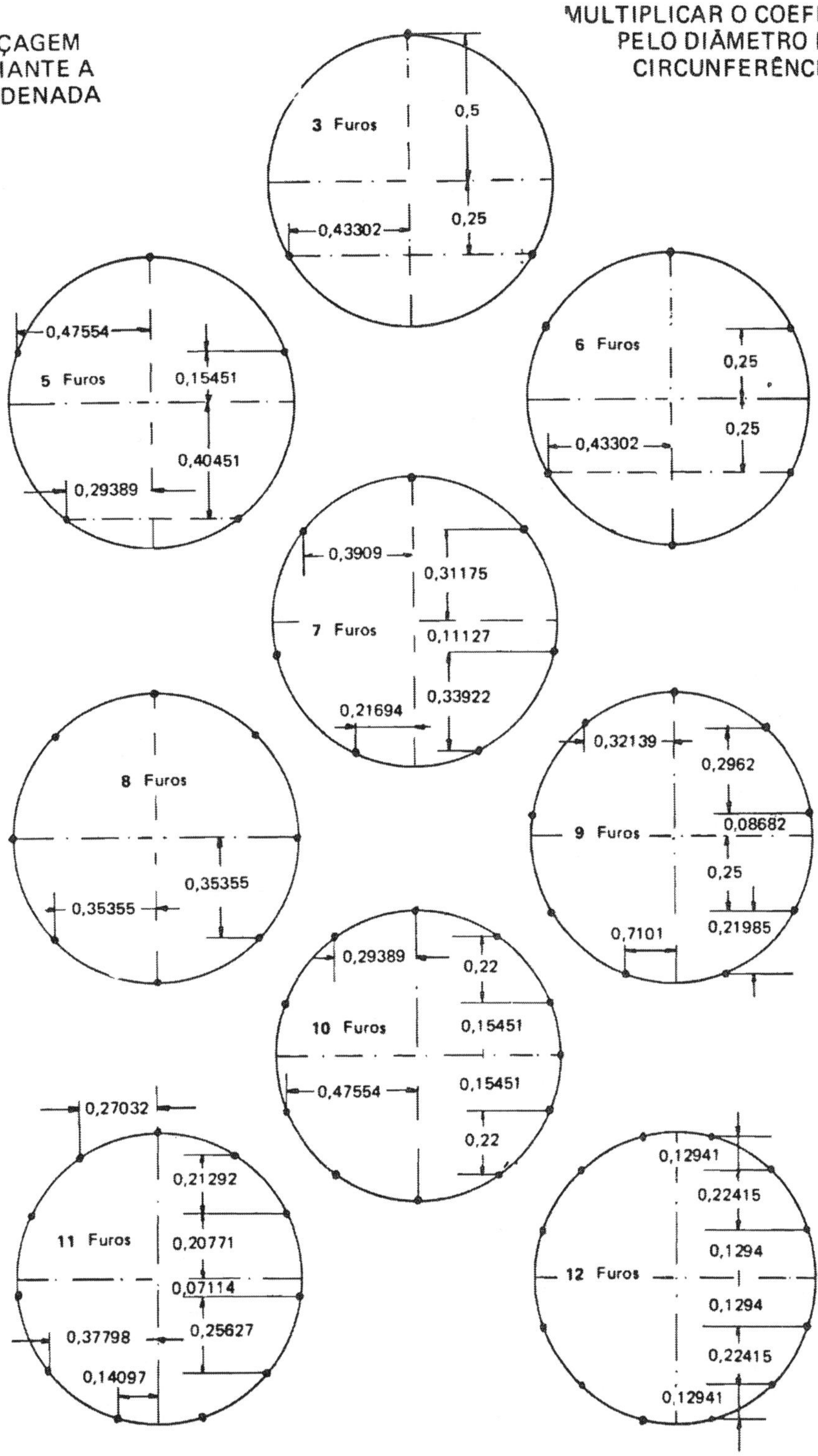

TABELA DE QUADRADO, CUBO, RAÍZ, DESENVOLVIMENTO E ÁREA

n	n^2	n^3	$\sqrt{n}$	$\sqrt[3]{n}$	$\ln n$	$\frac{1000}{n}$	πn	$\frac{\pi n^2}{4}$	n
1	1	1	1,0000	1,0000	0,00000	1000,000	3,142	0,78 54	1
2	4	8	1,4142	1,2599	0,69315	500,000	6,283	3,14 16	2
3	9	27	1,7321	1,4422	1,09861	333,333	9,425	7,06 86	3
4	16	64	2,0000	1,5874	1,38629	250,000	12,566	12,56 64	4
5	25	125	2,2361	1,7100	1,60944	200,000	15,708	19,63 50	5
6	36	216	2,4495	1,8171	1,79176	166,667	18,850	28,27 43	6
7	49	343	2,6458	1,9129	1,94591	142,857	21,991	38,48 45	7
8	64	512	2,8284	2,0000	2,07944	125,000	25,133	50,26 55	8
9	81	729	3,0000	2,0801	2,19722	111,111	28,274	63,61 73	9
10	1 00	1 000	3,1623	2,1544	2,30259	100,000	31,416	78,53 98	10
11	1 21	1 331	3,3166	2,2240	2,39790	90,9091	34,558	95,03 32	11
12	1 44	1 728	3,4641	2,2894	2,48491	83,3333	37,699	1 13,09 7	12
13	1 69	2 197	3,6056	2,3513	2,56495	76,9231	40,841	1 32,73 2	13
14	1 96	2 744	3,7417	2,4101	2,63906	71,4286	43,982	1 53,93 8	14
15	2 25	3 375	3,8730	2,4662	2,70805	66,6667	47,124	1 76,71 5	15
16	2 56	4 096	4,0000	2,5198	2,77259	62,5000	50,265	2 01,06 2	16
17	2 89	4 913	4,1231	2,5713	2,83321	58,8235	53,407	2 26,98 0	17
18	3 24	5 832	4,2426	2,6207	2,89037	55,5556	56,549	2 54,46 9	18
19	3 61	6 859	4,3589	2,6684	2,94444	52,6316	59,690	2 83,52 9	19
20	4 00	8 000	4,4721	2,7144	2,99573	50,0000	62,832	3 14,15 9	20
21	4 41	9 261	4,5826	2,7589	3,04452	47,6190	65,973	3 46,36 1	21
22	4 84	10 648	4,6904	2,8020	3,09104	45,4545	69,115	3 80,13 3	22
23	5 29	12 167	4,7958	2,8439	3,13549	43,4783	72,257	4 15,47 6	23
24	5 76	13 824	4,8990	2,8845	3,17805	41,6667	75,398	4 52,38 9	24
25	6 25	15 625	5,0000	2,9240	3,21888	40,0000	78,540	4 90,87 4	25
26	6 76	17 576	5,0990	2,9625	3,25810	38,4615	81,681	5 30,92 9	26
27	7 29	19 683	5,1962	3,0000	3,29584	37,0370	84,823	5 72,55 5	27
28	7 84	21 952	5,2915	3,0366	3,33220	35,7143	87,965	6 15,75 2	28
29	8 41	24 389	5,3852	3,0723	3,36730	34,4828	91,106	6 60,52 0	29
30	9 00	27 000	5,4772	3,1072	3,40120	33,3333	94,248	7 06,85 8	30
31	9 61	29 791	5,5678	3,1414	3,43399	32,2581	97,389	7 54,76 8	31
32	10 24	32 768	5,6569	3,1748	3,46574	31,2500	100,531	8 04,24 8	32
33	10 89	35 937	5,7446	3,2075	3,49651	30,3030	103,673	8 55,29 9	33
34	11 56	39 304	5,8310	3,2396	3,52636	29,4118	106,814	9 07,92 0	34
35	12 25	42 875	5,9161	3,2711	3,55535	28,5714	109,956	9 62,11 3	35
36	12 96	46 656	6,0000	3,3019	3,58352	27,7778	113,097	10 17,88	36
37	13 69	50 653	6,0828	3,3322	3,61092	27,0270	116,239	10 75,21	37
38	14 44	54 872	6,1644	3,3620	3,63759	26,3158	119,381	11 34,11	38
39	15 21	59 319	6,2450	3,3912	3,66356	25,6410	122,522	11 94,59	39
40	16 00	64 000	6,3246	3,4200	3,68888	25,0000	125,66	12 56,64	40
41	16 81	68 921	6,4031	3,4482	3,71357	24,3902	128,81	13 20,25	41
42	17 64	74 088	6,4807	3,4760	3,73767	23,8095	131,95	13 85,44	42
43	18 49	79 507	6,5574	3,5034	3,76120	23,2558	135,09	14 52,20	43
44	19 36	85 184	6,6332	3,5303	3,78419	22,7273	138,23	15 20,53	44
45	20 25	91 125	6,7082	3,5569	3,80666	22,2222	141,37	15 90,43	45
46	21 16	97 336	6,7823	3,5830	3,82864	21,7391	144,51	16 61,90	46
47	22 09	103 823	6,8557	3,6088	3,85015	21,2766	147,65	17 34,94	47
48	23 04	110 592	6,9282	3,6342	3,87120	20,8333	150,80	18 09,56	48
49	24 01	117 649	7,0000	3,6593	3,89182	20,4082	153,94	18 85,74	49
50	25 00	125 000	7,0711	3,6840	3,91202	20,0000	157,08	19 63,50	50

TABELA DE QUADRADO, CUBO, RAÍZ, DESENVOLVIMENTO E ÁREA

n	n^2	n^3	$\sqrt{n}$	$\sqrt[3]{n}$	$\ln n$	$\frac{1000}{n}$	πn	$\frac{\pi n^2}{4}$	n
50	25 00	125 000	7,0711	3,6840	3,91202	20,0000	157,08	19 63,50	50
51	26 01	132 651	7,1414	3,7084	3,93183	19,6078	160,22	20 42,82	51
52	27 04	140 608	7,2111	3,7325	3,95124	19,2308	163,36	21 23,72	52
53	28 09	148 877	7,2801	3,7563	3,97029	18,8679	166,50	22 06,18	53
54	29 16	157 464	7,3485	3,7798	3,98898	18,5185	169,65	22 90,22	54
55	30 25	166 375	7,4162	3,8030	4,00733	18,1818	172,79	23 75,83	55
56	31 36	175 616	7,4833	3,8259	4,02535	17,8571	175,93	24 63,01	56
57	32 49	185 193	7,5498	3,8485	4,04305	17,5439	179,07	25 51,76	57
58	33 64	195 112	7,6158	3,8709	4,06044	17,2414	182,21	26 42,08	58
59	34 81	205 379	7,6811	3,8930	4,07754	16,9492	185,35	27 33,97	59
60	36 00	216 000	7,7460	3,9149	4,09434	16,6667	188,50	28 27,43	60
61	37 21	226 981	7,8102	3,9365	4,11087	16,3934	191,64	29 22,47	61
62	38 44	238 328	7,8740	3,9579	4,12713	16,1290	194,78	30 19,07	62
63	39 69	250 047	7,9373	3,9791	4,14313	15,8730	197,92	31 17,25	63
64	40 96	262 144	8,0000	4,0000	4,15888	15,6250	201,06	32 16,99	64
65	42 25	274 625	8,0623	4,0207	4,17439	15,3846	204,20	33 18,31	65
66	43 56	287 496	8,1240	4,0412	4,18965	15,1515	207,35	34 21,19	66
67	44 89	300 763	8,1854	4,0615	4,20469	14,9254	210,49	35 25,65	67
68	46 24	314 432	8,2462	4,0817	4,21951	14,7059	213,63	36 31,68	68
69	47 61	328 509	8,3066	4,1016	4,23411	14,4928	216,77	37 39,28	69
70	49 00	343 000	8,3666	4,1213	4,24850	14,2857	219,91	38 48,45	70
71	50 41	357 911	8,4261	4,1408	4,26268	14,0845	223,05	39 59,19	71
72	51 84	373 248	8,4853	4,1602	4,27667	13,8889	226,19	40 71,50	72
73	53 29	389 017	8,5440	4,1793	4,29046	13,6986	229,34	41 85,39	73
74	54 76	405 224	8,6023	4,1983	4,30407	13,5135	232,48	43 00,84	74
75	56 25	421 875	8,6603	4,2172	4,31749	13,3333	235,62	44 17,86	75
76	57 76	438 976	8,7178	4,2358	4,33073	13,1579	238,76	45 36,46	76
77	59 29	456 533	8,7750	4,2543	4,34381	12,9870	241,90	46 56,63	77
78	60 84	474 552	8,8318	4,2727	4,35671	12,8205	245,04	47 78,36	78
79	62 41	493 039	8,8882	4,2908	4,36945	12,6582	248,19	49 01,67	79
80	64 00	512 000	8,9443	4,3089	4,38203	12,5000	251,33	50 26,55	80
81	65 61	531 441	9,0000	4,3267	4,39445	12,3457	254,47	51 53,00	81
82	67 24	551 368	9,0554	4,3445	4,40672	12,1951	257,61	52 81,02	82
83	68 89	571 787	9,1104	4,3621	4,41884	12,0482	260,75	54 10,61	83
84	70 56	592 704	9,1652	4,3795	4,43082	11,9048	263,89	55 41,77	84
85	72 25	614 125	9,2195	4,3968	4,44265	11,7647	267,04	56 74,50	85
86	73 96	636 056	9,2736	4,4140	4,45435	11,6279	270,18	58 08,80	86
87	75 69	658 503	9,3274	4,4310	4,46591	11,4943	273,32	59 44,68	87
88	77 44	681 472	9,3808	4,4480	4,47734	11,3636	276,46	60 82,12	88
89	79 21	704 969	9,4340	4,4647	4,48864	11,2360	279,60	62 21,14	89
90	81 00	729 000	9,4868	4,4814	4,49981	11,1111	282,74	63 61,73	90
91	82 81	753 571	9,5394	4,4979	4,51086	10,9890	285,88	65 03,88	91
92	84 64	778 688	9,5917	4,5144	4,52179	10,8696	289,03	66 47,61	92
93	86 49	804 357	9,6437	4,5307	4,53260	10,7527	292,17	67 92,91	93
94	88 36	830 584	9,6954	4,5468	4,54329	10,6383	295,31	69 39,78	94
95	90 25	857 375	9,7468	4,5629	4,55388	10,5263	298,45	70 88,22	95
96	92 16	884 736	9,7980	4,5789	4,56435	10,4167	301,59	72 38,23	96
97	94 09	912 673	9,8489	4,5947	4,57471	10,3093	304,73	73 89,81	97
98	96 04	941 192	9,8995	4,6104	4,58497	10,2041	307,88	75 42,96	98
99	98 01	970 299	9,9499	4,6261	4,59512	10,1010	311,02	76 97,69	99
100	1 00 00	1 000 000	10,0000	4,6416	4,60517	10,0000	314,16	78 53,98	100

TABELA DE QUADRADO, CUBO, RAÍZ, DESENVOLVIMENTO E ÁREA

n	n^2	n^3	$\sqrt{n}$	$\sqrt[3]{n}$	$\ln n$	$\frac{1000}{n}$	πn	$\frac{\pi n^2}{4}$	n
100	1 00 00	1 000 000	10,0000	4,6416	4,60517	10,0000	314,16	78 53,98	100
101	1 02 01	1 030 301	10,0499	4,6570	4,61512	9,90099	317,30	80 11,85	101
102	1 04 04	1 061 208	10,0995	4,6723	4,62497	9,80392	320,44	81 71,28	102
103	1 06 09	1 092 727	10,1489	4,6875	4,63473	9,70874	323,58	83 32,29	103
104	1 08 16	1 124 864	10,1980	4,7027	4,64439	9,61538	326,73	84 94,87	104
105	1 10 25	1 157 625	10,2470	4,7177	4,65396	9,52381	329,87	86 59,01	105
106	1 12 36	1 191 016	10,2956	4,7326	4,66344	9,43396	333,01	88 24,73	106
107	1 14 49	1 225 043	10,3441	4,7475	4,67283	9,34579	336,15	89 92,02	107
108	1 16 64	1 259 712	10,3923	4,7622	4,68213	9,25926	339,29	91 60,88	108
109	1 18 81	1 295 029	10,4403	4,7769	4,69135	9,17431	342,43	93 31,32	109
110	1 21 00	1 331 000	10,4881	4,7914	4,70048	9,09091	345,58	95 03,32	110
111	1 23 21	1 367 631	10,5357	4,8059	4,70953	9,00901	348,72	96 76,89	111
112	1 25 44	1 404 928	10,5830	4,8203	4,71850	8,92857	351,86	98 52,03	112
113	1 27 69	1 442 897	10,6301	4,8346	4,72739	8,84956	355,00	1 00 28,7	113
114	1 29 96	1 481 544	10,6771	4,8488	4,73620	8,77193	358,14	1 02 07,0	114
115	1 32 25	1 520 875	10,7238	4,8629	4,74493	8,69565	361,28	1 03 86,9	115
116	1 34 56	1 560 896	10,7703	4,8770	4,75359	8,62069	364,42	1 05 68,3	116
117	1 36 89	1 601 613	10,8167	4,8910	4,76217	8,54701	367,57	1 07 51,3	117
118	1 39 24	1 643 032	10,8628	4,9049	4,77068	8,47458	370,71	1 09 35,9	118
119	1 41 61	1 685 159	10,9087	4,9187	4,77912	8,40336	373,85	1 11 22,0	119
120	1 44 00	1 728 000	10,9545	4,9324	4,78749	8,33333	376,99	1 13 09,7	120
121	1 46 41	1 771 561	11,0000	4,9461	4,79579	8,26446	380,13	1 14 99,0	121
122	1 48 84	1 815 848	11,0454	4,9597	4,80402	8,19672	383,27	1 16 89,9	122
123	1 51 29	1 860 867	11,0905	4,9732	4,81218	8,13008	386,42	1 18 82,3	123
124	1 53 76	1 906 624	11,1355	4,9866	4,82028	8,06452	389,56	1 20 76,3	124
125	1 56 25	1 953 125	11,1803	5,0000	4,82831	8,00000	392,70	1 22 71,8	125
126	1 58 76	2 000 376	11,2250	5,0133	4,83628	7,93651	395,84	1 24 69,0	126
127	1 61 29	2 048 383	11,2694	5,0265	4,84419	7,87402	398,98	1 26 67,7	127
128	1 63 84	2 097 152	11,3137	5,0397	4,85203	7,81250	402,12	1 28 68,0	128
129	1 66 41	2 146 689	11,3578	5,0528	4,85981	7,75194	405,27	1 30 69,8	129
130	1 69 00	2 197 000	11,4018	5,0658	4,86753	7,69231	408,41	1 32 73,2	130
131	1 71 61	2 248 091	11,4455	5,0788	4,87520	7,63359	411,55	1 34 78,2	131
132	1 74 24	2 299 968	11,4891	5,0916	4,88280	7,57576	414,69	1 36 84,6	132
133	1 76 89	2 352 637	11,5326	5,1045	4,89035	7,51880	417,83	1 38 92,9	133
134	1 79 56	2 406 104	11,5758	5,1172	4,89784	7,46269	420,97	1 41 02,6	134
135	1 82 25	2 460 375	11,6190	5,1299	4,90527	7,40741	424,12	1 43 13,9	135
136	1 84 96	2 515 456	11,6619	5,1426	4,91265	7,35294	427,26	1 45 26,7	136
137	1 87 69	2 571 353	11,7047	5,1551	4,91998	7,29927	430,40	1 47 41,1	137
138	1 90 44	2 628 072	11,7473	5,1676	4,92725	7,24638	433,54	1 49 57,1	138
139	1 93 21	2 685 619	11,7898	5,1801	4,93447	7,19424	436,68	1 51 74,7	139
140	1 96 00	2 744 000	11,8322	5,1925	4,94164	7,14286	439,82	1 53 93,8	140
141	1 98 81	2 803 221	11,8743	5,2048	4,94876	7,09220	442,96	1 56 14,5	141
142	2 01 64	2 863 288	11,9164	5,2171	4,95583	7,04225	446,11	1 58 36,8	142
143	2 04 49	2 924 207	11,9583	5,2293	4,96284	6,99301	449,25	1 60 60,6	143
144	2 07 36	2 985 984	12,0000	5,2415	4,96981	6,94444	452,39	1 62 86,0	144
145	2 10 25	3 048 625	12,0416	5,2536	4,97673	6,89655	455,53	1 65 13,0	145
146	2 13 16	3 112 136	12,0830	5,2656	4,98361	6,84932	458,67	1 67 41,5	146
147	2 16 09	3 176 523	12,1244	5,2776	4,99043	6,80272	461,81	1 69 71,7	147
148	2 19 04	3 241 792	12,1655	5,2896	4,99721	6,75676	464,96	1 72 03,4	148
149	2 22 01	3 307 949	12,2066	5,3015	5,00395	6,71141	468,10	1 74 36,6	149
150	2 25 00	3 375 000	12,2474	5,3133	5,01064	6,66667	471,24	1 76 71,5	150

TABELA DE QUADRADO, CUBO, RAÍZ, DESENVOLVIMENTO E ÁREA

n	n^2	n^3	$\sqrt{n}$	$\sqrt[3]{n}$	$\ln n$	$\frac{1000}{n}$	πn	$\frac{\pi n^2}{4}$	n
150	2 25 00	3 375 000	12,2474	5,3133	5,01064	6,66667	471,24	1 76 71,5	150
151	2 28 01	3 442 951	12,2882	5,3251	5,01728	6,62252	474,38	1 79 07,9	151
152	2 31 04	3 511 808	12,3288	5,3368	5,02388	6,57895	477,52	1 81 45,8	152
153	2 34 09	3 581 577	12,3693	5,3485	5,03044	6,53595	480,66	1 83 85,4	153
154	2 37 16	3 652 264	12,4097	5,3601	5,03695	6,49351	483,81	1 86 26,5	154
155	2 40 25	3 723 875	12,4499	5,3717	5,04343	6,45161	486,95	1 88 69,2	155
156	2 43 36	3 796 416	12,4900	5,3832	5,04986	6,41026	490,09	1 91 13,4	156
157	2 46 49	3 869 893	12,5300	5,3947	5,05625	6,36943	493,23	1 93 59,3	157
158	2 49 64	3 944 312	12,5698	5,4061	5,06260	6,32911	496,37	1 96 06,7	158
159	2 52 81	4 019 679	12,6095	5,4175	5,06890	6,28931	499,51	1 98 55,7	159
160	2 56 00	4 096 000	12,6491	5,4288	5,07517	6,25000	502,65	2 01 06,2	160
161	2 59 21	4 173 281	12,6886	5,4401	5,08140	6,21118	505,80	2 03 58,3	161
162	2 62 44	4 251 528	12,7279	5,4514	5,08760	6,17284	508,94	2 06 12,0	162
163	2 65 69	4 330 747	12,7671	5,4626	5,09375	6,13497	512,08	2 08 67,2	163
164	2 68 96	4 410 944	12,8062	5,4737	5,09987	6,09756	515,22	2 11 24,1	164
165	2 72 25	4 492 125	12,8452	5,4848	5,10595	6,06061	518,36	2 13 82,5	165
166	2 75 56	4 574 296	12,8841	5,4959	5,11199	6,02410	521,50	2 16 42,4	166
167	2 78 89	4 657 463	12,9228	5,5069	5,11799	5,98802	524,65	2 19 04,0	167
168	2 82 24	4 741 632	12,9615	5,5178	5,12396	5,95238	527,79	2 21 67,1	168
169	2 85 61	4 826 809	13,0000	5,5288	5,12990	5,91716	530,93	2 24 31,8	169
170	2 89 00	4 913 000	13,0384	5,5397	5,13580	5,88235	534,07	2 26 98,0	170
171	2 92 41	5 000 211	13,0767	5,5505	5,14166	5,84795	537,21	2 29 65,8	171
172	2 95 84	5 088 448	13,1149	5,5613	5,14749	5,81395	540,35	2 32 35,2	172
173	2 99 29	5 177 717	13,1529	5,5721	5,15329	5,78035	543,50	2 35 06,2	173
174	3 02 76	5 268 024	13,1909	5,5828	5,15906	5,74713	546,64	2 37 78,7	174
175	3 06 25	5 359 375	13,2288	5,5934	5,16479	5,71429	549,78	2 40 52,8	175
176	3 09 76	5 451 776	13,2665	5,6041	5,17048	5,68182	552,92	2 43 28,5	176
177	3 13 29	5 545 233	13,3041	5,6147	5,17615	5,64972	556,06	2 46 05,7	177
178	3 16 84	5 639 752	13,3417	5,6252	5,18178	5,61798	559,20	2 48 84,6	178
179	3 20 41	5 735 339	13,3791	5,6357	5,18739	5,58659	562,35	2 51 64,9	179
180	3 24 00	5 832 000	13,4164	5,6462	5,19296	5,55556	565,49	2 54 46,9	180
181	3 27 61	5 929 741	13,4536	5,6567	5,19850	5,52486	568,63	2 57 30,4	181
182	3 31 24	6 028 568	13,4907	5,6671	5,20401	5,49451	571,77	2 60 15,5	182
183	3 34 89	6 128 487	13,5277	5,6774	5,20949	5,46448	574,91	2 63 02,2	183
184	3 38 56	6 229 504	13,5647	5,6877	5,21494	5,43478	578,05	2 65 90,4	84
185	3 42 25	6 331 625	13,6015	5,6980	5,22036	5,40541	581,19	2 68 80,3	185
186	3 45 96	6 434 856	3,6382	5,7083	5,22575	5,37634	584,34	2 71 71,6	186
187	3 49 69	6 539 203	3,6748	5,7185	5,23111	5,34759	587,48	2 74 64,6	187
188	3 53 44	6 644 672	13,7113	5,7287	5,23644	5,31915	590,62	2 77 59,1	188
189	3 57 21	6 751 269	13,7477	5,7388	5,24175	5,29101	593,76	2 80 55,2	189
190	3 61 00	6 859 000	13,7840	5,7489	5,24702	5,26316	596,90	2 83 52,9	190
191	3 64 81	6 967 871	13,8203	5,7590	5,25227	5,23560	600,04	2 86 52,1	191
192	3 68 64	7 077 888	13,8564	5,7690	5,25750	5,20833	603,19	2 89 52,9	192
193	3 72 49	7 189 057	13,8924	5,7790	5,26269	5,18135	606,33	2 92 55,3	193
194	3 76 36	7 301 384	13,9284	5,7890	5,26786	5,15464	609,47	2 95 59,2	194
195	3 80 25	7 414 875	13,9642	5,7989	5,27300	5,12821	612,61	2 98 64,8	195
196	3 84 16	7 529 536	14,0000	5,8088	5,27811	5,10204	615,75	3 01 71,9	196
197	3 88 09	7 645 373	14,0357	5,8186	5,28320	5,07614	618,89	3 04 80,5	197
198	3 92 04	7 762 392	14,0712	5,8285	5,28827	5,05051	622,04	3 07 90,7	198
199	3 96 01	7 880 599	14,1067	5,8383	5,29330	5,02513	625,18	3 11 02,6	199
200	4 00 00	8 000 000	14,1421	5,8480	5,29832	5,00000	628,32	3 14 15,9	200

TABELA DE QUADRADO, CUBO, RAÍZ, DESENVOLVIMENTO E ÁREA

n	n^2	n^3	$\sqrt{n}$	$\sqrt[3]{n}$	$\ln n$	$\frac{1000}{n}$	πn	$\frac{\pi n^2}{4}$	n
200	4 00 00	8 000 000	14,1421	5,8480	5,29832	5,00000	628,32	3 14 15,9	200
201	4 04 01	8 120 601	14,1774	5,8578	5,30330	4,97512	631,46	3 17 30,9	201
202	4 08 04	8 242 408	14,2127	5,8675	5,30827	4,95050	634,60	3 20 47,4	202
203	4 12 09	8 365 427	14,2478	5,8771	5,31321	4,92611	637,74	3 23 65,5	203
204	4 16 16	8 489 664	14,2829	5,8868	5,31812	4,90196	640,88	3 26 85,1	204
205	4 20 25	8 615 125	14,3178	5,8964	5,32301	4,87805	644,03	3 30 06,4	205
206	4 24 36	8 741 816	14,3527	5,9059	5,32788	4,85437	647,17	3 33 29,2	206
207	4 28 49	8 869 743	14,3875	5,9155	5,33272	4,83092	650,31	3 36 53,5	207
208	4 32 64	8 998 912	14,4222	5,9250	5,33754	4,80769	653,45	3 39 79,5	208
209	4 36 81	9 129 329	14,4568	5,9345	5,34233	4,78469	656,59	3 43 07,0	209
210	4 41 00	9 261 000	14,4914	5,9439	5,34711	4,76190	659,73	3 46 36,1	210
211	4 45 21	9 393 931	14,5258	5,9533	5,35186	4,73934	662,88	3 49 66,7	211
212	4 49 44	9 528 128	14,5602	5,9627	5,35659	4,71698	666,02	3 52 98,9	212
213	4 53 69	9 663 597	14,5945	5,9721	5,36129	4,69484	669,16	3 56 32,7	213
214	4 57 96	9 800 344	14,6287	5,9814	5,36598	4,67290	672,30	3 59 68,1	214
215	4 62 25	9 938 375	14,6629	5,9907	5,37064	4,65116	675,44	3 63 05,0	215
216	4 66 56	10 077 696	14,6969	6,0000	5,37528	4,62963	678,58	3 66 43,5	216
217	4 70 89	10 218 313	14,7309	6,0092	5,37990	4,60829	681,73	3 69 83,6	217
218	4 75 24	10 360 232	14,7648	6,0185	5,38450	4,58716	684,87	3 73 25,3	218
219	4 79 61	10 503 459	14,7986	6,0277	5,38907	4,56621	688,01	3 76 68,5	219
220	4 84 00	10 648 000	14,8324	6,0368	5,39363	4,54545	691,15	3 80 13,3	220
221	4 88 41	10 793 861	14,8661	6,0459	5,39816	4,52489	694,29	3 83 59,6	221
222	4 92 84	10 941 048	14,8997	6,0550	5,40268	4,50450	697,43	3 87 07,6	222
223	4 97 29	11 089 567	14,9332	6,0641	5,40717	4,48430	700,58	3 90 57,1	223
224	5 01 76	11 239 424	14,9666	6,0732	5,41165	4,46429	703,72	3 94 08,1	224
225	5 06 25	11 390 625	15,0000	6,0822	5,41610	4,44444	706,86	3 97 60,8	225
226	5 10 76	11 543 176	15,0333	6,0912	5,42053	4,42478	710,00	4 01 15,0	226
227	5 15 29	11 697 083	15,0665	6,1002	5,42495	4,40529	713,14	4 04 70,8	227
228	5 19 84	11 852 352	15,0997	6,1091	5,42935	4,38596	716,28	4 08 28,1	228
229	5 24 41	12 008 989	15,1327	6,1180	5,43372	4,36681	719,42	4 11 87,1	229
230	5 29 00	12 167 000	15,1658	6,1269	5,43808	4,34783	722,57	4 15 47,6	230
231	5 33 61	12 326 391	15,1987	6,1358	5,44242	4,32900	725,71	4 19 09,6	231
232	5 38 24	12 487 168	15,2315	6,1446	5,44674	4,31034	728,85	4 22 73,3	232
233	5 42 89	12 649 337	15,2643	6,1534	5,45104	4,29185	731,99	4 26 38,5	233
234	5 47 56	12 812 904	15,2971	6,1622	5,45532	4,27350	735,13	4 30 05,3	234
235	5 52 25	12 977 875	15,3297	6,1710	5,45959	4,25532	738,27	4 33 73,6	235
236	5 56 96	13 144 256	15,3623	6,1797	5,46383	4,23729	741,42	4 37 43,5	236
237	5 61 69	13 312 053	15,3948	6,1885	5,46806	4,21941	744,56	4 41 15,0	237
238	5 66 44	13 481 272	15,4272	6,1972	5,47227	4,20168	747,70	4 44 88,1	238
239	5 71 21	13 651 919	15,4596	6,2058	5,47646	4,18410	750,84	4 48 62,7	239
240	5 76 00	13 824 000	15,4919	6,2145	5,48064	4,16667	753,98	4 52 38,9	240
241	5 80 81	13 997 521	15,5242	6,2231	5,48480	4,14938	757,12	4 56 16,7	241
242	5 85 64	14 172 488	15,5563	6,2317	5,48894	4,13223	760,27	4 59 96,0	242
243	5 90 49	14 348 907	15,5885	6,2403	5,49306	4,11523	763,41	4 63 77,0	243
244	5 95 36	14 526 784	15,6205	6,2488	5,49717	4,09836	766,55	4 67 59,5	244
245	6 00 25	14 706 125	15,6525	6,2573	5,50126	4,08163	769,69	4 71 43,5	245
246	6 05 16	14 886 936	15,6844	6,2658	5,50533	4,06504	772,83	4 75 29,2	246
247	6 10 09	15 069 223	15,7162	6,2743	5,50939	4,04858	775,97	4 79 16,5	247
248	6 15 04	15 252 992	15,7480	6,2828	5,51343	4,03226	779,11	4 83 04,9	248
249	6 20 01	15 438 249	15,7797	6,2912	5,51745	4,01606	782,26	4 86 95,5	249
250	6 25 00	15 625 000	15,8114	6,2996	5,52146	4,00000	785,40	4 90 87,4	250

TABELA DE QUADRADO, CUBO, RAÍZ, DESENVOLVIMENTO E ÁREA

n	n^2	n^3	$\sqrt{n}$	$\sqrt[3]{n}$	$\ln n$	$\frac{1000}{n}$	πn	$\frac{\pi n^2}{4}$	n
250	6 25 00	15 625 000	15,8114	6.2996	5,52146	4,00000	785,40	4 90 87.4	250
251	6 30 01	15 813 251	15,8430	6.3080	5,52545	3,98406	788,54	4 94 80.9	251
252	6 35 04	16 003 008	15,8745	6,3164	5,52943	3,96825	791,68	4 98 75,9	252
253	6 40 09	16 194 277	15,9060	6.3247	5,53339	3,95257	794,82	5 02 72,6	253
254	6 45 16	16 387 064	15,9374	6.3330	5,53733	3,93701	797,96	5 06 70,7	254
255	6 50 25	16 581 375	15,9687	6,3413	5,54126	3,92157	801,11	5 10 70,5	255
256	6 55 36	16 777 216	16,0000	6,3496	5,54518	3,90625	804,25	5 14 71,9	256
257	6 60 49	16 974 593	16,0312	6,3579	5,54908	3,89105	807,39	5 18 74,8	257
258	6 65 64	17 173 512	16,0624	6,3661	5,55296	3,87597	810,53	5 22 79,2	258
259	6 70 81	17 373 979	16,0935	6,3743	5,55683	3,86100	813,67	5 26 85,3	259
260	6 76 00	17 576 000	16,1245	6,3825	5,56068	3,84615	816,81	5 30 92,9	260
261	6 81 21	17 779 581	16,1555	6,3907	5,56452	3,83142	819,96	5 35 02,1	261
262	6 86 44	17 984 728	16,1854	6,3988	5,56834	3,81679	823,10	5 39 12,9	262
263	6 91 69	18 191 447	16,2173	6,4070	5,57215	3,80228	826,24	5 43 25,2	263
264	6 96 96	18 399 744	16,2481	6,4151	5,57595	3,78788	829,38	5 47 39,1	264
265	7 02 25	18 609 625	16,2788	6,4232	5,57973	3,77358	832,52	5 51 54,6	265
266	7 07 56	18 821 096	16,3095	6,4312	5,58350	3,75940	835,66	5 55 71,6	266
267	7 12 89	19 034 163	16,3401	6,4393	5,58725	3,74532	838,81	5 59 90,2	267
268	7 18 24	19 248 832	16,3707	6,4473	5,59099	3,73134	841,95	5 64 10,4	268
269	7 23 61	19 465 109	16,4012	6,4553	5,59471	3,71747	845,09	5 68 32,2	269
270	7 29 00	19 683 000	16,4317	6,4633	5,59842	3,70370	848,23	5 72 55,5	270
271	7 34 41	19 902 511	16,4621	6,4713	5,60212	3,69004	851,37	5 76 80,4	271
272	7 39 84	20 123 648	16,4924	6,4792	5,60580	3,67647	854,51	5 81 06,9	272
273	7 45 29	20 346 417	16,5227	6,4872	5,60947	3,66300	857,65	5 85 34,9	273
274	7 50 76	20 570 824	16,5529	6,4951	5,61313	3,64964	860,80	5 89 64,6	274
275	7 56 25	20 796 875	16,5831	6,5030	5,61677	3,63636	863,94	5 93 95,7	275
276	7 61 76	21 024 576	16,6132	6,5108	5,62040	3,62319	867,08	5 98 28,5	276
277	7 67 29	21 253 933	16,6433	6,5187	5,62402	3,61011	870,22	6 02 62,8	277
278	7 72 84	21 484 952	16,6733	6,5265	5,62762	3,59712	873,36	6 06 98,7	278
279	7 78 41	21 717 639	16,7033	6,5343	5,63121	3,58423	876,50	6 11 36,2	279
280	7 84 00	21 952 000	16,7332	6,5421	5,63479	3,57143	879,65	6 15 75,2	280
281	7 89 61	22 188 041	16,7631	6,5499	5,63835	3,55872	882,79	6 20 15,8	281
282	7 95 24	22 425 768	16,7929	6,5577	5,64191	3,54610	885,93	6 24 58,0	282
283	8 00 89	22 665 187	16,8226	8,5654	5,64545	3,53357	889,07	6 29 01,8	283
284	8 06 56	22 906 304	16,8523	6,5731	5,64897	3,52113	892,21	6 33 47,1	284
285	8 12 25	23 149 125	16,8819	6,5808	5,65249	3,50877	895,35	6 37 94,0	285
286	8 17 96	23 393 656	16,9115	6,5885	5,65599	3,49650	898,50	6 42 42,4	286
287	8 23 69	23 639 903	16,9411	6,5962	5,65948	3,48432	901,64	6 46 92,5	287
288	8 29 44	23 887 872	16,9706	6,6039	5,66296	3,47222	904,78	6 51 44,1	288
289	8 35 21	24 137 569	17,0000	6,6115	5,66643	3,46021	907,92	6 55 97,2	289
290	8 41 00	24 389 000	17,0294	6,6191	5,66988	3,44828	911,06	6 60 52,0	290
291	8 46 81	24 642 171	17,0587	6,6267	5,67332	3,43643	914,20	6 65 08,3	291
292	8 52 64	24 897 088	17,0880	6,6343	5,67675	3,42466	917,35	6 69 66,2	292
293	8 58 49	25 153 757	17,1172	6,6419	5,68017	3,41297	920,49	6 74 25,6	293
294	8 64 36	25 412 184	17,1464	6,6494	5,68358	3,40136	923,63	6 78 86,7	294
295	8 70 25	25 672 375	17,1756	6,6569	5,68698	3,38983	926,77	6 83 49,3	295
296	8 76 16	25 934 336	17,2047	6,6644	5,69036	3,37838	929,91	6 88 13,4	296
297	8 82 09	26 198 073	17,2337	6,6719	5,69373	3,36700	933,05	6 92 79,2	297
298	8 88 04	26 463 592	17,2627	6,6794	5,69709	3,35570	936,19	6 97 46,5	298
299	8 94 01	26 730 899	17,2916	6,6869	5,70044	3,34448	939,34	7 02 15,4	299
300	9 00 00	27 000 000	17,3205	6,6943	5,70378	3,33333	942,48	7 06 85,8	300

TABELA DE QUADRADO, CUBO, RAÍZ, DESENVOLVIMENTO E ÁREA

n	n^2	n^3	$\sqrt{n}$	$\sqrt[3]{n}$	$\ln n$	$\frac{1000}{n}$	πn	$\frac{\pi n^2}{4}$	n
300	9 00 00	27 000 000	17,3205	6,6943	5,70378	3,33333	942,48	7 06 85,8	**300**
301	9 06 01	27 270 901	17,3494	6,7018	5,70711	3,32226	945,62	7 11 57,9	301
302	9 12 04	27 543 608	17,3781	6,7092	5,71043	3,31126	948,76	7 16 31,5	302
303	9 18 09	27 818 127	17,4069	6,7166	5,71373	3,30033	951,90	7 21 06,6	303
304	9 24 16	28 094 464	17,4356	6,7240	5,71703	3,28947	955,04	7 25 83,4	304
305	9 30 25	28 372 625	17,4642	6,7313	5,72031	3,27869	958,19	7 30 61,7	305
306	9 36 36	28 652 616	17,4929	6,7387	5,72359	3,26797	961,33	7 35 41,5	306
307	9 42 49	28 934 443	17,5214	6,7460	5,72685	3,25733	964,47	7 40 23,0	307
308	9 48 64	29 218 112	17,5499	6,7533	5,73010	3,24675	967,61	7 45 06,0	308
309	9 54 81	29 503 629	17,5784	6,7606	5,73334	3,23625	970,75	7 49 90,6	309
310	9 61 00	29 791 000	17,6068	6,7679	5,73657	3,22581	973,89	7 54 76,8	**310**
311	9 67 21	30 080 231	17,6352	6,7752	5,73979	3,21543	977,04	7 59 64,5	311
312	9 73 44	30 371 328	17,6635	6,7824	5,74300	3,20513	980,18	7 64 53,8	312
313	9 79 69	30 664 297	17,6918	6,7897	5,74620	3,19489	983,32	7 69 44,7	313
314	9 85 96	30 959 144	17,7200	6,7969	5,74939	3,18471	986,46	7 74 37,1	314
315	9 92 25	31 255 875	17,7482	6,8041	5,75257	3,17460	989,60	7 79 31,1	315
316	9 98 56	31 554 496	17,7764	6,8113	5,75574	3,16456	992,74	7 84 26,7	316
317	10 04 89	31 855 013	17,8045	6,8185	5,75890	3,15457	995,88	7 89 23,9	317
318	10 11 24	32 157 432	17,8326	6,8256	5,76205	3,14465	999,03	7 94 22,6	318
319	10 17 61	32 461 759	17,8606	6,8328	5,76519	3,13480	1002,2	7 99 22,9	319
320	10 24 00	32 768 000	17,8885	6,8399	5,76832	3,12500	1005,3	8 04 24,8	**320**
321	10 30 41	33 076 161	17,9165	6,8470	5,77144	3,11526	1008,5	8 09 28,2	321
322	10 36 84	33 386 248	17,9444	6,8541	5,77455	3,10559	1011,6	8 14 33,2	322
323	10 43 29	33 698 267	17,9722	6,8612	5,77765	3,09598	1014,7	8 19 39,8	323
324	10 49 76	34 012 224	18,0000	6,8683	5,78074	3,08642	1017,9	8 24 48,0	324
325	10 56 25	34 328 125	18,0278	6,8753	5,78383	3,07692	1021,0	8 29 57,7	325
326	10 62 76	34 645 976	18,0555	6,8824	5,78690	3,06748	1024,2	8 34 69,0	326
327	10 69 29	34 965 783	18,0831	6,8894	5,78996	3,05810	1027,3	8 39 81,8	327
328	10 75 84	35 287 552	18,1108	6,8964	5,79301	3,04878	1030,4	8 44 96,3	328
329	10 82 41	35 611 289	18,1384	6,9034	5,79606	3,03951	1033,6	8 50 12,3	329
330	10 89 00	35 937 000	18,1659	6,9104	5,79909	3,03030	1036,7	8 55 29,9	**330**
331	10 95 61	36 264 691	18,1934	6,9174	5,80212	3,02115	1039,9	8 60 49,0	331
332	11 02 24	36 594 368	18,2209	6,9244	5,80513	3,01205	1043,0	8 65 69,7	332
333	11 08 89	36 926 037	18,2483	6,9313	5,80814	3,00300	1046,2	8 70 92,0	333
334	11 15 56	37 259 704	18,2757	6,9382	5,81114	2,99401	1049,3	8 76 15,9	334
335	11 22 25	37 595 375	18,3030	6,9451	5,81413	2,98507	1052,4	8 81 41,3	335
336	11 28 96	37 933 056	18,3303	6,9521	5,81711	2,97619	1055,6	8 86 68,3	336
337	11 35 69	38 272 753	18,3576	6,9589	5,82008	2,96736	1058,7	8 91 96,9	337
338	11 42 44	38 614 472	18,3848	6,9658	5,82305	2,95858	1061,9	8 97 27,0	338
339	11 49 21	38 958 219	18,4120	6,9727	5,82600	2,94985	1065,0	9 02 58,7	339
340	11 56 00	39 304 000	18,4391	6,9795	5,82895	2,94118	1068,1	9 07 92,0	**340**
341	11 62 81	39 651 821	18,4662	6,9864	5,83188	2,93255	1071,3	9 13 26,9	341
342	11 69 64	40 001 688	18,4932	6,9932	5,83481	2,92398	1074,4	9 18 63,3	342
343	11 76 49	40 353 607	18,5203	7,0000	5,83773	2,91545	1077,6	9 24 01,3	343
344	11 83 36	40 707 584	18,5472	7,0068	5,84064	2,90698	1080,7	9 29 40,9	344
345	11 90 25	41 063 625	18,5742	7,0136	5,84354	2,89855	1083,8	9 34 82,0	345
346	11 97 16	41 421 736	18,6011	7,0203	5,84644	2,89017	1087,0	9 40 24,7	346
347	12 04 09	41 781 923	18,6279	7,0271	5,84932	2,88184	1090,1	9 45 69,0	347
348	12 11 04	42 144 192	18,6548	7,0338	5,85220	2,87356	1093,3	9 51 14,9	348
349	12 18 01	42 508 549	18,6815	7,0406	5,85507	2,86533	1096,4	9 56 62,3	349
350	12 25 00	42 875 000	18,7083	7,0473	5,85793	2,85714	1099,6	9 62 11,3	**350**

TABELA DE QUADRADO, CUBO, RAÍZ, DESENVOLVIMENTO E ÁREA

n	n^2	n^3	$\sqrt{n}$	$\sqrt[3]{n}$	$\ln n$	$\frac{1000}{n}$	πn	$\frac{\pi n^2}{4}$	n
350	12 25 00	42 875 000	18,7083	7,0473	5,85793	2,85714	1099,6	9 62 11,3	**350**
351	12 32 01	43 243 551	18,7350	7,0540	5,86079	2,84900	1102,7	9 67 61,8	351
352	12 39 04	43 614 208	18,7617	7,0607	5,86363	2,84091	1105,8	9 73 14,0	352
353	12 46 09	43 986 977	18,7883	7,0674	5,86647	2,83286	1109,0	9 78 67,7	353
354	12 53 16	44 361 864	18,8149	7,0740	5,86930	2,82486	1112,1	9 84 23,0	354
355	12 60 25	44 738 875	18,8414	7,0807	5,87212	2,81690	1115,3	9 89 79,8	355
356	12 67 36	45 118 016	18,8680	7,0873	5,87493	2,80899	1118,4	9 95 38,2	356
357	12 74 49	45 499 293	18,8944	7,0940	5,87774	2,80112	1121,5	10 00 98	357
358	12 81 64	45 882 712	18,9209	7,1006	5,88053	2,79330	1124,7	10 06 60	358
359	12 88 81	46 268 279	18,9473	7,1072	5,88332	2,78552	1127,8	10 12 23	359
360	12 96 00	46 656 000	18,9737	7,1138	5,88610	2,77778	1131,0	10 17 88	**360**
361	13 03 21	47 045 881	19,0000	7,1204	5,88888	2,77008	1134,1	10 23 54	361
362	13 10 44	47 437 928	19,0263	7,1269	5,89164	2,76243	1137,3	10 29 22	362
363	13 17 69	47 832 147	19,0526	7,1335	5,89440	2,75482	1140,4	10 34 91	363
364	13 24 96	48 228 544	19,0788	7,1400	5,89715	2,74725	1143,5	10 40 62	364
365	13 32 25	48 627 125	19,1050	7,1466	5,89990	2,73973	1146,7	10 46 35	365
366	13 39 56	49 027 896	19,1311	7,1531	5,90263	2,73224	1149,8	10 52 09	366
367	13 46 89	49 430 863	19,1572	7,1596	5,90536	2,72480	1153,0	10 57 85	367
368	13 54 24	49 836 032	19,1833	7,1661	5,90808	2,71739	1156,1	10 63 62	368
369	13 61 61	50 243 409	19,2094	7,1726	5,91080	2,71003	1159,2	10 69 41	369
370	13 69 00	50 653 000	19,2354	7,1791	5,91350	2,70270	1162,4	10 75 21	**370**
371	13 76 41	51 064 811	19,2614	7,1855	5,91620	2,69542	1165,5	10 81 03	371
372	13 83 84	51 478 848	19,2873	7,1920	5,91889	2,68817	1168,7	10 86 87	372
373	13 91 29	51 895 117	19,3132	7,1984	5,92158	2,68097	1171,8	10 92 72	373
374	13 98 76	52 313 624	19,3391	7,2048	5,92426	2,67380	1175,0	10 98 58	374
375	14 06 25	52 734 375	19,3649	7,2112	5,92693	2,66667	1178,1	11 04 47	375
376	14 13 76	53 157 376	19,3907	7,2127	5,92959	2,65957	1181,2	11 10 36	376
377	14 21 29	53 582 633	19,4165	7,2240	5,93225	2,65252	1184,4	11 16 28	377
378	14 28 84	54 010 152	19,4422	7,2304	5,93489	2,64550	1187,5	11 22 21	378
379	14 36 41	54 439 939	19,4679	7,2368	5,93754	2,63852	1190,7	11 28 15	379
380	14 44 00	54 872 000	19,4936	7,2432	5,94017	2,63158	1193,8	11 34 11	**380**
381	14 51 61	55 306 341	19,5192	7,2495	5,94280	2,62467	1196,9	11 40 09	381
382	14 59 24	55 742 968	19,5448	7,2558	5,94542	2,61780	1200,1	11 46 08	382
383	14 66 89	56 181 887	19,5704	7,2622	5,94803	2,61097	1203,2	11 52 09	383
384	14 74 56	56 623 104	19,5959	7,2685	5,95064	2,60417	1206,4	11 58 12	384
385	14 82 25	57 066 625	19,6214	7,2748	5,95324	2,59740	1209,5	11 64 16	385
386	14 89 96	57 512 456	19,6469	7,2811	5,95584	2,59067	1212,7	11 70 21	386
387	14 97 69	57 960 603	19,6723	7,2874	5,95842	2,58398	1215,8	11 76 28	387
388	15 05 44	58 411 072	19,6977	7,2936	5,96101	2,57732	1218,9	11 82 37	388
389	15 13 21	58 863 869	19,7231	7,2999	5,96358	2,57069	1222,1	11 88 47	389
390	15 21 00	59 319 000	19,7484	7,3061	5,96615	2,56410	1225,2	11 94 59	**390**
391	15 28 81	59 776 471	19,7737	7,3124	5,96871	2,55754	1228,4	12 00 72	391
392	15 36 64	60 236 288	19,7990	7,3186	5,97126	2,55102	1231,5	12 06 87	392
393	15 44 49	60 698 457	19,8242	7,3248	5,97381	2,54453	1234,6	12 13 04	393
394	15 52 36	61 162 984	19,8494	7,3310	5,97635	2,53807	1237,8	12 19 22	394
395	15 60 25	61 629 875	19,8746	7,3372	5,97889	2,53165	1240,9	12 25 42	395
396	15 68 16	62 099 136	19,8997	7,3434	5,98141	2,52525	1244,1	12 31 63	396
397	15 76 09	62 570 773	19,9249	7,3496	5,98394	2,51889	1247,2	12 37 86	397
398	15 84 04	63 044 792	19,9499	7,3558	5,98645	2,51256	1250,4	12 44 10	398
399	15 92 01	63 521 199	19,9750	7,3619	5,98896	2,50627	1253,5	12 50 36	399
400	16 00 00	64 000 000	20,0000	7,3681	5,99146	2,50000	1256,6	12 56 64	**400**

TABELA DE QUADRADO, CUBO, RAÍZ, DESENVOLVIMENTO E ÁREA

n	n^2	n^3	$\sqrt{n}$	$\sqrt[3]{n}$	$\ln n$	$\frac{1000}{n}$	πn	$\frac{\pi n^2}{4}$	n
400	16 00 00	64 000 000	20,0000	7,3681	5,99146	2,50000	1256,6	12 56 64	**400**
401	16 08 01	64 481 201	20,0250	7,3742	5,99396	2,49377	1259,8	12 62 93	401
402	16 16 04	64 964 808	20,0499	7,3803	5,99645	2,48756	1262,9	12 69 23	402
403	16 24 09	65 450 827	20,0749	7,3864	5,99894	2,48139	1266,1	12 75 56	403
404	16 32 16	65 939 264	20,0998	7,3925	6,00141	2,47525	1269,2	12 81 90	404
405	16 40 25	66 430 125	20,1246	7,3986	6,00389	2,46914	1272,3	12 88 25	405
406	16 48 36	66 923 416	20,1494	7,4047	6,00635	2,46305	1275,5	12 94 62	406
407	16 56 49	67 419 143	20,1742	7,4108	6,00881	2,45700	1278,6	13 01 00	407
408	16 64 64	67 917 312	20,1990	7,4169	6,01127	2,45098	1281,8	13 07 41	408
409	16 72 81	68 417 929	20,2237	7,4229	6,01372	2,44499	1284,9	13 13 82	409
410	16 81 00	68 921 000	20,2485	7,4290	6,01616	2,43902	1288,1	13 20 25	**410**
411	16 89 21	69 426 531	20,2731	7,4350	6,01859	2,43309	1291,2	13 26 70	411
412	16 97 44	69 934 528	20,2978	7,4410	6,02102	2,42718	1294,3	13 33 17	412
413	17 05 69	70 444 997	20,3224	7,4470	6,02345	2,42131	1297,5	13 39 65	413
414	17 13 96	70 957 944	20,3470	7,4530	6,02587	2,41546	1300,6	13 46 14	414
415	17 22 25	71 473 375	20,3715	7,4590	6,02828	2,40964	1303,8	13 52 65	415
416	17 30 56	71 991 296	20,3961	7,4650	6,03069	2,40385	1306,9	13 59 18	416
417	17 38 89	72 511 713	20,4206	7,4710	6,03309	2,39808	1310,0	13 65 72	417
418	17 47 24	73 034 632	20,4450	7,4770	6,03548	2,39234	1313,2	13 72 28	418
419	17 55 61	73 560 059	20,4695	7,4829	6,03787	2,38663	1316,3	13 78 85	419
420	17 64 00	74 088 000	20,4939	7,4889	6,04025	2,38095	1319,5	13 85 44	**420**
421	17 72 41	74 618 461	20,5183	7,4948	6,04263	2,37530	1322,6	13 92 05	421
422	17 80 84	75 151 448	20,5426	7,5007	6,04501	2,36967	1325,8	13 98 67	422
423	17 89 29	75 686 967	20,5670	7,5067	6,04737	2,36407	1328,9	14 05 31	423
424	17 97 76	76 225 024	20,5913	7,5126	6,04973	2,35849	1332,0	14 11 96	424
425	18 06 25	76 765 625	20,6155	7,5185	6,05209	2,35294	1335,2	14 18 63	425
426	18 14 76	77 308 776	20,6398	7,5244	6,05444	2,34742	1338,3	14 25 31	426
427	18 23 29	77 854 483	20,6640	7,5302	6,05678	2,34192	1341,5	14 32 01	427
428	18 31 84	78 402 752	20,6882	7,5361	6,05912	2,33645	1344,6	14 38 72	428
429	18 40 41	78 953 589	20,7123	7,5420	6,06146	2,33100	1347,7	14 45 45	429
430	18 49 00	79 507 000	20,7364	7,5478	6,06379	2,32558	1350,9	14 52 20	**430**
431	18 57 61	80 062 991	20,7605	7,5537	6,06611	2,32019	1354,0	14 58 96	431
432	18 66 24	80 621 568	20,7846	7,5595	6,06843	2,31481	1357,2	14 65 74	432
433	18 74 89	81 182 737	20,8087	7,5654	6,07074	2,30947	1360,3	14 72 54	433
434	18 83 56	81 746 504	20,8327	7,5712	6,07304	2,30415	1363,5	14 79 34	434
435	18 92 25	82 312 875	20,8567	7,5770	6,07535	2,29885	1366,6	14 86 17	435
436	19 00 96	82 881 856	20,8806	7,5828	6,07764	2,29358	1369,7	14 93 01	436
437	19 09 69	83 453 453	20,9045	7,5886	6,07993	2,28833	1372,9	14 99 87	437
438	19 18 44	84 027 672	20,9284	7,5944	6,08222	2,28311	1376,0	15 06 74	438
439	19 27 21	84 604 519	20,9523	7,6001	6,08450	2,27790	1379,2	15 13 63	439
440	19 36 00	85 184 000	20,9762	7,6059	6,08677	2,27273	1382,3	15 20 53	**440**
441	19 44 81	85 766 121	21,0000	7,6117	6,08904	2,26757	1385,4	15 27 45	441
442	19 53 64	86 350 888	21,0238	7,6174	6,09131	2,26244	1388,6	15 34 39	442
443	19 62 49	86 938 307	21,0476	7,6232	6,09357	2,25734	1391,7	15 41 34	443
444	19 71 36	87 528 384	21,0713	7,6289	6,09582	2,25225	1394,9	15 48 30	444
445	19 80 25	88 121 125	21,0950	7,6346	6,09807	2,24719	1398,0	15 55 28	445
446	19 89 16	88 716 536	21,1187	7,6403	6,10032	2,24215	1401,2	15 62 28	446
447	19 98 09	89 314 623	21,1424	7,6460	6,10256	2,23714	1404,3	15 69 30	447
448	20 07 04	89 915 392	21,1660	7,6517	6,10479	2,23214	1407,4	15 76 33	448
449	20 16 01	90 518 849	21,1896	7,6574	6,10702	2,22717	1410,6	15 83 37	449
450	20 25 00	91 125 000	21,2132	7,6631	6,10925	2,22222	1413,7	15 90 43	**450**

TABELA DE QUADRADO, CUBO, RAÍZ, DESENVOLVIMENTO E ÁREA

n	n^2	n^3	$\sqrt{n}$	$\sqrt[3]{n}$	$\ln n$	$\frac{1000}{n}$	πn	$\frac{\pi n^2}{4}$	n
450	20 25 00	91 125 000	21,2132	7,6631	6.10925	2.22222	1413,7	15 90 43	**450**
451	20 34 01	91 733 851	21,2368	7,6688	6.11147	2.21729	1416,9	15 97 51	451
452	20 43 04	92 345 408	21,2603	7,6744	6.11368	2.21239	1420,0	16 04 60	452
453	20 52 09	92 959 677	21,2838	7,6801	6.11589	2.20751	1423,1	16 11 71	453
454	20 61 16	93 576 664	21,3073	7,6857	6.11810	2.20264	1426,3	16 18 83	454
455	20 70 25	94 196 375	21,3307	7,6914	6.12030	2.19780	1429,4	16 25 97	455
456	20 79 36	94 818 816	21,3542	7,6970	6.12249	2.19298	1432,6	16 33 13	456
457	20 88 49	95 443 993	21,3776	7,7026	6.12468	2.18818	1435,7	16 40 30	457
458	20 97 64	96 071 912	21,4009	7,7082	6.12687	2.18341	1438,8	16 47 48	458
459	21 06 81	96 702 579	21,4243	7,7138	6.12905	2.17865	1442,0	16 54 68	459
460	21 16 00	97 336 000	21,4476	7,7194	6.13123	2.17391	1445,1	16 61 90	**460**
461	21 25 21	97 972 181	21,4709	7,7250	6.13340	2.16920	1448,3	16 69 14	461
462	21 34 44	98 611 128	21,4942	7,7306	6.13556	2.16450	1451,4	16 76 39	462
463	21 43 69	99 252 847	21,5174	7,7362	6.13773	2.15983	1454,6	16 83 65	463
464	21 52 96	99 897 344	21,5407	7,7418	6.13988	2.15517	1457,7	16 90 93	464
465	21 62 25	100 544 625	21,5639	7,7473	6.14204	2.15054	1460,8	16 98 23	455
466	21 71 56	101 194 696	21,5870	7,7529	6.14419	2.14592	1464,0	17 05 54	466
467	21 80 89	101 847 563	21,6102	7,7584	6.14633	2.14133	1467,1	17 12 87	467
468	21 90 24	102 503 232	21,6333	7,7639	6.14807	2.13675	1470,3	17 20 21	468
469	21 99 61	103 161 709	21,6564	7,7695	6.15060	2.13220	1473,4	17 27 57	469
470	22 09 00	103 823 000	21,6795	7,7750	6.15273	2.12766	1476,5	17 34 94	**470**
471	22 18 41	104 487 111	21,7025	7,7805	6.15486	2.12314	1479,7	17 42 34	471
472	22 27 84	105 154 048	21,7256	7,7860	6.15698	2.11864	1482,8	17 49 74	472
473	22 37 29	105 823 817	21,7486	7,7915	6.15910	2.11416	1486,0	17 57 16	473
474	22 46 76	106 496 424	21,7715	7,7970	6.16121	2.10970	1489,1	17 64 60	474
475	22 56 25	107 171 875	21,7945	7,8025	6.16331	2.10526	1492,3	17 72 05	475
476	22 65 76	107 850 176	21,8174	7,8079	6.16542	2.10084	1495,4	17 79 52	476
477	22 75 29	108 531 333	21,8403	7,8134	6.16752	2.09644	1498,5	17 87 01	477
478	22 84 84	109 215 352	21,8632	7,8188	6.16961	2.09205	1501,7	17 94 51	478
479	22 94 41	109 902 239	21,8861	7,8243	6.17170	2.08768	1504,8	18 02 03	479
480	23 04 00	110 592 000	21,9089	7,8297	6.17379	2.08333	1508,0	18 09 56	**480**
481	23 13 61	111 284 641	21,9317	7,8352	6.17587	2.07900	1511,1	18 17 11	481
482	23 23 24	111 980 168	21,9545	7,8406	6.17794	2.07469	1514,2	18 24 67	482
483	23 32 89	112 678 587	21,9773	7,8460	6.18002	2.07039	1517,4	18 32 25	483
484	23 42 56	113 379 904	22,0030	7,8514	6.18208	2.06612	1520,5	18 39 84	484
485	23 52 25	114 084 125	22,0227	7,8568	6.18415	2.06186	1523,7	18 47 45	485
486	23 61 96	114 791 256	22,0454	7,8622	6.18621	2.05761	1526,8	18 55 08	486
487	23 71 69	115 501 303	22,0681	7,8676	6.18826	2.05339	1530,0	18 62 72	487
488	23 81 44	116 214 272	22,0907	7,8730	6.19032	2.04918	1533,1	18 70 38	488
489	23 91 21	116 930 169	22,1133	7,8784	6.19236	2.04499	1536,2	18 78 05	489
490	24 01 00	117 649 000	22,1359	7,8837	6.19441	2.04082	1539,4	18 85 74	**490**
491	24 10 81	118 370 771	22,1585	7,8891	6.19644	2.03666	1542,5	18 93 45	491
492	24 20 64	119 095 488	22,1811	7,8944	6.19848	2.03252	1545,7	19 01 17	492
493	24 30 49	119 823 157	22,2036	7,8998	6.20051	2.02840	1548,8	19 08 90	493
494	24 40 36	120 553 784	22,2261	7,9051	6.20254	2.02429	1551,9	19 16 65	494
495	24 50 25	121 287 375	22,2486	7,9105	6.20456	2.02020	1555,1	19 24 42	495
496	24 60 16	122 023 936	22,2711	7,9158	6.20658	2.01613	1558,2	19 32 21	496
497	24 70 09	122 763 473	22,2935	7,9211	6.20859	2.01207	1561,4	19 40 01	497
498	24 80 04	123 505 992	22,3159	7,9264	6.21060	2.00803	1564,5	19 47 82	498
499	24 90 01	124 251 499	22,3383	7,9317	6.21261	2.00401	1567,7	19 55 65	499
500	25 00 00	125 000 000	23,3607	7,9370	6.21461	2.00000	1570,8	19 63 50	**500**

TABELA DE QUADRADO, CUBO, RAÍZ, DESENVOLVIMENTO E ÁREA

n	n^2	n^3	$\sqrt{n}$	$\sqrt[3]{n}$	$\ln n$	$\frac{1000}{n}$	πn	$\frac{\pi n^2}{4}$	n
500	25 00 00	125 000 000	22,3607	7,9370	6,21461	2,00000	1570,8	19 63 50	**500**
501	25 10 01	125 751 501	22,3830	7,9423	6,21661	1,99601	1573,9	19 71 36	501
502	25 20 04	126 506 008	22,4054	7,9476	6,21860	1,99203	1577,1	19 79 23	502
503	25 30 09	127 263 527	22,4277	7,9528	6,22059	1,98807	1580,2	19 87 13	503
504	25 40 16	128 024 064	22,4499	7,9581	6,22258	1,98413	1583,4	19 95 04	504
505	25 50 25	128 787 625	22,4722	7,9634	6,22456	1,98020	1586,5	20 02 96	505
506	25 60 36	129 554 216	22,4944	7,9686	6,22654	1,97628	1589,6	20 10 90	506
507	25 70 49	130 323 843	22,5167	7,9739	6,22851	1,97239	1592,8	20 18 86	507
508	25 80 64	131 096 512	22,5389	7,9791	6,23048	1,96850	1595,9	20 26 83	508
509	25 90 81	131 872 229	22,5610	7,9843	6,23245	1,96464	1599,1	20 34 82	509
510	26 01 00	132 651 000	22,5832	7,9896	6,23441	1,96078	1602,2	20 42 82	**510**
511	26 11 21	133 432 831	22,6053	7,9948	6,23637	1,95695	1605,4	20 50 84	511
512	26 21 44	134 217 728	22,6274	8,0000	6,23832	1,95312	1608,5	20 58 87	512
513	26 31 69	135 005 697	22,6495	8,0052	6,24028	1,94932	1611,6	20 66 92	513
514	26 41 96	135 796 744	22,6716	8,0104	6,24222	1,94553	1614,8	20 74 99	514
515	26 52 25	136 590 875	22,6936	8,0156	6,24417	1,94175	1617,9	20 83 07	515
516	26 62 56	137 388 096	22,7156	8,0208	6,24611	1,93798	1621,1	20 91 17	516
517	26 72 89	138 188 413	22,7376	8,0260	6,24804	1,93424	1624,2	20 99 28	517
518	26 83 24	138 991 832	22,7596	8,0311	6,24998	1,93050	1627,3	21 07 41	518
519	26 93 61	139 798 359	22,7816	8,0363	6,25190	1,92678	1630,5	21 15 56	519
520	27 04 00	140 608 000	22,8035	8,0415	6,25383	1,92308	1633,6	21 23 72	**520**
521	27 14 41	141 420 761	22,8254	8,0466	6,25575	1,91939	1636,8	21 31 89	521
522	27 24 84	142 236 648	22,8473	8,0517	6,25767	1,91571	1639,9	21 40 08	522
523	27 35 29	143 055 667	22,8692	8,0569	6,25958	1,91205	1643,1	21 48 29	523
524	27 45 76	143 877 824	22,8910	8,0620	6,26149	1,90840	1646,2	21 56 51	524
525	27 56 25	144 703 125	22,9129	8,0671	6,26340	1,90476	1649,3	21 64 75	525
526	27 66 76	145 531 576	22,9347	8,0723	6,26530	1,90114	1652,5	21 73 01	526
527	27 77 29	146 363 183	22,9565	8,0774	6,26720	1,89753	1655,6	21 81 28	527
528	27 87 84	147 197 952	22,9783	8,0825	6,26910	1,89394	1658,8	21 89 56	528
529	27 98 41	148 035 889	23,0000	8,0876	6,27099	1,89036	1661,9	21 97 87	529
530	28 09 00	148 877 000	23,0217	8,0927	6,27288	1,88679	1665,0	22 06 18	**530**
531	28 19 61	149 721 291	23,0434	8,0978	6,27476	1,88324	1668,2	22 14 52	531
532	28 30 24	150 568 768	23,0651	8,1028	6,27664	1,87970	1671,3	22 22 87	532
533	28 40 89	151 419 437	23,0868	8,1079	6,27852	1,87617	1674,5	22 31 23	533
534	28 51 56	152 273 304	23,1084	8,1130	6,28040	1,87266	1677,6	22 39 61	534
535	28 62 25	153 130 375	23,1301	8,1180	6,28227	1,86916	1680,8	22 48 01	535
536	28 72 96	153 990 656	23,1517	8,1231	6,28413	1,86567	1683,9	22 56 42	536
537	28 83 69	154 854 153	23,1733	8,1281	6,28600	1,86220	1687,0	22 64 84	537
538	28 94 44	155 720 872	23,1948	8,1332	6,28786	1,85874	1690,2	22 73 29	538
539	29 05 21	156 590 819	23,2164	8,1382	6,28972	1,85529	1693,3	22 81 75	539
540	29 16 00	152 464 000	23,2379	8,1433	6,29157	1,85185	1696,5	22 90 22	**540**
541	29 26 81	158 340 421	23,2594	8,1483	6,29342	1,84843	1699,6	22 98 71	541
542	29 37 64	159 220 088	23,2809	8,1533	6,29527	1,84502	1702,7	23 07 22	542
543	29 48 49	160 103 007	23,3024	8,1583	6,29711	1,84162	1705,9	23 15 74	543
544	29 59 36	160 989 184	23,3238	8,1633	6,29895	1,83824	1709,0	23 24 28	544
545	29 70 25	161 878 625	23,3452	8,1683	6,30079	1,83486	1712,2	23 32 83	545
546	29 81 16	162 771 336	23,3666	8,1733	6,30262	1,83150	1715,3	23 41 40	546
547	29 92 09	163 667 323	23,3880	8,1783	6,30445	1,82815	1718,5	23 49 98	547
548	30 03 04	164 566 592	23,4094	8,1833	6,30628	1,82482	1721,6	23 58 58	548
549	30 14 01	165 469 149	23,4307	8,1882	6,30810	1,82149	1724,7	23 67 20	549
550	30 25 00	166 375 000	23,4521	8,1932	6,30992	1,81818	1727,9	23 75 83	**550**

TABELA DE QUADRADO, CUBO, RAÍZ, DESENVOLVIMENTO E ÁREA

n	n^2	n^3	$\sqrt{n}$	$\sqrt[3]{n}$	$\ln n$	$\frac{1000}{n}$	πn	$\frac{\pi n^2}{4}$	n
550	30 25 00	166 375 000	23,4521	8,1932	6,30992	1,81818	1727,9	23 75 83	**550**
551	30 36 01	167 284 151	23,4734	8,1982	6,31173	1,81488	1731,0	23 84 48	551
552	30 47 04	168 196 608	23,4947	8,2031	6,31355	1,81159	1734,2	23 93 14	552
553	30 58 09	169 112 377	23,5160	8,2081	6,31536	1,80832	1737,3	24 01 82	553
554	30 69 16	170 031 464	23,5372	8,2130	6,31716	1,80505	1740,4	24 10 51	554
555	30 80 25	170 953 875	23,5584	8,2180	6,31897	1,80180	1743,6	24 19 22	555
556	30 91 36	171 879 616	23,5797	8,2229	6,32077	1,79856	1746,7	24 27 95	556
557	31 02 49	172 808 693	23,6008	8,2278	6,32257	1,79533	1749,9	24 36 69	557
558	31 13 64	173 741 112	23,6220	8,2327	6,32436	1,79211	1753,0	24 45 45	558
559	31 24 81	174 676 879	23,6432	8,2377	6,32615	1,78891	1756,2	24 54 22	559
560	31 36 00	175 616 000	23,6643	8,2426	6,32794	1,78571	1759,3	24 63 01	**560**
561	31 47 21	176 558 481	23,6854	8,2475	6,32972	1,78253	1762,4	24 71 81	561
562	31 58 44	177 504 328	23,7065	8,2524	6,33150	1,77936	1765,6	24 80 63	562
563	31 69 69	178 453 547	23,7276	8,2573	6,33328	1,77620	1768,7	24 89 47	563
564	31 80 96	179 406 144	23,7487	8,2621	6,33505	1,77305	1771,9	24 98 32	564
565	31 92 25	180 362 125	23,7697	8,2670	6,33683	1,76991	1775,0	25 07 19	565
566	32 03 56	181 321 496	23,7908	8,2719	6,33859	1,76678	1778,1	25 16 07	566
567	32 14 89	182 284 263	23,8118	8,2768	6,34036	1,76367	1781,3	25 24 97	567
568	32 26 24	183 250 432	23,8328	8,2816	6,34212	1,76056	1784,4	25 33 88	568
569	32 37 61	184 220 009	23,8537	8,2865	6,34388	1,75747	1787,6	25 42 81	569
570	32 49 00	185 193 000	23,8747	8,2913	6,34564	1,75439	1790,7	25 51 76	**570**
571	32 60 41	186 169 411	23,8956	8,2962	6,34739	1,75131	1793,8	25 60 72	571
572	32 71 84	187 149 248	23,9165	8,3010	6,34914	1,74825	1797,0	25 69 70	572
573	32 83 29	188 132 517	23,9374	8,3059	6,35089	1,74520	1800,1	25 78 69	573
574	32 94 76	189 119 224	23,9583	8,3107	6,35263	1,74216	1803,5	25 87 70	574
575	33 06 25	190 109 375	23,9792	8,3155	6,35437	1,73913	1806,4	25 96 72	575
576	33 17 76	191 102 976	24,0000	8,3203	6,35611	1,73611	1809,6	26 05 76	576
577	33 29 29	192 100 033	24,0208	8,3251	6,35784	1,73310	1812,7	26 14 82	577
578	33 40 84	193 100 552	24,0416	8,3300	6,35957	1,73010	1815,8	26 23 89	578
579	33 52 41	194 104 539	24,0624	8,3348	6,36130	1,72712	1819,0	26 32 98	579
580	33 64 00	195 112 000	24,0832	8,3396	6,36303	1,72414	1822,1	26 42 08	**580**
581	33 75 61	196 122 941	24,1039	8,3443	6,36475	1,72117	1825,3	26 51 20	581
582	33 87 24	197 137 368	24,1247	8,3491	6,36647	1,71821	1828,4	26 60 33	582
583	33 98 89	198 155 287	24,1454	8,3539	6,36819	1,71527	1831,6	26 69 48	583
584	34 10 56	199 176 704	24,1661	8,3587	6,36990	1,71233	1834,7	26 78 65	584
585	34 22 25	200 201 625	24,1868	8,3634	6,37161	1,70940	1837,8	26 87 83	585
586	34 33 96	201 230 056	24,2074	8,3682	6,37332	1,70648	1841,0	26 97 03	586
587	34 45 69	202 262 003	24,2281	8,3730	6,37502	1,70358	1844,1	27 06 24	587
588	34 57 44	203 297 472	24,2487	8,3777	6,37673	1,70068	1847,3	27 15 47	588
589	34 69 21	204 336 469	24,2693	8,3825	6,37843	1,69779	1850,4	27 24 71	589
590	34 81 00	205 379 000	24,2899	8,3872	6,38012	1,69492	1853,5	27 33 97	**590**
591	34 92 81	206 425 071	24,3105	8,3919	6,38182	1,69205	1856,7	27 43 25	591
592	35 04 64	207 474 688	24,3311	8,3967	6,38351	1,68919	1859,8	27 52 54	592
593	35 16 49	208 527 857	24,3516	8,4014	6,38519	1,68634	1863,0	27 61 84	593
594	35 28 36	209 584 584	24,3721	8,4061	6,38688	1,68350	1866,1	27 71 17	594
595	35 40 25	210 644 875	24,3926	8,4108	6,38856	1,68067	1869,2	27 80 51	595
596	35 52 16	211 708 736	24,4131	8,4155	6,39024	1,67785	1872,4	27 89 86	596
597	35 64 09	212 776 173	24,4336	8,4202	6,39192	1,67504	1875,5	27 99 23	597
598	35 76 04	213 847 192	24,4540	8,4249	6,39359	1,67224	1878,7	28 08 62	598
599	35 88 01	214 921 799	24,4745	8,4296	6,39526	1,66945	1881,8	28 18 02	599
600	36 00 00	216 000 000	24,4949	8,4343	6,39693	1,66667	1885,0	28 27 43	**600**

TABELA DE QUADRADO, CUBO, RAIZ, DESENVOLVIMENTO E ÁREA

n	n^2	n^3	$\sqrt{n}$	$\sqrt[3]{n}$	$\ln n$	$\frac{1000}{n}$	πn	$\frac{\pi n^2}{4}$	n
600	36 00 00	216 000 000	24,4949	8,4343	6,39693	1,66667	1885,0	28 27 43	**600**
601	36 12 01	217 081 801	24,5153	8,4390	6,39859	1,66389	1888,1	28 36 87	601
602	36 24 04	218 167 208	24,5357	8,4437	6,40026	1,66113	1891,2	28 46 31	602
603	36 36 09	219 256 227	24,5561	8,4484	6,40192	1,65837	1894,4	28 55 78	603
604	36 48 16	220 348 864	24,5764	8,4530	6,40357	1,65563	1897,5	28 65 26	604
605	36 60 25	221 445 125	24,5967	8,4577	6,40523	1,65289	1900,7	28 74 75	605
606	36 72 36	222 545 016	24,6171	8,4623	6,40688	1,65017	1903,8	28 84 26	606
607	36 84 49	223 648 543	24,6374	8,4670	6,40853	1,64745	1906,9	28 93 79	607
608	36 96 64	224 755 712	24,6577	8,4716	6,41017	1,64474	1910,1	29 03 33	608
609	37 08 81	225 866 529	24,6779	8,4763	6,41182	1,64204	1913,2	29 12 89	609
610	37 21 00	226 981 000	24,6982	8,4809	6,41346	1,63934	1916,4	29 22 47	**610**
611	37 33 21	228 099 131	24,7184	8,4856	6,41510	1,63666	1919,5	29 32 06	611
612	37 45 44	229 220 928	24,7386	8,4902	6,41673	1,63399	1922,7	29 41 66	612
613	37 57 69	230 346 397	24,7588	8,4948	6,41836	1,63132	1925,8	29 51 28	613
614	37 69 96	231 475 544	24,7790	8,4994	6,41999	1,62866	1928,9	29 60 92	614
615	37 82 25	232 608 375	24,7992	8,5040	6,42162	1,62602	1932,1	29 70 57	615
616	37 94 56	233 744 896	24,8193	8,5086	6,42325	1,62338	1935,2	29 80 24	616
617	38 06 89	234 885 113	24,8395	8,5132	6,42487	1,62075	1938,4	29 89 92	617
618	38 19 24	236 029 032	24,8596	8,5178	6,42649	1,61812	1941,5	29 99 62	618
619	38 31 61	237 176 659	24,8797	8,5224	6,42811	1,61551	1944,6	30 09 34	619
620	38 44 00	238 328 000	24,8998	8,5270	6,42972	1,61290	1947,8	30 19 07	**620**
621	38 56 41	239 483 061	24,9199	8,5316	6,43133	1,61031	1950,9	30 28 82	621
622	38 68 84	240 641 848	24,9399	8,5362	6,43294	1,60772	1954,1	30 38 58	622
623	38 81 29	241 804 367	24,9600	8,5408	6,43455	1,60514	1957,2	30 48 36	623
624	38 93 76	242 970 624	24,9800	8,5453	6,43615	1,60256	1960,4	30 58 15	624
625	39 06 25	244 140 625	25,0000	8,5499	6,43775	1,60000	1963,5	30 67 96	625
626	39 18 76	245 314 376	25,0200	8,5544	6,43935	1,59744	1966,6	30 77 79	626
627	39 31 29	246 491 883	25,0400	8,5590	6,44095	1,59490	1969,8	30 87 63	627
628	39 43 84	247 673 152	25,0599	8,5635	6,44254	1,59236	1972,9	30 97 48	628
629	39 56 41	248 858 189	25,0799	8,5681	6,44413	1,58983	1976,1	31 07 36	629
630	39 69 00	250 047 000	25,0998	8,5726	6,44572	1,58730	1979,2	31 17 25	**630**
631	39 81 61	251 239 591	25,1197	8,5772	6,44731	1,58479	1982,3	31 27 15	631
632	39 94 24	252 435 968	25,1396	8,5817	6,44889	1,58228	1985,5	31 37 07	632
633	40 06 89	253 636 137	25,1595	8,5862	6,45047	1,57978	1988,6	31 47 00	633
634	40 19 56	254 840 104	25,1794	8,5907	6,45205	1,57729	1991,8	31 56 96	634
635	40 32 25	256 047 875	25,1999	8,5952	6,45362	1,57480	1994,9	31 66 92	635
636	40 44 96	257 259 456	25,2190	8,5997	6,45520	1,57233	1998,1	31 76 90	636
637	40 57 69	258 474 853	25,2389	8,6043	6,45677	1,56986	2001,2	31 86 90	637
638	40 70 44	259 694 072	25,2587	8,6088	6,45834	1,56740	2004,3	31 96 92	638
639	40 83 21	260 917 119	25,2784	8,6132	6,45990	1,56495	2007,5	32 06 95	639
640	40 96 00	262 144 000	25,2982	8,6177	6,46147	1,56250	2010,6	32 16 99	**640**
641	41 08 81	263 374 721	25,3180	8,6222	6,46303	1,56006	2013,8	32 27 05	641
642	41 21 64	264 609 288	25,3377	8,6267	6,46459	1,55763	2016,9	32 37 13	642
643	41 34 49	265 847 707	25,3574	8,6312	6,46614	1,55521	2020,0	32 47 22	643
644	41 47 36	267 089 984	25,3772	8,6357	6,46770	1,55280	2023,2	32 57 33	644
645	41 60 25	268 336 125	25,3969	8,6401	6,46925	1,55039	2026,3	32 67 45	645
646	41 73 16	269 586 136	25,4165	8,6446	6,47080	1,54799	2029,5	32 77 59	646
647	41 86 09	270 840 023	25,4362	8,6490	6,47235	1,54560	2032,6	32 87 75	647
648	41 99 04	272 097 792	25,4558	8,6535	6,47389	1,54321	2035,8	32 97 92	648
649	42 12 01	273 359 449	25,4755	8,6579	6,47543	1,54083	2038,9	33 08 10	649
650	42 25 00	274 625 000	25,4951	8,6624	6,47697	1,53846	2042,0	33 18 31	**650**

TABELA DE QUADRADO, CUBO, RAIZ, DESENVOLVIMENTO E ÁREA

n	n^2	n^3	$\sqrt{n}$	$\sqrt[3]{n}$	$\ln n$	$\frac{1000}{n}$	πn	$\frac{\pi n^2}{4}$	n
650	42 25 00	274 625 000	25,4951	8,6624	6,47697	1,53846	2042,0	33 18 31	**650**
651	42 38 01	275 894 451	25,5147	8,6668	6,47851	1,53610	2045,2	33 28 53	651
652	42 51 04	277 167 808	25,5343	8,6713	6,48004	1,53374	2048,3	33 38 76	652
653	42 64 09	278 445 077	25,5539	8,6757	6,48158	1,53139	2051,5	33 49 01	653
654	42 77 16	279 726 264	25,5734	8,6801	6,48311	1,52905	2054,6	33 59 27	654
655	42 90 25	281 011 375	25,5930	8,6843	6,48464	1,52672	2057,7	33 69 55	655
656	43 03 36	282 300 416	25,6125	8,6890	6,48616	1,52439	2060,9	33 79 85	656
657	43 16 49	283 593 393	25,6320	8,6934	6,48768	1,52207	2064,0	33 90 16	657
658	43 29 64	284 890 312	25,6515	8,6978	6,48920	1,51976	2067,2	34 00 49	658
659	43 42 81	286 191 179	25,6710	8,7022	6,49072	1,51745	2070,3	34 10 84	659
660	43 56 00	287 496 000	25,6905	8,7066	6,49224	1,51515	2073,5	34 21 19	**660**
661	43 69 21	288 804 781	25,7099	8,7110	6,49375	1,51286	2076,6	34 31 57	661
662	43 82 44	290 117 528	25,7294	8,7154	6,49527	1,51057	2079,7	34 41 96	662
663	43 95 69	291 434 247	25,7488	8,7198	6,49677	1,50830	2082,9	34 52 37	663
664	44 08 96	292 754 944	25,7682	8,7241	6,49828	1,50602	2086,0	34 62 79	664
665	44 22 25	294 079 625	25,7876	8,7285	6,49979	1,50376	2089,2	34 73 23	665
666	44 35 56	295 408 296	25,8070	8,7329	6,50129	1,50150	2092,3	34 83 68	666
667	44 48 89	296 740 963	25,8263	8,7373	6,50279	1,49925	2095,4	34 94 15	667
668	44 62 24	298 077 632	25,8457	8,7416	6,50429	1,49701	2098,6	35 04 64	668
669	44 75 61	299 418 309	25,8650	8,7460	6,50578	1,49477	2101,7	35 15 14	669
670	44 89 00	300 763 000	25,8844	8,7503	6,50728	1,49254	2104,9	35 25 65	**670**
671	45 02 41	302 111 711	25,9037	8,7547	6,50877	1,49031	2108,0	35 36 18	671
672	45 15 84	303 464 448	25,9230	8,7590	6,51026	1,48810	2111,2	35 46 73	672
673	45 29 29	304 821 217	25,9422	8,7634	6,51175	1,48588	2114,3	35 57 30	673
674	45 42 76	306 182 024	25,9615	8,7677	6,51323	1,48368	2117,4	35 67 88	674
675	45 56 25	307 546 875	25,9808	8,7721	6,51471	1,48148	2120,6	35 78 47	675
676	45 69 76	308 915 776	26,0000	8,7764	6,51619	1,47929	2123,7	35 89 08	676
677	45 83 29	310 288 733	26,0192	8,7807	6,51767	1,47710	2126,9	35 99 71	677
678	45 96 84	311 665 752	26,0384	8,7850	6,51915	1,47493	2130,0	36 10 35	678
679	46 10 41	313 046 839	26,0576	8,7893	6,52062	1,47275	2133,1	36 21 01	679
680	46 24 00	314 432 000	26,0768	8,7937	6,52209	1,47059	2136,3	36 31 68	**680**
681	46 37 61	315 821 241	26,0960	8,7980	6,52356	1,46843	2139,4	36 42 37	681
682	46 51 24	317 214 568	26,1151	8,8023	6,52503	1,46628	2142,6	36 53 08	682
683	46 64 89	318 611 987	26,1343	8,8066	6,52649	1,46413	2145,7	36 63 80	683
684	46 78 56	320 013 504	26,1534	8,8109	6,52795	1,46199	2148,8	36 74 53	684
685	46 92 25	321 419 125	26,1725	8,8152	6,52942	1,45985	2152,0	36 85 28	685
686	47 05 96	322 828 856	26,1916	8,8194	6,53088	1,45773	2155,1	36 96 05	686
687	47 19 69	324 242 703	26,2107	8,8237	6,53233	1,45560	2158,3	37 06 84	687
688	47 33 44	325 660 672	26,2298	8,8280	6,53379	1,45349	2161,4	37 17 64	688
689	47 47 21	327 082 769	26,2488	8,8323	6,53524	1,45138	2164,6	37 28 45	689
690	47 61 00	328 509 000	26,2679	8,8366	6,53669	1,44928	2167,7	37 39 28	**690**
691	47 74 81	329 939 371	26,2869	8,8408	6,53814	1,44718	2170,8	37 50 13	691
692	47 88 64	331 373 888	26,3059	8,8451	6,53959	1,44509	2174,0	37 60 99	692
693	48 02 49	332 812 557	26,3249	8,8493	6,54103	1,44300	2177,1	37 71 87	693
694	48 16 36	334 255 384	26,3439	8,8536	6,54247	1,44092	2180,3	37 82 76	694
695	48 30 25	335 702 375	26,3629	8,8578	6,54391	1,43885	2183,4	37 93 67	695
696	48 44 16	337 153 536	26,3818	8,8621	6,54535	1,43678	2186,5	38 04 59	696
697	48 58 09	338 608 873	26,4008	8,8663	6,54679	1,43472	2189,7	38 15 53	697
698	48 72 04	340 068 392	26,4197	8,8706	6,54822	1,43266	2192,8	38 26 49	698
699	48 86 01	341 532 099	26,4386	8,8748	6,54965	1,43062	2196,0	38 37 46	699
700	49 00 00	343 000 000	26,4575	8,8790	6,55108	1,42857	2199,1	38 48 45	**700**

TABELA DE QUADRADO, CUBO, RAIZ, DESENVOLVIMENTO E ÁREA

n	n^2	n^3	$\sqrt{n}$	$\sqrt[3]{n}$	$\ln n$	$\frac{1000}{n}$	πn	$\frac{\pi n^2}{4}$	n
700	49 00 00	343 000 000	26,4575	8,8790	6,55108	1,42857	2199,1	38 48 45	700
701	49 14 01	344 472 101	26,4764	8,8833	6,55251	1,42653	2202,3	38 59 45	701
702	49 28 04	345 948 408	26,4953	8,8875	6,55393	1,42450	2205,4	38 70 47	702
703	49 42 09	347 428 927	26,5141	8,8917	6,55536	1,42248	2208,5	38 81 51	703
704	49 56 16	348 913 664	26,5330	8,8959	6,55678	1,42045	2211,7	38 92 56	704
705	49 70 25	350 402 625	26,5518	8,9001	6,55820	1,41844	2214,8	39 03 63	705
706	49 84 36	351 895 816	26,5707	8,9043	6,55962	1,41643	2218,0	39 14 71	706
707	49 98 49	353 393 243	26,5895	8,9085	6,56103	1,41443	2221,1	39 25 80	707
708	50 12 64	354 894 912	26,6083	8,9127	6,56244	1,41243	2224,2	39 36 92	708
709	50 26 81	356 400 829	26,6271	8,9169	6,56386	1,41044	2227,4	39 48 05	709
710	50 41 00	357 911 000	26,6458	8,9211	6,56526	1,40845	2230,5	39 59 19	710
711	50 55 21	359 425 431	26,6646	8,9253	6,56667	1,40647	2233,7	39 70 35	711
712	50 69 44	360 944 128	26,6833	8,9295	6,56808	1,40449	2236,8	39 81 53	712
713	50 83 69	362 467 097	26,7021	8,9337	6,56948	1,40252	2240,0	39 92 72	713
714	50 97 96	363 994 344	26,7208	8,9378	6,57088	1,40056	2243,1	40 03 93	714
715	51 12 25	365 525 875	26,7395	8,9420	6,57228	1,39860	2246,2	40 15 15	715
716	51 26 56	367 061 696	26,7582	8,9462	6,57368	1,39665	2249,4	40 26 39	716
717	51 40 89	368 601 813	26,7769	8,9503	6,57508	1,39470	2252,5	40 37 65	717
718	51 55 24	370 146 232	26,7955	8,9545	6,57647	1,39276	2255,7	40 48 92	718
719	51 69 61	371 694 959	26,8142	8,9587	6,57786	1,39082	2258,8	40 60 20	719
720	51 84 00	373 248 000	26,8328	8,9628	6,57925	1,38889	2261,9	40 71 50	**720**
721	51 98 41	374 805 361	26,8514	8,9670	6,58064	1,38696	2265,1	40 82 82	721
722	52 12 84	376 367 048	26,8701	8,9711	6,58203	1,38504	2268,2	40 94 15	722
723	52 27 29	377 933 067	26,8887	8,9752	6,58341	1,38313	2271,4	41 05 50	723
724	52 41 76	379 503 424	26,9072	8,9794	6,58479	1,38122	2274,5	41 16 87	724
725	52 56 25	381 078 125	26,9258	8,9835	6,58617	1,37931	2277,1	41 28 25	725
726	52 70 76	382 657 176	26,9444	8,9876	6,58755	1,37741	2280,8	41 39 65	726
727	52 85 29	384 240 583	26,9629	8,9918	6,58893	1,37552	2283,9	41 51 06	727
728	52 99 84	385 828 352	26,9815	8,9959	6,59030	1,37363	2287,1	41 62 48	728
729	53 14 41	387 420 489	27,0000	9,0000	6,59167	1,37174	2290,1	41 73 93	729
730	53 29 00	389 017 000	27,0185	9,0041	6,59304	1,36986	2293,4	41 85 39	**730**
731	53 43 61	390 617 891	27,0370	9,0082	6,59441	1,36799	2296,5	41 96 46	731
732	53 58 24	392 223 168	27,0555	9,0123	6,59578	1,36612	2299,6	42 08 35	732
733	53 72 89	393 832 837	27,0740	9,0164	6,59715	1,36426	2302,8	42 19 86	733
734	53 87 56	395 446 904	27,0924	9,0205	6,59851	1,36240	2305,9	42 31 38	734
735	54 02 25	397 065 375	27,1109	9,0246	6,59987	1,36054	2309,1	42 42 93	735
736	54 16 96	398 688 256	27,1293	9,0287	6,60123	1,35870	2312,2	42 54 47	736
737	54 31 69	400 315 553	27,1477	9,0328	6,60259	1,35685	2315,4	42 66 04	737
738	54 46 44	401 947 272	27,1662	9,0369	6,60394	1,35501	2318,5	42 77 62	738
739	54 61 21	403 583 419	27,1846	9,0410	6,60530	1,35318	2321,6	42 89 22	739
740	54 76 00	405 224 000	27,2029	9,0450	6,60665	1,35135	2324,8	43 00 84	**740**
741	54 90 81	406 869 021	27,2213	9,0491	6,60800	1,34953	2327,9	43 12 47	741
742	55 05 64	408 518 488	27,2397	9,0532	6,60935	1,34771	2331,1	43 24 12	742
743	55 20 49	410 172 407	27,2580	9,0572	6,61070	1,34590	2334,2	43 35 78	743
744	55 35 36	411 830 784	27,2764	9,0613	6,61204	1,34409	2337,3	43 47 46	744
745	55 50 25	413 493 625	27,2947	9,0654	6,61338	1,34228	2340,5	43 59 16	745
746	55 65 16	415 160 936	27,3130	9,0694	6,61473	1,34048	2343,6	43 70 87	746
747	55 80 09	416 832 723	27,3313	9,0735	6,61607	1,33869	2346,8	43 82 59	747
748	55 95 04	418 508 992	27,3496	9,0775	6,61740	1,33690	2349,9	43 94 33	748
749	56 10 01	420 189 749	27,3679	9,0816	6,61874	1,33511	2353,1	44 06 09	749
750	56 25 00	421 875 000	27,3861	9,0856	6,62007	1,33333	2356,2	44 17 86	**750**

TABELA DE QUADRADO, CUBO, RAÍZ, DESENVOLVIMENTO E ÁREA

n	n^2	n^3	$\sqrt{n}$	$\sqrt[3]{n}$	$\ln n$	$\frac{1000}{n}$	πn	$\frac{\pi n^2}{4}$	n
750	56 25 00	421 875 000	27,3861	9,0856	6,62007	1,33333	2356,2	44 17 86	**750**
751	56 40 01	423 564 751	27,4044	9,0896	6,62141	1,33156	2359,3	44 29 65	751
752	56 55 04	425 259 008	27,4226	9,0937	6,62274	1,32979	2362,5	44 41 46	752
753	56 70 09	426 957 777	27,4408	9,0977	6,62407	1,32802	2365,6	44 53 28	753
754	56 85 16	428 661 064	27,4591	9,1017	6,62539	1,32626	2368,8	44 65 11	754
755	57 00 25	430 368 875	27,4773	9,1057	6,62672	1,32450	2371,9	44 76 97	755
756	57 15 36	432 081 216	27,4955	9,1098	6,62804	1,32275	2375,0	44 88 83	756
757	57 30 49	433 798 093	27,5136	9,1138	6,62936	1,32100	2378,2	45 00 72	757
758	57 45 64	435 519 512	27,5318	9,1178	6,63068	1,31926	2381,3	45 12 62	758
759	57 60 81	437 245 479	27,5500	9,1218	6,63200	1,31752	2384,5	45 24 53	759
760	57 76 00	438 976 000	27,5681	9,1258	6,63332	1,31579	2387,6	45 36 46	**760**
761	57 91 21	440 711 081	27,5862	9,1298	6,63463	1,31406	2390,8	45 48 41	761
762	58 06 44	442 450 728	27,6043	9,1338	6,63595	1,31234	2393,9	45 60 37	762
763	58 21 69	444 194 947	27,6225	9,1378	6,63726	1,31062	2397,0	45 72 34	763
764	58 36 96	445 943 744	27,6405	9,1418	6,63857	1,30890	2400,2	45 84 34	764
765	58 52 25	447 697 125	27,6586	9,1458	6,63988	1,30719	2403,3	45 96 35	765
766	58 67 56	449 455 096	27,6767	9,1498	6,64118	1,30548	2406,5	46 08 37	766
767	58 82 89	451 217 663	27,6948	9,1537	6,64249	1,30378	2409,6	46 20 41	767
768	58 98 24	452 984 832	27,7128	9,1577	6,64379	1,30208	2412,7	46 32 47	768
769	59 13 61	454 756 609	27,7308	9,1617	6,64509	1,30039	2415,9	46 44 54	769
770	59 29 00	456 533 000	27,7489	9,1657	6,64639	1,29870	2419,0	46 56 63	**770**
771	59 44 41	458 314 011	27,7669	9,1696	6,64769	1,29702	2422,2	46 68 73	771
772	59 59 84	460 099 648	27,7849	9,1736	6,64898	1,29534	2425,3	46 80 85	772
773	59 75 29	461 889 917	27,8029	9,1775	6,65028	1,29366	2428,5	46 92 98	773
774	59 90 76	463 684 824	27,8209	9,1815	6,65157	1,29199	2431,6	47 05 13	774
775	60 06 25	465 484 375	27,8388	9,1855	6,65286	1,29032	2434,7	47 17 30	775
776	60 21 76	467 288 576	27,8568	9,1894	6,65415	1,28866	2437,9	47 29 48	776
777	60 37 29	469 097 433	27,8747	9,1933	6,65544	1,28700	2441,0	47 41 68	777
778	60 52 84	470 910 952	27,8927	9,1973	6,65673	1,28535	2444,2	47 53 89	778
779	60 68 41	472 729 139	27,9106	9,2012	6,65801	1,28370	2447,3	47 66 12	779
780	60 84 00	474 552 000	27,9285	9,2052	6,65929	1,28205	2450,4	47 78 36	**780**
781	60 99 61	476 379 541	27,9464	9,2091	6,66058	1,28041	2453,6	47 90 62	781
782	61 15 24	478 211 768	27,9643	9,2130	6,66185	1,27877	2456,7	48 02 90	782
783	61 30 89	480 048 687	27,9821	9,2170	6,66313	1,27714	2459,9	48 15 19	783
784	61 46 56	481 890 304	28,0000	9,2209	6,66441	1,27551	2463,0	48 27 50	784
785	61 62 25	483 736 625	28,0179	9,2248	6,66568	1,27389	2466,2	48 39 82	785
786	61 77 96	485 587 656	28,0357	9,2287	6,66696	1,27226	2469,3	48 52 16	786
787	61 93 69	487 443 403	28,0535	9,2326	6,66823	1,27065	2472,4	48 64 51	787
788	62 09 44	489 303 872	28,0713	9,2365	6,66950	1,26904	2475,6	48 76 88	788
789	62 25 21	491 169 069	28,0891	9,2404	6,67077	1,26743	2478,7	48 89 27	789
790	62 41 00	493 039 000	28,1069	9,2443	6,67203	1,26582	2481,9	49 01 67	**790**
791	62 56 81	494 913 671	28,1247	9,2482	6,67330	1,26422	2485,0	49 14 09	791
792	62 72 64	496 793 088	28,1425	9,2521	6,67456	1,26263	2488,1	49 26 52	792
793	62 88 49	498 677 257	28,1603	9,2560	6,67582	1,26103	2491,2	49 38 97	793
794	63 04 36	500 566 184	28,1780	9,2599	6,67708	1,25945	2494,4	49 51 43	794
795	63 20 25	502 459 875	28,1957	9,2638	6,67834	1,25786	2497,6	49 63 91	795
796	63 36 16	504 358 336	28,2135	9,2677	6,67960	1,25628	2500,7	49 76 41	796
797	63 52 09	506 261 573	28,2312	9,2716	6,68085	1,25471	2503,8	49 88 92	797
798	63 68 04	508 169 592	28,2489	9,2754	6,68211	1,25313	2507,0	50 01 45	798
799	63 84 01	510 082 399	28,2666	9,2793	6,68336	1,25156	2510,1	50 13 99	799
800	64 00 00	512 000 000	28,2843	9,2832	6,68461	1,25000	2513,3	50 26 55	**800**
801	64 16 01	513 922 401	28,3019	9,2870	6,68586	1,24844	2516,4	50 39 12	801
802	64 32 04	515 849 608	28,3196	9,2909	6,68711	1,24688	2519,6	50 51 71	802
803	64 48 09	517 781 627	28,3373	9,2948	6,68835	1,24533	2522,7	50 64 32	803
804	64 64 16	519 718 464	28,3549	9,2986	6,68960	1,24378	2525,8	50 76 94	804
805	64 80 25	521 660 125	28,3725	9,3025	6,69084	1,24224	2529,0	50 89 58	805
806	64 96 36	523 606 616	28,3901	9,3063	6,69208	1,24069	2532,1	51 02 23	806
807	65 12 49	525 557 943	28,4077	9,3102	6,69332	1,23916	2535,3	51 14 90	807
808	65 28 64	527 514 112	28,4253	9,3140	6,69456	1,23762	2538,4	51 27 58	808
809	65 44 81	529 475 129	28,4429	9,3179	6,69580	1,23609	2541,5	51 40 28	809
810	65 61 00	531 441 000	28,4605	9,3217	6,69703	1,23457	2544,7	51 53 00	**810**
811	65 77 21	533 411 731	28,4781	9,3255	6,69827	1,23305	2547,8	51 65 73	811
812	65 93 44	535 387 328	28,4956	9,3294	6,69950	1,23153	2551,0	51 78 48	812
813	66 09 69	537 367 797	28,5132	9,3332	6,70073	1,23001	2554,1	51 91 24	813
814	66 25 96	539 353 144	28,5307	9,3370	6,70196	1,22850	2557,3	52 04 02	814
815	66 42 25	541 343 375	28,5482	9,3408	6,70319	1,22699	2560,4	52 16 81	815
816	66 58 56	543 338 496	28,5657	9,3447	6,70441	1,22549	2563,5	52 29 62	816
817	66 74 89	545 338 513	28,5832	9,3485	6,70564	1,22399	2566,7	52 42 45	817
818	66 91 24	547 343 432	28,6007	9,3523	6,70686	1,22249	2569,8	52 55 29	818
819	67 07 61	549 353 259	28,6182	9,3561	6,70808	1,22100	2573,0	52 68 14	819
820	67 24 00	551 368 000	28,6356	9,3599	6,70930	1,21951	2576,1	52 81 02	**820**
821	67 40 41	553 387 661	28,6531	9,3637	6,71052	1,21803	2579,2	52 93 91	821
822	67 56 84	555 412 248	28,6705	9,3675	6,71174	1,21655	2582,4	53 06 81	822
823	67 73 29	557 441 767	28,6880	9,3713	6,71296	1,21507	2585,5	53 19 73	823
824	67 89 76	559 476 224	28,7054	9,3751	6,71417	1,21359	2588,7	53 32 67	824
825	68 06 25	561 515 625	28,7228	9,3789	6,71538	1,21212	2591,8	53 45 62	825
826	68 22 76	563 559 976	28,7402	9,3827	6,71659	1,21065	2595,0	53 58 58	826
827	68 39 29	565 609 283	28,7576	9,3865	6,71780	1,20919	2598,1	53 71 57	827
828	68 55 84	567 663 552	28,7750	9,3902	6,71901	1,20773	2601,2	53 84 56	828
829	68 72 41	569 722 789	28,7924	9,3940	6,72022	1,20627	2604,4	53 97 58	829
830	68 89 00	571 787 000	28,8097	9,3978	6,72143	1,20482	2607,5	54 10 61	**830**
831	69 05 61	573 856 191	28,8271	9,4016	6,72263	1,20337	2610,7	54 23 65	831
832	69 22 24	575 930 368	28,8444	9,4053	6,72383	1,20192	2613,8	54 36 71	832
833	69 38 89	578 009 537	28,8617	9,4091	6,72503	1,20048	2616,9	54 49 79	833
834	69 55 56	580 093 704	28,8791	9,4129	6,72623	1,19904	2620,1	54 62 88	834
835	69 72 25	582 182 875	28,8964	9,4166	6,72743	1,19760	2623,2	54 75 99	835
836	69 88 96	584 277 056	28,9137	9,4204	6,72863	1,19617	2626,4	54 89 12	836
837	70 05 69	586 376 253	28,9310	9,4241	6,72982	1,19474	2629,5	55 02 26	837
838	70 22 44	588 480 472	28,9482	9,4279	6,73102	1,19332	2632,7	55 15 41	838
839	70 39 21	590 589 719	28,9655	9,4316	6,73221	1,19190	2635,8	55 28 58	839
840	70 56 00	592 704 000	28,9828	9,4354	6,73340	1,19048	2638,9	55 41 77	**840**
841	70 72 81	594 823 321	29,0000	9,4391	6,73459	1,18906	2642,1	55 54 97	841
842	70 89 64	596 947 688	29,0172	9,4429	6,73578	1,18765	2645,2	55 68 19	842
843	71 06 49	599 077 107	29,0345	9,4466	6,73697	1,18624	2648,4	55 81 42	843
844	71 23 36	601 211 584	29,0517	9,4503	6,73815	1,18483	2651,5	55 94 67	844
845	71 40 25	603 351 125	29,0689	9,4541	6,73934	1,18343	2654,6	56 07 94	845
846	71 57 16	605 495 736	29,0861	9,4578	6,74052	1,18203	2657,8	56 21 22	846
847	71 74 09	607 645 423	29,1033	9,4615	6,74170	1,18064	2660,9	56 34 52	847
848	71 91 04	609 800 192	29,1204	9,4652	6,74288	1,17925	2664,1	56 47 83	848
849	72 08 01	611 960 049	29,1376	9,4690	6,74406	1,17786	2667,2	56 61 16	849
850	72 25 00	614 125 000	29,1548	9,4727	6,74524	1,17647	2670,4	56 74 50	**850**
851	72 42 01	616 295 051	29,1719	9,4764	6,74641	1,17509	2673,5	56 87 86	851
852	72 59 04	618 470 208	29,1890	9,4801	6,74759	1,17371	2676,6	57 01 24	852
853	72 76 09	620 650 477	29,2062	9,4838	6,74876	1,17233	2679,8	57 14 63	853
854	72 93 16	622 835 864	29,2233	9,4875	6,74993	1,17096	2682,9	57 28 03	854
855	73 10 25	625 026 375	29,2404	9,4912	6,75110	1,16959	2686,1	57 41 46	855
856	73 27 36	627 222 016	29,2575	9,4949	6,75227	1,16822	2689,2	57 54 90	856
857	73 44 49	629 422 793	29,2746	9,4986	6,75344	1,16686	2692,3	57 68 35	857
858	73 61 64	631 628 712	29,2916	9,5023	6,75460	1,16550	2695,5	57 81 82	858
859	73 78 81	633 839 779	29,3087	9,5060	6,75577	1,16414	2698,6	57 95 30	859
860	73 96 00	636 056 000	29,3258	9,5097	6,75693	1,16279	2701,8	58 08 80	**860**
861	74 13 21	638 277 381	29,3428	9,5134	6,75809	1,16144	2704,9	58 22 32	861
862	74 30 44	640 503 928	29,3598	9,5171	6,75926	1,16009	2708,1	58 35 85	862
863	74 47 69	642 735 647	29,3769	9,5207	6,76041	1,15875	2711,2	58 49 40	863
864	74 64 96	644 972 544	29,3939	9,5244	6,76157	1,15741	2714,3	58 62 97	864
865	74 82 25	647 214 625	29,4109	9,5281	6,76273	1,15607	2717,5	58 76 55	865
866	74 99 56	649 461 896	29,4279	9,5317	6,76388	1,15473	2720,6	58 90 14	866
867	75 16 89	651 714 363	29,4449	9,5354	6,76504	1,15340	2723,8	59 03 75	867
868	75 34 24	653 972 032	29,4618	9,5391	6,76619	1,15207	2726,9	59 17 38	868
869	75 51 61	656 234 909	29,4788	9,5427	6,76734	1,15075	2730,0	59 31 02	869
870	75 69 00	658 503 000	29,4958	9,5464	6,76849	1,14943	2733,2	59 44 68	**870**
871	75 86 41	660 776 311	29,5127	9,5501	6,76964	1,14811	2736,3	59 58 35	871
872	76 03 84	663 054 848	29,5296	9,5537	6,77079	1,14679	2739,5	59 72 04	872
873	76 21 29	665 338 617	29,5466	9,5574	6,77194	1,14548	2742,6	59 85 75	873
874	76 38 76	667 627 624	29,5635	9,5610	6,77308	1,14416	2745,8	59 99 47	874
875	76 56 25	669 921 875	29,5804	9,5647	6,77422	1,14286	2748,9	60 13 20	875
876	76 73 76	672 221 376	29,5973	9,5683	6,77537	1,14155	2752,0	60 26 96	876
877	76 91 29	674 526 133	29,6142	9,5719	6,77651	1,14025	2755,2	60 40 73	877
878	77 08 84	676 836 152	29,6311	9,5756	6,77765	1,13895	2758,3	60 54 51	878
879	77 26 41	679 151 439	29,6479	9,5792	6,77878	1,13766	2761,5	60 68 31	879
880	77 44 00	681 472 000	29,6648	9,5828	6,77992	1,13636	2764,6	60 82 12	**880**
881	77 61 61	683 797 841	29,6816	9,5865	6,78106	1,13507	2767,7	60 95 95	881
882	77 79 24	686 128 968	29,6985	9,5901	6,78219	1,13379	2770,9	61 09 80	882
883	77 96 89	688 465 387	29,7153	9,5937	6,78333	1,13250	2774,0	61 23 66	883
884	78 14 56	690 807 104	29,7321	9,5973	6,78446	1,13122	2777,2	61 37 54	884
885	78 32 25	693 154 125	29,7489	9,6010	6,78559	1,12994	2780,3	61 51 43	885
886	78 49 96	695 506 456	29,7658	9,6046	6,78672	1,12867	2783,5	61 65 34	886
887	78 67 69	697 864 103	29,7825	9,6082	6,78784	1,12740	2786,6	61 79 27	887
888	78 85 44	700 227 072	29,7993	9,6118	6,78897	1,12613	2789,7	61 93 21	888
889	79 03 21	702 595 369	29,8161	9,6154	6,79010	1,12486	2792,9	62 07 17	889
890	79 21 00	704 969 000	29,8329	9,6190	6,79122	1,12360	2796,0	62 21 14	**890**
891	79 38 81	707 347 971	29,8496	9,6226	6,79234	1,12233	2799,2	62 35 13	891
892	79 56 64	709 732 288	29,8664	9,6262	6,79347	1,12108	2802,3	62 49 13	892
893	79 74 49	712 121 957	29,8831	9,6298	6,79459	1,11982	2805,4	62 63 15	893
894	79 92 36	714 516 984	29,8998	9,6334	6,79571	1,11857	2808,6	62 77 18	894
895	80 10 25	716 917 375	29,9166	9,6370	6,79682	1,11732	2811,7	62 91 24	895
896	80 28 16	719 323 136	29,9333	9,6406	6,79794	1,11607	2814,9	63 05 30	896
897	80 46 09	721 734 273	29,9500	9,6442	6,79906	1,11483	2818,0	63 19 38	897
898	80 64 04	724 150 792	29,9666	9,6477	6,80017	1,11359	2821,2	63 33 48	898
899	80 82 01	726 572 699	29,9833	9,6513	6,80128	1,11235	2824,3	63 47 60	899
900	81 00 00	729 000 000	30,0000	9,6549	6,80239	1,11111	2827,4	63 61 73	**900**

TABELA DE QUADRADO, CUBO, RAÍZ, DESENVOLVIMENTO E ÁREA

n	n^2	n^3	$\sqrt{n}$	$\sqrt[3]{n}$	$\ln n$	$\frac{1000}{n}$	πn	$\frac{\pi n^2}{4}$	n
900	81 00 00	729 000 000	30,0000	9,6549	6,80239	1,11111	2827,4	63 61 73	**900**
901	81 18 01	731 432 701	30,0167	9,6585	6,80351	1,10988	2830,6	63 75 87	901
902	81 36 04	733 870 808	30,0333	9,6620	6,80461	1,10865	2833,7	63 90 03	902
903	81 54 09	736 314 327	30,0500	9,6656	6,80572	1,10742	2836,9	64 04 21	903
904	81 72 16	738 763 264	30,0666	9,6692	6,80683	1,10619	2840,0	64 18 40	904
905	81 90 25	741 217 625	30,0832	9,6727	6,80793	1,10497	2843,1	64 32 61	905
906	82 08 36	743 677 416	30,0998	9,6763	6,80904	1,10375	2846,3	64 46 83	906
907	82 26 49	746 142 643	30,1164	9,6799	6,81014	1,10254	2849,4	64 61 07	907
908	82 44 64	748 613 312	30,1330	9,6834	6,81124	1,10132	2852,6	64 75 33	908
909	82 62 81	751 089 429	30,1496	9,6870	6,81235	1,10011	2855,7	64 89 60	909
910	82 81 00	753 571 000	30,1662	9,6905	6,81344	1,09890	2858,8	65 03 88	**910**
911	82 99 21	756 058 031	30,1828	9,6941	6,81454	1,09769	2862,0	65 18 18	911
912	83 17 44	758 550 528	30,1993	9,6976	6,81564	1,09649	2865,1	65 32 50	912
913	83 35 69	761 048 497	30,2159	9,7012	6,81674	1,09529	2868,3	65 46 84	913
914	83 53 96	763 551 944	30,2324	9,7047	6,81783	1,09409	2871,4	65 61 18	914
915	83 72 25	766 060 875	30,2490	9,7082	6,81892	1,09290	2874,6	65 75 55	915
916	83 90 56	768 575 296	30,2655	9,7118	6,82002	1,09170	2877,7	65 89 93	916
917	84 08 89	771 095 213	30,2820	9,7153	6,82111	1,09051	2880,8	66 04 33	917
918	84 27 24	773 620 632	30,2985	9,7188	6,82220	1,08932	2884,0	66 18 74	918
919	84 45 61	776 151 559	30,3150	9,7224	6,82329	1,08814	2887,1	66 33 17	919
920	84 64 00	778 688 000	30,3315	9,7259	6,82437	1,08696	2890,3	66 47 61	**920**
921	84 82 41	781 229 961	30,3480	9,7294	6,82546	1,08578	2893,4	66 62 07	921
922	85 00 84	783 777 448	30,3645	9,7329	6,82655	1,08460	2896,5	66 76 54	922
923	85 19 29	786 330 467	30,3809	9,7364	6,82763	1,08342	2899,7	66 91 03	923
924	85 37 76	788 889 024	30,3974	9,7400	6,82871	1,08225	2902,8	67 05 54	924
925	85 56 25	791 453 125	30,4138	9,7435	6,82979	1,08108	2906,0	67 20 06	925
926	85 74 76	794 022 776	30,4302	9,7470	6,83087	1,07991	2909,1	67 34 60	926
927	85 93 29	796 597 983	30,4467	9,7505	6,83195	1,07875	2912,3	67 49 15	927
928	86 11 84	799 178 752	30,4631	9,7540	6,83303	1,07759	2915,4	67 63 72	928
929	86 30 41	801 765 089	30,4795	9,7575	6,83411	1,07643	2918,5	67 78 31	929
930	86 49 00	804 357 000	30,4959	9,7610	6,83518	1,07527	2921,7	67 92 91	**930**
931	86 67 61	806 954 491	30,5123	9,7645	6,83626	1,07411	2924,8	68 07 52	931
932	86 86 24	809 557 568	30,5287	9,7680	6,83733	1,07296	2928,0	68 22 16	932
933	87 04 89	812 166 237	30,5450	9,7715	6,83841	1,07181	2931,1	68 36 80	933
934	87 23 56	814 780 504	30,5614	9,7750	6,83948	1,07066	2934,2	68 51 47	934
935	87 42 25	817 400 375	30,5778	9,7785	6,84055	1,06952	2937,4	68 66 15	935
936	87 60 96	820 025 856	30,5941	9,7819	6,84162	1,06838	2940,5	68 80 84	936
937	87 79 69	822 656 953	30,6105	9,7854	6,84268	1,06724	2943,7	68 95 55	937
938	87 98 44	825 293 662	30,6268	9,7889	6,84375	1,06610	2946,8	69 10 28	938
939	88 17 21	827 936 019	30,6431	9,7924	6,84482	1,06496	2950,0	69 25 02	939
940	88 36 00	830 584 000	30,6594	9,7959	6,84588	1,06383	2953,1	69 39 78	**940**
941	88 54 81	833 237 621	30,6757	9,7993	6,84694	1,06270	2956,2	69 54 55	941
942	88 73 64	835 896 888	30,6920	9,8028	6,84801	1,06157	2959,4	69 69 34	942
943	88 92 49	838 561 807	30,7083	9,8063	6,84907	1,06045	2962,5	69 84 15	943
944	89 11 36	841 232 384	30,7246	9,8097	6,85013	1,05932	2965,7	69 98 97	944
945	89 30 25	843 908 625	30,7409	9,8132	6,85118	1,05820	2968,8	70 13 80	945
946	89 49 16	846 590 536	30,7571	9,8167	6,85224	1,05708	2971,9	70 28 65	946
947	89 68 09	849 278 123	30,7734	9,8201	6,85330	1,05597	2975,1	70 43 52	947
948	89 87 04	851 971 392	30,7896	9,8236	6,85435	1,05485	2978,2	70 58 40	948
949	90 06 01	854 670 349	30,8058	9,8270	6,85541	1,05374	2981,4	70 73 30	949
950	90 25 00	857 375 000	30,8221	9,8305	6,85646	1,05263	2984,5	70 88 22	**950**

TABELA DE QUADRADO, CUBO, RAÍZ, DESENVOLVIMENTO E ÁREA

n	n^2	n^3	$\sqrt{n}$	$\sqrt[3]{n}$	$\ln n$	$\frac{1000}{n}$	πn	$\frac{\pi n^2}{4}$	n
950	90 25 00	857 375 000	30,8221	9,8305	6,85646	1,05263	2984,5	70 88 29	**950**
951	90 44 01	860 085 351	30,8383	9,8339	6,85751	1,05152	2987,7	71 03 15	951
952	90 63 04	862 801 408	30,8545	9,8374	6,85857	1,05042	2990,8	71 18 09	952
953	90 82 09	865 523 177	30,8707	9,8408	6,85961	1,04932	2993,9	71 33 06	953
954	91 01 16	868 250 664	30,8869	9,8443	6,86066	1,04822	2997,1	71 48 03	954
955	91 20 25	870 983 875	30,9031	9,8477	6,86171	1,04712	3000,2	71 63 03	955
956	91 39 36	873 722 816	30,9192	9,8511	6,86276	1,04603	3003,4	71 78 04	956
957	91 58 49	876 467 493	30,9354	9,8546	6,86380	1,04493	3006,5	71 93 06	957
958	91 77 64	879 217 912	30,9516	9,8580	6,86485	1,04384	3009,6	72 08 10	958
959	91 96 81	881 974 079	30,9677	9,8614	6,86589	1,04275	3012,8	72 23 16	959
960	92 16 00	884 736 000	30,9839	9,8648	6,86693	1,04167	3015,9	72 38 23	**960**
961	92 35 21	887 503 681	31,0000	9,8683	6,86797	1,04058	3019,1	72 53 32	961
962	92 54 44	890 277 128	31,0161	9,8717	6,86901	1,03950	3022,2	72 68 42	962
963	92 73 69	893 056 347	31,0322	9,8751	6,87005	1,03842	3025,4	72 83 54	963
964	92 92 96	895 841 344	31,0483	9,8785	6,87109	1,03734	3028,5	72 98 67	964
965	93 12 25	898 632 125	31,0644	9,8819	6,87213	1,03627	3031,6	73 13 82	965
966	93 31 56	901 428 696	31,0805	9,8854	6,87316	1,03520	3034,8	73 28 99	966
967	93 50 89	904 231 063	31,0966	9,8888	6,87420	1,03413	3037,9	73 44 17	967
968	93 70 24	907 039 232	31,1127	9,8922	6,87523	1,03306	3041,1	73 59 37	968
969	93 89 61	909 853 209	31,1288	9,8956	6,87626	1,03199	3044,2	73 74 58	969
970	94 09 00	912 673 000	31,1448	9,8990	6,87730	1,03093	3047,3	73 89 81	**970**
971	94 28 41	915 498 611	31,1609	9,9024	6,87833	1,02987	3050,5	74 05 06	971
972	94 47 84	918 330 048	31,1769	9,9058	6,87936	1,02881	3053,6	74 20 32	972
973	94 67 29	921 167 317	31,1929	9,9092	6,88038	1,02775	3056,8	74 35 59	973
974	94 86 76	924 010 424	31,2090	9,9126	6,88141	1,02669	3059,9	74 50 88	974
975	95 06 25	926 859 375	31,2250	9,9160	6,88244	1,02564	3063,1	74 66 19	975
976	95 25 76	929 714 176	31,2410	9,9194	6,88346	1,02459	3066,2	74 81 51	976
977	95 45 29	932 574 833	31,2570	9,9227	6,88449	1,02354	3069,3	74 96 85	977
978	95 64 84	935 441 352	31,2730	9,9261	6,88551	1,02249	3072,5	75 12 21	978
979	95 84 41	938 313 739	31,2890	9,9295	6,88653	1,02145	3075,6	75 27 58	979
980	96 04 00	941 192 000	31,3050	9,9329	6,88755	1,02041	3078,8	75 42 96	**980**
981	96 23 61	944 076 141	31,3209	9,9363	6,88857	1,01937	3081,9	75 58 37	981
982	96 43 24	946 966 168	31,3369	9,9396	6,88959	1,01833	3085,0	75 73 78	982
983	96 62 89	949 862 087	31,3528	9,9430	6,89061	1,01729	3088,2	75 89 22	983
984	96 82 56	952 763 904	31,3688	9,9464	6,89163	1,01626	3091,3	76 04 66	984
985	97 02 25	955 671 625	31,3847	9,9497	6,89264	1,01523	3094,5	76 20 13	985
986	97 21 96	958 585 256	31,4006	9,9531	6,89366	1,01420	3097,6	76 35 61	986
987	97 41 69	961 504 803	31,4166	9,9565	6,89467	1,01317	3100,8	76 51 11	987
988	97 61 44	964 430 272	31,4325	9,9598	6,89568	1,01215	3103,9	76 66 62	988
989	97 81 21	967 361 669	31,4484	9,9632	6,89669	1,01112	3107,0	76 82 14	989
990	98 01 00	970 299 000	31,4643	9,9666	6,89770	1,01010	3110,2	76 97 69	**990**
991	98 20 81	973 242 271	31,4802	9,9699	6,89871	1,00908	3113,3	77 13 25	991
992	98 40 64	976 191 488	31,4960	9,9733	6,89972	1,00806	3116,5	77 28 82	992
993	98 60 49	979 146 657	31,5119	9,9766	6,90073	1,00705	3119,6	77 44 41	993
994	98 80 36	982 107 784	31,5278	9,9800	6,90174	1,00604	3122,7	77 60 02	994
995	99 00 25	985 074 875	31,5436	9,9833	6,90274	1,00503	3125,9	77 75 64	995
996	99 20 16	988 047 936	31,5595	9,9866	6,90375	1,00402	3129,0	77 91 28	996
997	99 40 09	991 026 973	31,5753	9,9900	6,90475	1,00301	3132,2	78 06 93	997
998	99 60 04	994 011 992	31,5911	9,9933	6,90575	1,00200	3135,3	78 22 60	998
999	99 80 01	997 002 999	31,6070	9,9967	6,90675	1,00100	3138,5	78 38 28	999
1000	100 00 00	1 000 000 000	31,6228	10,0000	6,90776	1,00000	3141,6	78 53 98	**1000**

TABELA DE QUADRADO, CUBO, RAÍZ, DESENVÓLVIMENTO E ÁREA

n	n^2	n^3	$\sqrt{n}$	$\sqrt[3]{n}$	ln n	$\frac{1000}{n}$	πn	$\frac{\pi n^2}{4}$	n
1050	1 102 500	1 157 625 000	32,4037	10,1640	6,95655	0,95238	3298,7	86 59 01	1050
1051	1 104 601	1 160 935 651	32,4191	10,1672	6,95750	0,95147	3301,8	86 75 51	1051
1052	1 106 704	1 164 252 608	32,4345	10,1704	6,95845	0,95057	3305,0	86 92 03	1052
1053	1 108 809	1 167 575 877	32,4500	10,1736	6,95940	0,94967	3308,1	87 08 56	1053
1054	1 110 916	1 170 905 464	32,4654	10,1769	6,96035	0,94877	3311,2	87 25 11	1054
1055	1 113 025	1 174 241 375	32,4808	10,1801	6,96130	0,94787	3314,4	87 41 68	1055
1056	1 115 136	1 177 583 616	32,4962	10,1833	6,96224	0,94697	3317,5	87 58 26	1056
1057	1 117 249	1 180 932 193	32,5115	10,1865	6,96319	0,94607	3320,7	87 74 85	1057
1058	1 119 364	1 184 287 112	32,5269	10,1897	6,96414	0,94518	3323,8	87 91 46	1058
1059	1 121 481	1 187 648 379	32,5423	10,1929	6,96508	0,94429	3326,9	88 08 09	1059
1060	1 123 600	1 191 016 000	32,5576	10,1961	6,96602	0,94340	3330,1	88 24 73	1060
1061	1 125 721	1 194 389 981	32,5730	10,1993	6,96697	0,94251	3333,2	88 41 39	1061
1062	1 127 844	1 197 770 328	32,5883	10,2025	6,96791	0,94162	3336,4	88 58 06	1062
1063	1 129 969	1 201 157 047	32,6037	10,2057	6,96885	0,94073	3339,5	88 74 75	1063
1064	1 132 096	1 204 550 144	32,5190	10,2089	6,96979	0,93985	3342,7	88 91 46	1064
1065	1 134 225	1 207 949 625	32,6343	10,2121	6,97073	0,93897	3345,8	89 02 18	1065
1066	1 136 356	1 211 355 496	32,6497	10,2153	6,97167	0,93809	3348,9	89 24 92	1066
1067	1 138 489	1 214 767 763	32,6650	10,2185	6,97261	0,93721	3352,1	89 41 67	1067
1068	1 140 624	1 218 186 432	32,6803	10,2217	6,97354	0,93633	3355,2	89 58 43	1068
1069	1 142 761	1 221 611 509	32,6956	10,2249	6,97448	0,93545	3358,4	89 75 22	1069
1070	1 144 900	1 225 043 000	32,7109	10,2281	6,97541	0,93458	3361,5	89 92 02	1070
1071	1 147 041	1 228 480 911	32,7261	10,2313	6,97635	0,93371	3364,6	90 08 84	1071
1072	1 149 184	1 231 925 248	32,7414	10,2345	6,97728	0,93284	3367,8	90 25 67	1072
1073	1 151 329	1 235 376 017	32,7567	10,2376	6,97821	0,93197	3370,9	90 42 51	1073
1074	1 153 476	1 238 833 224	32,7719	10,2408	6,97914	0,93110	3374,1	90 59 38	1074
1075	1 155 625	1 242 296 875	32,7872	10,2440	6,98008	0,93023	3377,2	90 76 26	1075
1076	1 157 776	1 245 766 976	32,8024	10,2472	6,98101	0,92937	3380,4	90 93 15	1076
1077	1 159 929	1 249 243 533	32,8177	10,2503	6,98193	0,92851	3383,5	91 10 06	1077
1078	1 162 084	1 252 726 552	32,8329	10,2535	6,98286	0,92764	3386,6	91 26 98	1078
1079	1 164 241	1 256 216 039	32,8481	10,2567	6,98379	0,92678	3389,8	91 43 92	1079
1080	1 166 400	1 259 712 000	32,8634	10,2599	6,98472	0,92593	3392,9	91 60 88	1080
1081	1 168 561	1 263 214 441	32,8786	10,2630	6,98564	0,92507	3396,1	91 77 85	1081
1082	1 170 724	1 266 723 368	32,8938	10,2662	6,98657	0,92421	3399,2	91 94 84	1082
1083	1 172 889	1 270 238 787	32,9090	10,2695	6,98749	0,92336	3402,3	92 11 85	1083
1084	1 175 056	1 273 760 704	32,9242	10,2725	6,98841	0,92251	3405,5	92 28 87	1084
1085	1 177 225	1 277 289 125	32,9393	10,2757	6,98933	0,92166	3408,6	92 45 90	1085
1086	1 179 396	1 280 824 056	32,9545	10,2788	6,99026	0,92081	3411,8	92 62 95	1086
1087	1 181 569	1 284 365 503	32,9697	10,2820	6,99118	0,91996	3414,9	92 80 02	1087
1088	1 183 744	1 287 913 472	32,9848	10,2851	6,99210	0,91912	3418,1	92 97 10	1088
1089	1 185 921	1 291 467 969	33,0000	10,2883	6,99301	0,91827	3421,2	93 14 20	1089
1090	1 188 100	1 295 029 000	33,0151	10,2914	6,99393	0,91743	3424,3	93 31 31	1090
1091	1 190 281	1 298 596 571	33,0303	10,2946	6,99485	0,91659	3427,5	93 48 44	1091
1092	1 192 464	1 302 170 688	33,0454	10,2977	6,99577	0,91575	3430,6	93 65 59	1092
1093	1 194 649	1 305 751 357	33,0606	10,3009	6,99668	0,91491	3433,8	93 82 75	1093
1094	1 196 836	1 309 338 584	33,0757	10,3040	6,99760	0,91408	3436,9	93 99 93	1094
1095	1 199 025	1 312 932 375	33,0908	10,3071	6,99851	0,91324	3440,0	94 17 12	1095
1096	1 201 216	1 316 532 736	33,1059	10,3103	6,99942	0,91240	3443,2	94 34 33	1096
1097	1 203 409	1 320 139 673	33,1210	10,3134	7,00033	0,91158	3446,3	94 51 55	1097
1098	1 205 604	1 323 753 192	33,1361	10,3165	7,00125	0,91075	3449,5	94 68 79	1098
1099	1 207 801	1 327 373 299	33,1512	10,3197	7,00216	0,90992	3452,6	94 86 04	1099
1100	1 210 000	1 331 000 000	33,1662	10,3228	7,00307	0,90909	3455,8	95 03 32	1100

TABELA DE QUADRADO, CUBO, RAÍZ, DESENVOLVIMENTO E ÁREA

n	n^2	n^3	$\sqrt{n}$	$\sqrt[3]{n}$	ln n	$\frac{1000}{n}$	πn	$\frac{\pi n^2}{4}$	n
1050	1 102 500	1 157 625 000	32,4037	10,1640	6,95655	0,95238	3298,7	86 59 01	1050
1051	1 104 601	1 160 935 651	32,4191	10,1672	6,95750	0,95147	3301,8	86 75 51	1051
1052	1 106 704	1 164 252 608	32,4345	10,1704	6,95845	0,95057	3305,0	86 92 03	1052
1053	1 108 809	1 167 575 877	32,4500	10,1736	6,95940	0,94967	3308,1	87 08 56	1053
1054	1 110 916	1 170 905 464	32,4654	10,1769	6,96035	0,94877	3311,2	87 25 11	1054
1055	1 113 025	1 174 241 375	32,4808	10,1801	6,96130	0,94787	3314,4	87 41 68	1055
1056	1 115 136	1 177 583 616	32,4962	10,1833	6,96224	0,94697	3317,5	87 58 26	1056
1057	1 117 249	1 180 932 193	32,5115	10,1865	6,96319	0,94607	3320,7	87 74 85	1057
1058	1 119 364	1 184 287 112	32,5269	10,1897	6,96414	0,94518	3323,8	87 91 46	1058
1059	1 121 481	1 187 648 379	32,5423	10,1929	6,96508	0,94429	3326,9	88 08 09	1059
1060	1 123 600	1 191 016 000	32,5576	10,1961	6,96602	0,94340	3330,1	88 24 73	1060
1061	1 125 721	1 194 389 981	32,5730	10,1993	6,96697	0,94251	3333,2	88 41 39	1061
1062	1 127 844	1 197 770 328	32,5883	10,2025	6,96791	0,94162	3336,4	88 58 06	1062
1063	1 129 969	1 201 157 047	32,6037	10,2057	6,96885	0,94073	3339,5	88 74 75	1063
1064	1 132 096	1 204 550 144	32,5190	10,2089	6,96979	0,93985	3342,7	88 91 46	1064
1065	1 134 225	1 207 949 625	32,6343	10,2121	6,97073	0,93897	3345,8	89 02 18	1065
1066	1 136 356	1 211 355 496	32,6497	10,2153	6,97167	0,93809	3348,9	89 24 92	1066
1067	1 138 489	1 214 767 763	32,6650	10,2185	6,97261	0,93721	3352,1	89 41 67	1067
1068	1 140 624	1 218 186 432	32,6803	10,2217	6,97354	0,93633	3355,2	89 58 43	1068
1069	1 142 761	1 221 611 509	32,6956	10,2249	6,97448	0,93545	3358,4	89 75 22	1069
1070	1 144 900	1 225 043 000	32,7109	10,2281	6,97541	0,93458	3361,5	89 92 02	1070
1071	1 147 041	1 228 480 911	32,7261	10,2313	6,97635	0,93371	3364,6	90 08 84	1071
1072	1 149 184	1 231 925 248	32,7414	10,2345	6,97728	0,93284	3367,8	90 25 67	1072
1073	1 151 329	1 235 376 017	32,7567	10,2376	6,97821	0,93197	3370,9	90 42 51	1073
1074	1 153 476	1 238 833 224	32,7719	10,2408	6,97914	0,93110	3374,1	90 59 38	1074
1075	1 155 625	1 242 296 875	32,7872	10,2440	6,98008	0,93023	3377,2	90 76 26	1075
1076	1 157 776	1 245 766 976	32,8024	10,2472	6,98101	0,92937	3380,4	90 93 15	1076
1077	1 159 929	1 249 243 533	32,8177	10,2503	6,98193	0,92851	3383,5	91 10 06	1077
1078	1 162 084	1 252 726 552	32,8329	10,2535	6,98286	0,92764	3386,6	91 26 98	1078
1079	1 164 241	1 256 216 039	32,8481	10,2567	6,98379	0,92678	3389,8	91 43 92	1079
1080	1 166 400	1 259 712 000	32,8634	10,2599	6,98472	0,92593	3392,9	91 60 88	1080
1081	1 168 561	1 263 214 441	32,8786	10,2630	6,98564	0,92507	3396,1	91 77 85	1081
1082	1 170 724	1 266 723 368	32,8938	10,2662	6,98657	0,92421	3399,2	91 94 84	1082
1083	1 172 889	1 270 238 787	32,9090	10,2695	6,98749	0,92336	3402,3	92 11 85	1083
1084	1 175 056	1 273 760 704	32,9242	10,2725	6,98841	0,92251	3405,5	92 28 87	1084
1085	1 177 225	1 277 289 125	32,9393	10,2757	6,98933	0,92166	3408,6	92 45 90	1085
1086	1 179 396	1 280 824 056	32,9545	10,2788	6,99026	0,92081	3411,8	92 62 95	1086
1087	1 181 569	1 284 365 503	32,9697	10,2820	6,99118	0,91996	3414,9	92 80 02	1087
1088	1 183 744	1 287 913 472	32,9848	10,2851	6,99210	0,91912	3418,1	92 97 10	1088
1089	1 185 921	1 291 467 969	33,0000	10,2883	6,99301	0,91827	3421,2	93 14 20	1089
1090	1 188 100	1 295 029 000	33,0151	10,2914	6,99393	0,91743	3424,3	93 31 31	1090
1091	1 190 281	1 298 596 571	33,0303	10,2946	6,99485	0,91659	3427,5	93 48 44	1091
1092	1 192 464	1 302 170 688	33,0454	10,2977	6,99577	0,91575	3430,6	93 65 59	1092
1093	1 194 649	1 305 751 357	33,0606	10,3009	6,99668	0,91491	3433,8	93 82 75	1093
1094	1 196 836	1 309 338 584	33,0757	10,3040	6,99760	0,91408	3436,9	93 99 93	1094
1095	1 199 025	1 312 932 375	33,0908	10,3071	6,99851	0,91324	3440,0	94 17 12	1095
1096	1 201 216	1 316 532 736	33,1059	10,3103	6,99942	0,91240	3443,2	94 34 33	1096
1097	1 203 409	1 320 139 673	33,1210	10,3134	7,00033	0,91158	3446,3	94 51 55	1097
1098	1 205 604	1 323 753 192	33,1361	10,3165	7,00125	0,91075	3449,5	94 68 79	1098
1099	1 207 801	1 327 373 299	33,1512	10,3197	7,00216	0,90992	3452,6	94 86 04	1099
1100	1 210 000	1 331 000 000	33,1662	10,3228	7,00307	0,90909	3455,8	95 03 32	1100

TABELAS DE RESERVATÓRIOS HORIZONTAIS

CAPAC. NOM.	CAPAC. REAL	DIÂM. INT.	L	ESPESSURA Casco e Tampo		Pressão Máxima Trabalho kg/cm		TAMPO TORISFÉRICO 10%				
				INOX.	A.C.	INOX.	A.C.	R	r	h	H	Ø DISCO
1000	1130	900	1500	3	3/16"	2,0	1,3	900	90	25	175	1080
2000	2220	1100	2000	3	1/4"	1,7	2,0	1100	110	30	213	1300
5000	5260	1400	3000	4	1/4"	2,0	1,7	1400	140	30	272	1660
7500	7950	1700	3000	4	1/4"	1,6	1,4	1700	170	35	330	2010
10000	11360	1700	4500	4	1/4"	1,6	1,4	1700	170	35	330	2010
15000	15750	1900	5000	5	5/16"	2,0	1,7	1900	190	35	369	2230
20000	21440	2200	5000	6	5/16"	2,0	1,5	2200	220	40	427	2600

DIMENSÕES DO SUPORTE														
CAPAC. NOM.	DIÂM. INT.	A	B	C	E	F	G	J	L_1	L_2	M	Ø Paraf.	Ø N	FURO OVALIZ.
1000	900	265	660	790	630	1/2"	3/8"	150	200	1100	95	3/4"	1"	1" x 1 1/2"
2000	1100	320	800	960	730	5/8"	1/2"	200	250	1500	140	7/8"	1 1/8"	1 1/8" x 1 3/4"
5000	1400	305	1070	1220	900	5/8"	1/2"	200	300	2400	140	7/8"	1 1/8"	1 1/8" x 1 3/4"
7500	1700	370	1300	1480	1050	5/8"	1/2"	200	400	2200	140	7/8"	1 1/8"	1 1/8" x 1 3/4"
10000	1700	370	1300	1480	1050	5/8"	1/2"	200	400	3700	140	7/8"	1 1/8"	1 1/8" x 1 3/4"
15000	1900	415	1455	1660	1150	5/8"	1/2"	200	450	4100	140	7/8"	1 1/8"	1 1/8" x 1 3/4"
20000	2200	480	1680	1920	1300	3/4"	5/8"	230	500	4000	150	7/8"	1 1/8"	1 1/8" x 1 3/4

MATERIAL	Taxa de Trabalho	TEMPERATURA	CORROSÃO	EFICIÊN. SOLDA
A. Carb. A - 283 GrC	12 650 psi	ATÉ 340° C	3 mm	0,6
INOX.	17 000 psi	ATÉ 94° C	1 mm	0,6

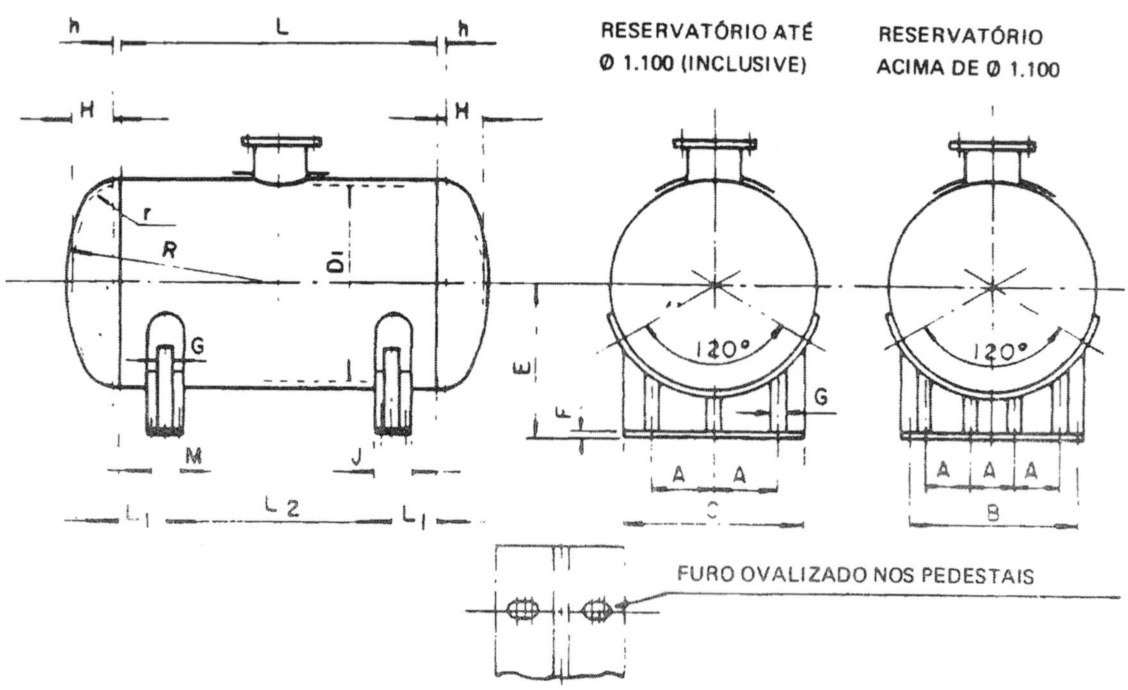

SIMBOLOGIA DE SOLDAS

Tipos mais usuais de solda recomendados por AISC para aplicação em Chapas e Perfilados

TIPOS USUAIS DE JUNTAS		TIPOS USUAIS DE SOLDA		
			UM LADO	DOIS LADOS
DE TOPO		DE ÂNGULO		
EM TÊ				
DE CANTO		DE TOPO SEM CHANFROS		
SOBREPOSTA		DE TOPO COM CHANFROS EM V SIMPLES		
DE BORDA		DE TOPO COM CHANFROS EM V DUPLO		

SÍMBOLOS BÁSICOS				SÍMBOLOS SUPLEMENTARES				
TIPOS DE SOLDA								
de Ângulo	Sem Chanfros	Com Chanfros Em V Duplo	Com Chanfros Em V Simples	Eletro-Rebite Enchimento de Ranhura	Passe de Reforço ou de Acabamento	Solda Em Toda Volta	Solda Em Toda Volta Feita no Campo	Acabamento da Solda (esmerilhado)

MONTAGEM DO ESQUEMA DE SIMBOLOS DE SOLDA
Disposição dos elementos que compõem um esquema

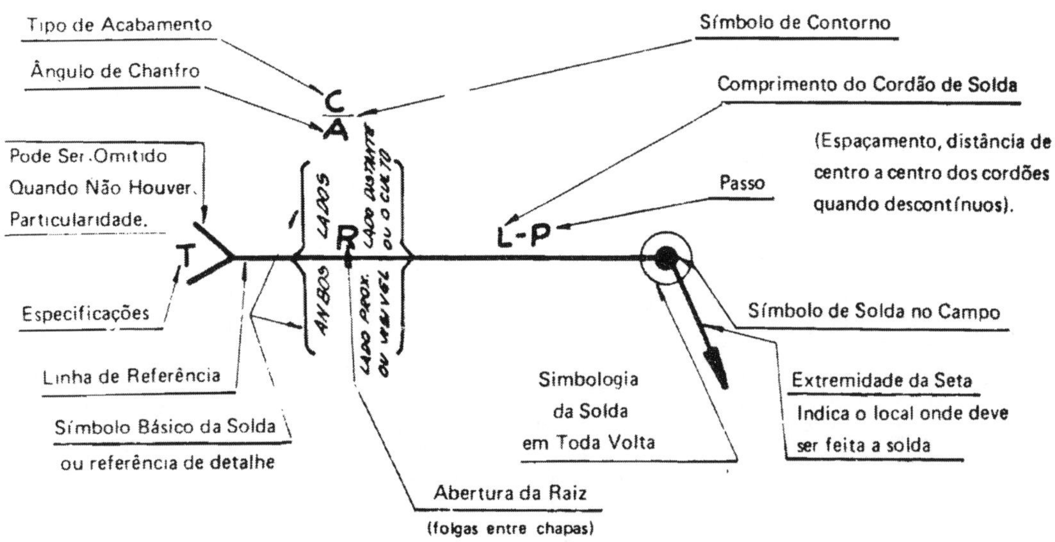

Diâmetro dos eletrôdos e pêso dos cordões de solda eletrica em Kg. por metro linear

Nota: Os pesos da tabela são teoricos: metal depositado; Na previsão de eletrodos acrescentar 25 % no peso

Espessura da chapa Altura h do cordão ou profundidade D		SOLDA DE PENETRAÇÃO PARCIAL											
		Tipo 1	2	3	4	5	6	7	8	9	10	11	12
D ou h	nº 14 a 12	2.5 mm 0.030	–	–	–	–	–	–	–	–	–	–	* 2.5 mm 0.015
3	nº 11 1/8	1/8 0.040	1/8 0.065	1/8 0.045	–	–	1/8 0.090	1/8 0.078	–	–	–	–	2.5 mm 0.035
4	nº 8	–	1/8 0.102	1/8 0.072	–	–	1/8 0.120	1/8 0.105	–	–	1/8 0.195	1/8 0.130	1/8 0.063
5	3/16	–	5/32 0.140	5/32 0.100	–	–	1/8 0.160	1/8 0.138	–	–	5/32 0.200	5/32 0.200	5/32 0.098
6	1/4	–	3/16 0.230	3/16 0.195	5/32 0.270	5/32 0.250	1/8 e 5/32 0.050 + 0.180	1/8 e 5/32 0.045 + 0.155	1/8 e 5/32 0.090 + 0.310	1/8 e 5/32 0.100 + 0.360	5/32 0.280	5/32 0.285	5/32 0.140
8	5/16	–	–	–	5/32 0.460	5/32 0.450	1/8 e 5/32 0.050 + 0.340	1/8 e 5/32 0.045 + 0.295	1/8 e 5/32 0.090 + 0.590	1/8 e 5/32 0.100 + 0.680	3/16 0.500	3/16 0.510	3/16 0.250
10	3/8	–	–	–	5/32 0.640	5/32 0.625	1/8 e 5/32 0.050 + 0.510	1/8 e 5/32 0.045 + 0.440	1/8 e 5/32 0.090 + 0.880	1/8 e 5/32 0.100 + 1.020	5/32 0.780	5/32 e 3/16 0.280 + 0.510	5/32 e 3/16 0.140 + 0.250
11	7/16	–	–	–	5/32 e 3/16 0.100 + 0.770	5/32 e 3/16 0.090 + 0.747	1/8 e 5/32 0.050 + 0.590	1/8 e 5/32 0.040 + 0.510	1/8 e 3/16 0.120 + 1.000	1/8 e 3/16 0.140 + 1.150	5/32 0.950	5/32 e 3/16 0.280 + 0.685	5/32 e 3/16 0.140 + 0.336
13	1/2	–	–	–	5/32 e 3/16 0.100 + 1.000	5/32 e 3/16 0.090 + 0.960	1/8 e 3/16 0.070 + 0.760	1/8 e 3/16 0.060 + 0.650	1/8 e 3/16 0.120 + 1.300	1/8 e 3/16 0.140 + 1.510	5/32 e 3/16 0.196 + 1.112	5/32 e 3/16 0.280 + 1.065	5/32 e 3/16 0.140 + 0.523
16	5/8	–	–	–	–	–	1/8 e 3/16 0.070 + 0.910	1/8 e 3/16 0.060 + 0.790	1/8 e 3/16 0.120 + 1.580	1/8 e 3/16 0.140 + 1.820	5/32 e 3/16 0.196 + 1.644	5/32 e 3/16 0.400 + 2.750	5/32 e 3/16 0.195 + 0.805
19	3/4	–	–	–	–	–	1/8 e 3/16 0.070 + 1.590	1/8 e 3/16 0.060 + 1.380	1/8 e 3/16 0.120 + 2.750	1/8 e 3/16 0.140 + 3.180	–	–	1/8 e 3/16 0.195 + 1.215
22	7/8	–	–	–	–	–	1/8 e 3/16 0.070 + 2.690	1/8 e 3/16 0.060 + 2.320	1/8 e 3/16 0.120 + 4.650	1/8 e 3/16 0.140 + 5.350	–	–	–
SIMBOLO CONFORME AWS.		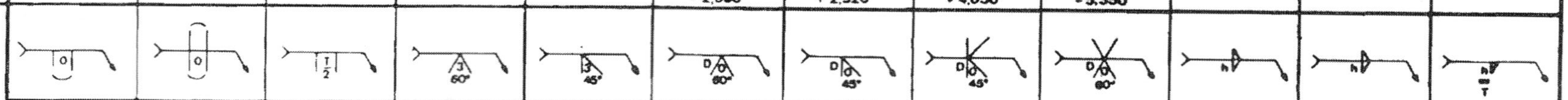											

* Estes valôres referem se a solda de um so lado. Para cordões duplos multiplicar por dois.

OBS. Os eletrôdos de menor diâmetro são utilizados nos primeiros passes e acabamentos. O primeiro valor do pêso corresponde ao eletrôdo de menor diâmetro.

Diâmetro dos eletródos e pêso dos cordões de solda eletrica em Kg. por metro linear

NOTA: Os pesos da tabela são teóricos (metal depositado). Na previsão de eletródos acrescentar 25% no peso

SOLDA DE PENETRAÇÃO TOTAL

ESPESSURA DA CHAPA	Tipo 1	2	3	4	5	6	7	8	9	10	11	12	13	14
até nº 12	3/32 0,032	–	–	–	–	–	–	–	3/32 0,035	–	–	–	–	–
11 1/8	1/8 0,072	3/32 e 1/8 0,040 +0,050	–	–	–	–	–	–	1/8 0,080	–	–	–	–	–
8	1/8 0,125	3/32 e 1/8 0,050 +0,090	–	–	–	–	–	–	1/8 0,130	–	–	–	–	–
3/16	5/32 0,160	1/8 e 5/32 0,075 +0,125	–	–	–	–	–	–	5/32 0,170	–	–	–	–	–
1/4	3/16 0,300	1/8 5/32 0,115 +0,215	–	–	–	–	–	–	3/16 0,350	–	–	–	–	–
5/16	–	–	5/32 0,455	5/32 0,450	5/32 0,500	5/32 0,500	–	–	–	1/8 5/32 0,030 +0,450	1/8 5/32 0,030 +0,450	5/32 0,500	–	–
3/8	–	–	5/32 0,640	5/32 0,630	3/16 0,700	3/16 0,700	5/32 0,330	5/32 0,250	–	1/8 e 5/32 0,035 +0,630	1/8 e 5/32 0,035 +0,630	3/16 0,700	5/32 0,700	1/8 e 5/32 0,070 +0,600
7/16	–	–	5/32 e 3/16 0,150 +0,720	5/32 e 3/16 0,140 +0,710	3/16 1,000	3/16 1,000	5/32 0,440	5/32 0,410	–	5/32 e 3/16 0,145 +0,737	5/32 e 3/16 0,145 +0,737	3/16 1,000	3/16 1,000	5/32 0,880
1/2	–	–	5/32 e 3/16 0,150 +0,950	5/32 e 3/16 0,140 +0,930	3/16 1,300	3/16 1,300	5/32 0,550	5/32 0,570	–	5/32 e 3/16 0,170 +0,930	5/32 e 3/16 0,170 +0,930	3/16 1,300	3/16 1,300	5/32 1,100
5/8	–	–	5/32 e 3/16 0,150 +1,670	5/32 e 3/16 0,140 +1,650	3/16 2,000	3/16 2,000	5/32 0,870	5/32 0,900	–	5/32 e 3/16 0,195 +1,650	5/32 e 3/16 0,195 +1,650	3/16 2,000	3/16 2,000	5/32 1,270
3/4	–	–	5/32 3/16 1/8 0,150 +2,430 +0,072	5/32 3/16 1/8 0,140 +2,310 +0,072	3/16 2,800	3/16 2,900	5/32 1,230	5/32 1,360	–	5/32 e 3/16 0,230 +2,410	5/32 e 3/16 0,230 +2,410	3/16 2,800	3/16 2,900	5/32 e 3/16 0,280 +1,440
7/8	–	–	–	–	3/16 3,600	3/16 3,600	5/32 e 3/16 0,160 +1,570	5/32 e 3/16 0,150 +1,700	–	–	–	3/16 3,600	3/16 3,700	5/32 e 3/16 0,348 +1,860
1	–	–	–	–	3/16 e 1/4 0,900 +3,800	3/16 e 1/4 0,950 +3,900	5/32 e 3/16 0,160 +2,040	5/32 e 3/16 0,150 +2,250	–	–	–	3/16 e 1/4 0,800 +3,800	3/16 e 1/4 0,780 +3,900	5/32 e 3/16 0,430 +2,340

ESPESSURA DA CHAPA	Tipo 5	6	7	8	9	10	11	12	13	14
1 1/4	3/16 e 1/4 0,900 +5,300	3/16 e 1/4 0,950 +5,800	5/32 e 3/16 0,160 +3,440	5/32 e 3/16 0,150 +3,350	–	–	–	3/16 e 1/4 0,900 +5,300	3/16 e 1/4 1,000 +5,800	5/32 e 3/16 0,850 +3,430
1 1/2	3/16 e 1/4 0,900 +7,300	3/16 e 1/4 0,950 +8,200	5/32 e 3/16 0,160 +4,890	5/32 e 3/16 0,150 +4,750	–	–	–	3/16 1/4 0,900 +7,300	3/16 1/4 1,200 +8,200	5/32 e 3/16 0,780 +4,850
1 3/4	3/16 e 1/4 0,900 +9,600	3/16 e 1/4 0,950 +10,700	5/32 e 1/4 0,160 +6,740	5/32 e 3/16 0,150 +6,950	–	–	–	3/16 e 1/4 0,900 +9,600	3/16 e 1/4 1,600 +10,700	5/32 e 3/16 0,930 +8,500
2	3/16 e 1/4 0,900 +12,200	3/16 e 1/4 0,950 +13,500	5/32 e 1/4 0,160 +8,540	5/32 e 3/16 0,130 +7,250	–	–	–	3/16 e 1/4 0,900 +12,200	3/16 e 1/4 1,300 +13,500	5/32 e 3/16 0,930 +8,530
2 1/4	3/16 e 1/4 0,900 +15,100	3/16 e 1/4 0,950 +16,200	5/32 e 1/4 0,160 +10,640	5/32 e 3/16 0,150 +8,550	–	–	–	3/16 e 1/4 0,900 +15,100	3/16 e 1/4 1,830 +16,200	5/32 e 3/16 0,930 +10,810
2 1/2	3/16 e 1/4 0,900 +18,300	3/16 e 1/4 0,950 +20,200	5/32 e 1/4 0,160 +12,740	5/32 e 3/16 0,150 +10,200	–	–	–	3/16 e 1/4 0,900 +18,300	3/16 e 1/4 3,490 +20,200	5/32 e 3/16 0,930 +13,370
–	–	–	–	–	–	–	–	–	–	–
–	–	–	–	–	–	–	–	–	–	–
–	–	–	–	–	–	–	–	–	–	–
–	–	–	–	–	–	–	–	–	–	–
–	–	–	–	–	–	–	–	–	–	–
–	–	–	–	–	–	–	–	–	–	–
–	–	–	–	–	–	–	–	–	–	–

OBS.: Os eletródos de menor diâmetro são utilizados nos primeiros passes e acabamentos. O primeiro valor do pêso corresponde ao eletródo de menor diâmetro.

SÍMBOLO CONFORME AWS

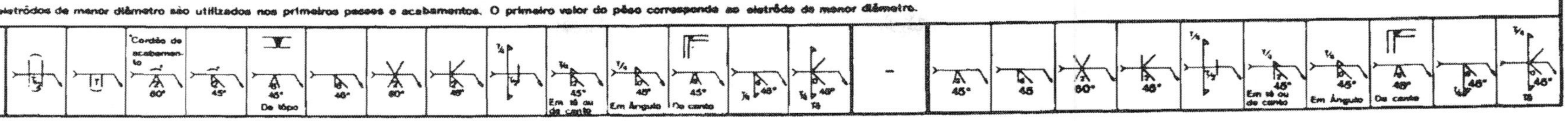

ELETRODOS – LINCOLN – ARMCO – TABELA COMPARATIVA DE ELETRODOS (ANO 1975)

PARA AÇOS: DOCE COMUM, DE BAIXA LIGA E DE ALTA RESISTÊNCIA À TRAÇÃO

ARMCO LINCOLN	AWS ABNT	ESAB	ARCOS	G.E.	FREDOTTI WESTINGHOUSE	HIME S.A. (ACTARC (SOLDARC)	TORSIMA	UNITOR
Fleetwed 5	E – 6010 4410 – C	OK41P	Fluxend – B	W - 21F	XI - 610	Super Branco (Soldarc 10)	–	–
Fleetwed 5P	E – 6010 4410 – C	OK41P	–	W - 21F	XI - 610	Super Branco (Soldar 10)	–	–
Fleetwed 35	E – 6011 4411 – C	OK44P	Fluxend	W - 26	ACP - 611	Super Pentarc (Soldarc II)	–	–
Shield-Arc 85	E – 7010 4810 – C	–	–	W - 52F	DH - 720		–	–
Fleetweld 7	E - 6012 4413 - R	–	Vertend	W - 20	FP - 612	Verm. Branco (Soldarc 12)	Simamax	Fonas Amarelo
Fleetweld 7MP	E - 6012 4413 - R	–	Vertend	W - 20	FP - 612	Verm. Branco (Soldarc 12)	Simamax	Fonas Amarelo
Fleetweld 77	E - 6012 4413 - RF	–	Vertend	W - 20	FP - 612	Verm. Branco (Soldar 12)	Simamax	Fonas Amarelo
Fleetweld 37	E - 6013 4415 - R	OK46P	Carend	W - 25	SW - 613	Verm. Amarelo (Soldarc 13)	Simarecord	Unitor TP
Fleetweld 47	E - 6013 4415 - R	OK46P	Carend	W - 25	SW - 613	Verm. Amarelo (Soldarc 13)	Simarecord	Unitor TP
Facilweld	E - 6013 4415 - R	OK46P	Carend	W - 25	SW - 2M - 613	Verm. Amarelo (Soldarc 13)	Simarecord	–
Fleetweld 47M	E - 6014 7014 4415 - RF	–	–	W - 20F	ZIP - 14	–	Sima Verde	–
Jetweld 1 & 3	E - 6024 - 7024 5633 - RF	Femax I	Stylend	W - 20FE	ZIP - 24	Jato SS-85 (Soldarc 20)	Simajet	–
Navaljet	E - 6027 4843 - RF	Femax II	Navalend	–	–		–	–
Jetweld LH - 70	E - 6018 - 6016 4813 - BF	OK48P	Ductilend 45	W - 32H	WIZ - 18	Univarc (Soldarc 15)	Simaouro 50	Fonas Verde
Jetweld LH - 70	E - 7018 - 7016 4813 - BF	OK55P	Ductilend R X 52	W - 40FH	WIZ - 18	–	–	Fonas Verde
Jetweld LH - 70	E - 8018 - BF 5613 - BF	OK70P	Cromolend A	–	–	–	Molycrom A	–
Jetweld LH - 90	E - 9018 - G 6013 - BF	OK80P	–	–	–	–	–	–
Jetweld LH - 110	E - 11018 - G 8013 - BF	OK90P	–	–	–	–	–	–

NOTA: – Os eletrodos desta tabela são recomendados por seus respectivos fabricantes para as mesmas aplicações dos ELETRODOS LINCOLN mostrados na coluna lateral. Entretanto as análises e propriedades, em alguns casos, não são iguais.

ELETRODOS PARA AÇOS INOXIDÁVEIS, FERRO FUNDIDO, ALUMÍNIO, LIGAS DE COBRE E REVESTIMENTO DURO

	ARMCO LINCOLN	AWS	ESAB	ARCOS	G.E.	FREDOTTI WESTINGHOUSE	YAWATA * HIME S/A *** ACTARC (SOLDARC)	TORSIMA	UNITOR
AÇOS INOXIDÁVEIS	Stainweld 310 - 16	E - 310 - 16	OK – R7	Cromend H	–	W-310-Mo-16	310 R **	Simainox	–
	Stainweld 316L - 16	E - 316 - 16	OK-R601S	Cromend B	W-2316LC	W-316-16	316 R **	Simacron-B	–
	Stainweld 347 - 16	E - 347 - 16	OK-R 601	–	W-2309	W-309-15	347 R **	Simacron-A	Unitor-18-80R
	Stainweld 347 - 15	E - 347 - 15	OK-R 201	Cromend C	–	W-318-15	–	–	Unitor-18-83R
FERRO FUNDIDO	Ferroweld	E – ST	OK-48P	Ductilend – F	W – 83	Castingweld	Univarc *** (Soldarc 15) *	–	Fonas Verde
	Softweld	E – Ni	OK-G6	Mixend N1	W – 2075	Freema chineweld 100	Verde Claro *** (Soldarc 23) ***	Simafonte – B	Unitor Niquel
LIGAS DE COBRE	Aerisweld	E-Cu-Sn-C	OK-B1	Bronzend	W – 70	Fredotti - 24	–	Simabronz – A	Unitor Bronze
ALUMÍNIO	Aluminweld	AL – 43	OK-A5	–	–	X – 2 – S	–	–	–
REVESTIMENTO DURO	Jet - Hard Bu – 90	27 - 32 RC *	OK - H2	Diamend - 300	W - 91	Hardentough 350	Durarc 300 *** (Soldarc 18***)	Simadur 600	H 350
	Abrasoweld	24 - 53 RC *	OK - H13	Diamend - 500	W - 93R	Hardentough 450	Brinarc 600 *** (Soldarc 19 ***)	Simatemax 105	H 650
	Faceweld Z 12	45 - 54 RC	OK - H12	–	W - 95	Hardentough 550	–	Simafort 40	–
	Mangjet Toolweld A & O	7 - 12 RC 58 - 65 RC	OK H8 OK - H6	Super Manganend	–	Fredotti HS - 3 Fredotti HSS	Violeta *** (Soldarc 22 ***)	Simamanganês	Manganês

* Somente para ELETRODOS LINCOLN.

PARAFUSO TIPO MÁQUINA
150# 300# (MACHINE BOLT)

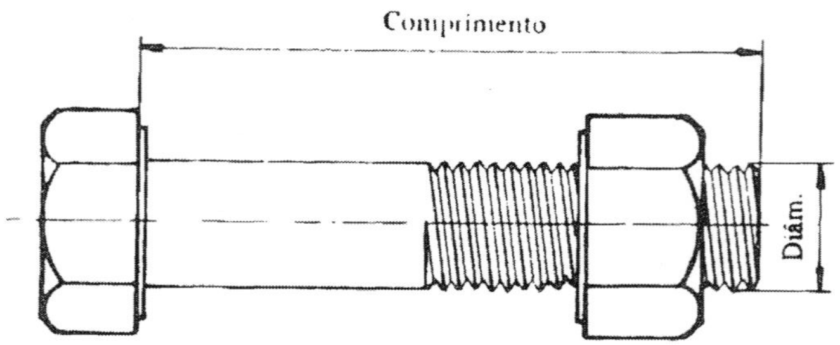

ROSCA – ANSI – B. 1.1.

Diâm. do Flange	150 FF e RF		300 FF e RF	
	Quant.	Diâm. x Compr. (mm)	Quant.	Diâm. x Compr. (mm)
3"	4	5/8" x 75	8	3/4" x 95
4"	8	5/8" x 75	8	3/4" x 95
6"	8	3/4" x 85	12	3/4" x 105
8"	8	3/4" x 85	12	7/8" x 120
10"	12	7/8" x 100	16	1" x 130
12"	12	7/8" x 100	16	1 1/8" x 150
14"	12	1" x 110	20	1 1/8" x 150
16"	16	1" x 110	20	1 1/4" x 170
18"	16	1 1/8" x 130	24	1 1/4" x 170
20"	20	1 1/8" x 130	24	1 1/4" x 170
24"	20	1 1/4" x 145	24	1 1/2" x 195

PARAFUSO PRISIONEIRO (STUD BOLT)
125# 150# 250# 300# 600#

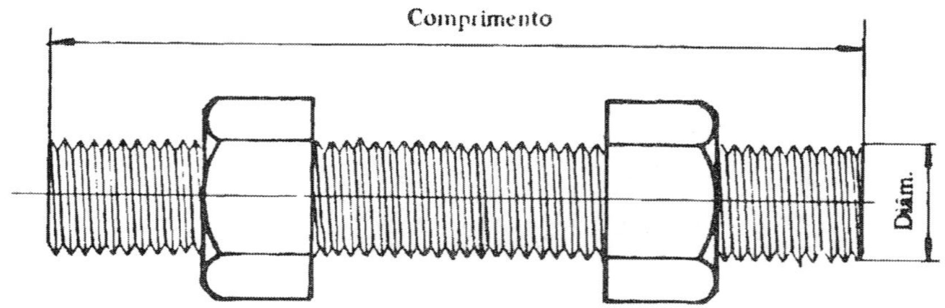

ROSCA CONFORME ANSI – B. 1.1

Diâm. do Flange	150 RF 125 FF		300 RF 250 FF		600 RTJ	
	Quant.	Diâm. x Compr. (mm)	Quant.	Diâm. x Compr. (mm)	Quant.	Diâm. x Compr. (mm)
3/4"	4	1/2" x 70	4	5/8" x 80	4	5/8" x 90
1"	4	1/2" x 70	4	5/8" x 80	4	5/8" x 90
1 1/4"	4	1/2" x 70	4	5/8" x 80	4	5/8" x 90
1 1/2"	4	1/2" x 70	4	3/4" x 100	4	3/4" x 100
2"	4	5/8" x 80	8	5/8" x 90	8	3/4" x 110
2 1/2"	4	5/8" x 90	8	3/4" x 100	8	3/4" x 120
3"	4	5/8" x 90	8	3/4" x 100	8	3/4" x 130
4"	8	5/8" x 90	8	3/4" x 120	8	7/8" x 150
6"	8	3/4" x 100	12	3/4" x 120	12	1" x 170
8"	8	3/4" x 100	12	7/8" x 140	12	1 1/8" x 200
10"	12	7/8" x 120	16	1" x 150	16	1 1/4" x 220
12"	12	7/8" x 120	16	1 1/8" x 170	20	1 1/4" x 220
14"	12	1" x 140	20	1 1/8" x 170	20	1 3/8" x 240
16"	16	1" x 140	20	1 1/4" x 190	20	1 1/2" x 260
18"	16	1 1/8" x 150	24	1 1/4" x 190	20	1 5/8" x 280
20"	20	1 1/8" x 150	24	1 1/4" x 220	24	1 5/8" x 300
24"	20	1 1/4" x 190	.24	1 1/2" x 235	24	1 7/8" x 340

TABELA DE CABO DE AÇO E RESISTÊNCIA DE VIGAS E PARA CARGAS CONCENTRADAS

CABO DE AÇO POLIDO 6 x 7

Qualidade: Arame de aço de resistência à tração de 180 a 200 kgf/mm^2. O cabo 6 x 7 é preferencial para instalações em abrasão severa e polias grandes.

Diâmetro	Peso Aprox. kgf/m	Carga de Ruptura Mínima Efetiva em kgf
1/8"	0,034	550
3/16"	0,078	1,270
1/4"	0,140	2.390
5/16"	0,220	3.720
3/8"	0,310	5.320
1/2"	0,560	9.340
5/8"	0,880	14.400
3/4"	1,250	20.600
7/8"	1,710	27.800
1"	2,230	36.000
1 1/8"	2,830	45.200
1 1/4"	3,480	55.300
1 3/8"	4,230	66.300
1 1/2"	5,030	78.200

Este cabo pode ser fornecido com alma de aço. neste caso a carga de ruptura aumenta de 7,5%. Este cabo pode ser fornecido também com acabamento galvanizado: neste caso a carga de ruptura diminue 10%.

CABO DE AÇO POLIDO CATEGORIA 6 x 19

Qualidade: Arame de aço de resistência à tração de 180 a 200 kgf/mm^2.

Diâmetro	Alma da Fibra		Alma de Aço de Cabo Imdep.	
	Peso Aproximado kgf/m	Carga de Ruptura Mín. Efetiva em kgf	Peso Aproximado kgf/m	Carga de Ruptura Mín. Efetiva em kgf
1/4"	0,15	2.480	–	–
3/8"	0,34	5.530	0,37	5.940
1/2"	0,59	9.710	0,65	10.440
5/8"	0,94	15.100	1,03	16.230
3/4"	1,34	21.600	1,47	23.220
7/8"	1,83	29.200	2,01	31.390
1"	2,38	37.900	2,62	40.740
1 1/8"	3,02	47.700	3,32	51.280
1 1/4"	3,72	58.600	4,08	62.900
1 3/8"	4,51	70.500	4,96	75.790
1 1/2"	5,36	83.500	5,89	89.760
1 5/8"	6,29	97.100	6,91	104.400
1 3/4"	7,29	112.000	8,01	120.400

Estes cabos podem ser fornecidos com acabamento galvanizado: neste caso as cargas de ruptura diminuem 10%.

CABO DE AÇO POLIDO CATEGORIA 6 x 19

Qualidade: Arame de aço de resistência à tração de 180 a 200 kgf/mm^2.

Diâmetro	Peso Aprox. kgf/m	Carga de Ruptura Mínima Efetiva em kgf
1/4"	0,15	2.480
5/16"	0,24	3.860
3/8"	0,34	5.530
1/2"	0,59	9.710
5/8"	0,94	15.100
3/4"	1,31	21.600
7/8"	1,83	29.200
1"	2,38	37.900
1 1/8"	3,02	47.700
1 1/4"	3,72	58.600
1 3/8"	4,51	70.500
1 1/2"	5,36	83.500
1 5/8"	6,29	97.100
1 3/4"	7,29	112.000

Este cabo pode ser fornecido com alma de aço: neste caso a carga de ruptura aumenta de 7,5%. Este cabo pode ser fornecido também com acabamento galvanizado: neste caso a carga de ruptura diminue 10%.

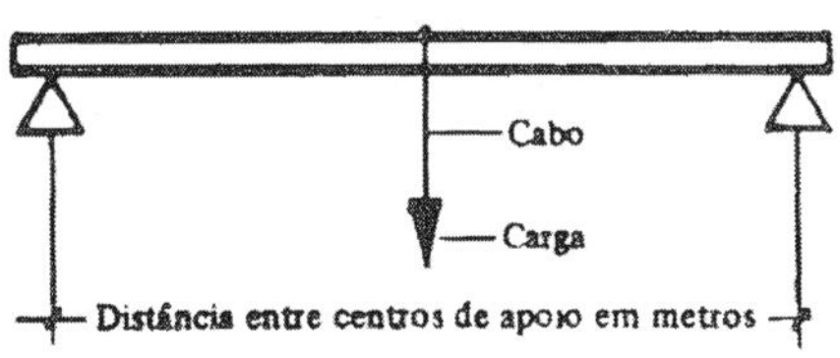

Perfil em Polegadas	Capacidade de carga concentrada de vigas C em kgf, levando em conta o peso próprio				
	Distância entre centros de apoio em metros				
	2	4	6	8	10
1"	95	40	20	8	–
1 1/2"	160	70	40	20	10
2"	245	115	65	40	25
2 1/2"	415	200	120	75	50
3"	625	300	195	125	80
4"	975	475	300	200	145
5"	1440	700	440	310	225
6"	2750	1350	875	620	460
8"	4550	2200	1450	1050	775
10"	7150	3500	2300	1650	1250
12"	12800	6300	4100	3000	2300

Perfil em Polegadas	Capacidade de carga concentrada de vigas I em kg, levando em conta o peso próprio							
	Distância entre centros de apoio em metros							
	2	3	4	5	6	7	8	10
2 1/2"	465	305	225	180	140	120	90	60
3"	615	405	295	230	185	150	125	90
4"	810	535	390	305	245	205	170	120
5"	1590	1050	780	610	500	410	350	250
6"	2310	1530	1140	900	730	610	520	390
8"	5100	3375	2500	1975	1625	1375	1175	875
10"	9450	6250	4675	3700	3050	2575	2250	1700
12"	15600	10350	7700	6150	5050	4275	3700	2850
14"	26050	17300	12900	10250	8500	7200	6200	4800
15"	30250	20000	15000	11900	9850	8350	7200	5650
18"	48750	32350	24200	19250	15950	13550	11750	9700
20"	65800	43850	32700	26050	21500	18400	15900	12500

Exemplo: Para levantar uma carga de 5.000 kgf, podemos ter uma viga I de 8" com vão de 2 m., I de 10" com vão de 3 m., viga I de 12" com vão de 4 m. até 6 m., I de 14" com vão de 7 m. e 8 m., e I de 15" com vão de 10 m., ver os números grifados na tabela.

CANTONEIRAS DE ABAS IGUAIS

(PERFIS NACIONAIS 1972)

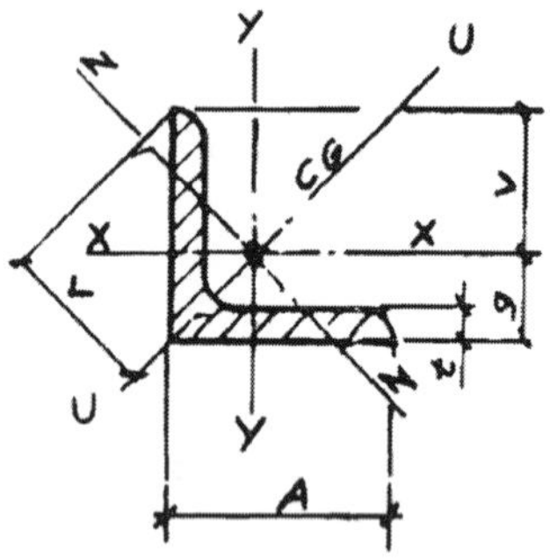

DIMENSÕES E
VALORES ESTÁTICOS

Pêso aprox. $\frac{A' t\ 7{,}52}{1000} = Kg$

(A e t em milímetros)

TAMANHO POLEGADAS	TAMANHO mm	PESO kg	REBITE OU PARAF.	FURO mm	SEÇÃO BRUTA cm²	SEÇÃO LÍQUIDA cm²	$J_x = J_y$ cm⁴	W cm³	i_x cm	g mm	i_z (min.) cm
1 1/4" x 1 1/4" x 1/8"	32 x 32 x 3,20	1,50	3/8"	11,0	1,93	1,58	1,66	0,82	0.965	9,14	0,6350
1 1/2" x 1 1/2" x 1/8"	38x 38 x 3,20	1,83	7/16"	12,5	2,32	1,92	3,33	1,15	1.194	10,67	0,7620
1 1/2" x 1 1/2" x 3/16"	38 x 38 x 4,70	2,68	7/16"	12,5	3,42	2,82	4,58	1,64	1.168	11,18	0,7370
1 3/4" x 1 3/4" x 3/16"	44 x 44 x 4,76	3,15	7/16"	12,5	4,00	3,40	7,49	2,29	1.371	12,95	0,8640
2" x 2" x 3/16"	51 x 51 x 4,76	3,63	1/2"	14	4,76	3,91	11,24	3,11	1.575	14,48	0,9900
2" x 2" x 1/4"	51 x 51 x 6,35	4,75	1/2"	14	6,06	5,17	14,57	4,10	1.549	14,99	0,9900
2 1/4" x 2 1/4" x 3/16"	57 x 57 x 4,76	4,09	5/8"	18	5,22	4,36	16,23	3,93	1.778	16,00	1,1170
2 1/4" x 2 1/4" x 1/4"	57 x 57 x 6, 35	5,39	5/8"	18	6,84	5,70	20,81	5,24	1.753	16,51	1,1180
2 1/2" x 2 1/2" x 3/16"	64 x 64 x 4,76	4,57	5/8"	18	5,80	4,94	22,89	4,92	1.981	17,53	1,2450
2 1/2" x 2 1/2" x 1/4"	64 x 64 x 6,35	6,10	5/8"	18	7,68	6,54	29,13	6,39	1.956	18,29	1,2450
2 3/4" x 2 3/4" x 1/4"	70 x 70 x 6,35	6,70	5/8"	18	8,45	7,31	39,54	7,87	2.160	19,81	1,3710
3" x 3" x 1/4"	76 x 76 x 6,35	7,29	3/4"	21	9,29	7,96	49,94	9,50	2.362	21,34	1,4990
3" x 3" x 5/16"	76 x 76 x 7,94	9,08	3/4"	21	11,48	9,81	62,43	11,64	2.337	22,10	1,4990
3" x 3" x 3/8"	76 x 76 x 9,53	10,72	3/4"	21	13,61	11,61	74,92	13,60	2.311	22,61	1,4730
3 1/2" x 3 1/2" x 5/16"	89 x 89 x 7,94	10,72	3/4"	21	13,48	11,81	104,00	16,06	2.743	25,15	1,7530
3 1/2" x 3 1/2" x 3/8"	89 x 89 x 9,53	12,65	3/4"	21	16,00	14,00	120,70	19,67	2.718	25,65	1,7530
4" x 4" x 5/16"	102 x 102 x 7,94	12,20	3/4"	21	15,48	13,81	154	21,31	3.150	28,45	2,0070
4" x 4" x 3/8"	102 x 102 x 9,53	14,58	3/4"	21	18,45	16,45	183	24,85	3.124	28,96	2,0070
4" x 4" x 1/2"	102 x 102 x 12,7	19,05	3/4"	21	24,19	21,52	233	32,70	3.099	29,97	1,9810
5" x 5" x 3/8"	127 x 127 x 9,53	18,3	3/4"	21	23,28	21,28	362	39,34	3.962	35,31	2,5150
5" x 5" x 1/2"	127 x 127 x 12,7	24,2	3/4"	21	30,64	27,97	4,58	52,45	3.912	36,32	2,4890
6" x 6" x 3/8"	152 x 152 x 9,53	22,20	7/8"	24	28,12	25,83	641	57,36	4.775	41,66	3,0220
6" x 6" x 1/2"	152 x 152 x 12,7	29,20	7/8"	24	34,09	34,04	828	75,39	4.724	42,67	2,9970

Notas: a) Para o cálculo da seção líquida indicada, foi considerado apenas um furo na seção. No caso de existir mais de um furo, calcular a seção líquida assim: SL = Sb - n.º de furos x t x Ø do furo, em cm.

b) $i_u = 1{,}96\ i_z$

DIMENSÕES DOS PERFIS NACIONAIS DE USO NORMAL

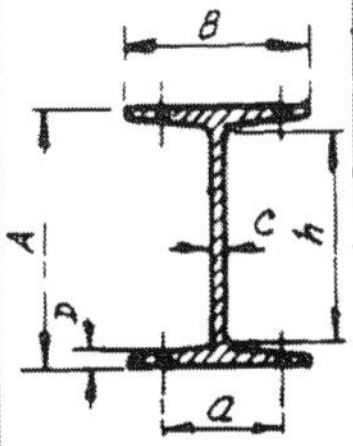

	A	B	C	a	h	D	O DO FURO mm	PESO Kg/m
	DIMENSÕES MM							
4" - 7,7 (11,5)	102	68	4,8	38	69	8,0	14	11,5
5" - 10,0 (15)	127	76	5,3	44	91	8,0	14	15,0
6" - 12,5 (18,6)	152	85	5,8	50	113	9,5	18	18,6
8" - 18,4 (27,5)	203	102	6,8	58	158	11,1	21	27,5
10" - 25,4 (37,8)	254	118	7,8	70	202	12,7	21	37,8
12" - 40,8 (60,8)	305	133	11,7	76	238	12,7	21	60,8
15" - 42,9 (64)	381	140	11,1	88	316	15,8	21	64,0
18" - 54,7 (81,5)	457	152	11,7	88	387	14,3	24	81,5
20" - 81,4 (121,2)	508	178	15,2	100	419	22,2	27	121,2

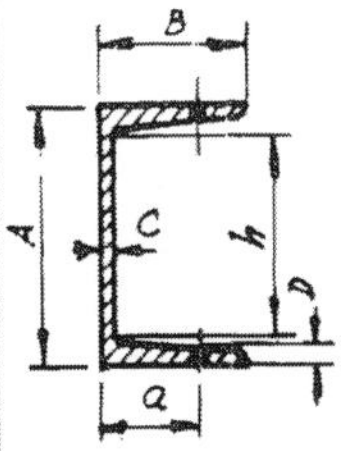

	A	B	C	a	h	D	O DO FURO mm	PESO kg/m
	DIMENSÕES MM							
3" - 4,1 (6,1)	76	36	4,3	22	45,4	6,35	14	6,1
4" - 5,4 (8,1)	102	40	4,6	25	68,6	6,35	14	8,1
6" - 8,2 (12,2)	152	49	5,1	29	114,6	8,00	18	12,2
6" - 10,5 (15,7)	152	52	8,0	29	114,5	9,50	18	15,7
8" - 11,5 (17,2)	203	58	5,6	35	161,0	9,50	21	17,2
8" - 13,75 (20,5)	203	60	7,7	35	161,0	9,50	21	20,5
10" - 15,3 (22,8)	254	66	6,1	38	207,0	11,10	21	22,8
12" - 20,7 (30,9)	305	75	7,1	44	252,0	12,70	21	30,9
15" - 33,9 (50,5)	381	87	10,2	51	312,0	15,80	24	50,5

CANTONEIRAS DE ABAS IGUAIS

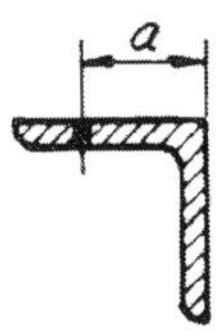

DIMENSÕES EM POLEGADAS	mm	Ø PARAF.	Ø FURO mm.	PESO kg/m
1 1/2" x 1 1/2" x 1/8"	20	7/16"	12,5	1,9
1 1/2" x 1 1/2" x 3/16"	20	7/16"	12,5	2,7
1 3/4" x 1 3/4" x 3/16"	25	7/16"	12,5	3,2
2" x 2" x 3/16"	30	1/2"	14	3,7
2" x 2" x 1/4"	30	1/2"	14	4,8
2 1/2" x 2 1/2" x 3/16"	35	5/8"	18	4,6
2 1/2" x 2 1/2 x 1/4"	35	5/8"	18	6,1
2 1/2 x 2 1/2" x 5/16"	35	5/8" 3/4"	18 21	7,4
3" x 3" x 3/16"	40	3/4"	21	5,5
3" x 3" x 1/4"	40	3/4"	21	7,4
3" x 3" x 5/16"	40	3/4"	21	9,1
3" x 3" x 3/8"	40	3/4"	21	10,7
4" x 4" x 1/4"	55	3/4"	21	9,5
4" x 4" x 5/16"	55	3/4" 7/8"	21 24	12,5
4" x 4" x 3/8"	55	3/4" 7/8"	21 24	14,6
4" x 4" x 1/2"	55	3/4" 7/8"	21 24	19,1
5" x 5" x 3/8"	65 ou 50/40	3/4" 7/8"	21 24	18,3
5" x 5" x 1/2"	65 ou 50/40	3/4" 7/8"	21 24	24,1
6" x 6" x 3/8"	55/55	7/8"	24	22,2
6" x 6" x 1/2"	55/55	1"	27	29,2

CANTONEIRAS DE ABAS DESIGUAIS

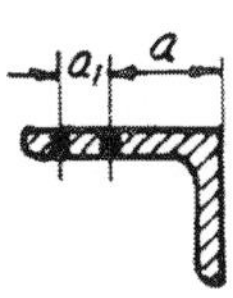

DIMENSÕES EM POLEGADAS	mm	Ø PARAF.	Ø FURO mm.	PESO kg/m
3 1/2" x 2 1/2" x 1/4"	50	3/4"	21	7,4
3 1/2" x 2 1/2" x 5/16"	50	3/4"	21	9,1
4" x 3" x 5/16"	55	3/4"	21	10,7
4" x 3" x 3/8"	55	7/8"	24	12,7
4" x 3" x 1/2"	55	7/8"	24	16,5
4" x 3 1/2" x 1/4"	55	7/8"	24	9,1
4" x 3 1/2" x 5/16"	55	7/8"	24	11,5
4 x 3 1/2" x 3/8"	55	7/8"	24	13,5
4" x 3 1/2" x 1/2"	55	7/8"	24	17,7
5" x 3 1/2" x 5/16"	65 ou 50/40	7/8"	24	13,0
5" x 3 1/2" x 3/8"	65 ou 50/40	7/8"	24	15,5
5" x 3 1/2" x 1/2"	65 ou 50/40	7/8"	24	20,2
6" x 4" x 3/8"	55/65	7/8" 1"	24 27	18,3
6" x 4" x 1/2"	55/65	1"	27	24,1
8" x 4" x 5/8"	76/76	1"	27	36,0

FERROST

	mm	Ø PARAF.	Ø FURO mm	PESO kg/m
1 1/4" x 1 1/4" x 1/8"	18	1/4"	7	1,70
1 1/2" x 1 1/2" x 1/8"	18	1/4"	7	2,20
1 1/2" x 1 1/2" x 3/16"	18	1/4"	7	2,80
1 3/4" x 1 3/4" x 3/16"	20	1/4" 5/16"	7 8	3,25

PERFIS LAMINADOS STD [

PERFIL (BITOLA)	ESPESS DA ALMA POL	REAÇÕES NAS EXTREMIDADES DAS VIGAS EM TONELADAS (Carga uniforme Distribuída) ABAS Superiores suportadas lateralmente — VÃO EM METROS 1,5	2,0	2,5	3,0	3,5	4,0	4,5	5,0	5,5	6,0	6,5	7,0	7,5	8,0	8,5	9,0	9,5	10,0	10,5	11,0	11,5	12,0
[3"	0,170	0.7	0.6	0.4	0.3	0.3																	
	0,258	0.7	0.6	0.4	0.4	0.3																	
	0,356	0.9	0.6	0.5	0.4	0.4																	
[4"	0,180	1.2	0.9	0.7	0.6	0.5	0.4																
	0,247	1.3	0.9	0.8	0.6	0.5	0.5																
	0,320	1.4	1.0	0.8	0.7	0.6	0.5																
[6"	0,200	2.6	2.0	1.6	1.3	1.1	1.0	0.9	0.8	0.7													
	0,314	3.1	2.3	1.8	1.5	1.3	1.2	1.0	0.9	0.8													
	0,437	3.5	2.6	2.1	1.8	1.5	1.3	1.2	1.1	1.0													
	0,559	4.0	3.0	2.4	2.0	1.7	1.5	1.3	1.2	1.1													
[8"	0,220	4.9	3.7	3.0	2.5	2.1	1.9	1.6	1.5	1.3	1.2	1.1	1.1										
	0,303	5.5	4.1	3.3	2.7	2.3	2.1	1.8	1.6	1.5	1.4	1.3	1.2										
	0,395	6.1	4.6	3.7	3.0	2.6	2.3	2.0	1.8	1.7	1.5	1.4	1.3										
	0,487	6.7	5.0	4.0	3.3	2.9	2.5	2.2	2.0	1.8	1.7	1.5	1.4										
	0,579	7.3	5.5	4.4	3.6	3.1	2.7	2.4	2.2	2.0	1.8	1.7	1.6										
[10"	0,240	8.2	6.1	4.9	4.1	3.5	3.1	2.7	2.5	2.2	2.0	1.9	1.8	1.6	1.5	1.4							
	0,379	9.6	7.2	5.8	4.8	4.1	3.6	3.2	2.9	2.6	2.4	2.2	2.1	1.9	1.8	1.7							
	0,526	11.1	8.3	6.7	5.6	4.8	4.2	3.7	3.3	3.0	2.8	2.6	2.4	2.2	2.1	2.0							
	0,673	12.8	9.5	7.6	6.3	5.4	4.7	4.2	3.8	3.4	3.1	2.9	2.7	2.5	2.4	2.2							
	0,820	14.1	10.6	8.5	7.1	6.0	5.3	4.7	4.2	3.9	3.5	3.2	3.0	2.8	2.6	2.5							
[12"	0,280	13.1	9.8	7.8	6.5	5.6	4.9	4.3	3.9	3.6	3.3	3.0	2.8	2.6	2.4	2.3	2.2	2.1	2.0				
	0,387	14.6	11.0	8.8	7.3	6.3	5.5	4.9	4.4	4.0	3.6	3.4	3.1	2.9	2.7	2.6	2.4	2.3	2.2				
	0,510	16.4	12.3	9.9	8.2	7.0	6.2	5.5	4.9	4.5	4.1	3.8	3.5	3.3	3.1	2.9	2.7	2.6	2.5				
	0,532	18.2	13.7	10.9	9.1	7.8	6.8	6.1	5.5	5.0	4.5	4.2	3.9	3.7	3.4	3.2	3.0	2.9	2.7				
	0,755	20.0	15.0	12.0	10.0	8.6	7.5	6.7	6.0	5.5	5.0	4.6	4.3	4.0	3.8	3.5	3.3	3.2	3.0				
[15"	0,400	25.5	19.1	15.3	12.8	10.9	9.6	8.5	7.6	7.0	6.4	5.9	5.5	5.1	4.8	*4.5	4.2	4.0	3.8	3.6	3.5	3.3	3.2
	0,422	26.0	19.5	15.6	13.0	11.1	9.7	8.6	7.8	7.1	6.5	6.0	5.6	5.2	4.9	4.6	4.3	4.1	3.9	3.7	3.6	3.4	3.3
	0,520	28.2	21.2	16.9	14.1	12.1	10.6	9.4	8.5	7.7	7.0	6.5	6.1	5.7	5.3	5.0	4.7	4.5	4.9	4.0	3.9	3.7	3.6
	0,618	30.5	22.9	18.3	15.3	13.1	11.4	10.1	9.1	8.3	7.6	7.0	6.5	6.1	5.7	5.4	5.1	4.8	4.6	4.3	4.2	4.0	3.8
	0,716	32.7	24.6	19.6	16.4	14.0	12.3	10.9	9.8	8.9	8.2	7.5	7.0	6.6	6.1	5.8	5.4	5.2	4.9	4.6	4.5	4.3	4.1
	0,814	35.0	26.2	21.0	17.5	15.0	13.1	11.6	10.5	9.6	8.7	8.1	7.5	7.0	6.6	5.2	5.8	5.5	5.0	5.0	4.8	4.6	4.4

PERFIS LAMINADOS STD – PERFIS I e H

PERFIL (BITOLA)	ESPESS. DA ALMA POL.	1.5	2.0	2.5	3.0	3.5	4.0	4.5	5.0	5.5	6.0	6.5	7.0	7.5	8.0	8.5	9.0	9.5	10.0	10.5	11.0	11.5	12.0
		REAÇÕES NAS EXTREMIDADES DAS VIGAS EM TONELADAS (Carga uniforme Distribuída) MESAS superiores suportados lateralmente – VÃO EM METROS																					
I 3"	0.170	1.0	0.8	0.6	0.5																		
	0.251	1.1	0.8	0.7	0.6																		
	0.349	1.2	0.9	0.7	0.6																		
I 4"	0.190	1.8	1.4	1.1	0.9																		
	0.253	1.9	1.4	1.2	1.0																		
	0.326	2.0	1.5	1.2	1.0																		
	0.400	2.2	1.6	1.3	1.1																		
I 5"	0.210	3.0	2.2	1.8	1.5	1.3	1.1																
	0.347	3.3	2.5	2.0	1.7	1.4	1.2																
	0.494	3.7	2.8	2.2	1.8	1.6	1.4																
I 6"	0.230	4.4	3.3	2.7	2.2	1.9	1.7	1.5	1.3														
	0.343	4.8	3.6	2.9	2.4	2.1	1.8	1.6	1.5														
	0.465	5.3	4.0	3.2	2.7	2.3	2.0	1.8	1.6														
I 8"	0.270	8.7	6.5	5.2	4.4	3.7	3.3	2.9	2.6	2.4	2.2												
	0.349	9.2	6.9	5.5	4.6	3.9	3.5	3.1	2.8	2.5	2.3												
	0.441	9.8	7.4	5.9	4.9	4.2	3.7	3.3	2.9	2.7	2.4												
	0.532	10.4	7.8	6.2	5.2	4.5	3.9	3.5	3.1	2.8	2.6												
I 10"	0.310	14.9	11.2	9.0	7.5	6.4	5.6	5.0	4.5	4.1	3.7	3.4	3.2	3.0									
	0.447	16.3	12.3	9.8	8.2	7.0	6.1	5.4	4.9	4.5	4.1	3.8	3.5	3.3									
	0.594	17.8	13.4	10.7	8.9	7.6	6.7	5.9	5.4	4.9	4.4	4.1	3.8	3.6									
	0.741	19.3	14.5	11.6	9.7	8.3	7.2	6.4	5.6	5.3	4.8	4.5	4.1	3.9									
I 12"	0.460	27.4	20.6	16.5	13.7	11.8	10.3	9.1	8.2	7.5	5.8	6.3	5.9	5.5	5.1	4.8							
	0.555	28.9	21.7	17.4	14.5	12.4	10.9	9.6	8.7	7.9	7.2	6.7	6.2	5.8	5.4	5.1							
	0.687	30.7	23.1	13.5	15.4	13.2	11.5	10.2	9.2	8.4	7.7	7.1	6.6	6.2	5.8	5.4							
	0.810	32.5	24.4	19.5	16.3	14.0	12.2	10.8	9.8	8.9	8.1	7.5	7.0	6.5	6.1	5.8							
I 18"	0.460	54.0	40.6	32.4	27.1	23.2	20.3	18.0	16.2	14.8	13.5	12.9	11.6	10.9	10.1	9.6	9.0	8.5	8.1	7.7	7.4	7.1	6.8
	0.547	56.9	42.7	34.2	28.5	24.4	21.4	18.9	17.1	15.6	14.2	13.1	12.2	11.4	10.7	10.1	9.5	9.0	8.5	8.1	7.6	7.5	7.2
	0.629	59.6	44.7	35.8	29.9	25.6	22.4	19.8	17.9	16.3	14.9	13.7	12.8	12.0	11.2	10.5	9.9	9.4	8.9	8.5	8.2	7.8	7.5
	0.711	62.3	46.6	37.4	31.2	26.7	23.4	20.7	18.7	17.0	15.5	14.4	13.4	12.5	11.7	11.0	10.4	9.9	9.4	8.9	8.5	8.2	7.9
I 20"	0.600	89.6	67.3	53.8	44.9	38.4	33.6	29.8	26.9	24.5	22.3	20.7	19.2	18.0	16.6	15.9	14.9	14.2	13.5	12.7	12.3	11.8	11.3
	0.653	91.8	68.9	55.1	46.0	39.4	34.5	30.5	27.6	25.1	22.9	21.2	19.7	18.5	17.2	16.2	15.3	14.5	13.8	13.0	12.6	12.1	11.8
	0.726	94.8	71.1	96.9	47.5	40.6	35.6	31.5	28.5	25.9	23.6	21.8	20.3	19.1	17.8	16.8	15.8	15.0	14.2	13.5	13.0	12.4	11.9
	0.800	97.8	73.4	58.7	49.0	41.9	36.7	32.5	29.4	26.7	24.4	22.5	21.0	19.7	18.3	17.3	16.3	15.5	14.7	13.9	13.4	12.8	12.3
	0.873	100.8	75.6	60.5	50.5	43.2	37.8	33.5	30.3	27.6	25.1	23.2	21.6	20.3	18.9	17.8	16.7	15.9	15.1	14.3	13.8	13.2	12.7
H 4		3.3	2.5	2.0	1.6	1.4	1.2	1.	1.0	0.9													
H 5	0.313	5.8	4.4	3.5	2.9	2.5	2.2	1	1.7	1.6													
	0.313	9.6	7.2	5.8	4.8	4.1	3.6	3.2	2.9	2.6													
H 6	0.415	10.0	7.5	6.0	5.0	4.3	3.8	3.3	3.0	2.7													

PINTURA DE ÁREAS DESENVOLVIDAS POR TONELADA DE PERFIL OU CHAPA

NOTAS: 1) O peso da tinta é proporcional a superfície a recobrir.

2) Para calcular o peso da tinta multiplica-se os valores da tabela pelos coeficientes indicados na nota 3).

3) Contar os seguintes gastos (uma demão):
Tinta anti-ferruginosa: 0,116 kg/m²
Zarcão legítimo (ox. de chumbo): 0,228 kg/m²
Cromato de Zinco: 0,40 kg/m²
GLACO – ZINK – Z46: 0,21 kg/m².

Zarcão Epoxi	: 0,26 kg/m²
Esmalte sintético	: 0,10 kg/m²
Pliolite VTAC - L	: 0,15 kg/m²
Zarcão Preparado	: 0,24 kg/m²

Perfil L Abas Iguais	Área m²/t
1 1/4" x 1/8"	85,4
x 3/16"	58,2
1 1/2" x 1/8"	83,1
x 3/16"	56,6
1 3/4" x 3/16"	57,2
2" x 3/16"	56,0
x 1/4"	42,7
2 1/2" x 1/4"	41,6
x 5/16"	34,2
3" x 1/4"	41,6
x 5/16"	33,5
x 3/8"	28,4
4" x 3/16"	27,9
x 1/2"	21,4
5" x 1/2"	21,0
x 5/8"	17,1
6" x 3/8"	27,4
x 1/2"	20,8
x 5/8"	16,9

Chapas Finas	Área m²/t
14	131,0
12	93,5
11	82,0
10	72,8
9	65,5
8	59,7
7	54,7

Perfil L Abas Desiguais	Área m²/t
3 x 2 x 1/4"	41,6
x 5/16"	33,5
4 x 3 x 5/16"	33,2
x 3/8"	28,2
4 x 3 x 1/4"	42,0
x 5/16"	33,2
x 3/8"	28,2
5 x 3 x 5/16"	33,4
x 3/8"	27,9
x 1/2"	21,4
6 x 4 x 3/8"	27,8
x 1/2"	21,1
x 5/8"	17,1

Perfil H	Área m²/t
4" - 13,8	28,9
5" - 18,9	26,6
6" - 25,0	24,0
- 27,5	22,2

Perfis de chapa dobrada U ou Z	Área m²/t
90 x 36 x 4	65,3
130 x 40 x 4	65,0
145 x 45 x 4	64,9
71 x 30 x 5	52,9
90 x 36 x 5	52,4

Perfil I	Área m²/t
3" - 5,7#	44,70
6,5#	39,60
4" - 7,7#	40,40
8,5#	37,20
5" - 10,0#	36,80
12,25#	30,60
6" - 12,5#	34,00
14,75#	28,90
8" - 18,4#	29,20
20,5#	26,30
23,0#	23,60
10" - 25,4#	25,50
30,0#	21,80
35,0#	18,80
12" - 40,8#	18,50
45,0#	16,80
50,0#	15,20
18" - 54,7#	18,40
60,0#	16,90
65,0#	15,60
70,0#	14,60
20" - 81,4#	14,10
85,0#	13,45
90,0#	12,75
95,0#	12,10
100,0#	11,50

Perfil U	Área m²/t
3" - 4,1#	47,00
5,0#	39,30
4" - 5,4#	44,50
6,25#	38,50
6" - 8,2#	40,00
10,5#	31,70
8" - 11,5#	36,40
13,75#	30,60
10" - 15,3#	33,40
20,0#	25,80
25,0#	20,80
12" - 20,7#	29,00
25,0#	24,20
30,0#	21,40
35,0#	17,55
40,0#	15,40
15" - 33,9#	21,60
35,0#	21,10
40,0#	18,40
45,0#	16,40
50,0#	14,90
55,0#	13,50

Perfil T	Área m²/t
1 1/4 x 1/8	79,0
x 3/16	55,4
1 1/2 x 1/8	80,0
x 3/16	53,6

Ferros ø	Área m²/t
3/8"	54,7
7/16"	45,9
1/2"	40,3
5/8"	32,1
3/4"	26,8
7/8"	23,0
1"	20,1
1 1/4"	16,1
1 1/2"	13,4
1 3/4"	11,5
2"	10,0
2 1/4"	8,95
2 1/2"	8,0

Chapas grossas	Área m²/t
3/16"	53,2
1/4"	40,0
5/16"	32,1
3/8"	26,7
7/16"	22,9
1/2"	20,1
8/16"	17,9
5/8"	16,1
3/4"	13,4
7/8"	11,5
1"	10,1
11/4"	8,05
11/2"	6,67
13/4"	5,75

Ferros ⌿	Área m²/t
1 x 3/16"	63,6
1 1/4 x 3/16"	61,4
1 1/2 x 3/16"	60,2
x 1/4"	45,2
x 5/16"	37,4
1 3/4 x 1/4"	41,9
x 5/16"	36,6
2 x 1/4"	41,4
x 5/16"	36,2
x 3/8"	31,0
2 1/2 x 1/4"	38,1
x 5/16"	32,9
x 3/8"	30,0
3 x 5/16"	30,8
x 3/8"	30,1
x 1/2"	23,5

Ferro Quadrado	Área m²/t
1/2"	40,30
5/8"	32,10
3/4"	26,80
7/8"	23,00
1"	20,10
11/4"	16,10
11/2"	13,40
13/4"	11,50
2"	10,00
21/4"	8,95
21/2"	8,00
3"	6,70

Tubos ø ext.	Área m² por m.l.
21	0,066
27	0,085
33	0,104
42	0,132
48	0,151
60	0,189
73	0,229
89	0,280
102	0,320
114	0,358
141	0,442
168	0,527
219	0,688
273	0,857
324	1,017
356	1,118
406	1,275
457	1,435
508	1,595
559	1,755
610	1,915
660	2,072
762	2,392
864	2,713
914	2,870
1067	3,350
1118	3,510
1169	3,670
1219	3,827

TABELA P/ DEGRAUS DE ESCADAS E ESPAÇO DE TRABALHO E OPERAÇÃO

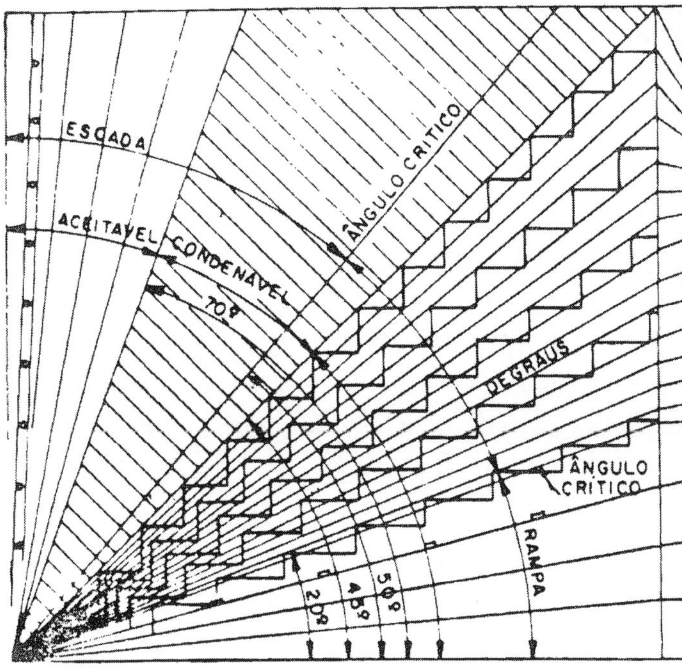

ANG	ESP	PISO
45° 0'	216	216
43°20'	210	222
41°40'	205	229
40° 0'	197	235
37°40'	191	197
36° 0'	184	254
34°20'	178	260
32°30'	171	273
30°30'	165	280
28°30'	159	292
26°35'	152	305
24°40'	146	318
23° 0'	140	330
21° 0'	133	350
20° 0'		
15° 0'		
10° 0'		
5° 0'		

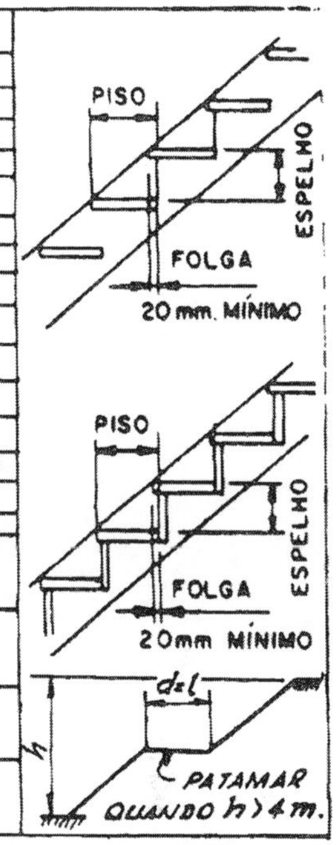

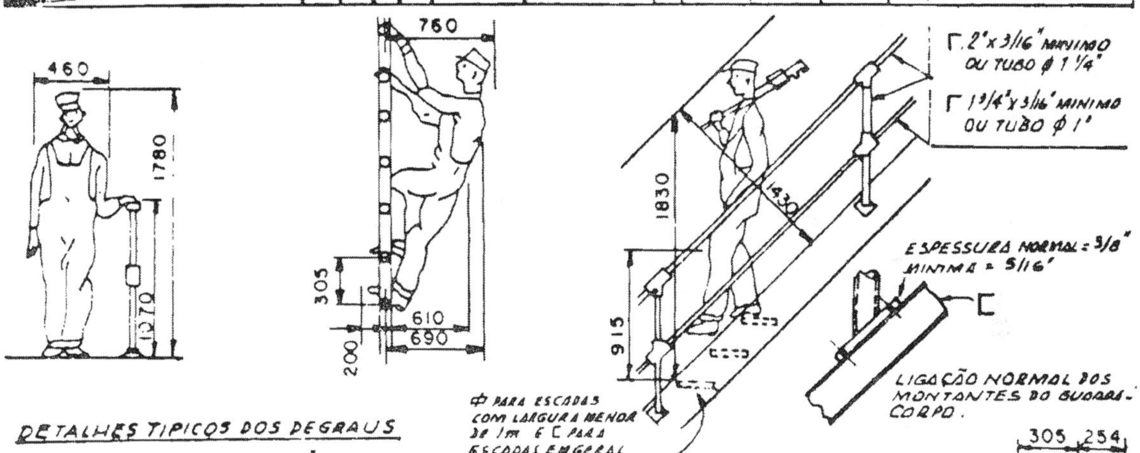

DETALHES TIPICOS DOS DEGRAUS

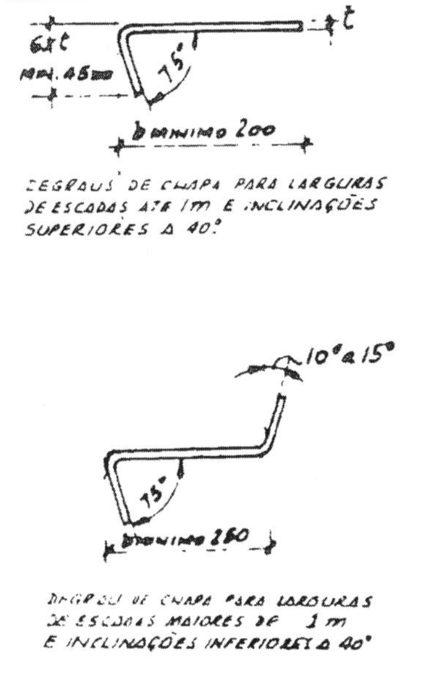

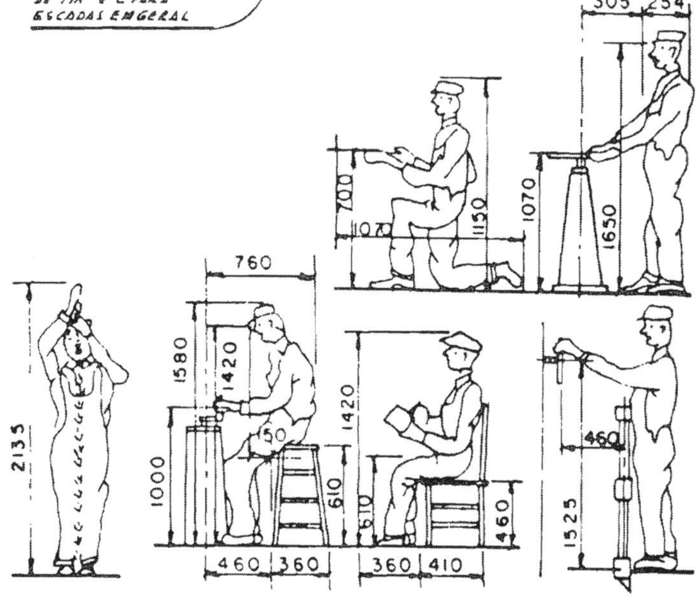

TABELA DE RESERVATÓRIOS VERTICAIS

Pressão de Trabalho até 3 Kg/cm^2 manom. Temperatura até 100° C

DIMENSÕES PARA RESERVATÓRIOS COM TAMPOS ELIPSOIDAIS 2 : 1

			INOX.							AÇO CARBONO						
Cap. Nom. Litros	D.i.	B	R.i.	r.i.	H.i.	H	ESP. S T	PESO kg Vazio	PESO kg Cheio	R.i.	r.i.	H.i.	H	ESP S T	PESO kg Vazio	PESO kg Cheio
50	400		280	55	87,5	15	2			280	55	87,5	15	1/8"		
100	400		360	70	112,5	20	2			360	70	112,5	20	1/8"		
250	600	850	480	95	150,0	25	3	55	305	480	95	150,0	25	3/16"	95	345
500	800	1000	640	125	200,0	25	3	90	590	640	125	200,0	25	3/16"	155	655
1000	900	1500	720	140	225,0	25	3	140	1140	720	140	225,0	25	1/4"	305	1305
2000	1200	1750	960	185	300,0	30	4	300	2300	960	185	300,0	30	1/4"	500	2500
5000	1800	1900	1440	280	450,0	35	5	690	5690	1440	280	450,0	35	5/16"	1150	6150

Pressão de Trabalho até 3 Kg/cm^2 manom. Temperatura até 100° C

DIMENSÕES PARA RESERVATÓRIOS COM TAMPOS TORISFÉRICOS

			INOX.								AÇO CARBONO							
Cap. Nom. Litros	D.i.	B	R.i.	r.i.	H.i.	H	ESP. S	ESP. T	Peso Kg. Vazio	Peso Kg. Cheio	R.i.	r.i.	H.i.	H	ESP. S	ESP. T	PESO kg Vazio	PESO kg Cheio
50	400		350	2	67,5	15	2	35			350	35	67,5	15	1/8"	1/8"		
100	400		400	2	94,0	20	2	40			450	45	94,0	20	1/8"	1/8"		
250	600	850	600	3	119,0	25	3	60	55	305	600	60	119,0	25	3/16"	3/16"	90	340
500	800	1000	800	3	151,0	25	4	80	100	600	800	80	151,0	25	1/4"	3/16"	160	660
1000	900	1500	900	3	175,0	25	4	90	150	1150	900	90	175,0	25	5/16"	1/4"	320	1320
2000	1200	1750	1200	4	238,0	30	5	120	315	2315	1200	120	238,0	30	5/16"	1/4"	525	2525
5000	1800	1900	1800	5	345,0	35	6	180	715	5715	1800	180	345,0	35	7/16"	5/16"	1255	6255

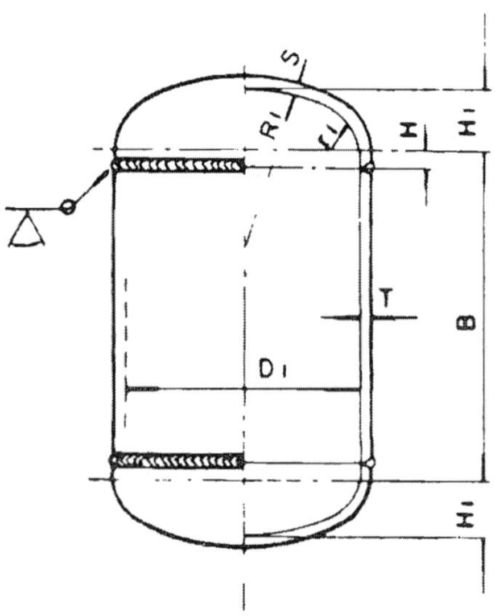

NOTAS:

a) As capacidades são contadas, aproximadamente até a linha da solda superior.

b) As espessuras S, T, indicadas na tabela acima, incluem uma sobre-espessura de corrosão de 1 mm.

TABELA DE RESERVATÓRIOS VERTICAIS

Pressão de Trabalho até 1 Kg/cm^2 manom. Temperatura até 100° C

DIMENSÕES PARA RESERVATÓRIOS COM TAMPOS ELIPSOIDAIS 2 : 1																
			INOX.							AÇO CARBONO						
Cap. Nom. Litros	D.i.	B	R.i.	r.i.	H.i.	H	ESP. S T	PESO kg Vazio	PESO kg Cheio	R.i.	r.i.	H.i.	H	ESP. S T	PESO kg Vazio	PESO kg Cheio
50	400		280	55	87,5	15	2			280	55	87,5	15	1/8"		
100	400		360	70	112,5	20	2			360	70	112,5	20	1/8"		
250	600	850	480	95	150,0	25	3	60	300	480	95	150,0	25	1/8"	60	300
500	800	1000	640	125	200,0	25	3	90	590	640	125	200,0	25	1/8"	95	595
1000	900	1500	720	140	225,0	25	3	140	1140	720	140	225,0	25	1/8"	150	1150
2000	1200	1750	960	185	300,0	30	3	230	2230	960	185	300,0	30	3/16"	380	2380
5000	1800	1900	1440	280	450,0	35	3	420	5420	1440	280	450,0	35	3/16"	690	5690

Pressão de Trabalho até 1 Kg/cm^2 manom. Temperatura até 100° C

DIMENSÕES PARA RESERVATÓRIOS COM TAMPOS TORISFÉRICOS																		
			INOX.								AÇO CARBONO							
Cap. Nom. Litros	D.i.	B	R.i.	r.i.	H.i.	H	ESP. S	ESP. T	PESO kg Vazio	PESO kg Cheio	R.i.	r.i.	H.i.	H	ESP. S	ESP. T	PESO kg Vazio	PESO kg Cheio
50	400		350	35	61	15	2	2			350	35	61	15	1/8"	1/8"		
100	400		400	40	94	20	2	2			450	45	94	20	1/8"	1/8"		
250	600	850	600	60	119	25	3	3	55	305	600	60	119	25	1/8"	1/8"	55	305
500	800	1000	800	80	151	25	3	3	90	590	800	80	151	25	1/8"	1/8"	90	590
1000	900	1500	900	90	175	25	3	3	135	1135	900	90	175	25	3/16"	1/8"	165	1165
2000	1200	1750	1200	120	238	30	4	3	245	2245	1200	120	238	30	1/4"	3/16"	405	2405
5000	1800	1900	1800	180	345	35	4	3	450	5450	1800	180	345	35	1/4"	3/16"	740	5740

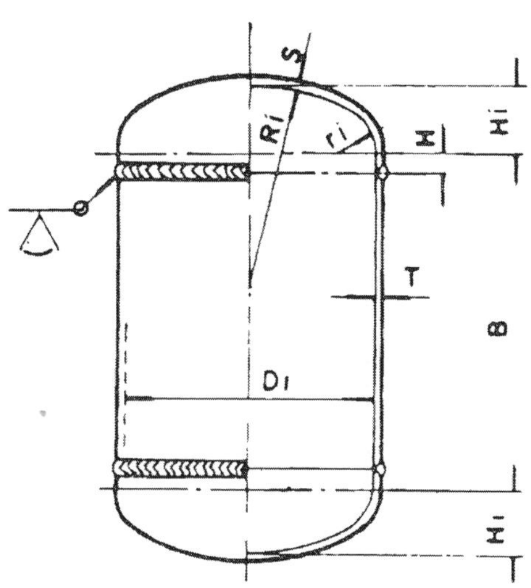

NOTAS:

a) As capacidades são contadas, aproximadamente até a linha de solda superior.

b) As espessuras S, T, indicadas na tabela acima, incluem uma sobre-espessura de corrosão de 1 mm.

CÁLCULOS DE ÁREAS – LADOS E PERÍMETROS

1 – QUADRADO

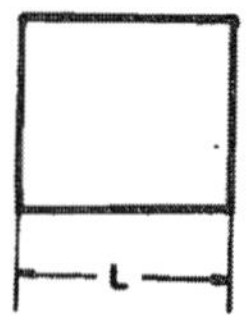

$A = L^2$

2 – RETÂNGULO e PARALELOGRAMO

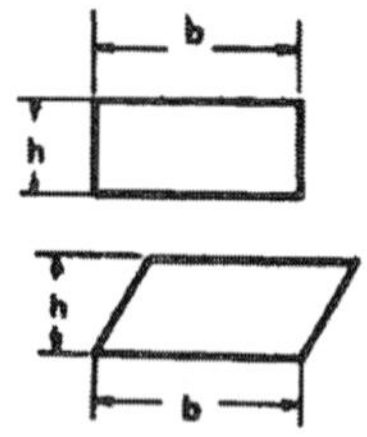

$A = b \cdot h$

3 – TRAPÉZIO

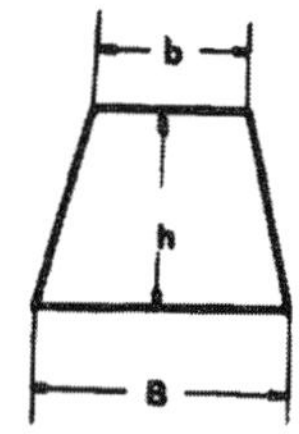

$A = \dfrac{B + b}{2} \cdot h$

4 – LOSANGO

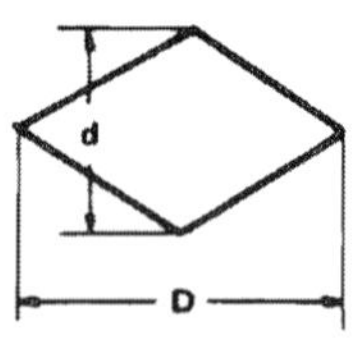

$A = \dfrac{D \cdot d}{2}$

5 – TRIÂNGULO

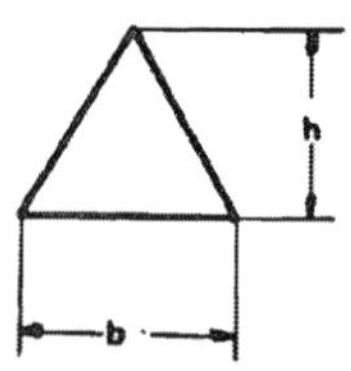

$A = \dfrac{b \cdot h}{2}$

6 – POLÍGONO REGULAR

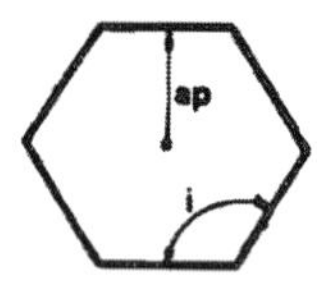

$A = \dfrac{P \cdot ap}{2}$

$\sphericalangle i = \dfrac{180^\circ \, (n - 2)}{n}$

7 – CÍRCULO

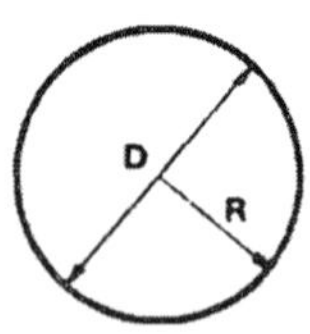

P = Perímetro

$A = R^2 \cdot \pi$

$P = D \cdot \pi$

8 – ELÍPSE

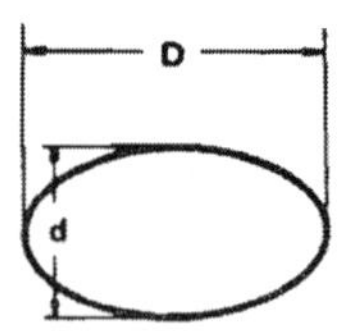

$A = \dfrac{D \cdot d \cdot \pi}{4}$

$P = \pi \sqrt{\dfrac{D^2 + d^2}{2}}$

9 – CORÔA CIRCULAR

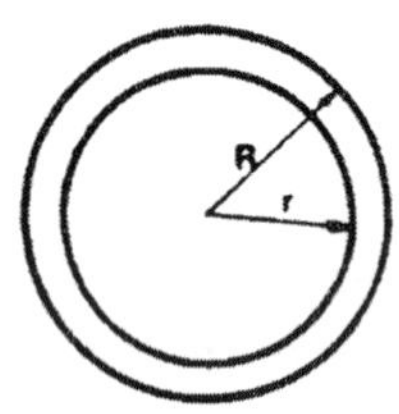

$A = \pi (R^2 - r^2)$

10 – SETOR CIRCULAR

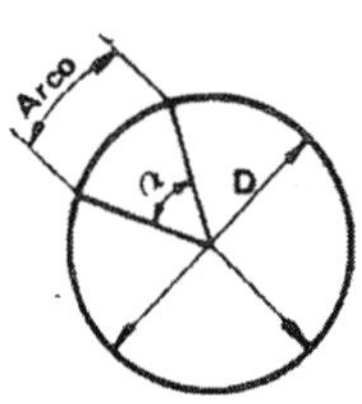

$A = \dfrac{\pi \; r^2 \; \alpha}{360} = 0{,}00872 \; \alpha \; r^2$

$\text{Arco} = \dfrac{D \cdot \pi \cdot \alpha}{360^\circ}$

11 – ÂNGULO CENTRAL

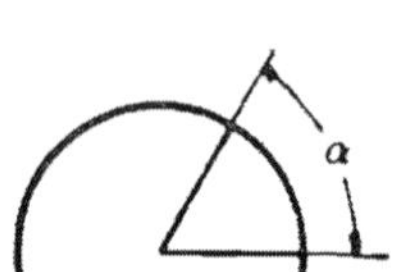

Tem o mesmo valor do arco compreendido por seus lados.

12 – ÂNGULO INSCRITO

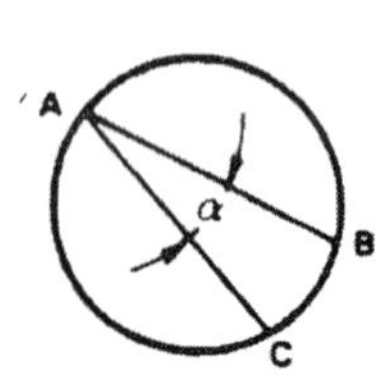

$\alpha = \text{Arco} \; \dfrac{BC}{2}$

Impressao e acabamento:

infinity

infinitygrafica.com.br/

IBRASA
LIVROS QUE
CONSTROEM

BIBLIOTECA "TÉCNICA" – 1